西南地区复杂地表陆表过程观测与模拟

马明国　闻建光　韩旭军 等　著

科学出版社

北　京

内 容 简 介

中国西南地区地形复杂，且易受云和雾的影响，往往导致野外和遥感观测难以精确开展，陆面过程模型的模拟精度较低。本书以西南地区陆地表层系统过程为研究对象，重点突破西南地区地形复杂、多云多雾等特征下地面观测、遥感产品高精度估算、陆地表层过程精细模拟中参数不确定性等关键科学问题，开展西南地区复杂地表陆表过程观测与模拟研究；联合多个站点形成陆表过程关键参数地面观测系统，制备陆面过程模型驱动和参数数据，反演区域关键陆表参数高精度遥感产品；将地面和遥感观测数据同化到陆面过程模型中，实现区域陆地表层系统过程模拟；搭建起西南地区陆地表层系统过程集成研究的框架，增强对西南地区陆地表层系统过程的理解。

本书可以作为高等院校地理科学类自然地理学和地理信息科学专业的参考书，也可供从事全球气候变化对区域影响评估与适应对策制定的研究人员和专业技术人员参考。

审图号：GS 川（2024）183 号

图书在版编目（CIP）数据

西南地区复杂地表陆表过程观测与模拟 / 马明国等著. --北京：科学出版社，2024.11
ISBN 978-7-03-078630-2

Ⅰ. ①西… Ⅱ. ①马… Ⅲ. ①地面观测－西南地区 Ⅳ. ①P412.1

中国国家版本馆 CIP 数据核字（2024）第 109593 号

责任编辑：陈丽华 / 责任校对：彭　映
责任印制：罗　科 / 封面设计：墨创文化

科 学 出 版 社 出版
北京东黄城根北街 16 号
邮政编码：100717
http://www.sciencep.com
成都锦瑞印刷有限责任公司 印刷
科学出版社发行　各地新华书店经销
*
2024 年 11 月第 一 版　　开本：787×1092　1/16
2024 年 11 月第一次印刷　　印张：18 1/2
字数：439 000
定价：199.00 元
（如有印装质量问题，我社负责调换）

《西南地区复杂地表陆表过程观测与模拟》
撰稿者名单

马明国　闻建光　韩旭军　宋立生　汤旭光
李　计　顾大行　樊　磊　于文凭　黄　静
郎　芹　肖　尧　孙旭鹏

前　言

中国西南地区喀斯特地貌分布广泛，地形复杂，局地因子影响较大，受西南季风和高原背风坡等因素的共同影响，西南地区是一个典型的生态脆弱区和气候多变区。中国西南岩溶地区也是世界上连片分布面积最大、岩溶发育最强烈的区域，占西南地区辖区面积的 1/3 以上，而且地形地貌复杂，生态环境脆弱。该区域人地矛盾突出，受人类活动影响，地表植被破坏和水土流失严重，导致石漠化等严重的生态环境问题。近 10 年来，国家启动了石漠化综合治理工程，岩溶地区生态状况呈良性发展态势，但局部地区仍在恶化。这些生态环境动态变化都将影响区域陆地表层系统地理过程物质能量循环。同时，在全球变暖的背景下，西南地区水热条件变化明显，极端气候事件频频发生，引起了学者们的高度关注，这必将对西南地区陆地表层系统过程产生显著的影响。

地球表层系统十分复杂，几乎所有地表变量在时间、空间上都具有高度的异质性，导致对它们的模拟和观测都具有很大的不确定性。从模型方面而言，现有的陆面物理过程模型、水文模型、植被动力学模型通常都包含许多先验假设、复杂的模型参数化方案和相当多的参数，这些模型对地表过程的模拟精度依然不足。一方面，现有的模型还远未臻完美，各种物理过程的认识和参数化方案有待改进；另一方面，我们很难确定某一特定地区（如西南山地）陆面状况的初始值和水、热、植物生理、生物物理参数值。为了更精确地表达地球表层系统在各种过程中的动态演进，必须尝试新的思路，综合多源信息，同时用先进的方法应对复杂性、不确定性、尺度转换这些交织在一起的问题。其主要的难题体现在：①山区地形复杂，缺乏精确的地面观测和遥感产品；②缺乏高精度模型驱动和模型输入参数；③缺乏多变量数据同化方法和多时空尺度数据组合的同化方案。

西南地区的陆表过程观测与模拟研究亟待深入开展，本书联合西南地区五省市的野外观测台站，基于多尺度嵌套的地面观测系统，获取区域典型下垫面的陆地表层系统过程关键参数；评估西南地区不同来源遥感产品的精度，在此基础上从考虑地形对遥感反射和辐射机理影响机制出发，构建山地辐射传输模型，然后基于山地辐射传输模型反演地表叶面积指数、地表温度以及土壤水分，提高产品的估算精度；将地面精细观测和多源遥感产品通过陆面数据同化方法有效地融合到陆面过程模型中，显著提高陆表过程模拟与预报精度；期望在西南地区建立从地面观测到遥感估算到陆面过程模拟的陆地表层系统过程集成研究的范式，提升对西南地区陆表过程机理的理解，更好地服务于区域生态环境恢复与保护，这对支持区域可持续发展具有重要意义。

第 1 章概述本书的研究意义、国内外研究进展、研究内容与科学问题、研究路径。由马明国撰写。

第 2 章针对西南复杂地表基于 WRF 模型的动力降尺度方法和基于机器学习的统计降尺度方法,开展大气驱动数据的降尺度工作。由郎芹、潘小多、赵伟、马明国撰写。

第 3 章利用重庆金佛山国家站虎头村和槽上两个通量站 2019 年和 2020 年涡动相关及气象数据,定量分析喀斯特生态系统的日、月、季节动态变化特征,并对影响碳水通量季节变化的环境因子进行分析。由黄静和马明国撰写。

第 4 章针对西南地区提出基于 GOSAILT 模型的山地森林 LAI 反演算法,实现西南山地 LAI 的高精度反演和产品生产。由闻建光撰写。

第 5 章针对西南地区提出基于能量平衡和随机森林的云覆盖影响下时间序列地表温度重建方法,实现西南地区时空连续的地表温度产品生产。由肖尧、赵伟、于文凭、马明国撰写。

第 6 章采用随机森林方法融合实测土壤水分、光学遥感指数和地形指标反演西南地区 2013～2015 年逐日 1km 土壤水分,并确定反演高分辨率土壤水分所需最优的预测因子。由樊磊和闻建光撰写。

第 7 章利用 2019 年通量观测数据和 PEST 模型对 Biome-BGC 模型进行参数优化,使模型更适用于喀斯特生态系统碳水通量的模拟,分析西南地区 2001～2020 年碳水通量的时空变化特征。由黄静和马明国撰写。

第 8 章以重庆青木关岩溶槽谷流域、广西环江木连岩溶小流域以及贵州普定陈旗岩溶流域为案例,构建岩溶-流溪河模型,分别模拟这三个流域出口的地下径流流量过程。由李计撰写。

第 9 章以 CLM4.5 模型为基础,结合 GLDAS 大气驱动数据对西南地区 2005～2020 年水文变量进行模拟和实验结果分析。由韩旭军和孙旭鹏撰写。

第 10 章利用 MODIS 植被指数产品(NDVI 和 EVI)和气象数据,探究干旱背景下 2000～2018 年西南地区森林恢复力情况。由宋立生和蒋浩撰写。

第 11 章基于地面气象和通量观测数据及遥感 GPP 和 ET 产品,探讨西南地区生态系统水分利用效率动态监测及其对干旱的响应研究。由汤旭光和王敏撰写。

全书由马明国统稿。

本书的出版得到了国家自然科学基金重点项目"西南地区复杂地表陆表过程观测与模拟研究"(41830648)、国家自然科学基金地质联合基金重点项目"喀斯特流域岩溶碳循环关键过程及岩溶碳汇效应研究"(U2244216)和高分辨率对地观测系统重大专项(民用部分)课题"野外观测数据获取技术与星-机-地综合观测方法研究"(21-Y20B01-9001-19/22)的经费支持。西南大学、中国科学院空天信息创新研究院、中国科学院广西植物研究所和南宁师范大学相关老师和研究生给予了全力支持,在此,我们一并衷心感谢。

西南地区陆表过程观测与模拟研究还处于起步阶段,需要更多的同仁关注和参与。由于本书涉及面广,作者水平有限,疏漏及不足之处在所难免,欢迎学界同仁批评指正。

作 者

2024 年 4 月

目　　录

第1章 绪　　论

1.1　研　究　意　义

中国西南地区喀斯特地貌分布广泛，地形复杂，局地因子影响较大，受西南季风和高原背风坡等共同影响，西南地区是一个典型的生态脆弱区和气候多变区（Yuan, 1999）。在自然区划概念下，西南地区一般指中国南方（不含青藏高原）西部地区，主要包括四川盆地、云贵高原、秦巴山地等地貌单元。这些区域是我国山地集中分布的区域，是国际环保组织公布的世界 34 个生物多样性热点地区（钟祥浩，2002）。中国西南岩溶地区也是世界上连片分布面积最大、岩溶发育最强烈的区域，占西南地区辖区面积的 1/3 以上，而且地形地貌复杂，生态环境脆弱（曹建华等，2008）。该区域人地矛盾突出，受人类活动影响，地表植被破坏和水土流失严重，导致石漠化等严重的生态环境问题。近年来，国家启动了石漠化综合治理工程，岩溶地区生态状况呈良性发展态势，但局部地区仍在恶化（国家林业局，2012）。这些生态环境动态变化都将影响区域陆地表层系统地理过程物质能量循环。同时，在全球变暖的背景下，西南地区水热条件变化明显，极端气候事件频频发生，引起了学者们的高度关注，这必将对西南地区陆地表层系统过程产生显著的影响（Lin et al., 2015）。

陆地表层系统是地球大气圈、水圈、岩石圈、生物圈相互作用的一个空间层次。在陆地表层系统中，各种区域分异规律相互作用，从而形成了陆地表层系统的地域差异（葛全胜等，2002；黄秉维，1996）。陆表过程作为气候圈层的重要组成部分，对西南冬春干旱等陆表过程的影响日益凸显。一方面，陆面状况及陆气相互作用直接决定了陆面与大气的物质和能量交换特征，进而深刻影响全球大气环流异常；另一方面，陆面的水循环特征与变异既受降水、植被和下垫面性质等因素的显著影响，又会对其产生强烈反馈作用，直接影响西南地区的降水再分配和局地气候异常（王丽琼等，2014）。

地球表层系统十分复杂，几乎所有地表变量在时间、空间上都具有高度的异质性，导致对它们的模拟和观测都具有很大的不确定性。从模型方面而言，现有的陆面物理过程模型、水文模型、植被动力学模型通常都包含许多先验假设、复杂的模型参数化方案和相当多的参数，但这些模型对地表过程的模拟精度依然不足。这一方面固然源于现有的模型还远未臻完美，各种物理过程的认识和参数化方案有待改进；另一方面也是因为我们很难确定某一特定地区（如西南山地）陆面状况的初始值和水、热、植物生理、生物物理参数值（李新和摆玉龙，2010）。为了更精确地表达地球表层系统在各种过程中的动态演进，必须尝试新的思路，综合多源信息，同时用先进的方法应对复杂性、不确定性、尺度效应这些交织在一起的问题（Li, 2014）。其主要难题体现在：

（1）山区地形复杂，缺乏精确的地面观测和遥感产品。

西南地区地形复杂，且受云和雾的影响，往往导致野外和遥感观测难以精确开展。目前很多站点的观测基本都是在平坦地表上观测的，即使在山区，也是选择一块较为平坦的地表开展观测；对于遥感产品而言，基本都忽略了地形的影响，导致山区遥感产品不确定性大（Wen et al.，2018）。

（2）缺乏高精度模型驱动和模型输入参数。

全国的陆表过程模型模拟研究结果表明，西南地区存在最大的不确定性的主要原因可能来自西南地区茂密的植被和复杂的地形（Tian et al.，2010）。模型的模拟精度除与模型自身的模拟能力有关以外，其大气驱动数据和模型参数的输入也十分关键，而西南地区植被茂盛且类型多样，地形起伏且地表破碎，导致在生产大气驱动数据时很难精细地表达复杂地表带来的空间异质性，也很难获得高精度的与模型模拟时空尺度相匹配的参数集。

（3）缺乏多变量数据同化方法和多时空尺度数据组合的同化方案。

目前的数据同化研究基本上是针对某一个变量，如土壤水分、土表温度或者叶面积指数（leal area index，LAI）的单变量或两个变量的同化研究（Han et al.，2013；Albergel et al.，2010；Sabater et al.，2008），但是在陆表系统中上述三个变量的模型状态是相互影响的，针对土壤水分产品、地表温度和叶面积指数三个变量的协同同化仍然没有研究结论。同时，由于土壤水分遥感产品的空间分辨率在25～40km、时间分辨率为3d、地表温度产品的空间分辨率为1km、时间分辨率为6～12h、叶面积指数产品的空间分辨率为1km、时间分辨率为4d左右，如何在一个陆表系统里有效整合这些不同时空分辨率的观测数据，如何在多变量同化中选择最优的同化方案，如何组合观测数据都是科学难题（Montzka et al.，2012）。

因此，本书发展山区地面观测和遥感产品算法，对西南地区的陆表过程关键参数进行精细地观测、模拟和分析，并通过参数估计和陆面数据同化的方法，实现观测数据与模拟的有机集成，以获取这些参数的时空动态变化特征，探究其变化机制及主要驱动因素。研究结果也可以为该区域的极端天气应对、生态环境保护和石漠化综合治理等提供科学的参考依据。

1.2　国内外研究进展

1.2.1　陆表过程观测系统

没有地球观测系统就不会有地球系统科学，发展陆表过程观测系统是发展陆地表层系统科学研究的重要前提之一。阔步前行的地球观测技术正在从根本上改变陆地表层系统科学研究的面貌，把它从传统上数据稀缺的科学推进到数据丰富的科学（李新和摆玉龙，2010）。从卫星遥感到地面观测，一系列雨后春笋般成长起来的新兴观测技术，正在重新塑造着陆地表层各种地表过程的观测方式，气象、水文、生态等过程的一些要素利用到的大量人工观测已经广泛地被自动观测替代（Cox and Plale，2011）。

随着电子和信息技术的快速发展，一些新的观测技术、手段和传感器不断出现。例如无线传感器网络（wireless sensor network，WSN），就是一种将传感器技术、自动控制技术、数据网络传输、储存、处理与分析技术集成的现代信息科学技术（宫鹏，2010）。在环境遥感领域，国际上已经把无线传感器网络技术视为未来一个非常重要的发展方向，多个单位和组织都把无线传感器网络与卫星遥感并列为 2006 年之后的重点 10 年研究计划（NRC，2008）。在陆表关键参数中，越来越多的参量可以通过 WSN 的观测方式来获取多节点的连续观测数据。例如，土壤水分作为水循环"四水"转换的核心变量之一，在 WSN 应用中土壤水分是较早被关注的方向之一（Jin et al.，2014）。叶面积指数 WSN 则是近 10 年新发展起来的应用方向，将以前以人工为主的叶面积指数观测推进为多节点自动观测，极大地提高了观测的时空连续性（Qu et al.，2014）。

多尺度嵌套的观测系统也是当前陆表过程观测的热点，可以更好地和遥感像元观测相对应（Ma et al.，2014）。涡动相关（eddy correlation，EC）系统是当前直接测量蒸散发（evapotranspiration，ET）以及其他地表通量的最有效的方法，其足迹可从几十米到数百米不等，与陆面模型的尺度有一定的差异（李新等，2010）。而新型的大孔径闪烁仪（large aperture scintillometer，LAS）和微波闪烁仪可以在千米到数千米尺度获取蒸散发（Liu et al.，2011）。宇宙射线土壤水分和积雪观测系统（cosmic-ray soil moisture/snow observing system，COSMOS）则可以在接近千米级尺度获得区域土壤水分和积雪的观测数据。这些千米级尺度上观测结果更易于与卫星遥感估计和模型模拟得到的值相比较，考虑了源区的验证策略可以更加合理地评价估算精度，并且源区越大，其在验证评价可靠性中的作用越明显（Song et al.，2012）。

以上这些陆表过程观测系统主要依托野外台站开展观测工作，据不完全统计，目前全国野外观测台站近万个，其中研究型台站 500 个以上，涉及的学科主要是地球科学和生物学的各个方面，如农业、林业、牧业、渔业等行业，农田、森林、草地、沼泽湿地、湖泊、海洋、沙漠等多种生态系统类型，具有明显的多学科特色。其中，部分级别较高的台站隶属于中国科学院中国生态系统研究网络（Chinese Ecosystem Research Network，CERN）、国家林业和草原局中国森林生态系统定位研究网络（Chinese Forest Ecosystem Research Network，CFERN）、自然资源部野外科学观测研究基地等。这些观测系统分布在全国各个区域，获取我国的一些典型下垫面的陆表系统地理过程的特征（Xing et al.，2014；Lee et al.，2014；Li et al.，2013）。为了完成一些特定的研究任务，某些台站会开展短期（数月至数年）的协同观测，同步获取某一区域的地面观测数据，支持区域尺度陆表过程研究（肖宇等，2017；Li et al.，2013）。

1.2.2 陆表参数遥感反演

遥感作为一种空间信息获取的重要技术手段，能够实时、客观、精确获取不同尺度地表生态及水文条件信息，已被广泛应用到陆地表层系统关键参数的获取，如叶面积指数、植被覆盖度（fractional vegetation cover，FVC）、土壤水分、地表反照率等。光学遥感是理想的监测手段，如在叶面积指数、植被类型和植被长势监测等方面应用较多。雷达遥感的优势在于可以穿透云层，但是雷达信号容易受到植被和地表粗糙度的影响，并且只能获取地表（2～5cm）的土壤水分。因此在植被覆盖度比较高的地区，对土壤水分进行直接测量仍然非常重要。为了获得土壤水分的时空连续分布，需要在数据同化的框架内，集成水文模型、地面观测和遥感的信息。例如，微波遥感获取的土壤水分结果已经被用来改善模型根区和土壤廓线的水分估计（Entekhabi et al.，2010；Kerr et al.，2010）。

叶面积指数反映了植被光合、呼吸和蒸腾作用等生物物理过程的能力，是影响全球气候变化的关键参数。目前，全球 LAI 产品主要包括 MODIS（Myneni et al.，2002）、CYCLOPES（Baret et al.，2007）、GLOBCARBON（Deng et al.，2006）、GLASS（Xiao et al.，2013）、MERIS LAI（Tum et al.，2016）、GEOV1（Baret et al.，2013）和 GLOBMAP（Liu et al.，2015）等。虽然现有这些产品在全球尺度空间格局和季节变化上一致，满足全球尺度应用，但对于中小尺度叶面积指数空间分布规律和变化趋势无法准确捕捉（Yan et al.，2016）。尤其是对于地形起伏明显、地表类型多样且植被覆盖复杂的西南地区，现有的叶面积指数反演的模型和方法策略难以适用，无法准确地获取高时空分辨率的叶面积指数。作为我国重要的农林牧业基地，西南地区作物估产、林业资源调查、生态环境保护等应用急需高分辨率叶面积指数产品。基于正向物理模型构建查找表是目前叶面积指数反演的主流方法之一（Myneni et al.，2002）。几何光学模型准确刻画了植被三维空间结构特征，因此被广泛地应用于叶面积指数反演（Liao et al.，2013）。也有相关研究针对山地的叶面积指数开展了遥感反演工作（靳华安等，2016；Pasolli et al.，2015；Ma et al.，2014），但相对平坦均质区域来说还处于起步阶段，亟待加强。

陆地表面温度受到气象因子、地表覆盖、土壤水分、地表辐射特性以及地形等因素的综合影响，具有很高的时空变异性（Malbéteau et al.，2017），遥感技术为定量获取长时序的区域（甚至全球）陆地表面温度的时空分布特征提供了唯一的机会。针对不同传感器热波段设置的特点，国内外专家提出了多种反演陆地表面温度的方法，包括单通道法、劈窗算法、多时相法、一体化反演方法等（Meybeck et al.，2001）。然而，目前的算法研究主要聚焦于平坦地表的温度反演，而全世界山区覆盖面积达 20%。第一次全国地理国情普查公报显示，中国山地丘陵面积达 65%以上。山地环境由于地形影响，其地表水分、能量交换等过程相比平坦地表更加复杂（Zhao and Li，2015；Wen et al.，2015）。直接将现有的适用于平地的温度反演算法应用于山区时，将带来很大的误差和不确定性。山区陆地表面温度反演受制于观测几何带来的不确定性以及地表各向异性发射率（Malbéteau et al.，2017）。其中，卫星观测角度的变化也会造成山区地表温度反演的不确定性，模拟研究发现当观测角度较大时，卫星反演的温度偏差达到 9K，采用更高分辨率的数字高程模型（digital elevation model，DEM）偏差更大（Lipton and Ward，1997）。此外，地表发射率信息提取仍是热红外遥感反演陆面温度研究的主要内容之一，它对温度反演精度的影响很大，是重要的误差源之一（Sobrino et al.，2001）。地表发射率与地表组成成分、物理状态以及地形起伏所造成的实际视角的变化等因素有关，在时间、空间上变化较大，且随波长的变化而变化。

现有的土壤水分产品（遥感产品、模型产品以及同化产品等）空间分辨率偏低（25～40km），虽然可以满足全球尺度的应用需求，但是无法提供中小尺度下土壤水分的变化特征，难以满足中小尺度下生态水文模型的应用需求。特别是作为我国重要粮食生产基地的西南地区，现代化农业管理与应用（如干旱预测、灌溉管理）均需要高分辨率的土壤水分产品进行数据支撑。利用中高空间分辨率（≤1km）的光学遥感信息获取土壤水分空间趋势信息作为先验知识，对粗分辨率的土壤水分产品进行"降尺度"，已成为获取高分辨率土壤水分产品的重要手段之一（Im et al.，2016）。其中，温度植被（Ts/VI）特征空间算法被广泛用于光学遥感信息的提取（Petropoulos et al.，2009）。在光学-微波降尺度估算高分辨率土壤水分算法中，光学遥感信息的准确获取是关键。但是在西南地区，存在多种植被覆盖状况、地表类型、地形等复杂的地表条件，导致现有光学遥感信息反演精度低，极大限制了土壤水分降尺度的估算精度（李爱农等，2016）。

1.2.3　陆表遥感产品真实性检验

遥感反演产品和应用产品是否准确、真实地反映实际情况，最终必须经过遥感产品的真实性检验才能得以确认。然而，由于遥感产品真实性检验工作的不足，真实性检验系统性理论、方法和手段严重缺乏，对非均匀地表特性的尺度转换研究滞后，使得像元尺度的遥感反演结果与单点或者光斑尺度的地表观测信息严重脱节，极大地制约着遥感数据及其产品的推广应用和遥感定量化水平的提高（闻建光等，2023；Zhang et al.，2010）。

针对陆表遥感产品的检验工作在全球许多区域广泛开展，如大足迹（big foot）研究计划（Cohen and Justice，1999）和欧洲陆地遥感器验证计划（validation of land european remote sensing instruments，VALERI）（Baret et al.，2007）。而目前正在执行陆地产品验证组（land product validation，LPV），其任务就是协调包括两大真实性检验计划在内的国际陆地遥感产品真实性检验，制定陆地遥感产品真实性检验的标准指南与规范，促进陆地遥感产品真实性检验相关数据和信息的共享和交换（Morisette et al.，2006）。以上验证多是利用地面单点的观测资料对遥感数据或产品进行精度评价，也有少量研究考虑了尺度问题，重点是将地面观测尺度上推到像元尺度，有些研究则重点考虑观测足迹（footprint）。

随着 WSN 和基于足迹的观测手段的应用，考虑尺度效应和地面观测空间代表性的研究逐渐得到深入。例如，针对土壤水分、地表温度等变量，可以在 3km×3km 的范围内充分考虑地表空间异质性的特征，布设数十个乃至上百个 WSN 的观测节点，以捕捉这些参数在空间分布上的特征，发展尺度转换方法，实现像元尺度遥感观测结果的真实性检验（Jin et al.，2014）。而涡动协方差（eddy covariance system，EC）监测系统、大孔径闪烁仪、宇宙射线土壤水分观测系统（cosmic rays soil moisture observing system，COSMOS）等手段，相对于单点上的观测，可以获取一定区域覆盖的地表参数观测结果，在验证时考虑源区的影响后，可以更好地与遥感像元尺度匹配，改善验证结果（Ma et al.，2015）。

有些遥感产品在局部区域有较大偏差，主要是由反演模型中的参数拟定问题造成的。

例如，针对中分辨率成像光谱仪（moderate-resolution imaging spectroradiometer，MODIS）和总初级生产力（gross primary productivity，GPP）产品，利用北方干旱-半干旱地区协同观测的 10 个通量站观测结果进行验证，结果表明该产品存在被大幅度低估的现象，主要是由最大光能利用率所导致的，同时 MODIS GPP 算法中没有区分 C3 和 C4 作物。基于以上原因，充分利用现在已有的丰富的通量观测数据，重新标定 MODIS GPP 算法中的参数，对植被光合有效辐射吸收比率（fraction of absorbed photosynthetically active radiation，FPAR）数据做进一步的处理，减小噪声，同时应用更加详细和分辨率更高的植被类型图来实现 C3 和 C4 作物的区分。修正该参数后模拟的结果与观测结果得到明显改善（Wang et al.，2012）。因此，在区域尺度上对参数进行重新拟定，可以很好地改善遥感产品的精度，增强产品的可用性。

1.2.4　陆表过程模拟

陆地表层系统十分复杂，系统各种状态变量在不同的时间和空间尺度上都具有高度的异质性。由于观测在时间上难以连续，在空间上不够完备，且受制于代表性误差的困扰，遥感等间接观测则面临反演的困难（Li，2014）。陆面过程模型可以实现陆表过程的时空连续模拟，也是地球科学研究的重要手段之一（孙菽芬，2002）。陆面过程模型包含如地表径流、生物地球化学过程、植被动力学、碳循环等，涵盖了对植被、土壤、冰雪、冻土、湿地及湖泊等过程的参数化，模型主要由生物物理过程和水文过程模型构成，可以模拟叶片的生物气候学、气孔生理学和水文循环等；还利用植被类型的差异和土壤水热物理特性的差异来反映生态的差异，并且允许在一个网格中包括多个土地覆盖类型。在不同的气候和地表覆盖条件下，模型可以很好地模拟陆面过程的关键变量（土壤湿度、土壤温度和雪水当量）和能量通量（净辐射、感热通量和潜热通量），以及各变量的季节变化特征（张添等，2011）。

陆面模型从简单的水桶模型发展到考虑植被作用的土壤-植被-大气传输方案，如 BATS 和 IAP94 等，进而到考虑植被与大气之间的生物物理和生物化学过程，如 LSM 和 AVIM 等，以及结合以上模型的优点所发展且对生物物理化学过程考虑更加合理的通用陆面模式（common land model，CoLM）和公用陆面模式（community land model，CLM）等（郑婧等，2009）。

陆面过程模型的改进与发展仍然是地球科学研究的热点，例如，美国国家大气研究中心（National Center for Atmospheril Research，NCAR）在 2017 年发布了 CLM 的最新版本 CLM5，该模型在土壤水文、植被水文、积雪、地表径流、碳氮循环和农作物模拟等方面都有所改进，集成了最新的地表汇流模型，完善了树冠截留模拟等（Lawrence et al.，2019）。

1.2.5　陆面数据同化技术

在陆面数据同化框架内，对模型动力学信息和多源遥感观测以及其他现代观测手段的优化融合，已经成为集成观测和模拟这两种地球表层系统科学研究的基本手段（李新等，2007），可以实现模型动力学信息和多源遥感观测及其他现代观测手段的优化融合。陆面数据同化技术在区域陆表系统过程观测、模拟和生态水文环境应用之间搭起桥梁，使得模型模拟结果和多源遥感信息真正能够应用于生态评估和环境恢复等领域（梁顺林等，2019）。

陆面数据同化的目的是在模型动力学框架内，通过数据同化算法，融合时空上离散分布的不同来源和不同分辨率的直接与间接观测数据，以辅助改善模型的估计精度，获得更加精确的模型状态变量的时空分布（Reichle，2008）。为了提高陆面过程模型的模型状态或者模型参数的估计，多变量同化被广泛应用于当前的研究工作中，这些变量包括土壤水分、土壤温度和叶面积指数等。

不同时空尺度的土壤水分数据都可以被用于数据同化：用时域反射仪（time domain reflectometer，TDR）获取点尺度的土壤水分观测数据、宇宙射线土壤水分探头获取的田间尺度土壤水分观测数据（Zreda et al.，2012）和利用遥感手段获取空间大尺度土壤水分产品，如土壤水分主动被动探测计划（soil moisture active passive，SMAP）（Mishra et al.，2017）、高级散射计（advanced scatterometer，ASCAT）（Wagner et al.，2013）和气候变化倡议（climate change initiative，CCI）（Dorigo et al.，2012）等全球土壤水分产品。由于土壤水分在时空范围内的变异性很大，常规的地基观测网络无法提供大范围的土壤水分信息，难以满足农业、气候变化和天气预报等领域的需求。随着遥感技术在水文领域的广泛应用和深入发展（它可提供高时间分辨率的区域至全球尺度地表土壤水分时空分布及植被参数），土壤水分遥感数据同化在流域陆地水循环中的作用日益凸显（Han et al.，2021；Yang et al.，2012；Zhang et al.，2003）。这些研究工作通过大量的理想试验和真实数据的同化试验，说明了土壤水分观测数据在改善陆面过程模型土壤水分廓线估计中的重要作用。

除了土壤水分产品以外，地表温度也是卫星遥感的常规业务产品之一，如目前在轨运行的 MODIS（Wang et al.，2018）、陆地表面分析卫星应用设施（land surface analysis satellite applications facility，LSA SAF）（Albergel et al.，2009）和地球静止轨道环境业务卫星（geostationary operational environmental Satellites，GOES）（Li et al.，2019）等发布的全球或者区域尺度陆表温度产品，已经在很多陆面同化研究中得到应用（Fox et al.，2018；Bach and Mauser，2003；Chen and Dudhia，2001）。土壤水分和地表温度产品的同化，在改善全球或者区域尺度土壤水分廓线、土壤温度廓线、潜热通量和感热通量等方面表现出了数据同化的优越性（Liu and Mishra，2017；Kleist et al.，2009；Syed et al.，2008；Rodell et al.，2004；Bach and Mauser，2003）。另外，MODIS 和 LSA SAF 同时也提供业务化的叶面积指数产品，该产品也用来替换陆面过程模型中叶面积指数的经验估计来提高陆面过程模型（Sabater et al.，2008），或者动态植被模型中叶面积指数的估计精度（Qin et al.，2014），减小模型在陆表通量估计和作物产量预测中的不确定性。

目前，大部分的数据同化研究都是针对某一个变量（如土壤水分、土壤温度或者叶面积指数）的单变量同化研究。在陆表系统中，土壤水分、土壤温度和叶面积指数等模型状态是相互影响的：土壤水分产品的数据同化会影响土壤温度的估计；叶面积指数的改变会影响土壤温度和蒸散发，同样也会影响土壤水分动态；土壤温度的改变也会有类似的影响。因此，有必要在一个统一的体系里面研究这三个变量的协同数据同化对陆面过程模型中陆表系统估计的整体影响。目前，已经有一些研究者尝试了协同数据同化研究，如土壤水分和叶面积指数的协同同化（Albergel et al.，2010；Sabater et al.，2008）、地表温度产品与被动微波亮度温度产品的协同同化（Han et al.，2013）等，但是针对土壤水分产品、地表温度产品和叶面积指数三个变量的协同同化仍然没有研究结论（Kolassa et al.，2017）。而且，上述三个变量对陆气交互研究中重要的蒸散发估计都有影响。

1.2.6　西南地区陆表过程监测与分析

通过 CERN、ChinaFLUX 等台站网络分布可以看出，西南地区虽然建设有一些野外观测台站，针对典型的下垫面布设了野外观测系统，但相比全国其他区域显得稀疏。西南喀斯特地区由于地形、植被、土壤等下垫面状况过于复杂，再加上石漠化加剧了地面覆被状况的异质性，土壤-植物-大气连续体（soil-plant-atmosphere continuum，SPAC）综合观测系统水热过程野外观测和试验难度很大，水热过程特征与作用机理尚不明晰，亟须从样地、坡面、集水区尺度入手，开展系统的野外观测和模拟试验，以深化喀斯特地区地表水热过程机理研究（高江波等，2015）。同时，西南地区地形地貌复杂导致自然条件差异大，立体气候明显，因此每个站点的代表性具有局限性，通过多站点联合开展野外观测具有十分重要的意义。早在 2011 年西南地区就成立了中国西南生态系统野外台站联盟，期望通过联网观测实现从点到面再到区域的效应倍增作用。2019 年，国家高分专项启动建设的高分专项国家级真实性检验场站网，其中西南地区的普洱站、普定站、重庆站和王朗站被纳入该网络，实现联网观测。

已有报道针对西南地区植被动态变化趋势和驱动力开展了一些研究工作。例如，利用 MODIS NDVI 数据计算植被覆盖度，郑朝菊等（2017）分析了西南地区的植被分布时空变化及与气候、人类活动的关系。周金霖等（2017）发现中国西南大部分地区植被覆盖变化与温度因子的相关性更为显著，而其与降水因子在不同响应周期下的相关系数空间差异较大。在人类活动方面，任扬航等（2016）发现植被退化现象受人类活动的影响较大，而人类活动对植被改善影响较小，植被改善主要与植物的自然生长演替有关。Tong 等（2018）认为西南喀斯特地区植被恢复演变特征与生态工程的实施具有较好的一致性，生态工程背景下西南喀斯特地区可能有巨大的固碳潜力。但一些过度追求经济利益的矿产开发和不合理的耕种与管理模式，导致一些地区的石漠化仍存在扩大趋势（Yang et al.，2017）。

在陆表过程模拟方面，研究工作主要集中在西南地区的水汽循环模拟方面，特别是对西南地区极端干旱事件进行模拟。Hu 等（2014）通过耦合 WRF 和 SSiB 模型，监测贵州岩溶地区变化的植被和土壤如何影响陆表能量平衡，结果表明，叶面积减少导致地表温度升高，潜热通量减少，感热通量增加。王丽琼等（2014）利用 CLM4.0 大气驱动场资料作为大气强迫场，对西南地区陆面过程变化进行了非耦合模拟试验，分析结果表明西南地区降水呈现明显的干湿季节特征，非季风期西南地区水循环的蒸发高、渗透小、地下排水量显著。这三个过程的共同作用，造成西南地区冬春季陆面水分显著流失，这是引发西南春旱的可能原因之一。Fu 等（2015）利用改进的 Maillet 模型、Mangin 模型、Boussinesq 模型评估了喀斯特土壤饱和导水率影响因素，结果显示，饱和导水率在水平方向上呈现出较强的空间相关性；在垂直方向，饱和导水率总体上随土壤深度的增加而减小，并可用对数函数模拟。

综上所述，就地球表层系统科学而言，无论是研究全球、区域还是流域尺度的水分、能量和生物化学循环，获取完备的地球表层系统的时空信息，都离不开模型模拟和观测这两种基本手段。它们有着各自的优势，模型模拟的优势在于依靠其内在的物理过程和动力学机制，可以给出所模拟对象在时间和空间上的连续演进；而观测的优势在于能得到所测量对象在观测时刻和所代表的空间上的"真值"。数据同化是地球系统科学的重要方法论，从本质上讲就是实现多源信息的动态融合（李新和摆玉龙，2010）。将这些手段和方法集成起来，才能真正实现陆地表层系统综合集成和模拟。

西南地区的陆表过程观测与模拟研究亟待深入开展，本书联合西南地区五省市的野外观测台站，基于多尺度嵌套的地面观测系统，获取区域典型下垫面的陆地表层系统过程关键参数，评估西南地区不同来源遥感产品的精度，在此基础上从考虑地形对遥感反射和辐射机理影响机制出发，构建山地辐射传输模型。然后，基于山地辐射传输模型反演地表叶面积指数、地表温度以及土壤水分，提高产品的估算精度。将地面精细观测和多源遥感产品通过陆面数据同化方法有效地融合到陆面过程模型中，显著提高陆表过程模拟与预报精度。期望在西南地区建立从地面观测到遥感估算到陆面过程模拟的陆地表层系统过程集成研究的范式，提升对西南地区陆表过程机理的理解，更好地服务于区域生态环境恢复与保护，这对支持区域可持续发展具有重要意义。

1.3　研究内容与科学问题

1.3.1　主要研究内容

1）西南地区陆地表层系统过程联网观测与分析

针对西南地区典型陆地表层系统，开展陆表过程辐射、植被和水文等参数精细观测，精确认识西南地区陆表过程的基本特征。

（1）西南地区陆地表层过程系统站网布局研究。

依据西南地区典型生态系统，联合西南地区五省市研究院所，依托已有观测站点进行资源整合，构建西南陆地表层过程系统观测网络，组织开展多站点联网观测，获取区域关键陆表参数的连续观测数据。

（2）复杂山区多尺度观测技术研究。

针对西南地区山地类型，研究山区陆地表层过程关键地表参数时空观测技术，利用无线传感器网络（WSN）观测技术，在千米级、百米级和米级尺度上实现多尺度嵌套的观测，基于 WSN 多节点观测捕捉百米级和千米级尺度观测源区内的关键参数的时空异质性。利用气象站观测风温湿压、降水、四分量辐射、光合有效辐射、地表温度、土壤水分（剖面）、土壤温度（剖面）、土壤热通量等；利用 EC 观测百米级尺度感热通量、潜热通量和碳通量；利用 LAS 和微波闪烁仪观测千米级尺度感热通量和潜热通量；利用水文断面观测小流域径流；利用 WSN 观测多点叶面积指数和土壤水分。

（3）关键参数持续观测及分析。

开展时间序列关键地表参数观测，获取陆地表层系统关键变量的地面多尺度观测数据集；对观测数据进行严格的数据质量控制和处理；分析西南地区典型地表和小流域的能量、水、碳通量等要素收支平衡的基本特征，了解其循环过程的季节和年际变化差异，揭示西南地区陆地表层系统动态变化的影响机制，为验证和改进遥感反演模型和陆表过程模型奠定基础。

2）西南地区陆地表层关键参数遥感估算

选择叶面积指数、地表温度和土壤水分三个陆表层关键参数，考虑西南地区典型的山地特征和多云多雾特点进行遥感精确估算。

（1）耦合地形效应的叶面积指数遥感估算。

在平坦地表遥感机理模型的基础上，研究山地辐射传输过程及植被和土壤之间的辐射相互作用，建立新的考虑地形效应的二向反射模型。基于新构建的二向反射模型，发展山区陆表叶面积指数反演算法，协同利用静止卫星和极轨卫星，综合利用先验知识解决山区多云多雾影响数据缺失的问题。

（2）山地地表等效发射率修正及地表温度反演。

针对山区地表温度反演中发射率估算存在的问题，通过地形对地表发射率的影响刻画，修正等效的山区地表发射率，在分裂窗算法基础上发展山区地表温度反演算法，利用相邻时间静止卫星和极轨卫星协同反演地表温度。

（3）综合光学和微波数据反演土壤水分。

针对山地地表温度产品不确定性、植被指数饱和以及干扰地表类型三方面导致的光学辅助信息精度低的问题，发展考虑复杂地表条件下的温度植被特征空间算法，并在此基础上，对西南地区 SMAP 土壤水分产品降尺度，获取西南地区高分辨率土壤水分产品。

（4）山区关键遥感产品精度评价。

研究山区叶面积指数、地表温度和土壤水分的尺度效应和尺度转换，结合西南地区各野外台站观测的多尺度数据，开展山区叶面积指数、地表温度和土壤水分算法的验证。

3）融合地面与遥感观测的西南地区陆地表层系统过程模拟

（1）基于多源观测的数据同化新方法研究。

发展多源遥感（航空遥感和卫星遥感）产品（降水、蒸散发、土壤水分、雪水当量和径流）的数据同化的新方法。基于贝叶斯滤波理论发展集合卡尔曼滤波（EnKF）、粒子滤波（PF）、无迹卡尔曼滤波（UKF）等同化方法，集成陆面过程模型（CLM）、被动微波遥感 CMEM 模型、宇宙射线 COSMIC 模型和地表温度 TSF 模型。

（2）发展多源遥感陆面数据同化系统。

发展一个集成观测、数据管理和模拟建模的多变量陆面数据同化系统（DasPy）。采用模块化设计，实现模型模拟、数据同化、地统计分析、大气驱动数据插值、遥感数据处理、一维数据实时显示、二维数据制图、三维动态显示。采用分布式内存和共享式内存两种并行处理方式来实现 DasPy 的并行计算功能。

（3）开展区域陆表过程模拟研究。

针对西南地区，输入大气驱动数据、土壤参数和植被参数等，通过集成定位观测、遥感观测和模型模拟，输出时空连续的陆地表层系统的各个关键分量，精细地闭合西南地区区域碳水循环的各个分量。

4）西南地区陆地表层系统地理过程对全球变化响应

基于时间序列陆表关键参数的遥感估算和模型模拟结果，开展西南地区陆地表层系统地理过程动态变化和驱动力分析，获取这些关键过程对全球变化的响应。

（1）西南地区干旱监测。

近年来西南地区极端干旱事件频发，通过耦合气象资料和模型输出的 ET 和土壤水分结果，分析 2009 年和 2011 年极端干旱灾害发生的时空动态过程，揭示干旱发生的机理，并结合同化系统和地面观测系统、遥感传感器，构建适合西南地区的干旱指数，实现西南干旱实时监测，并对西南地区短时旱情进行预测。

（2）西南地区石漠化治理评估。

西南地区生态环境脆弱，近年来石漠化问题严重，引起国内外广泛关注。基于遥感估算的时间序列 LAI 结果，分析西南地区植被覆盖时空动态变化趋势，评估石漠化综合治理的成效。

1.3.2 研究目的

以西南地区陆地表层系统过程为研究对象，搭建区域陆地表层过程关键变量地面观测网络，重点突破西南地区地形复杂、多云多雾等特征下地面观测和遥感产品高精度估算、陆地表层过程模型改进等关键科学问题，融合地面与遥感观测数据，实现西南地区陆地表层系统过程模拟，增强对西南地区极端气候事件频发和石漠化综合治理效益等具有区域特色的陆地表层系统地理问题的理解，为全球气候变化对该地区影响的评估与适应对策的制定提供参考。

1.3.3 拟解决的关键科学问题

本书拟解决以下两个关键科学问题。

（1）如何针对西南地区极为复杂地形实现陆地表层过程关键变量的高精度遥感估算。

西南地区极为复杂的地形影响地表关键参数的遥感建模和反演，将平坦地表构建的遥感模型用于山区，反演地表关键参数将具有较大的不确定性。而山区地表关键参数的遥感估算，关键是如何刻画地形以及由此引起的内部散射特征，进而发展适合山区的遥感模型，提高山区地表关键参数的遥感反演精度。本书拟发展山地辐射传输模型，刻画山区地表反射和热红外辐射特征，并综合利用静止卫星和极轨卫星综合反演关键地表参数，进而解决山区地形和多云多雾影响地表关键参数遥感反演精度的问题。

（2）如何实现陆表过程模拟中参数优化，从而提高陆表过程模型模拟的精度。

陆面过程模型的不确定性主要来源于大气驱动数据、模型参数和模型物理结构三个方面，近年来在数据同化领域发展出一种同步估计模型状态和模型参数的新方法；新方法在数据同化算法中引入了针对模型参数的同步估计算法，该算法利用观测数据在改善模型状态估计的同时，优化了模型参数。本书将发展利用多源多尺度地面观测和遥感数据产品，开展模型状态和模型参数同步估计的方案，减小模型参数的不确定性，提高陆面过程模型模拟精度。

1.4 研究路径

以西南地区陆地表层系统为研究对象，联合多个站点形成陆表过程关键参数地面观测网络，利用再分析数据通过动力降尺度和统计降尺度的方法实现大气驱动资料的制备，制备植物功能型（plant functional types，PFTs）和土壤等陆面过程模型参数，开展陆地表层系统关键参数地面观测，反演区域关键陆表参数高精度遥感产品，同化地面和遥感观测到陆面过程模型中，实现区域陆地表层系统过程模拟，基于模拟结果分析西南地区陆地表层系统在全球变化背景下的变化趋势和响应。本书总体研究路径如图 1-1 所示。

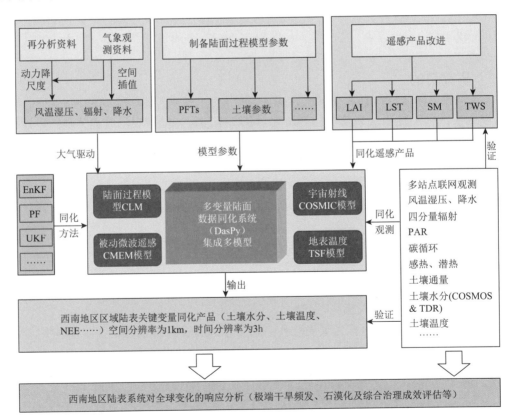

图 1-1 总体研究路径图

LST、SM 和 TWS 分别表示遥感地表温度产品、土壤水分产品和蒸散发产品；PAR 为光合有效辐射；风温湿压指风速、温度、湿度和气压；NEE 为净生态系统碳交换量

参 考 文 献

曹建华，袁道先，童立强，2008. 中国西南岩溶生态系统特征与石漠化综合治理对策. 草业科学，25（9）：40-50.

高江波，吴绍洪，戴尔阜，等，2015. 西南喀斯特地区地表水热过程研究进展与展望. 地球科学进展，30（6）：647-653.

葛全胜，赵名茶，郑景云，等，2002. 中国陆地表层系统分区初探. 地理学报，57（5）：515-522.

宫鹏，2010. 无线传感器网络技术环境应用进展. 遥感学报，14（2）：387-395.

国家林业局，2012. 中国石漠化状况公报. 中国绿色时报.

黄秉维，1996. 论地球系统科学与可持续发展战略科学基础（I）. 地理学报，51（4）：350-354.

靳华安，李爱农，边金虎，等，2016. 西南地区不同山地环境梯度叶面积指数遥感反演. 遥感技术与应用，31（1）：42-50.

李爱农，边金虎，张正健，等，2016. 山地遥感主要研究进展、发展机遇与挑战. 遥感学报，20（5）：1199-1215.

李新，摆玉龙，2010. 顺序数据同化的 Bayes 滤波框架. 地球科学进展，25（5）：515-522.

李新，黄春林，车涛，2007. 中国陆面数据同化系统研究的进展与前瞻. 自然科学进展，17（2）：163-173.

李新，程国栋，马明国，等，2010. 数字黑河的思考与实践 4：流域观测系统. 地球科学进展，25（8）：866-876.

梁顺林，白瑞，陈晓娜，等，2019. 中国陆表定量遥感发展综述. 遥感学报，24：618-671.

任扬航，马明国，张霞，等，2016. 典型喀斯特石漠化地区植被动态监测与土地利用变化的影响分析. 中国岩溶，35（5）：550-556.

孙菽芬，2002. 陆面过程研究的进展. 沙漠与绿洲气象，25（6）：1-6.

王丽琼，于坤，左瑞亭，等，2014. 西南地区主要水循环过程的数值模拟分析. 气候与环境研究，19（5）：614-626.

闻建光，柳钦火，李增元，等，2023. 中国遥感实验与真实性检验的发展思考. 遥感学报，27（3）：573-583.

肖宇，马柱国，李明星，2017. 陆面模式中土壤湿度影响蒸散参数化方案的评估. 大气科学，41（1）：132-146.

熊春晖，张立凤，关吉平，等，2013. 集合—变分数据同化方法的发展与应用. 地球科学进展，28（6）：648-656.

张添，黄春林，沈焕锋，2011. 地表通量对模型参数的不确定性和敏感性分析. 遥感技术与应用，26（5）：569-576.

郑朝菊，曾源，赵玉金，等，2017. 近 15 年中国西南地区植被覆盖度动态变化. 国土资源遥感，29（3）：128-136.

郑婧，谢正辉，戴永久，等，2009. 陆面过程模型 CoLM 与区域气候模式 RegCM3 的耦合及初步评估. 大气科学，33（4）：737-750.

钟祥浩，2002. 20 年来我国山地研究回顾与新世纪展望：纪念《山地学报》（原《山地研究》）创刊 20 周年. 山地学报，20（6）：646-659.

周金霖，马明国，肖青，等，2017. 西南地区植被覆盖动态及其与气候因子的关系. 遥感技术与应用，32（5）：966-972.

Albergel C，Calvet J C，de Rosnay P，et al.，2010. Cross-evaluation of modelled and remotely sensed surface soil moisture with in situ data in southwestern France. Hydrology and Earth System Sciences，14（11）：2177-2191.

Albergel C，Rüediger C，Carrer D，et al.，2009. An evaluation of ASCAT surface soil moisture products with in-situ observations in Southwestern France. Hydrology and Earth System Sciences，13：115-124.

Bach H，Mauser W，2003. Methods and examples for remote sensing data assimilation in land surface process modeling. IEEE Transactions on Geoscience Remote Sensing，41（7）：1629-1637.

Baret F，Hagolle O，Geiger B，et al.，2007. LAI，fAPAR and fCover CYCLOPES global products derived from VEGETATION：Part 1：Principles of the algorithm. Remote Sensing of Environment，110（3）：275-286.

Baret F，Weiss M，Lacaze R，et al.，2013. GEOV1：LAI and FAPAR essential climate variables and FCOVER global time series capitalizing over existing products. Part1：Principles of development and production. Remote Sensing of Environment，137（10）：299-309.

Chen F，Dudhia J，2001. Coupling an advanced land surface-hydrology model with the Penn state-NCAR MM5 modeling system. Part I：Model implementation and sensitivity. Monthly Weather Review，129（4）：569-585.

Cohen W B，Justice C O，1999. Validating MODIS terrestrial ecology products：Linking in situ and satellite measurements. Remote Sensing of Environment，70（1）：1-3.

Cox J，Plale B，2011. Improving automatic weather observations with the public twitter stream. IUB Technical Report.

Deng F, Chen J M, Plummer S, et al., 2006. Algorithm for global leaf area index retrieval using satellite imagery. IEEE Transactions on Geoscience and Remote Sensing, 44 (8): 2219-2229.

Dorigo W, de Jeu R, Chung D, et al., 2012. Evaluating global trends (1988—2010) in harmonized multi-satellite surface soil moisture. Geophysical Research Letters, 39 (18): L18405.

Entekhabi D, Njoku E G, O'Neill P E, et al., 2010. The soil moisture active passive (SMAP) mission. Proceedings of the IEEE, 98 (5): 704-716.

Fox A M, Hoar T J, Anderson J L, et al., 2018. Evaluation of a data assimilation system for land surface models using CLM4. 5. Journal of Advances in Modeling Earth Systems, 10 (10): 2471-2494.

Fu T G, Chen H S, Zhang W, et al., 2015. Spatial variability of surface soil saturated hydraulic conductivity in a small karst catchment of southwest China. Environmental Earth Sciences, 74 (3): 2381-2391.

Han C B, Ma Y M, Wang B B, et al., 2021. Long-term variations in actual evapotranspiration over the Tibetan Plateau. Earth System Science Data, 13 (7): 3513-3524.

Han X J, Franssen H, Li X, et al., 2013. Joint assimilation of surface temperature and L-band microwave brightness temperature in land data assimilation. Vadose Zone Journal, 12 (3): 155-175.

Han X J, Franssen H J H, Montzka C, et al., 2014. Soil moisture and soil properties estimation in the Community Land Model with synthetic brightness temperature observations. Water Resources Research, 50 (7): 6081-6105.

Hu Z H, Xu Z F, Zhou N F, et al., 2014. Evaluation of the WRF model with different land surface schemes: A drought event simulation in Southwest China during 2009–10. Atmospheric and Oceanic Science Letters, 7 (2): 168-173.

Im J, Park S, Rhee J, et al., 2016. Downscaling of AMSR-E soil moisture with MODIS products using machine learning approaches. Environmental Earth Sciences, 75 (15): 1-19.

Jin R, Li X, Yan B P, et al., 2014. A nested ecohydrological wireless sensor network for capturing the surface heterogeneity in the midstream areas of the Heihe River Basin, China. IEEE Geoscience and Remote Sensing Letters, 11 (11): 2015-2019.

Kerr Y H, Waldteufel P, Wigneron J P, et al., 2010. The SMOS mission: New tool for monitoring key elements of the global water cycle. Proceedings of the IEEE, 98 (5): 666-687.

Kleist D T, Parrish D F, Derber J C, et al., 2009. Introduction of the GSI into the NCEP global data assimilation system. Weather and Forecasting, 24 (6): 1691-1705.

Kolassa J, Gentine P, Prigent C, et al., 2017. Soil moisture retrieval from AMSR-E and ASCAT microwave observation synergy. Part 2: Product evaluation. Remote sensing of Environment, 195: 202-217.

Lawrence D M, Fisher R, Koven C D, et al., 2019. The Community Land Model version 5 (CLM5): Description of new features, benchmarking, and impact of forcing uncertainty. Journal of Advances in modeling Earth systems, 11 (12), 4245-4287.

Lee X H, Liu S D, Xiao W, et al., 2014. The taihu eddy flux network an observational program on energy, water, and greenhouse gas fluxes of a large freshwater lake. Bulletin of the American Meteorological Society, 95 (10): 1583-1594.

Li X, 2014. Characterization, controlling, and reduction of uncertainties in the modeling and observation of land-surface systems. Science China: Earth Sciences, 57 (1): 80-87.

Li X, Cheng G D, Liu S M, et al., 2013. Heihe watershed allied telemetry experimental research (HiWATER): Scientific objectives and experimental design. Bulletin of the American Meteorological Society, 94 (8): 1145-1160.

Li Y G, Wang Z X, Zhang Y Y, et al., 2019. Drought variability at various timescales over Yunnan Province, China: 1961-2015. Theoretical and Applied Climatology, 138 (1): 743-757.

Liao Y R, Fan W J, Xu X R, 2013. Algorithm of leaf area index product for HJ-CCD over Heihe River Basin. 2013 IEEE Internatlonal Sensing Symposium-IGARSS. Melbourne, VIC, Australia, 1169-172.

Lipton A E, Ward J M, 1997. Satellite-view biases in retrieved surface temperatures in mountain areas. Remote Sensing of Environment, 60 (1): 92-100.

Liu D, Mishra A K, 2017. Performance of AMSR_E soil moisture data assimilation in CLM4. 5 model for monitoring hydrologic fluxes at global scale. Journal of Hydrology, 547: 67-79.

Liu S M，Xu Z W，Wang W Z，et al.，2011. A comparison of eddy-covariance and large aperture scintillometer measurements with respect to the energy balance closure problem. Hydrology and Earth System Sciences，15：1291-1306.

Liu Y，Liu R G，Chen J M，2015. Retrospective retrieval of long-term consistent global leaf area index（1981—2011）from combined AVHRR and MODIS data. Journal of Geophysical Research：Biogeosciences，117（G4）：1-13.

Lin W，Wen C，Wen Z，et al.，2015. Drought in southwest China：A review. Atmospheric and Oceanic Science Letters，8（6）：339-344.

Ma H，Song J L，Wang J D，et al.，2014. Improvement of spatially continuous forest LAI retrieval by integration of discrete airborne LiDAR and remote sensing multi-angle optical data. Agricultural and Forest Meteorology，s189-190（6）：60-70.

Ma M G，Che T，Li X，et al.，2015. A prototype network for remote sensing validation in China. Remote Sensing，7（5）：5187-5202.

Malbéteau Y，Merlin O，Gascoin S，et al.，2017. Normalizing land surface temperature data for elevation and illumination effects in mountainous areas：A case study using *ASTER* data over a steep-sided valley in Morocco. Remote Sensing of Environment，189：25-39.

Meybeck M，Green P，Vörösmarty C，2001. A new typology for mountains and other relief classes：An application to global continental water resources and population distribution. Mountain Research and Development，21（3）：34-45.

Mishra A，Vu T，Veettil A V，et al.，2017. Drought monitoring with soil moisture active passive（SMAP）measurements. Journal of Hydrology，552：620-632.

Montzka C，Pauwels V R N，Franssen H J H，et al.，2012. Multivariate and multiscale data assimilation in terrestrial systems：A review. Sensors，12（12）：16291-16333.

Moradkhani H，2008. Hydrologic remote sensing and land surface data assimilation. Sensors，8（5）：2986-3004.

Morisette J T，Baret F，Privette J L，et al.，2006. Validation of global moderate-resolution LAI products：A framework proposed within the CEOS land product validation subgroup. IEEE Transactions on Geoscience and Remote Sensing，44（7）：1804-1817.

Myneni R B，Hoffman S，Knyazikhin Y，et al.，2002. Global products of vegetation leaf area and fraction absorbed PAR from year one of MODIS data. Remote sensing of environment，83（1/2）：214-231.

NRC. 2008. Committee on scientific accomplishments of Earth observations from space，national research council. Earth Observations from Space：The First 50 Years of Scientific Achievements. National Academies Press，142.

Pasolli L，Asam S，Castelli M，et al.，2015. Retrieval of Leaf Area Index in mountain grasslands in the Alps from MODIS satellite imagery. Remote Sensing of Environment，165：159-174.

Petropoulos G，Carlson T N，Wooster M J，et al.，2009. A review of Ts/VI remote sensing based methods for the retrieval of land surface energy fluxes and soil surface moisture. Progress in Physical Geography：Earth and Environment，33（2）：224-250.

Qin Z H，Tang H J，Li W J，et al.，2014. Modelling impact of agro-drought on grain production in China. International Journal of Disaster Risk Reduction，7：109-121.

Qu Y H，Zhu Y Q，Han W C，et al.，2014. Crop leaf area index observations with a wireless sensor network and its potential for validating remote sensing products. IEEE Journal of Selected Topics in Applied Earth Observations and Remote Sensing，7（2）：431-444.

Reichle R H. 2008. Data assimilation methods in the earth sciences. Advances in Water Resources，31：1411-1418.

Rodell M，Houser P R，Jambor U，et al.，2004. The global land data assimilation system. Bulletin of the American Meteorological Society，85（3）：381-394.

Sabater J M，Rüdiger C，Calvet J C，et al.，2008. Joint assimilation of surface soil moisture and LAI observations into a land surface model. Agricultural and Forest Meteorology，148（8/9）：1362-1373.

Sobrino J A，Raissouni N，Li Z L，2001. A comparative study of land surface emissivity retrieval from NOAA data. Remote Sensing of Environment，75（2）：256-266.

Song Y，Wang J M，Yang K，et al.，2012. A revised surface resistance parameterisation for estimating latent heat flux from remotely sensed data. International Journal of Applied Earth Observation and Geoinformation，17：76-84.

Syed T H，Famiglietti J S，Rodell M，et al.，2008. Analysis of terrestrial water storage changes from GRACE and GLDAS. Water Resources Research，44（2）：1-15.

Tian X J，Xie Z H，Dai A G，et al.，2010. A microwave land data assimilation system：Scheme and preliminary evaluation over China.Journal of Geophysical Research：Atmospheres，115（D21）：D21113.

Tong X W，Brandt M，Yue Y M，et al.，2018. Increased vegetation growth and carbon stock in China karst via ecological engineering. Nature Sustainability，1：44-50.

Tum M，Günther K，Böttcher M，et al.，2016. Global gap-free MERIS LAI time series（2002—2012）. Remote Sensing，8（69）：1-19.

Wagner W，Hahn S，Kidd R，et al.，2013. The ASCAT soil moisture product：A review of its specifications，validation results，and emerging applications. Meteorologische zeitsohrift，22（1），5-33.

Wang X F，Ma M G，Huang G H，et al.，2012. Vegetation primary production estimation at maize and alpine meadow over the Heihe River Basin，China. International Journal of Applied Earth Observation and Geoinformation，17：94-101.

Wang Z L，Li J，Lai C G，et al.，2018. Increasing drought has been observed by SPEI_pm in Southwest China during 1962—2012. Theoretical and Applied Climatology，133（1/2）：23-38.

Wen J G，Liu Q，Xiao Q，et al.，2018. Characterizing land surface anisotropic reflectance over rugged terrain：A review of concepts and recent developments. Remote Sensing，10（3）：370.

Wen J G，Liu Q，Tang Y，et al.，2015. Modeling land surface reflectance coupled BRDF for HJ-1/CCD data of rugged terrain in Heihe River basin，China. IEEE Journal of Selected Topics in Applied Earth Observations and Remote Sensing，8（4）：1506-1518.

Xiao Z Q，Liang S L，Wang J D，et al.，2013. Use of general regression neural networks for generating the GLASS leaf area index product from time-series MODIS surface reflectance. IEEE Transactions on Geoscience and Remote Sensing，52（1）：209-223.

Xing W Q，Wang W G，Shao Q X，et al.，2014. Changes of reference evapotranspiration in the Haihe River Basin：Present observations and future projection from climatic variables through multi-model ensemble. Global and Planetary Change，115（8）：1-15.

Yan K，Park T，Yan G J，et al.，2016. Evaluation of MODIS LAI/FPAR product collection 6. Part 2：Validation and intercomparison. Remote Sensing，8（6）：1-26.

Yang H，Ma M G，Flower R J，et al.，2017. Preserve Precambrian fossil heritage from mining. Nature Ecology and Evolution，1（8）：1048-1049.

Yang J，Gong D Y，Wang W S，et al.，2012. Extreme drought event of 2009/2010 over southwestern China. Meteorology and Atmospheric Physics，115（3）：173-184.

Yuan D，1999. Progress in the study on karst processes and carbon cycle. Advances in Earth Science，14（5）：425.

Zhang R H，Sun X，Wang W M，et al.，2003. Determination of regional distribution of crop transpiration and soil water use efficiency using quantitative remote sensing data through inversion. Science in China，46（1）：10-22.

Zhang R II，Tian J，Li Z L，et al.，2010. Principles and methods for the validation of quantitative remote sensing products. Science China Earth Sciences，53（5）：741-751.

Zhao W，Li A N，2015. A review on land surface processes modelling over complex terrain. Advances in Meteorology，2015：1-17.

Zreda M，Shuttleworth W J，Zeng X，et al.，2012. COSMOS：The COsmic-ray soil moisture observing system. Hydrology and Earth System Sciences，16（11）：4079-4099.

第2章　西南地区大气驱动数据制备

2.1　概　　述

大气驱动数据是指用于驱动陆面、水文和生态模型的近地表大气要素（包括气温、降水、气压、湿度、风场、短波辐射和长波辐射）（李新等，2010）。早期的陆面、水文和生态模型使用全球再分析资料作为大气驱动数据。然而，这些全球再分析资料空间分辨率粗糙（几十千米），难以准确反映近地表气象要素的细节特征，给模拟结果带来极大的不确定性（Fekete et al.，2004）。这种不确定性在地形复杂的山区尤为突出，这是因为山区地形起伏导致近地表气象要素的空间异质性较大（Zhang et al.，2022）。研究表明，提高大气驱动数据的空间分辨率有助于改善陆面、水文和生态模型的模拟结果，故制备高时空分辨率的大气驱动数据对陆表环境（尤其是山区陆表环境）的研究具有重要意义（Sheffield et al.，2004）。为了获取高时空分辨率的大气驱动数据，对已有粗空间分辨率数据进行空间降尺度是一种行之有效的途径。大气驱动数据的空间降尺度方法按原理可分为动力降尺度和统计降尺度。

动力降尺度是利用区域气候模式的物理过程参数化方案，在全球气候模式大尺度气候背景信息的基础上估计高分辨率的气象背景场（Giorgi，1990）。动力降尺度的优点是物理意义明确，不依赖于站点观测数据，可以反映时空连续的信息；缺点是模式配置复杂、计算效率低。但随着计算机技术的迅猛发展，动力降尺度方法的计算效率得到提升，其应用也越来越广泛。目前应用最为广泛的动力降尺度模式是天气研究与预报（weather research and forecasting，WRF）模型，可用于高空间分辨率（1～10km）数值模拟（Kala et al.，2015；黄菁和张强，2012）。使用 WRF 模型动力降尺度提高大气驱动数据空间分辨率的同时也需要保证模拟结果的精度。目前提高 WRF 模拟精度的方法主要包括：使用质量较好的大气再分析资料作为输入数据（Huang and Gao，2018）；使用更接近实际情况的静态地形数据，如高程、土地覆盖、土壤类型、植被覆盖度、叶面积指数等数据（Fu et al.，2020；顾小祥和李国平，2019；He et al.，2017；潘小多等，2012）；根据研究需求配置适宜的参数化方案。WRF 模型嵌套的参数化方案主要包括云微物理参数化方案（郭艺媛等，2021；张颖等，2016；尹金方等，2014；王婷婷等，2013）、积云对流参数化方案（Wu et al.，2019；刘晓冉和李国平，2014；Nasrollahi et al.，2012）、边界层参数化方案（吴志鹏等，2021；王大山等，2020；吴秋月等，2018；）和陆面过程方案（García-García et al.，2020）。

统计降尺度也称为经验降尺度，是通过大量的观测数据来建立小尺度变量和大尺度变量之间的统计关系。采用统计降尺度方法的假设前提是：①大尺度气候场和区域气候要素场之间具有显著的统计关系；②大尺度气候场信息准确；③在变化的气候情景下，建立的统计关系是有效的。因此，当大尺度的气候要素与区域尺度的气候要素之间相关关系不显著时，就失去了其应用的理论依据（Mearns et al.，1999）。然而，统计降尺度具备方法简单、计算效率高的优势，故也得到了广泛的应用。徐彬仁和魏瑗瑗（2018）采用随机森林法对青藏高原地区的热带降水测量计划（tropical rainfall measuring mission，TRMM）卫星降水数据进行降尺度得到 8km 空间分辨率数据，通过和站点观测数据进行对比发现，降尺度结果能较好地描述青藏高原地区的年际降水变化趋势和数量级。

　　中国西南山区地表空间异质性大，缺少高空间分辨率的大气驱动数据，这极大地限制了西南地区生态、水文等方面的精细研究。本章以西南山区为研究区，旨在研究现有空间降尺度方法在西南山区的表现，并探索适用于西南复杂地形区的大气驱动数据降尺度方法。

2.2　现有大气驱动数据

　　早期陆面模拟主要使用大气再分析资料的模拟结果作为大气驱动数据，大气再分析资料是通过同化卫星、地面和探空观测数据得出的高时空分辨率、长时间尺度数据集。目前常用的大气再分析资料包括美国国家环境预报中心（National Centers for Environmental Prediction，NCEP）和国家大气研究中心（National Center for Atmospheric Research，NCAR）联合研制的 NCEP/NCAR 全球大气再分析资料，NCEP 和美国能源部（Department of Energy，DOE）共同制作的 NCEP/DOE（Kalnay et al.，1996），日本气象厅（Japan Meteorological Agency，JMA）和电力中央研究所（Central Research Institute of Electric Power Industry，CRIEPI）联合组织实施的 JRA-25 和 JRA-55（Hiroyuki et al.，2018），欧洲中期天气预报中心（European Centre for Medium-range Weather Forecasts，ECMWF）发布的 ERA-40、ERA-Interim 和 ERA5 等（Hersbach et al.，2020）。

　　NCEP/NCAR 全球大气再分析资料时间跨度是 1948 年至今，时间分辨率为 6h，水平空间分辨率为 2.5°。NCEP/DOE 再分析资料的时间分辨率是 6h，水平空间分辨率为 1.875°。NCEP/DOE 作为第二代大气再分析资料，修正了 NCEP/NCAR 中存在的人为误差。JRA-55 时间跨度为 1957 年 12 月至今，采用了四维变分同化技术，时间分辨率为 6h，空间分辨率为 0.562°。ERA-Interim 再分析数据的时间跨度为 1979 年至今，时间分辨率为 1h，水平空间分辨率为 0.75°，60 个垂直分层。ERA5 再分析资料相对于 ERA-Interim 做了提升，是 ECMWF 的第五代产品，水平空间分辨率提升为 0.25°，共 137 层模式层。上述再分析资料集的数值模式、同化方案以及观测资料源各有差异，客观评估其对大气真实状态描述的准确程度成为应用前必须回答的关键问题。

　　针对各再分析资料不同要素在全球和区域尺度大气的再现能力评估已有不少研究。徐影等（2001）以及赵天保和符淙斌（2009a）分析了中国地表观测与 NCEP/NCAR、NCEP/DOE、ERA-40 和 JRA-25 的差异，指出再分析资料在中国东部和低纬度地区可信度高于西部和高纬度地区，气温可信度高于气压，1979 年以后高于 1979 年以前；ERA-40 和 JRA-25 的可信度高于 NCEP/NCAR 和 NCEP/DOE。黄刚（2006）利用中国北方 7 个探空站气温和位势高度与 ERA-40 和 NCEP/NCAR 对比，指出 20 世纪 70 年代以前 NCEP/NCAR 在中国北方地区对流层低层存在虚假年代际变化趋势，ERA-40 较 NCEP/NCAR 好，70 年代以后 NCEP/NCA 较 ERA-40 更接近实际探空值。周顺武和张人禾（2009）比较了 1979~2002 年青藏高原 12 个探空站和 NCEP/NCAR 气温和位势高度，指出两者在对流层中下层的趋势存在明显差异。赵天保和符淙斌（2009b）通过中国 40 个探空代表站与 ERA-40、NCEP/NCAR 和 NCEP/DOE 的气温与位势高度的对比，得到数值偏差主要在对流层上层，年际和长期变化趋势的差别则反映在对流层中下层，ERA-40 较 NCEP 更适用于中国气候变化研究。近年来，随着 ERA-Interim、CFSR、MERA 和 JRA-55 等第 3 代再分析资料集以及长达百年的 20CR 的发布，其在中国区域适用性评估也陆续开展，评估内容从地表扩展至高空，除气温、降水外还包含水汽、地表辐射、季风指数和南亚高压等。宋丰飞和周天军（2012）评估了 NCEPv1、ERA-40 和 20CR 的东亚夏季风指数；支星和徐海明（2013）利用中国 105 个探空站气温评估了 NCEP/NCAR、ERA-40 和 JRA-25 的气温，指出 ERA-40 和 JRA-25 在对流层中下层与探空接近，NCEP 在对流层高层适用性较强，东部的可信度高于西部，北部高于南部。韦芬芬等（2015）利用 107 个站探空资料评估了 6 套再分析的夏季位势高度、气温和绝对湿度，指出 JRA-25、ERA-Interim 和现代时代研究与应用回顾分析（modern-era retrospective analysis for research and applications，MERRA）在对流层中高层与探空的差异较 NCEP/NCAR、NCEP/DOE 和美国国家环境预报中心的气候预报系统再分析（climate forecast system reanalysis，CFSR）资料小，位势高度和气温的差异明显小于绝对湿度。

　　由于全球再分析资料的空间分辨率通常为几十千米，为开展更高空间分辨率的陆面模拟研究，需制备空间分辨率更高的大气驱动数据。目前已有覆盖全中国，且空间分辨率小于等于 10km 的大气驱动数据，包括中国科学院青藏高原研究所（He et al.，2020）制作的中国区域地面气象要素驱动数据集（China meteorological forcing dataset，CMFD），中国气象局师春香团队制作的中国气象局陆面数据同化系统（CMA land data assimilation system，CLDAS）近实时产品数据集（张涛，2013）。CMFD 的时间覆盖范围为 1979~2018 年，空间覆盖范围为亚洲区域（70°~140°E，15°~55°N），时间分辨率为 3h，空间分辨率为 0.1°。CMFD 是以国际上现有的 Princeton 再分析资料、GLDAS 资料、GEWEX-SRB 辐射资料，以及 TRMM 降水资料为背景场，融合了中国气象局常规气象观测数据制作而成的。原始资料来自气象局观测数据、再分析资料和卫星遥感数据。已去除非物理范围的值，采用 ANU-Spline 统计插值。CLDAS 的最新版本 CLDAS V2.0 时间覆盖范围为 2008 年至今，空间范围为亚洲区域（0°~65°N，60°E~160°E），时间分辨率为 1h，空间分辨率为 0.0625°。该数据集利用多种来源的地面、卫星等观测资料，采用多重网格变分同化、最优插值、概率密度函数匹配、物理反演、地形校正等技术研制而成。

2.3　基于动力降尺度的大气驱动数据制备

　　区域气候模型不依赖于高空间分辨率参量的优势，使其在复杂地形区域的应用不受数据限制，但其在西南复杂地形区域的模拟表现如何还有待探究。为了评估区域气候模型在西南地区复杂地表下估算高空间分辨率大气驱动数据的可行性，本节选择目前发展成熟且应用广泛的 WRF 模型，开展 1km 空间分辨率大气驱动数据的模拟研究。

为了改善 WRF 模型模拟精度，本节在正式模拟前开展了静态地形数据替换实验和云微物理参数化方案模拟实验。静态地形数据作为 WRF 模拟所必需的输入数据，提供了大量下垫面信息，提升了静态地形数据质量，有助于改善 WRF 模拟精度。大量有关 WRF 模拟的研究工作没有替换静态地形数据，而替换 WRF 模型静态地形数据的研究大多局限于一种或两种数据的替换，同时替换高程、土地覆盖类型、土壤类型、FVC 和 LAI 对 WRF 模拟的改善程度有待探讨。针对西南地区，有部分研究比较了不同云微物理方案模拟降水的表现，但得出了不一致的结论。总体而言，模拟效果较好的云微物理参数化方案有 Lin、TPS、NSSL2m、WSM 系列和 WDM 系列（郭艺媛等，2021；顾小祥和李国平，2019；康延臻等，2018；尹金方等，2014；王婷婷等，2013；陈功等，2012；黄海波等，2011；），故本节选取这 5 种云微物理参数化方案进行模拟实验，从而确定最佳方案。

2.3.1　研究区

本节以西南部分区域为研究区，探讨 WRF 模型的降尺度表现。如图 2-1 所示，该区域的地貌结构特征复杂，有着丰富的地貌类型，地形起伏大，具有广泛发育的喀斯特地貌。复杂的地形特征导致该地区的近地表水热变量分布也具有较大的空间异质性，模拟高空间分辨率的大气驱动数据对于该区域的气候、生态过程等研究具有重要意义。该区域的气候类型为亚热带湿润季风气候，受西太平洋季风、印度季风等多个季风系统交替影响。图中的 d01、d02 和 d03 代表模拟实验的三层嵌套区域；D01、D02 和 D03 代表正式模拟的三层嵌套区域。模拟实验的时间范围为 2020-03-01 12:00:00～2020-03-11 00:00:00、

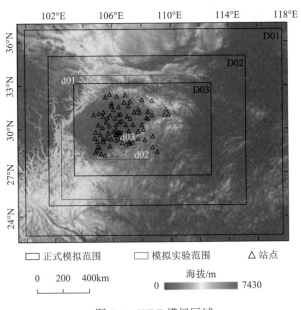

图 2-1　WRF 模拟区域

D01、D02 和 D03 是模拟整个重庆市的三层嵌套区域，d01、d02 和 d03 是模拟实验的三层嵌套区域

2020-07-01 12:00：00～2020-07-11 00:00:00、2020-12-01 12:00:00～2020-12-11 00:00:00。正式模拟的时间范围为 2019-12-31 12:00:00～2020-12-31 23:00:00，模型的预热时间为 12h。将 9km、3km 和 1km 的逐时 WRF 模拟结果简称为 h9km、h3km 和 h1km，相应的逐日数据简称为 d9km、d3km 和 d1km；逐时和逐日的 ERA5 简称为 hERA5 和 dERA5。逐日降水数据由一天内的逐时数据累加得到，其余变量的逐日数据由一天内的逐时数据求平均得到。

2.3.2　数据

WRF 模型模拟需要提供初始边界条件和静态地形数据。本节以精度相对较高的再分析资料 ERA5 作为初始边界条件，使用 5 种更高质量的静态地形数据（包括高程、土地覆盖类型、土壤类型、FVC 和 LAI）替换 WRF 模型默认的数据。此外，还使用了 88 个地面站点的观测数据进行精度评估。

ERA5 是 ECMWF 的第五代大气再分析资料，时间覆盖范围为 1940 年至今。它是在 ERA-Interim 的基础上升级得到的，时空分辨率得到了显著提升，并且使用了更为先进的四维变分同化技术同化了更多的站点和卫星观测数据（Hersbach et al.，2020）。该数据的空间分辨率为 0.25°，时间分辨率为 1h。ERA5 提供了气压层数据和近地表层数据，气压层数据的垂直层数为 137 层。这些数据均可在 ECMWF 提供的数据网站免费下载（https://cds.climate.copernicus.eu）。本节中，ERA5 的气压层数据和近地表层数据用于驱动 WRF 模型模拟高空间分辨率 DSSR。用到的气压层变量包括温度、风速纬向 U 分量、风速经向 V 分量、位势高度、比湿和相对湿度；用到的近地表层变量包括 10m 风速的纬向 U 分量和经向 V 分量、2m 露点温度、2m 温度、海陆掩膜、近地表气压、平均海平面气压、海冰覆盖、海表温度、地表温度、雪深、土壤温度（1～4 层）和土壤含水量（1～4 层）。

自 WRF 3.8 版本起，默认使用的数字高程模型为 2010 年全球分辨率地形高程数据（global multi-resolution terrain elevation data 2010，GMTED2010），覆盖范围为 90°S～84°N，空间分辨率为 30″×30″。GMTED 是美国地质调查局（United States Geological Survey，USGS）和国家地理空间情报局于 2010 年合作，通过融合 11 个栅格数据源而生成的（Danielson and Gesch，2011）。航天飞机雷达地形测绘任务（shuttle radar topography mission，SRTM）是用美国奋进号航天飞机获得的三维雷达数据生成的高精度地形数据，覆盖范围为 60°N～56°S。SRTM 数据的 3.0 版（SRTMGL3）结合先进星载热发射和反射辐射仪全球数字高程模型（advanced spaceborne thermal emission and reflection radiometer global digital elevation model，ASTER GDEM）、GMTED2010 等高程数据进行了空值填充，相较于其他 DEM 产品有更高的精度（武文娇等，2017；陈俊勇，2005）。SRTMGL3 数据的空间分辨率为 90m，可在 USGS 官方平台免费获取。使用双线性插值将 90m 的 SRTMGL3 重采样到 500m，然后将数据转换为 BIL 格式以替换 WRF 中默认的 DEM。在 WRF 的配置过程中，500m 的 SRTM 数据被重采样到 1km、3km 和 9km。

WRF 默认的土地覆盖类型数据是 2001 年的 MODIS 土地覆盖产品（Li et al.，2020），包含 21 个类别，空间分辨率为 30″×30″。考虑研究区土地覆盖类型的快速变化（Lang et al.，2019），2001 年的土地覆盖类型数据不能代表 2020 年土地覆盖类型的实际情况。此外，研究表明中国区域 MODIS 土地利用数据的精度低于全球平均精度（宫鹏，2009）。相较于默认的土地覆盖类型数据，刘良云团队发布的全球 30m 精细地表覆盖产品（global land cover product with fine classification system at 30m，GLC_FCS30）具有较高的精度（高媛，2021；康军梅，2020；Liu et al.，2020）。因此，用 2020 年的 GLC_FCS30 数据（GLC_FCS30-2020）替换 WRF 默认土地覆盖类型数据，该数据可在 Zenodo 数据分享平台免费获取。本节使用最大面积法将 GLC_FCS30-2020 数据重采样到 WRF 模拟的水平格网分辨率。除 MODIS 土地覆盖类型，WRF 模型中还提供了美国地质调查局（USGS）制作的土地覆盖类型数据以供选择。USGS 土地覆盖类型共 24 种，和 GLC_FCS30-2020 的分类体系更接近。因此，本节将 GLC_FCS30-2020 中的土地覆盖类型重新编码为 USGS 分类（表 2-1）。

表 2-1 GLC_FCS30-2020 和 USGS 中的土地覆盖类型及对应编码

GLC_FCS30-2020 编码	土地覆盖类型	USGS 编码
10	旱地	2
11	草本	7
12	乔木或灌木（果园）	8
20	灌溉农田	3
51	稀疏常绿阔叶林	13
52	郁闭常绿阔叶林	13
61	稀疏落叶阔叶林	11
62	郁闭落叶阔叶林	11
71	稀疏常绿针叶林	14
72	郁闭常绿针叶林	14
81	稀疏落叶针叶林	12
82	郁闭落叶针叶林	12
91	稀疏混合林	15
92	郁闭混合林	15
120	灌木林	8
121	常绿灌木林	8
122	落叶灌木林	8
130	草地	7

续表

GLC_FCS30-2020 编码	土地覆盖类型	USGS 编码
140	地衣和苔藓	/
150	稀疏植被	19
152	稀疏灌木	19
153	稀疏草地覆盖	19
180	湿地	17
190	人工地表	1
200	裸地	19
201	硬质地表的裸地	19
202	松质地表的裸地	19
210	水体	16
220	永久冰雪	24
250	缺失值	

　　WRF 模型默认土壤类型数据集是美国农业部制作的 1991 年的数据，其空间分辨率在美国为 30″，在其他地区为 5′。该数据集用到的数据源包括 1∶500 万比例尺的中国土壤地图和世界排放清单项目的 60 个土壤剖面数据。北京师范大学制备的土壤数据（bnu_soil_30s）空间分辨率为 30″，用到的数据源包括 1∶100 万比例尺的中国土壤地图和 8595 个代表性土壤剖面（Shangguan et al.，2014）。卢冰等（2019）发现用 bnu_soil_30s 替换 WRF 的默认土壤类型数据可以提高 WRF 模拟的准确性。因此，本节使用 bnu_soil_30s 来替换 WRF 默认的土壤类型数据。

　　WRF 默认 FVC 是基于 1985～1990 年高级甚高分辨率辐射计（advanced very high resolution radiometer，AVHRR）的归一化差异植被指数（normalized difference vegetation index，NDVI）生成的全球月度 FVC（Gutman and Ignatov，1997）。该数据集无法准确反映 2020 年的 FVC 分布。为了获取 2020 年的 FVC 数据，本节使用空间分辨率为 1 km 的 MODIS 月度植被指数 6.1 版本（MOD13A3v061）数据计算得到 FVC，计算公式如式（2-1）所示（Gutman and Ignatov，1998）。MOD13A3v061 可在 USGS 网址免费获取（https://lpdaac.usgs.gov/products/mod13a3v061/）。由于研究区多云天气对 MOD13A3v061 的质量影响很大，本研究参考 MOD13A3 的质量控制文件，使用 2019 年未受云影响的像元值来替换 2020 年受云影响的像元。

$$FVC = (NDVI_i - NDVI_{Soil})/(NDVI_{Veg} - NDVI_{Soil}) \qquad (2-1)$$

式中，$NDVI_i$ 为第 i 个像元的 NDVI 值；$NDVI_{Veg}$ 和 $NDVI_{Soil}$ 分别为所有 $NDVI_i$ 从大到小排序前 5%和后 5%的值。

WRF 默认的 LAI 是 30″空间分辨率的 MODIS 产品。Yuan 等（2020）对 MODIS 第 6 版 LAI 产品（MCD15A2H 和 MOD15A2H）进行了再处理，并证明其数据的准确性高于原始 MODIS LAI。该 LAI 数据集的空间分辨率为 500m，时间分辨率为 8d，本节将 8d 的数据平均为逐月数据用于 WRF 模拟。

为了评估 WRF 降尺度结果的准确性，研究团队使用了 88 个地面站点的观测数据验证 WRF 降尺度结果和 ERA5 大气驱动变量的精度。这些站点观测的时间分辨率为 1h，本节将其求平均为逐日数据用于验证逐日的模拟结果。评估的大气驱动数据共 7 个变量，其变量缩写及单位如表 2-2 所示。

表 2-2　大气驱动数据信息

变量	变量缩写	单位
近地表气压	PSFC	hPa
近地面 2m 气温	T2	℃
下行短波辐射	DSSR	W/m²
下行长波辐射	GLW	W/m²
近地表 10m 风速	WS10	m/s
近地表 2m 相对湿度	RH2	%
逐时累积降水	PRECIP	mm

2.3.3　方法

WRF 模型的开发始于 20 世纪 90 年代，是由美国国家大气研究中心、美国国家海洋和大气管理局、美国空军气象局、美国海军研究实验室等机构共同开发的，采用了可扩展的、可移植的并行计算方法，能够模拟从数小时到数年的时间尺度的气象和气候过程。WRF 是一个非静力、完全可压缩的模型，采用有限差分法和谱方法相结合的数值模拟方法，包括动力学、物理过程和边界条件等模块。WRF 模型可以模拟地球上的大气、陆地、海洋过程，并能够考虑复杂地形、城市化、气溶胶等因素对气象和气候的影响。

鉴于 WRF 模型具备可扩展性、能实现高空间分辨率模拟且发展成熟等优势，本节将 WRF 模型用于复杂地形区域高空间分辨率 DSSR 的模拟研究，使用的 WRF 模型版本为 4.2.1。WRF 模型的基本系统构成如图 2-2 所示，需要静态地形数据和气象要素场作为输入数据，并通过数据预处理模块对输入数据进行处理。预处理工作包括：①通过 geogrid 定义模拟网格，并将静态地形数据插值到定义的网格范围；②通过 ungrib 将气象驱动数据转换为 WRF 可读取的格式；③将 geogrid 和 ungrib 处理得到的静态地形数据和气象数据结合起来，生成 WRF 模型的输入文件。接下来，将处理后的数据输入模拟模块进行模拟，具体而言：①通过 real 垂直插值生成初始场和侧边界数据；②通过 WRF 模块模拟得到最终的数据。最后，利用 NCL 或 Python 等编程语言对 WRF 模型模拟结果进行处理和可视化。

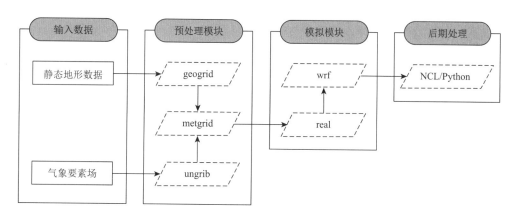

图 2-2　WRF 模型系统结构

由于输入气象场的质量会影响模拟精度，本节使用精度较高的 ERA5 再分析资料作为 WRF 模型的初始大气边界条件。为了比较替换 5 种静态地形数据的改善效果，对比使用 WRF 默认静态地形数据和使用替换的静态地形数据对模拟结果的影响。参考相关研究，选择 5 种云微物理方案进行模拟，包括两种单参数化方案（Lin 和 WSM7）和三种双参数化方案（WDM7、NSSL2m 和 TPS），详细信息如表 2-3 所示。单参数化方案只考虑水凝物的质量浓度，双参数化方案考虑水凝物的质量浓度和数量浓度，所以双参数化方案的计算过程比单参数化方案更复杂。

表 2-3　云微物理参数化方案信息

方案	云微物理方案	质量	数量
单参数化	Lin	Q_c、Q_r、Q_i、Q_s、Q_g	
	WSM7	Q_c、Q_r、Q_i、Q_s、Q_g、Q_h	
双参数化	WDM7	Q_c、Q_r、Q_i、Q_s、Q_g、Q_h	N_c、N_r
	NSSL2m	Q_c、Q_r、Q_i、Q_s、Q_g、Q_h	N_c、N_r、N_i、N_s、N_g、N_h
	TPS	Q_c、Q_r、Q_i、Q_s、Q_g	N_i、N_r

注：质量和数量为对应水凝物浓度的数量和质量。Q 为混合比；N 为水凝物数量；c、r、i、s、g 和 h 分别为云、雨、冰、雪、霰和冰雹。单参数化方案不考虑水凝物数量。

根据文献调研结果，本节确定了 WRF 模拟实验的参数化方案配置，如表 2-4 所示。因为本节模拟的格网分辨率（高于 10km）为对流允许尺度，所以关闭了积云对流方案。WRF 模拟实验技术路线如图 2-3 所示，采用 ERA5 作为初始边界条件驱动 WRF 模型模拟得到第一层嵌套区域 9km 空间分辨率的数据。然后，用第一层嵌套区域的结果驱动

WRF 模型模拟得到第二层嵌套区域的 3km 空间分辨率数据。最后，用第二层嵌套区域的结果驱动 WRF 模型模拟得到第三层嵌套区域 1km 空间分辨率的数据。整个模拟主要包括三个步骤：①使用 5 种云微物理参数化方案分别模拟得到 5 组结果，通过站点观测数据对 5 组模拟结果进行精度评估，确定精度最高的结果所用方案；②使用默认和替换的静态地形数据分别作为输入数据模拟得到两组结果，并分析两组结果的差异；③基于模拟实验确定的最佳方案，模拟 2020 年全年的 DSSR 数据。

表 2-4　WRF 模拟实验参数化方案配置

参数	d01	d02	d03
水平格网分辨率/km	9	3	1
格网数量	100×85	106×79	154×130
初始边界条件	ERA5	第一层嵌套	第二层嵌套
静态地形数据	默认/替换的		
积云对流方案	关闭		
云微物理方案	Lin、Thompson、NSSL 2-moment 4-ice、WDM7 和 WSM7		
边界层方案	Yonsei University		
短波辐射方案	Dudhia		
长波辐射方案	RRTM		
陆面方案	Noah-MP		
投影	Lambert		

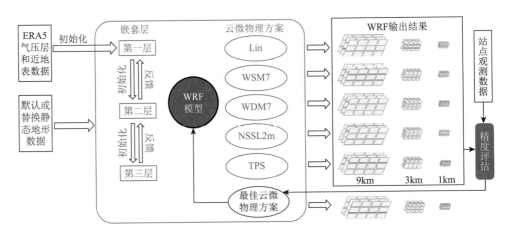

图 2-3　WRF 模拟实验技术路线

　　本节使用站点观测数据在逐时和逐日尺度上评估 ERA5 和 WRF 降尺度结果的精度。精度评估指标主要包括相关系数（correlation coefficient，CC）、平均偏差误差（mean bias error，MBE）、平均绝对误差（mean absolute error，MAE）和均方根误差（root mean square error，RMSE）。这些指标的计算公式如下：

$$CC = \frac{\sum_{i=1}^{n}(x_i - \overline{x}) \cdot (y_i - \overline{y})}{\sqrt{\sum_{i=1}^{n}(x_i - \overline{x})^2} \cdot \sqrt{\sum_{i=1}^{n}(y_i - \overline{y})^2}} \tag{2-2}$$

$$MBE = \frac{\sum_{i=1}^{n}(x_i - y_i)}{n} \tag{2-3}$$

$$MAE = \frac{\sum_{i=1}^{n}|x_i - y_i|}{n} \tag{2-4}$$

$$RMSE = \sqrt{\frac{\sum_{i=1}^{n}(x_i - y_i)^2}{n}} \tag{2-5}$$

$$rRMSE = \frac{RMSE}{y_i} \tag{2-6}$$

式中，n 为样本总数；i 为样本序号；x_i 为第 i 个待验证样本值；y_i 为第 i 个观测样本值；$\overline{x}$ 为所有待验证样本均值；$\overline{y}$ 为所有站点观测样本均值；rRMSE 为相对均方根误差（relative Root Mean Square Error）。

考虑逐时降水数据难以和站点观测降水在量上一致，本节引入了探测率（probability of detection，POD）和报错率（false alarm rate，FAR）这两个指标用于评估逐时降水产品的表现。POD 指降水产品与地面站点同步探测到有雨的比率，FAR 指卫星误报有雨的比率。POD 和 FAR 的计算见式（2-7）和式（2-8）。此外，还引入了全球降水观测（global precipitation measurement，GPM）计划多星融合降水产品（integrated multi-satellite retrievals for GPM，IMERG），与 ERA5 和 WRF 降尺度结果作对比。

$$POD = \frac{H}{H + M} \tag{2-7}$$

$$FAR = \frac{F}{H + F} \tag{2-8}$$

式中，H 为降水产品和地面站点同时观测到降水的事件总数；M 为产品未探测到而地面站点探测到降水的事件总数；F 为产品探测到而地面站点未探测到的降水事件总数。

2.3.4　结果分析

1. 静态地形数据模拟实验

静态地形数据替换前后的对比如图 2-4 所示（土地覆盖类型和土壤类型的编码和对应名称见表 2-5）。从图 2-4（a）和（b）可以看出，替换前后高程数据变化不大。在土地覆盖类型数据中，替换后的城镇建设用地面积比默认的更大，也更符合 2020 年的实际情况。叶面积指数和土壤类型数据在替换后都有了更多的空间细节信息。图 2-4（c）、（d）、（e）、（f）数值代表类型见表 2-5。

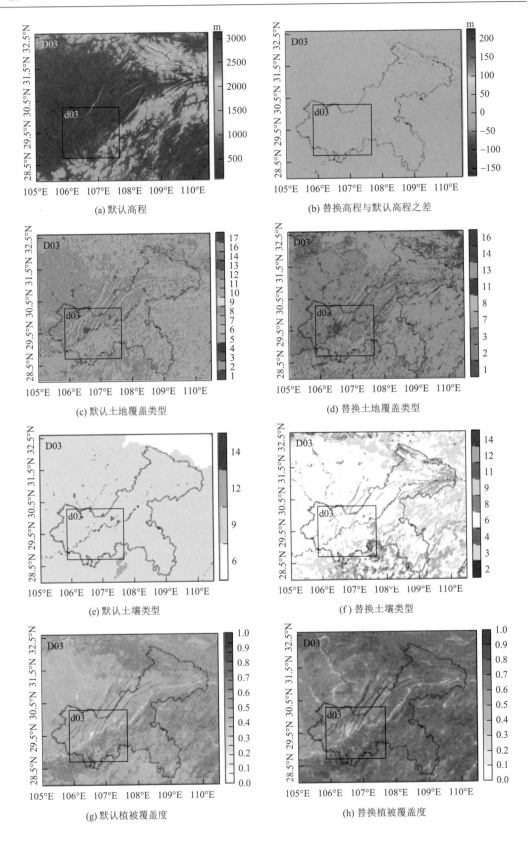

(a) 默认高程

(b) 替换高程与默认高程之差

(c) 默认土地覆盖类型

(d) 替换土地覆盖类型

(e) 默认土壤类型

(f) 替换土壤类型

(g) 默认植被覆盖度

(h) 替换植被覆盖度

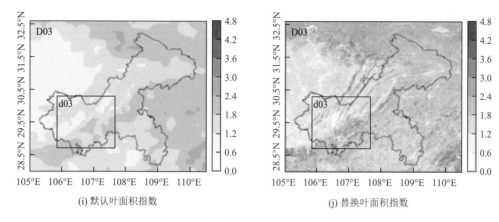

(i) 默认叶面积指数　　　　　　　(j) 替换叶面积指数

图 2-4　静态地形数据替换前后对比图

表 2-5　土地覆盖类型和土壤类型编码及对应名称

MODIS 土地覆盖类型（默认）		USGS 土地覆盖类型（替换后）		土壤类型	
编码	名称	编码	名称	编码	名称
1	常绿针叶林	1	城镇建设用地	2	壤质砂土
2	常绿阔叶林	2	旱地	3	砂壤
3	落叶针叶林	3	水田	4	粉砂壤土
4	落叶阔叶林	7	草地	6	壤土
5	混交林	8	灌木	8	粉砂质黏壤土
6	郁闭灌木	11	落叶阔叶林	9	黏壤土
7	开放灌木	13	常绿阔叶林	11	粉质黏土
8	多树草原	14	常绿针叶林	12	黏土
9	草原	16	水体	14	水体
10	草地				
11	永久水体				
12	耕地				
13	城镇建设用地				
14	耕地及自然植被				
16	裸地				
17	水体				

　　为了评估使用更准确的静态地形数据能多大幅度地提高模拟精度，使用站点观测数据对替换静态地形数据前后的模拟结果进行精度评估。相较于 CC 和 MBE，MAE 和 RMSE 更能突出不同方案间的差异，所以本节统计静态地形数据替换前后的 MAE 和 RMSE 的变化百分比（表 2-6）。在静态地形数据替换后，除了气温的误差小幅度增大外，其余变量的误差总体都降低了。静态地形数据替换对 WS10 和 PRECIP 的改善尤为显著。

表 2-6　静态地形数据替换后模拟结果的误差变化

模拟结果		PSFC	T2	DSSR	GLW	WS10	RH2	PRECIP
MAE	h1km	−0.67%	0.47%	−4.92%	−3.91%	−6.88%	−4.14%	−7.38%
	d1km	−0.78%	2.19%	−3.67%	−5.06%	−15.26%	0.66%	−14.46%
RMSE	h1km	−0.75%	3.07%	−3.81%	−3.30%	−6.32%	−4.31%	0.95%
	d1km	−0.88%	4.77%	−2.96%	−2.40%	−14.82%	0.36%	−23.56%

2. 云微物理参数化方案模拟实验

为了选出最佳云微物理方案，本节根据每个站点的评估结果选出一个最优的方案，统计发现大多数站点都是 WSM7 方案的模拟结果精度最高。为了进一步分析 WSM7 方案模拟结果和其他方案模拟结果的差异，统计 WSM7 方案的模拟结果相较于所有方案模拟结果均值的误差变化（表 2-7）。对于 PSFC、GLW 和 WS10 而言，WSM7 方案模拟结果相较于平均水平只有小幅改善。对于 T2、DSSR、RH2 和 PRECIP 而言，WSM7 方案模拟结果相较于平均水平改善更显著。

表 2-7　WSM7 方案的模拟结果相较于所有方案模拟结果均值的误差变化　（单位：%）

模拟结果		PSFC	T2	DSSR	GLW	WS10	RH2	PRECIP
MAE	h1km	−0.24	−7.44	−5.84	−0.08	−1.13	−4.23	−7.24
	d1km	−0.18	−8.95	−6.12	0.01	−1.31	−10.18	−13.82
RMSE	h1km	−0.42	−6.74	−5.73	0.01	−1.04	−3.53	−19.08
	d1km	−0.43	−8.21	−6.88	0.01	−0.96	−8.27	−20.86

3. WRF 模型降尺度结果

结合 WRF 模拟实验结果，正式模拟采用的云微物理方案是 WSM7，静态地形数据用更高精度的数据。降尺度前后的大气驱动数据年平均分布如图 2-5 所示。相较于 ERA5 数据，WRF 模型降尺度得到的 1km 空间分辨率的大气驱动数据提供了更丰富的空间细节信息，捕捉到了近地表气象变量随海拔和土地覆盖类型的变化信息。

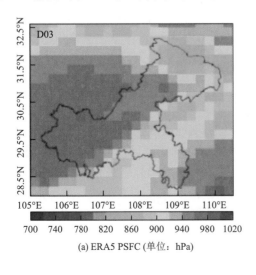
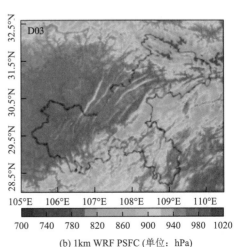

(a) ERA5 PSFC (单位：hPa)　　　　　　　(b) 1km WRF PSFC (单位：hPa)

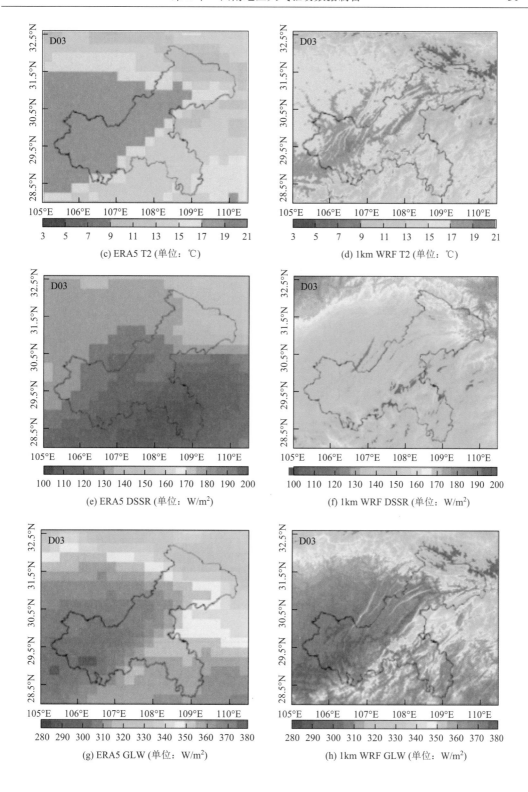

(c) ERA5 T2 (单位：℃)

(d) 1km WRF T2 (单位：℃)

(e) ERA5 DSSR (单位：W/m²)

(f) 1km WRF DSSR (单位：W/m²)

(g) ERA5 GLW (单位：W/m²)

(h) 1km WRF GLW (单位：W/m²)

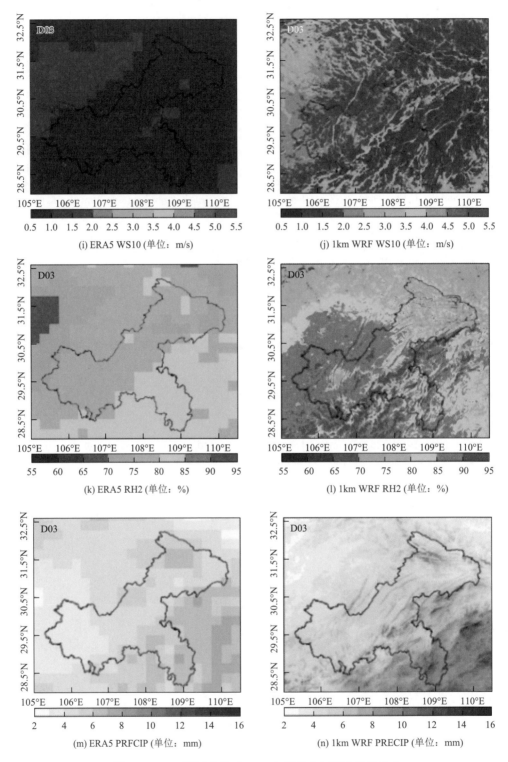

(i) ERA5 WS10 (单位：m/s)　　　　　　(j) 1km WRF WS10 (单位：m/s)

(k) ERA5 RH2 (单位：%)　　　　　　(l) 1km WRF RH2 (单位：%)

(m) ERA5 PRFCIP (单位：mm)　　　　　　(n) 1km WRF PRECIP (单位：mm)

图 2-5　WRF 降尺度前后 2020 年平均大气驱动数据分布

结合 88 个站点观测数据，本节在逐时和逐日尺度上进一步分析降尺度前后站点验证精度的变化（图 2-6）。相较于 WRF 降尺度到 1km 的结果，ERA5 数据和站点观测数据更接近。由于逐时的降水产品很难和站点观测的逐时降水匹配上，本节采用 POD 和 FAR 这两个指标分析逐时降水的精度。如图 2-7 所示，ERA5 逐时降水的 POD 最高（均大于 0.6），其次是 WRF9km 的逐时降水，POD 最低的是 IMERG。FAR 最低的是 IMERG，其次是 ERA5，FAR 最高的是 WRF9km。

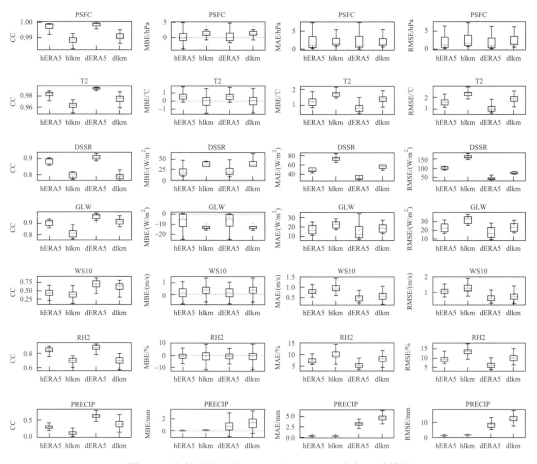

图 2-6　站点观测评估 ERA5 和 WRF1km 大气驱动数据

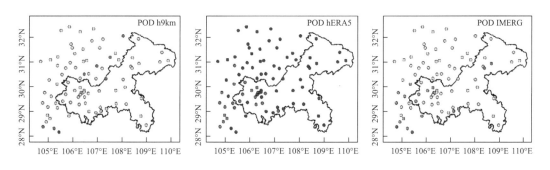

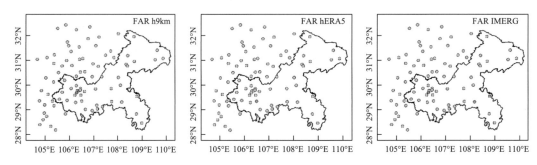

POD ●0.2～0.3 ●0.3～0.4 ●0.4～0.5 ●0.5～0.6 ●0.6～0.7 ●>0.7 FAR ●0.4～0.5 ●0.5～0.6 ●0.6～0.7 ●0.7～0.8

图 2-7　逐时降水 POD 和 FAR

2.4　基于机器学习的大气驱动数据制备

由于 WRF 模型模拟表现欠佳，本节尝试结合高空间分辨率卫星观测数据的机器学习估算方式。以 DSSR 为例，做了基于机器学习的降尺度研究。首先，机器学习降尺度 DSSR 的基本原理是找到一些空间分辨率高且影响 DSSR 的关键变量，并将这些高分辨率的影响因子聚合到粗分辨率辐射数据的尺度。然后，在粗分辨率尺度构建辐射和影响因子间的关系模型，也就是降尺度模型。最后，把高分辨率的影响因子输入这个降尺度模型就可以估算到高分辨率的 DSSR。由于机器学习降尺度模型是在粗空间分辨率尺度上构建的，所以无法学习高空间分辨率尺度的细节变化特征。克服机器学习降尺度模型这一缺点的关键是提高降尺度精度。为此，本节提出一种可以在高空间尺度上建模的降尺度框架，并用于将 0.25°空间分辨率的 ERA5 DSSR 降尺度为 0.01°空间分辨率的 DSSR。为了探讨在更高空间尺度的降尺度效果，本节还结合 Sentinel-2 观测数据做 10m 空间尺度的 DSSR 降尺度研究，从而探讨结合卫星观测数据的机器学习降尺度方法在更高空间尺度的表现。

2.4.1　多源数据构建机器学习降尺度模型

为了和 WRF 模型降尺度结果进行对比，采用机器学习的方法将 0.25°空间分辨率的 ERA5 DSSR 数据降尺度到 0.01°空间分辨率。研究区范围和 DSSR 站点分布如图 2-8 所示。这些站点提供了山岭、槽谷等不同地形条件下的观测资料，可为 DSSR 数据的验证评估提供保证，地面站点的详细信息如表 2-8 所示。

1. 数据

在基于多源数据构建机器学习模型估算 0.01°空间分辨率 DSSR 的研究中，用到的数据主要包括 MODIS TOA 反射率及对应的云掩膜和角度数据，以及高程和 ERA5 DSSR。为了更全面地评估 DSSR 估算结果，本节引入 ERA5、MCD18A1 和 Himawari-8 的 DSSR 产品作对比，并使用站点观测 DSSR 数据做精度评估。

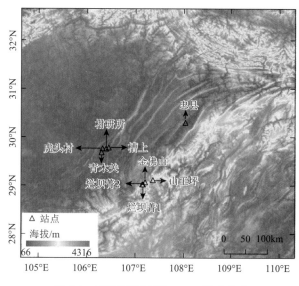

图 2-8　研究区范围和 DSSR 站点分布

表 2-8　地面站点信息

站点名	纬度	经度	海拔/m
忠县	30.300°N	108.033°E	326
柑研所	29.762°N	106.382°E	231
槽上	29.787°N	106.442°E	591
青木关	29.683°N	106.292°E	360
虎头村	29.763°N	106.319°E	473
金佛山	29.068°N	107.194°E	1194
山王坪	29.111°N	107.356°E	1352
烂坝菁 1	29.022°N	107.151°E	1525
烂坝菁 2	29.020°N	107.139°E	1401

中分辨率成像光谱仪（MODIS）是由美国国家航空航天局研发的大型空间遥感仪器，旨在提供大规模全球动态监测，包括地球云层的变化、辐射收支以及海洋、陆地变化过程。由 MODIS 观测数据衍生出来的一系列产品都可以在线公开获取（https://ladsweb.modaps.eosdis.nasa.gov/）。MODIS 有 36 个光谱带，空间分辨率为 250～1000m，重访周期为 1～2d。MODIS 的前 20 个波段捕获反射的太阳辐射，其大气表观（top of atmosphere，TOA）反射率可用于构建 DSSR 的估计模型（Wang et al.，2020）。为了构建 DSSR 估算模型，本节用 2020 年的 MODIS TOA 反射率数据（MOD021KM/MYD021KM）和 MODIS 云掩膜产品（MOD35_L2/MYD35_L2）作为关键数据源。在 MOD021KM/MYD021KM 产品中，1～7 波段覆盖了反映短波辐射信息的谱段，18～19 波段对水汽敏感。由于 5～6 波段受噪声污染严重，本节仅使用 1～4、7 和 18、19 波段，简称为 $B_{1\sim4}$、B_7 和 $B_{18、19}$。它们

的波段范围和大气用途如表 2-9 所示（King et al.，1992）。MOD35/MYD35 产品提供的晴空置信度标识（包括绝对阴天、可能阴天、可能晴空、绝对晴空）标记了每个像素的云覆盖情况，分别用于辅助晴空和阴天模型的构建。此外，本节还用到 MOD021KM/MYD021KM 产品中的陆地-太阳几何数据，包括 SZA 和卫星观测天顶角（view zenith angle，VZA）。

表 2-9　用于 DSSR 估算的 MODIS 波段信息

波段号	波段范围/nm	大气用途
B_1	620～670	云光学厚度和气溶胶属性
B_2	841～876	气溶胶属性
B_3	459～479	气溶胶质量载荷和光学厚度
B_4	545～565	气溶胶光学厚度
B_7	2105～2155	气溶胶光学厚度；云的有效粒子半径
B_{18}	931～941	可降水总量和云量
B_{19}	915～965	可降水总量和云量

DSSR 作为 ERA5 再分析资料中的一个重要参量，已被证实具备较高的数据精度。Jiang 等（2020）使用中国范围内 98 个站点的 DSSR 观测数据验证了 ERA5 DSSR 数据的精度，结果表明，ERA5 DSSR 和站点观测数据具有较高的一致性：绝对系数为 0.90，MBE 为 $30.87W/m^2$，RMSE 为 $120.56W/m^2$。可见，ERA5 再分析资料可提供一个较为准确的 DSSR 背景场信息。

Himawari-8 是日本气象厅研发的新一代静止气象卫星，于 2014 年 10 月 7 日成功发射。Himawari-8 搭载了先进的高级葵花成像仪（advanced himawari imager，AHI），相比以往的很多气象卫星传感器有着更高的时空分辨率和光谱波段信息，可应用于气象、水文等众多领域。Himawari-8 的观测数据及其衍生产品可在 JAXAP-Tree 系统免费获取。Himawari-8 的 DSSR 产品是基于 Frouin 和 Murakami（2007）的方法估算得到的，该方法采用平面平行辐射传输理论、解耦阴天和晴空大气分别进行估算。基于这种方法估算的 Himawari-8 DSSR 产品有两种：一种空间覆盖范围为 80°E～160°W、60°S～60°N，空间分辨率为 5km；另一种空间覆盖范围为 123°E～150°E、24°N～50°N，空间分辨率为 1km。两种 DSSR 产品的时间分辨率都为 10min。Damiani 等（2018）将 Himawari-8 DSSR 与日本四个地面站点的测量记录进行了比较，计算出 MBE 范围为 $20\sim30W/m^2$，RMSE 范围为 $70\sim80W/m^2$。另一项研究使用 34 个站点的观测数据验证评估了 5km 空间分辨率的 Himawari-8 DSSR（Yu et al.，2019），发现全天空、晴空和阴天条件下的决定系数分别为 0.89、0.97 和 0.78；MBE 分别为 $19.7W/m^2$、$19.9W/m^2$ 和 $18.7W/m^2$，RMSE 分别为 $111.1\ W/m^2$、$66.2W/m^2$ 和 $136.7W/m^2$。总而言之，尽管 Himawari-8 DSSR 数据在晴空和多云条件下都存在一定的高估，但它与地面站点观测值总体上比较吻合。因此，本节将 5km 空间分辨率的 Himawari-8 DSSR 数据用于 Sentinel-2 观测尺度的 DSSR 估算研究。

MCD18A1 6.1 版本是一个空间分辨率为 1km 的瞬时 DSSR 产品。该产品是基于查找表法估算的，估算用到的输入数据包括 MODIS TOA 反射率、MERRA2 中的总柱状水汽、表面反照率、DEM 和地理位置数据（Wang et al.，2020）。值得注意的是，计算 MCD18A1 数据的查找表算法只使用了蓝波段信息，因此无法区分晴空下的亮目标和云。Ryu 等（2018）基于 33 个 BSRN 站点观测网络 2018 年的 DSSR 数据对 MCD18A1 DSSR 进行了验证，计算得到决定系数为 0.86，MBE 为 18.2W/m^2，RMSE 为 119.2W/m^2。MCD18A1 DSSR 产品的质量与大气-植物冠层辐射传输模型计算的 MODIS 辐射产品相当。鉴于 MCD18A1 产品也是基于 MODIS TOA 反射率计算得到的，所以将其作为一个参照产品与本节基于 MODIS TOA 反射率估算得到的 DSSR 进行对比。

为了对比上述 DSSR 产品以及本节估算的 DSSR 数据，使用 9 个地面站点的 DSSR 观测数据来进行直接验证。这些站点的 DSSR 数据由四分量辐射计观测得到。在这些站点中，忠县为中国气象局的观测站，其他 8 个观测点由重庆金佛山喀斯特生态系统国家野外科学观测研究站搭建，这些地面测量数据的时间分辨率为 10min。对于 0.01° 和 0.05° 的格网数据，这 9 个地面站点分别分布在不同像元上。然而，对于 ERA5 数据 0.25° 的格网，金佛山、烂坝菁 1、烂坝菁 2 和山王坪这 4 个站点落在一个个格网中，柑研所和槽上在同一个格网内，虎头村和青木关在同一个格网内，只有忠县位于一个单独的格网内。为了使每个 DSSR 产品的验证样本量一致，本节采用最邻近的站点测量值来匹配相应的格网值。

2. 方法

构建机器学习估算模型首先要确定特征变量。延续已有的基于卫星观测的经验模型构建思路，本节选取 MODIS 多波段的 TOA 反射率数据、SZA、VZA、纬度、海拔和 D_r 作为特征变量，用于构建和 DSSR 之间的关系模型。基本的估算函数如式（2-9）所示，用到的 D_r 的计算如式（2-10）所示：

$$DSSR = F\left(B_1, B_2, B_3, B_4, B_7, B_{18}, B_{19}, SZA, VZA, lat, elev, D_r\right) \quad (2\text{-}9)$$

$$D_r = 1 + 0.033 \times \cos((2 \times \pi \times d) / 365) \quad (2\text{-}10)$$

式中，B_i 为 MODIS 第 i 个波段的 TOA 反射率；SZA 为太阳天顶角；VZA 为卫星观测天顶角；lat 为纬度；elev 为海拔；D_r 为日地距离系数；d 为年积日。

基于以上特征变量，在晴空和阴天条件下分别构建 DSSR 估算模型，这是因为晴空和阴天条件下的辐射传输过程有较大差异。晴空和阴天样本的划分依据是云掩膜产品 MOD35/MYD35，该云掩膜产品包含绝对晴空、可能晴空、可能阴天和绝对阴天四种标识类别。本节仅将标识为绝对晴空（绝对阴天）的像元提取出来构建晴空模型（阴天模型）。在估算 DSSR 时，可能晴空和可能阴天像元的 DSSR 值为晴空模型和阴天模型估算结果的均值。研究表明，随机森林回归（random forest regression，RFR）算法在辐射估算中有较好的表现（Babar et al.，2020；Ying et al.，2019；Wei et al.，2019）。RFR 算法通过一系列的回归树来构建关系模型：首先，从训练数据集中提取子数据集；然后，用每个子数据集构建一个子决策树并输出一个结果；最后，平均所有子决策树的结果得到 RFR 的最终输出结果。为了保证估算模型的精度和效率，本节使用 RFR 算法来建立

DSSR 的估计模型，并通过 scikit-learn 工具箱（Pedregosa et al.，2011）实现。90% 的样本作为训练集用于构建模型，剩下 10% 的样本作为测试集用于评估模型精度。

　　在上述建模设置的基础上，模型构建通过以下两个环节展开：①将式（2-9）中的自变量聚合到 ERA5 数据 0.25° 的空间尺度，并基于 RFR 算法初始化一个估算模型；②结合已构建模型的 DSSR 估算结果，在 0.01° 空间尺度上迭代建模。基于多源数据的降尺度流程如图 2-9 所示。

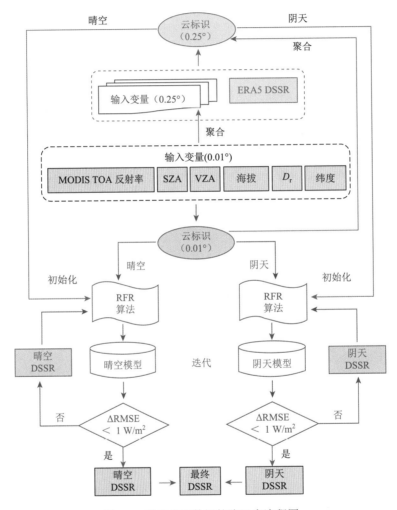

图 2-9　基于多源数据的降尺度流程图

　　第一步：初始化估算模型。

　　为了匹配逐时的 ERA5 数据和瞬时 MODIS 数据，首先，采用三次样条插值法对与 MODIS 过境时刻临近的 6 个小时的 ERA5 数据进行插值。然后，采用均值聚合的方法将 MODIS 表观反射率等自变量聚合到 ERA5 的空间尺度（0.25°）。最后，基于 RFR 算法，构建空间聚合后的自变量和 ERA5 DSSR 之间的关系模型。在 0.25° 空间尺度上，晴空模型和阴天模型分别有 9203 个和 141468 个样本。

第二步：通过迭代修正模型。

在 0.25°空间尺度构建的初始模型能大致反映自变量和 DSSR 间的非线性关系。然而，由于初始模型是在粗空间分辨率尺度上构建的，无法准确表达地形效应对 DSSR 空间分布的影响。因此，直接用该模型估算得到的 0.01°的 DSSR 会引入一定的不确定性。为了优化该模型，初始模型估算的 0.01°的 DSSR 被用于在 0.01°空间尺度上训练新的估算模型，然后用该模型的 DSSR 估算结果再训练新的估算模型。基于测试集计算每个轮次训练得到的模型的 RMSE，RMSE 越小表明模型精度越高，当 RMSE 的减少量（即图 2-9 中的 ΔRMSE）小于 $1W/m^2$ 时，停止迭代建模的过程，从而得到最终的估算模型及对应的 DSSR 估算结果。在 0.01°空间尺度上，晴空模型和阴天模型的样本量分别为 496590 个和 563163 个。

3. 模型敏感性分析

RFR 算法的一大优点是可以提供输入变量对模型估算的重要性分数，这解释了所构建的模型对每个参数的敏感性。为了更好地理解被构建的模型在迭代过程中的变化，本节计算了模型的特征重要性（图 2-10）。方便起见，初始模型简称为 Init，第 i 次迭代训练的模型简称为 Iter$_i$，最终模型简称为 Final。

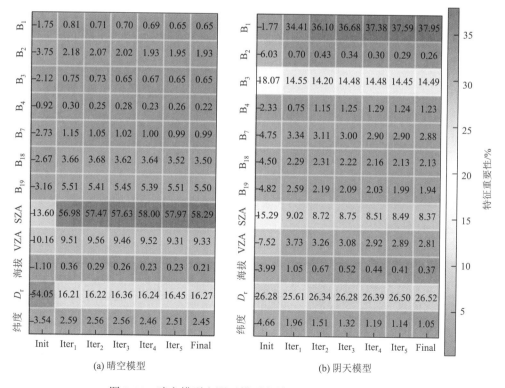

(a) 晴空模型　　　　　　　　(b) 阴天模型

图 2-10　晴空模型和阴天模型中输入变量的特征重要性

对于晴空条件的瞬时 DSSR 估算模型而言，重要性程度前五的变量始终为 SZA、D_r、

VZA、B_{18} 和 B_{19}。对模型贡献最大的是 D_r，其在 Init 中的特征重要性为 54.05%，但从 $Iter_1$ 模型开始，SZA 取代 D_r 成为贡献最大的变量。SZA 的重要性在 Init 模型中仅为 13.60%，但在第二轮训练的模型中迅速增加至 56.98%，并随着迭代训练逐步增加至 58.29%。导致 SZA 的重要性在第二轮建模时跃升的原因是训练的空间尺度从 0.25°提高为 0.01°。SZA 是一个随空间变异的变量，而 D_r 在空间维度无变化，只在时间维度变化，更高的空间尺度有助于 SZA 为模型贡献更多的空间变化信息。几何角度（SZA 和 VZA）和 D_r 占据了很大的比例，因为它们极大地影响了 TOA 太阳辐射，TOA 太阳辐射的周期性变化能通过一年的训练数据集很好地反映出来。B_{18} 和 B_{19} 是贡献程度前五的变量，这两个波段的反射率数据对模型的贡献程度高于其他波段。这是因为它们是水汽波段，而水汽吸收是影响晴空 DSSR 的重要因素（Antonanzas-Torres et al.，2019）。

对于阴天 DSSR 的估算模型而言，B_1、B_3、SZA、VZA 和 D_r 携带了大部分有用信息。因为 B_1 对云光学厚度的变化很敏感，而云光学厚度是降低太阳辐射的重要因素，所以 B_1 成为 $Iter_1$ 的最大贡献者。虽然小于一些 TOA 反射波段，但几何角（SZA 和 VZA）和 D_r 的比例仍然很大，总值为 37.70%~49.09%。海拔的比例在 Init 中为 3.99%，但在 $Iter_1$ 中迅速下降至 1.05%，然后逐渐下降至 0.37%。海拔对有云条件下 DSSR 的影响在迭代过程中被削弱。

总之，与地外太阳辐射相关的 D_r、SZA、VZA 和纬度在晴空模型中的贡献大于阴天模型。在 Final 模型中，这四个因素在晴空模型中占 86.34%，而在阴天模型中仅占 38.75%。TOA 反射率数据携带较多的大气路径信息，在阴天模型中占主导地位。在这些 MODIS 波段中，B_{18} 和 B_{19} 在晴空模型中有影响，而 B_1 和 B_3 在阴天模型中占主导地位。模型 Init 和 Final 之间的差异主要源于空间尺度的改进。此外，迭代训练过程有助于模型达到更稳定的状态。

4. 迭代过程对估算结果的影响

为了比较 Init 和 Final 估计的 DSSR 空间格局的差异，绘制不同云量条件下、不同月份的（2020 年 1 月 29 日、3 月 14 日、10 月 12 日和 11 月 13 日）DSSR 分布及其对应的 MODIS 影像。因为云的存在通常对应于低 DSSR 值，所以将真彩色合成的 MODIS 影像作为 DSSR 分布的参考影像，如图 2-11 所示，很明显，Init 和 Final 的 DSSR 分布图与 MODIS 影像具有很好的一致性。

然而，通过图 2-11 中标记为①~④的子区域可以识别出一些明显的改进。在子区域①中，Init 的 DSSR 值明显高于其周围。参考图 2-11（a）的 MODIS 影像，可以发现这种分布是反常的，因为子区域①是一个云层覆盖的区域。对比 Init 图，Final 图的子区域①呈现出更合理的格局。在子区域②中，Final 图比 Init 图分布更平滑，更符合图 2-11（b）所示的云分布。如图 2-11（c）、（g）和（k）所示，子区域③主要被云层覆盖，但在 Init 图中有明显的地形形状。这是不合理的，因为云变化是阴天 DSSR 模型的主要贡献者，而非地形因素。幸运的是，迭代过程将不合逻辑的分布抹掉了。如子区域④所示，Init 图上地表反射率引起的变化比 Final 图强，表明 Final 中地表反射率对 DSSR 的影响比 Init 弱。根据这些比较可以得出的结论是迭代过程有助于将 DSSR 估算结果中不合理的部分调整为更合理的分布。

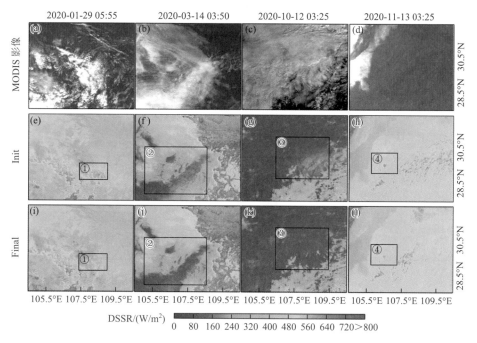

图 2-11　Init 和 Final 的 DSSR 分布及对应的 MODIS 真彩色影像

为了评估迭代建模过程对 DSSR 估计值准确性的影响，用测试数据集评估每一轮训练的模型精度。如图 2-12 所示，在前两轮训练中，可以观察到晴空模型和阴天模型的 RMSE 和 CC 显著改进。在接下来的轮次中，晴空和阴天模型的 CC 和 RMSE 变化趋于稳定，直到满足精度变化阈值的要求得到 Final。通过这个迭代过程，晴空模型的 CC 从 0.96 增加到 1.00，阴天模型的 CC 从 0.90 增加到 1.00；晴空模型的 RMSE 从 45.50W/m² 降低到 3.20W/m²，阴天模型的 RMSE 从 79.62W/m² 降低到 5.54W/m²。Init 和 Final 的 DSSR 估计和 DSSR 原始值的散点图如图 2-13 所示。晴空模型的估计比阴天模型的估计具有更高的准确性。迭代后，无论是晴空模型还是阴天模型的散点图，大部分点都沿 1∶1 线分布，得到了显著改进。

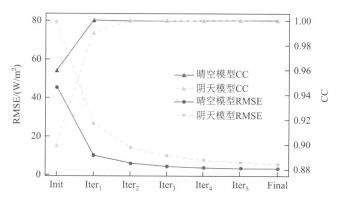

图 2-12　基于测试集计算估算模型的 RMSE 和 CC

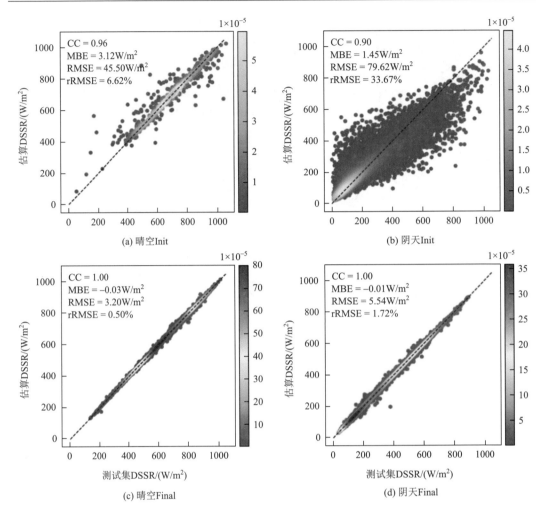

图 2-13　DSSR 估计值和 DSSR 原始值的散点图

　　利用来自 9 个地面站点的 2948 个有效样本，验证 Init 和 Final 的全天空 DSSR 估计值。如图 2-14 所示，Init 和 Final 的 CC 分别为 0.88 和 0.90。与 Init 相比，Final 的 MBE 高出 1.26W/m²。然而，Final 的 RMSE（rRMSE）比 Init 的 RMSE（rRMSE）低 7.35W/m²（10%～51%）。为了分析不同天气条件下 Init 和 Final DSSR 的质量，在阴天和晴空条件下对 DSSR 分别进行了验证。对于阴天 DSSR，Init 和 Final 的 RMSE 分别为 122.19W/m² 和 112.96W/m²。对于晴空 DSSR，Init 和 Final 的 RMSE 分别为 168.02W/m² 和 165.02W/m²。这些统计数据表明迭代过程使 DSSR 估计更接近地面站点测量值，这进一步证实了迭代过程对 DSSR 的估算具有积极影响，而且迭代过程对阴天 DSSR 的改进幅度比对晴空 DSSR 的改进幅度大。

5. DSSR 时空变化

　　基于迭代建模框架估算得到的 2020 年 DSSR，进一步讨论 DSSR 估计值的时空分布。

图 2-15（a）为所有瞬时 DSSR 的年均空间分布，反映了研究区 2020 年 DSSR 的总体分布情况，研究区 DSSR 的平均值在 300～440W/m²。这和 WRF 模拟的 DSSR 分布类似，迭代建模法模拟的 DSSR 空间分布也没有明显的纬度依赖性，表明该区域的 DSSR 主要受云量特征的影响。受西太平洋副热带高压增强的影响，研究区的东南部在 2020 年经历了频繁的降水和长期的云覆盖天气（Xia et al.，2021），导致该地区的 DSSR 值较低。相比之下，研究区东北部的 DSSR 值较高，因为大巴山阻挡了来自南方的水汽，此处相较于其他地方有更为频繁的晴空大气条件。

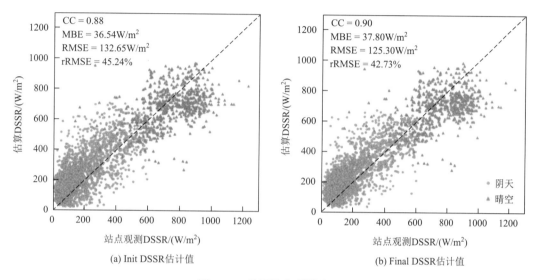

(a) Init DSSR估计值　　　　　　　　(b) Final DSSR估计值

图 2-14　基于站点观测验证

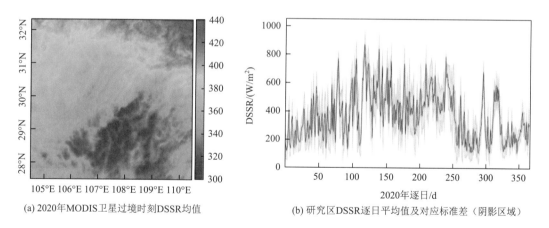

(a) 2020年MODIS卫星过境时刻DSSR均值　　　(b) 研究区DSSR逐日平均值及对应标准差（阴影区域）

图 2-15　2020 年 DSSR 估计值

　　整个地区 DSSR 的日均值如图 2-15（b）所示。每日 DSSR 的平均值为 110～871W/m²。一般来说，其变化应遵循年度周期，夏季为高值，冬季为低值。然而，日 DSSR 平均值的峰值出现在第 118 天，而不是夏季，因为夏季的长期云层覆盖大大削弱了太阳辐射。这种变化模式与 Jiang 等（2020）的研究结果一致，即四川盆地的 DSSR 值由云层覆盖主导，而不像其他地区的 DSSR 测量那样显示标准的年内变化。图 2-15（b）中的浅蓝色阴影区反映的是日均 DSSR 在研究区范围内的标准差，其值域范围是 35.52～282.25W/m²。不论是在空间分布还是年内日变化上，迭代建模法模拟得到的 DSSR 数据都和 WRF 模型模拟的 DSSR 数据具有相似的特征，能够较为合理地反映出研究区 DSSR 的年内变化规律和空间分布特征。

6. 多种 DSSR 数据交叉对比

本节绘制了几个不同时刻的 DSSR 数据，用以对比不同 DSSR 数据在空间分布上的差异。如图 2-16 所示，ERA5 DSSR 数据因空间分辨率较粗（0.25°）而无法反映 DSSR 的空间细节信息，但总体上与其他几种 DSSR 的分布匹配。空间分辨率为 5km 的 Himawari-8 DSSR 分布图所展示的细节远多于 ERA5 DSSR，并且在晴空条件下的 DSSR 数值较高。迭代建模法估算的 DSSR 和 MCD18A1 都是使用 MODIS TOA 反射率为主要数据源，二者所呈现的 DSSR 空间变化总体上较为一致。然而，迭代建模法估算的 DSSR 整体上比 MCD18A1 DSSR 低，这可能是因为迭代建模估算的 DSSR 使用了 ERA5 DSSR 驱动初始估算模型。ERA5 数据粗糙的空间分辨率导致 DSSR 值较为平滑，迭代建模估算的 DSSR 也继承了这一特点。WRF 模型模拟的 DSSR 高值区和低值区的整体分布和其他 DSSR 数据有一定的一致性，但也存在很大的差异。导致这种差异的原因可能是其他 DSSR 数据都融合了实时观测的数据，可以较为准确地捕捉到大气状况的变化，而 WRF 模型仅仅通过物理机理难以准确估算高空间分辨率的大气变化信息。此外，WRF 模拟 DSSR 的高值区比其他 DSSR 数据的值高，低值区比其他 DSSR 数据的值低，且高值区和低值区间的过渡范围很小。

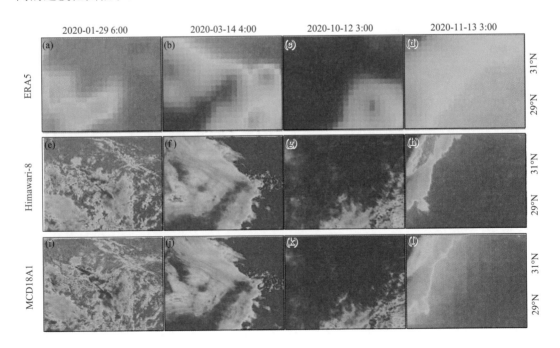

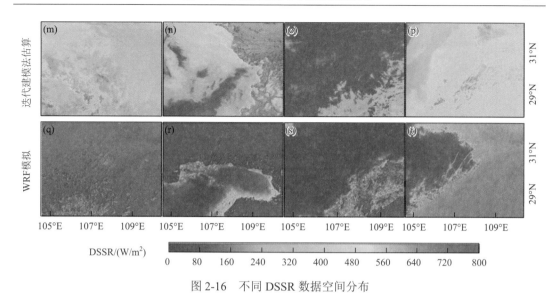

图 2-16　不同 DSSR 数据空间分布

在 11 月 13 日的 DSSR 分布图中，WRF 模拟和迭代建模法估算的 DSSR 分布有微弱的地表特征的痕迹，如 DSSR 在四川盆地东北部边缘因地形地貌特征的快速变化导致的空间变异，其他 DSSR 产品则几乎没有这一特征。采用迭代建模法估算的 DSSR 在城市建成区略高于周边植被覆盖的区域，因为城市建成区具有较高的地表反射率，通过多次散射增强了 DSSR。在图 2-16（l）中，MCD18A1 DSSR 在晴空区域有明显的格网噪声，这可能是估计 DSSR 的过程中引入了空间分辨率粗糙（0.5°×0.625°）的水汽数据导致的。总体而言，WRF 模型模拟的 DSSR 空间分布和其他产品存在较大的差异；迭代建模法估算的 DSSR 在不同时间和天气条件下的空间分布与其他 DSSR 产品基本一致，证明了本节提出的迭代建模方法的可靠性。

基于 9 个站点的观测 DSSR 对不同 DSSR 数据的精度进行验证。为了保证验证样本的一致性，统一采用 2020 年 MODIS 过境时刻的 DSSR 数据作为验证对象。ERA5、Himawari-8 和 WRF 模拟 DSSR 均通过最近邻法匹配到 MODIS 过境时刻。不同 DSSR 估计值和站点观测 DSSR 值的散点图如图 2-17 所示。ERA5、Himawari-8 和 MCD18A1 数据的 DSSR 产品的 RMSE 分别为 173.73W/m² 、139.66W/m² 和 229.14W/m² 。本节提出的迭代建模法估算的 DSSR 的 RMSE 最低，为 125.30W/m² ，通过 WRF 模型模拟得到的 DSSR 的 RMSE 最高，为 296.28W/m² 。不同 DSSR 数据的 rRMSE 从大到小为：101.05%（WRF 模拟）、78.15%（MCD18A1）、57.93%（ERA5）、47.63%（Himawari-8）和 42.73%（迭代建模法估算）。不同 DSSR 数据的 CC 从低到高为：0.62（WRF 模拟）、0.66（MCD18A1）、0.79（ERA5）、0.90（Himawari-8）和 0.90（迭代建模法估算）。所有 DSSR 数据的 MBE 均为正值，意味着这些全天空 DSSR 数据存在高估现象。全天空 DSSR 的高估现象在 WRF 模拟 DSSR 中最为明显，在 MCD18A1 DSSR 中最不明显。这些精度验证指标表明：本节采用迭代建模法估算得到的 DSSR 与站点观测 DSSR 的一致性最高（其次是 Himawari-8 DSSR），而 WRF 模拟 DSSR 和站点观测的一致性最差（其次是 MCD18A1 DSSR）。

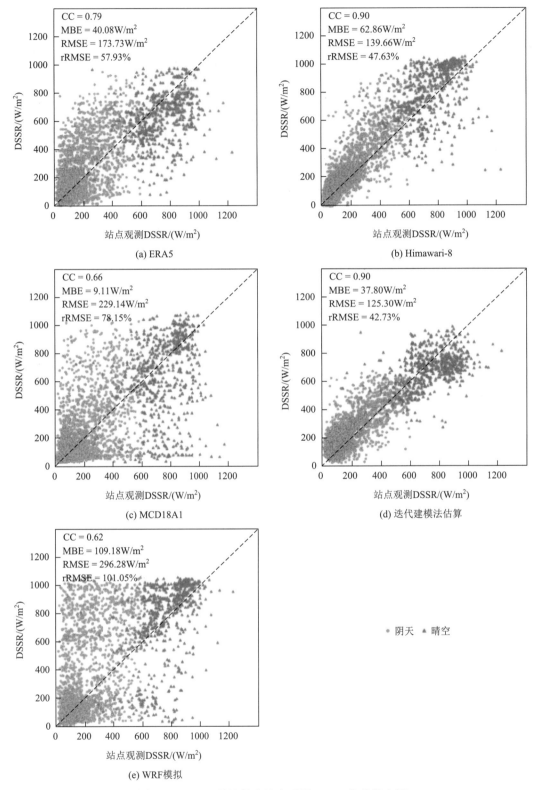

图 2-17　DSSR 估计值和站点观测 DSSR 值的散点图

除了对全天空 DSSR 的精度评估外，本节还分别对晴空和阴天条件下的 DSSR 数据分别做了精度评估。如表 2-10 所示，晴空和阴天条件下的 CC 范围为 0.14～0.47 和 0.46～0.81，这可能是样本量的不同造成的。晴空和阴天条件下用于精度评估的样本量分别为 591 和 2357。更多的可用样本有利于 CC 指标获得更高的分数，因为在更大的样本中能够反映更多的时间变化信息。阴天条件下的 MBE 都为正值，表明这些产品都高估了阴天 DSSR。在晴空条件下，MCD18A1 DSSR 的负偏差最大，MBE 为–129.42W/m^2；其次是 ERA5 DSSR 和迭代建模法估算的 DSSR，MBE 为–80.17W/m^2 和–57.47W/m^2；MBE 最接近 0 的是 WRF 模拟的 DSSR，MBE 为–14.52W/m^2。只有 Himawari-8 DSSR 在晴空条件下的 MBE 为正值，为 56.63W/m^2。除 WRF 模拟 DSSR 以外，晴空的 RMSE 比阴天条件下的 RMSE 高，因为晴空条件下的 DSSR 值比阴天条件的高，更大的 DSSR 基准值会导致计算得到的 RMSE 值更大。rRMSE 通过除掉 DSSR 均值削弱了其影响，所以使用 rRMSE 来对比不同天气条件下的 DSSR 数据精度更为合理。从 rRMSE 来看，晴空的 rRMSE（22.01%～43.13%）比阴天的 rRMSE 要小（63.45%～171.58%）。迭代建模法估算的 DSSR 在晴空和阴天条件下的 RMSE 和 rRMES 都是最小的。

表 2-10　不同 DSSR 产品在晴空和阴天条件下的站点验证精度

条件	DSSR 数据	CC	MBE/(W/m^2)	RMSE/(W/m^2)	rRMSE/%
晴空	ERA5	**0.47**	−80.17	189.11	25.98
	Himawari-8	0.38	56.63	196.05	26.05
	MCD18A1	0.14	−129.42	324.53	43.13
	迭代建模法估算	0.41	−57.47	**165.62**	**22.01**
	WRF 模拟	0.40	**−14.52**	256.38	34.07
阴天	ERA5	0.65	70.23	169.65	88.11
	Himawari-8	**0.81**	64.42	121.49	68.24
	MCD18A1	0.50	**43.85**	198.15	111.30
	迭代建模法估算	0.77	61.69	**112.96**	**63.45**
	WRF 模拟	0.46	140.20	305.47	171.58

除上述验证分析外，本节还进一步评估了不同 DSSR 产品在各个站点的精度。如图 2-18 所示，迭代建模法估算的 DSSR 和 Himawari-8 DSSR 在各站点的 CC 约为 0.90，明显高于 MCD18A1、ERA5 和 WRF 模拟 DSSR。对于 MBE，5 种 DSSR 数据在大多数站点都表现出正偏差。只有 ERA5 和 MCD18A1 DSSR 在烂坝菁 1 和烂坝菁 2 表现出明显的负偏差。烂坝菁 1 和烂坝菁 2 都位于高海拔的山区，其测量值代表了海拔 1400m 左右的有限范围。因为 ERA5 和 MCD18A1 使用的大气参数的空间分辨率较粗糙，烂坝菁 1 和烂坝菁 2 所在位置的 DSSR 值被周围低海拔区域的 DSSR 平滑。在这些 DSSR 产品中，WRF 模拟的 DSSR 在所有站点的正偏差都是最强的，其次是 Himawari-8 DSSR。从 RMSE 和 rRMSE 来看，WRF 模拟 DSSR 的验证结果在最外层，表明每个站点的 RMSE（rRMSE）都是最大的；处于最内层的是通过迭代建模法估算的 DSSR，意味着其在所有站点都有最

高的精度。在所有的这 9 个站点中,青木关的 RMSE 不是最高的,但青木关的 rRMSE 是最高的。这是因为青木关站点的测量样本中阴天样本的比例最高(86%),而阴天 DSSR 的值比晴空 DSSR 低且估算的难度比晴空 DSSR 高。总之,不管是分不同天气条件还是不同站点,采用迭代建模法估计的 DSSR 在每个站点都有最高的准确性。

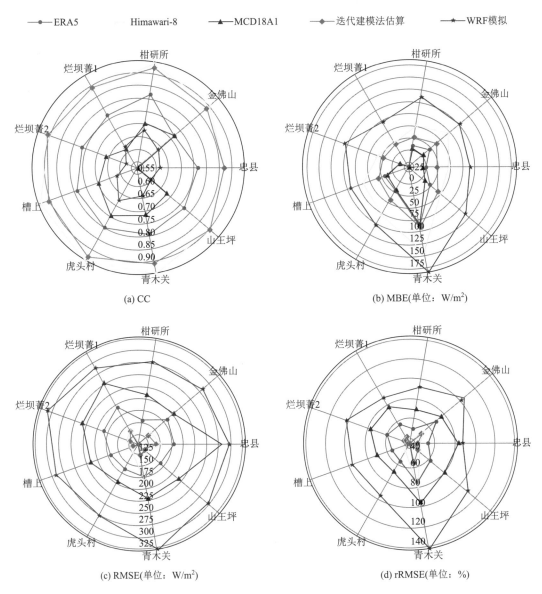

图 2-18 DSSR 产品在每个站点的精度验证指标

2.4.2 结合 Sentinel-2 数据降尺度 Himawari-8 下行短波辐射

2.4.1 节的降尺度结果表明本章提出的机器学习降尺度方法有很好的表现,为了探究在西南复杂地形区域进一步提升空间尺度后 DSSR 的降尺度效果,本节以 Sentinel-2 观测的 TOA 反射率数据和 Himawari-8 DSSR 产品作为主要数据源，使用 RFR 算法构建机器学习模型，从而估算得到 10m 空间分辨率的 DSSR。这和 2.4.1 节的降尺度方法略有不同，本节所提出的估算方法根据 Sentinel-2 卫星观测数据以及辐射传输过程的特征，在训练模型之前分晴空、薄云和厚云三种情况分别预处理输入数据，从而一定程度上达到解耦大气和地表信息的作用。

选取图 2-8 研究区中的部分区域作为研究范围，该范围是 Sentinel-2 卫星过境的条带区域，捕获到的 Sentinel-2 影像几乎为同一观测时刻，所以拼接后可近似代表同一瞬时时刻的数据。如图 2-19 所示，该区域也包含了复杂的地形地貌特征，海拔范围为 74～2832m，而且有 9 个站点的观测 DSSR 可供验证。本节用到的 2020 年的 Sentinel-2 TOA 反射率数据包含了研究区范围内 71 个过境时刻的数据，用到的 Himawari-8 DSSR 产品是和 Sentinel-2 过境时刻最邻近时刻的数据。

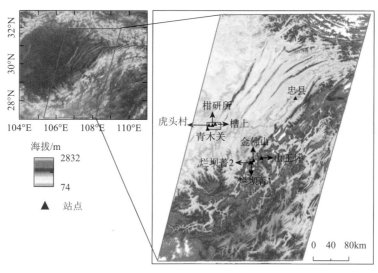

图 2-19　研究区域的位置和高程图

1. 数据

本节用到的数据主要包括 Sentinel-2 TOA 反射率数据及对应的云掩膜信息、Himawari-8 DSSR 和 ALOS 高程数据。Sentinel-2 卫星包括 Sentinel-2A 和 Sentinel-2B 两颗星，分别于 2015 年 6 月和 2017 年 3 月发射，它的重访周期为 2～5d，其上搭载了多光谱成像仪（multi-spectral imager，MSI），可用于陆表和大气监测。MSI 测量了可见光到短波红外的地球反射辐射，共有 13 个波段：3 个波段的空间分辨率为 60m；6 个波段的空间分辨率为 20m；4 个波段的空间分辨率为 10m（详细信息如表 2-11 所示）。

表 2-11　Sentinel-2 波段信息

波段号	波段描述	Sentinel-2A/2B 中心波长/nm	空间分辨率/m
B_1	气溶胶	443.9/442.3	60
B_2	蓝	496.6/492.1	10

波段号	波段描述	Sentinel-2A/2B 中心波长/nm	空间分辨率/m
B_3	绿	560/559	10
B_4	红	664.5/665	10
B_5	红边 1	703.9/703.8	20
B_6	红边 2	740.2/739.1	20
B_7	红边 3	782.5/779.7	20
B_8	近红外	835.1/833	10
B_{8a}	红边 4	864.8/864	20
B_9	水汽	945/943.2	60
B_{10}	卷云	1373.5/1376.9	60
B_{11}	短波红外 1	1613.7/1610.4	20
B_{12}	短波红外 2	2202.4/2185.7	20

Sentinel-2 的 Level-1 C 产品提供了经过几何精校正的 TOA 反射率以及云掩膜信息。云掩膜标识包括不透明云、薄云和晴空 3 种类别。本节用到的是 2020 年的 71 个时刻的 Sentinel-2 数据,这些数据通过 Google Earth Engine 平台获取并用最近邻法重采样为 10m 空间分辨率的数据再用于构建估算模型。为了和 10m 空间分辨率的 Sentinel-2 数据匹配,用的高程数据为先进陆地观测卫星(advanced land observing satellite,ALOS)的高程产品。ALOS 高程数据的空间分辨率为 12.5m,通过最近邻法重采样为 10m 后参与模型构建。用到的 Himawari-8 DSSR 数据为 Sentinel-2 卫星过境时刻的数据。

2. 构建机器学习降尺度模型

该模型主要包括两个步骤:①基于 RFR 算法,在 Himawari-8 DSSR 数据的空间尺度(5km)上训练 DSSR 估算模型;②结合 10m 空间尺度的 Sentinel-2 TOA 反射率数据及其他辅助数据,用估算模型估算得到 10m 空间分辨率的 DSSR 数据(图 2-20)。模型构建用到的变量包括 Sentinel-2 Level-1C 产品 TOA 反射率、D_r、局地天顶角余弦($\cos\theta$)和海拔。D_r 和 $\cos\theta$ 的计算是根据日期和地理位置提供的,$\cos\theta$ 的计算公式见式(2-11):

$$\cos\theta = \cos Z_s \times \cos S + \sin Z_s \times \sin S \times \cos(A_s - A) \tag{2-11}$$

式中,Z_s 为太阳天顶角;S 为地表坡度;A_s 为太阳方位角;A 为坡向。

在阴天条件下,大气透过率是控制 DSSR 的决定性因素,DSSR 的估计与 TOA 反射率密切相关。在晴空条件下大气的衰减作用不显著,此时的外太阳辐射对 DSSR 的影响较大,它随日地距离、天顶角等的变化而变化。对于透明云层覆盖下的像元,DSSR 由 TOA 反射率和地外太阳辐照度控制。因此在训练估计模型之前,借助 Sentinel-2 的云掩膜数据将像素按不同的云覆盖条件分为三组(厚云、薄云和晴空)后再进行训练。

在厚云条件下,卫星观测的 TOA 反射率主要为云层反射辐射。此时的 DSSR 主要为散射辐射,受海拔、局地太阳天顶角的影响相对较小。因此,将厚云条件下的海拔和局地太阳天顶角值设置为 0。在晴空条件下,DSSR 的主要影响因素为地理位置、时间和地

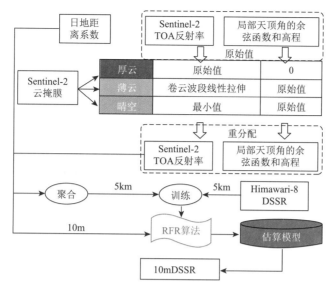

图 2-20　10 m DSSR 估算流程图

形因子，几乎不受云的影响。此时卫星观测的 TOA 反射率数据主要包含大量的地表光谱信号，相对较少的大气信息。借鉴暗目标的思想，一些地物类型的地表反射率在指定波段几乎为 0（如水体在近红外波段的反射率、浓密植被在可见光波段的反射率）。为了去除 TOA 反射率中的地物波谱信息，将晴空范围内的 TOA 反射率最小值视为几乎不包含地表反射信号，并将其赋值给晴空像元 TOA 反射率值。在薄云条件下，TOA 反射率中包含了较多的地物波谱信息，需要将地物波谱信号去除。Sentinel-2 Level-1C 产品中包含卷云波段（B_{10}），该波段观测的 TOA 反射率信号中包含的主要为卷云信号，几乎不包含地物波谱信息。为了剔除其他波段中地表反射信号的影响，结合 B_{10} 波段的 TOA 反射率数据对其他波段的 TOA 反射率数据做了线性拉伸处理。在对数据分厚云、薄云和晴空条件进行预处理后，基于 RFR 算法训练估算模型。模型训练的样本总量为 418474，其中 90%作为训练集、10%作为测试集。

3. 结果分析

根据训练得到的机器学习模型估算 2020 年 Sentinel-2 过境时刻的 DSSR 数据。估算 DSSR 的空间分辨率为 10m，为了更好地展示 DSSR 的局部空间细节，使用图 2-19 中子区域范围作为数据的展示范围。此外，以 Sentinel-2 真彩色遥感影像作为参照，并结合 5km 空间分辨率的 Himawari-8 DSSR 数据，分析 10m 空间分辨率的 DSSR 估算结果在空间分布上的表现。不同天气条件及不同季节的 DSSR 分布和对应时刻的 Sentinel-2 真彩色遥感影像如图 2-21 所示。

图 2-21（a）、（d）、（g）反映了 2020 年 1 月 4 日世界时 3:00 的瞬时数据，1 月到达该区域大气表层的太阳短波辐射本来就比较少，加上较厚的云层分布，DSSR 值不超过 285W/m²。云越厚的区域反射回太空的辐射越多，能够穿透云层到达地表的短波辐射就越少。此时估算得到的 DSSR 分布和云的分布纹理较为一致，在影像中云越厚的区域，大气对下行短波辐射的衰减作用越强，对应的 DSSR 估计值越小。Himawari-8 DSSR 的值域

范围和本节估算的 DSSR 结果总体较为一致，但相较于估算的 DSSR 平滑得多，没有体现出 DSSR 随云量而变化的空间细节特征。

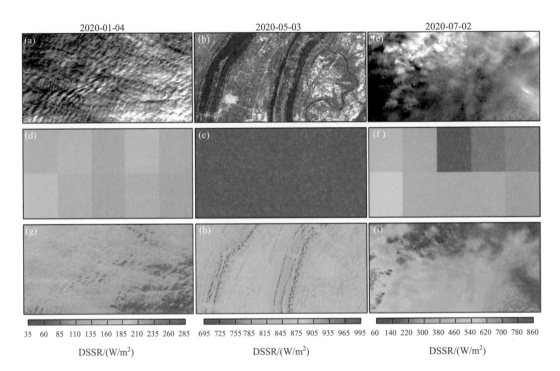

图 2-21　Sentinel-2 真彩色影像 [（a）～（c）] 和对应的 Himawari-8 DSSR 分布图 [（d）～（f）] 及估算 DSSR 分布图 [（g）～（i）]

　　图 2-21（b）、（e）、（h）反映了全晴空条件下的分布，为 2020 年 5 月 3 日世界时 3:00 的瞬时数据。此时卫星接收到的 TOA 反射率可以清晰地反映出地表反射的波谱信息，可以看到建设用地、水体和山脉等多种地物类型。尽管 TOA 反射率数据中包含大量地物波谱信息，但本节估算得到的 DSSR 分布中并没有包含大量地物信息，说明本节提出的方法在保留简单高效性的同时也较好地解耦了大气-地表信息。由于是 5 月的晴空条件，DSSR 值比较高。Himawari-8 DSSR 的值域范围为 975～990W/m²，空间分布上几乎没有变化；本节估算的 DSSR 值域范围为 694～904W/m²，DSSR 值随地表情况的变化较大。对估算 DSSR 分布图中的空间变化信息进一步分析可以发现：由于地形对短波辐射的遮挡作用，估算 DSSR 分布图中山脉阴坡对应的 DSSR 值相对较低；建设用地所在区域比周边 DSSR 值略高，这是因为建设用地的反射率相对周边的植被较高，反射的辐射通过多次散射作用增强了 DSSR。本节估算的 DSSR 所呈现出来的这些空间变异信息都是较为合理的。

　　图 2-21（c）、（f）、（i）反映的是混合天气分布情况，为 2020 年 7 月 2 日世界时 3:00 的瞬时数据。从真彩色影像中可以看出云层的形态和厚薄程度差异较大，且包含小部分近乎晴空的区域。此时，Himawari-8 DSSR 的值域范围为 181～577W/m²，空间分布

上能大致反映出 DSSR 随云的衰减程度而变化；本节估算的 DSSR 值域范围为 63～863W/m²，能更为细致地刻画 DSSR 随大气状况的变化。两种 DSSR 的分布都和 TOA 反射率信息呈较好的负相关关系。

以上分析结果表明本节提出的估算方法所模拟的 10m 空间尺度的 DSSR 和 Himawari-8 DSSR 分布具有一定的异质性，并且提供了比 Himawari-8 DSSR 丰富得多的空间信息。结合对应的 Sentinel-2 真彩色影像来看，这些空间细节信息都是比较合理的，反映出了辐射在传输时和大气-地表的相互作用过程。

结合训练集和测试集样本、站点观测 DSSR 以及 Himawari-8 DSSR 数据，对估算的 DSSR 进行精度分析。为了对本节所构建的机器学习估算模型进行精度验证，将所有样本划分为训练集（90%）和测试集（10%），并用训练集和测试集分别评估模型的精度。如图 2-22 所示，训练集和测试集 CC 分别为 1.00 和 0.98。MBE 趋于 0W/m²，DSSR 估计值较为均匀地分布在 1∶1 线两侧。训练集和测试集的 RMSE（rRMSE）分别为 23.87W/m²（6.54%）和 65.07W/m²（17.76%）。总体而言，该估算模型具有较高的精度，所以将其用于估算 2020 年 Sentinel-2 卫星过境时刻的 DSSR 数据。

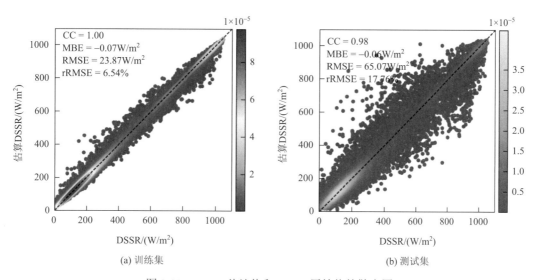

(a) 训练集   (b) 测试集

图 2-22 DSSR 估计值和 DSSR 原始值的散点图

为了评估模型估计 DSSR 的精度，用 2020 年 9 个站点的 DSSR 观测数据评估估算 DSSR 的精度。此外，也对 Himawari-8 DSSR 的精度进行验证，并将其和估算 DSSR 的精度进行对比。如图 2-23 所示，估算 DSSR 和 Himawari-8 DSSR 与站点观测 DSSR 具有较高的相关性，CC 都为 0.92。估算 DSSR 相较于站点观测 DSSR 偏高，其 MBE 为 32.67W/m²；Himawari-8 DSSR 相较于站点观测 DSSR 偏高得更多，其 MBE 为 48.57W/m²。估算 DSSR 的 RMSE 和 rRMSE 分别为 118.42W/m² 和 39.42%，比 Himawari-8 DSSR 的 RMSE 和 rRMSE 分别低了 8.02W/m² 和 2.67 个百分点；比 2.4.1 节估算的 0.01° 的 DSSR 的 RMSE 和 rRMSE 分别低了 6.88W/m² 和 3.31 个百分点。可见在西南复杂地形区域，估算的 10m 空间分辨率的 DSSR 相较于 Himawari-8 DSSR 和估算的 0.01° 空间分辨率的 DSSR 有更高的精度。

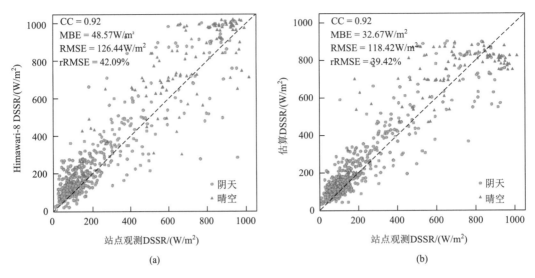

图 2-23　基于站点观测 DSSR 验证全天空 Himawari-8 DSSR 和估算 DSSR

本节分别验证了晴空和阴天条件下估算 DSSR 和 Himawari-8 DSSR 的精度,如表 2-12 所示。在阴天条件下,Himawari-8 和估算 DSSR 都和站点观测 DSSR 有很高的相关性,CC 都为 0.90。Himawari-8 和估算 DSSR 的 MBE 都为正值,分别为 39.91W/m² 和 27.20W/m²,这说明二者在阴天条件下的 DSSR 都存在高估。Himawari-8 和估算 DSSR 的 RMSE(rRMSE)分别为 112.32W/m²(50.88%)和 101.38W/m²(45.93%),这说明阴天条件下本节所估算的 DSSR 相较于 Himawari-8 DSSR 的误差低,有更高的准确性。在晴空条件下,Himawari-8 DSSR 和估算 DSSR 的 CC 分别为 0.85 和 0.78,都比阴天的 CC 低。估算 DSSR 的 MBE 为 58.61W/m²,比 Himawari-8 DSSR 的 MBE 低 29.69W/m²。晴空下 Himawari-8 DSSR 和估算 DSSR 的 RMSE(rRMSE)分别为 168.23W/m²(26.12%)和 174.87W/m²(27.15%),说明晴空条件下估算 DSSR 的精度相较于 Himawari-8 DSSR 的精度并没有优势。

表 2-12　晴空和阴天条件下 Himawari-8 DSSR 及估算 DSSR 的站点验证精度

条件	方法	CC	MBE/(W/m²)	RMSE/(W/m²)	rRMSE/%
阴天	Himawari-8 DSSR	0.90	39.91	112.32	50.88
	估算 DSSR	0.90	27.20	101.38	45.93
晴空	Himawari-8 DSSR	0.85	88.30	168.23	26.12
	估算 DSSR	0.78	58.61	174.87	27.15

2.5　小　　结

现有大气驱动数据空间分辨率粗糙,在地形复杂的西南山区有较大的不确定性。为了获取高时空分辨率的大气驱动数据, 采用基于 WRF 模型的动力降尺度方法和基于机器学习的统计降尺度方法, 开展了大气驱动数据的降尺度工作, 并利用站点观测数据评估了降尺度结果的精度。

2.3 节通过 WRF 模型降尺度得到 1 km、逐小时的高时空分辨率大气驱动数据。主要结论为: ①替换静态地形数据后, WRF 模拟精度得到提升; ②相较于 Lin, New Thompson、NSSL 2-moment 4-ice 和 WDM7 方案, 使用 WSM7 方案模拟得到的结果更好; ③相较于 ERA5 数据, WRF 降尺度得到的结果在空间分布上刻画了更多较为合理的空间细节信息, 但是站点评估结果更差。WRF 模型降尺度的优点是: 可以一次完成所有近地表气象变量的降尺度; 得到时间连续的高空间分辨率数据; 不依赖于其他高空间分辨率的产品。然而, WRF 模型降尺度得到的结果和站点的一致性不如粗空间分辨率的 ERA5 数据。这说明在地形复杂的西南山区, 仅通过 WRF 模型中的物理机理难以估算得到准确的高分辨率的数据。因此, 在后期的研究中需要充分利用高分辨率的卫星观测产品, 探索机器学习方法在西南复杂地形区域的降尺度效果。

2.4 节以大气驱动数据中的 DSSR 变量为降尺度对象, 探索了结合高空间分辨率卫星观测数据构建机器学习降尺度模型的方法。包含了不同尺度的降尺度工作: ①结合 MODIS 数据将 0.25° 空间分辨率的 ERA5 DSSR 降尺度到 0.01°; ②结合 Sentinel-2 数据将 5 km 空间分辨率的 Himawari-8 DSSR 降尺度到 10m。该节构建的机器学习模型降尺度得到的 DSSR 能合理地刻画高空间分辨率的 DSSR 空间分布。此外, 站点评估结果表明降尺度得到的 DSSR 相较于粗空间分辨率的 DSSR 有更高的精度。然而, 由于机器学习降尺度模型依赖高空间分辨率的卫星观测数据, 该模型只能估算卫星过境时刻的高空间分辨率变量。

在西南复杂山区, 使用动力降尺度或统计降尺度都有各自的优缺点。要获取准确的高时空分辨率大气驱动数据, 还需进一步研发适用于西南山区的混合降尺度模型。

参 考 文 献

陈功, 廖捷, 孙凌, 2012. WRF 微物理方案对四川一次强降水模拟的影响. 高原山地气象研究, 32 (1): 43-50.

陈俊勇, 2005. 对 SRTM3 和 GTOPO30 地形数据质量的评估. 武汉大学学报 (信息科学版), 30 (11): 4-7.

高媛, 2021. 全球 30 米土地覆盖产品的精度评估研究. 西安: 西安科技大学.

宫鹏, 2009. 基于全球通量观测站的全球土地覆盖图精度检验. 自然科学进展, 19 (7): 754-759.

顾小祥, 李国平, 2019. 云微物理方案对一次高原切变线暴雨过程数值模拟的影响. 云南大学学报 (自然科学版), 41 (3): 526-536.

郭艺媛, 华维, 侯文轩, 等, 2021. 云微物理参数化方案对青藏高原一次对流云降水模拟的影响. 科学技术与工程, 21 (4): 1262-1271.

黄刚, 2006. NCEP/NCAR 和 ERA-40 再分析资料以及探空观测资料分析中国北方地区年代际气候变化. 气候与环境研究, 11 (3): 310-320.

黄海波, 陈春艳, 朱雯娜, 2011. WRF 模式不同云微物理参数化方案及水平分辨率对降水预报效果的影响. 气象科技, 39 (5): 529-536.

黄菁, 张强, 2012. 中尺度大气数值模拟及其进展. 干旱区研究, 29 (2): 273-283.

康军梅, 2020. 多源遥感土地覆被产品一致性评价及要素提取分析应用研究. 西安: 长安大学.

康延臻, 靳双龙, 彭新东, 等, 2018. 单双参云微物理方案对华北 "7·20" 特大暴雨数值模拟对比分析. 高原气象, 37 (2): 481-494.

李新, 吴立宗, 马明国, 等, 2010. 数字黑河的思考与实践2: 数据集成. 地球科学进展, 25 (3): 306-316.

刘晓冉, 李国平, 2014. WRF模式边界层参数化方案对西南低涡模拟的影响. 气象科学, 34 (2): 162-170.

卢冰, 王薇, 杨扬, 等, 2019. WRF中土壤图及参数表的更新对华北夏季预报的影响研究. 气象学报, 77 (6): 1028-1040.

潘小多, 李新, 冉有华, 等, 2012. 下垫面对WRF模式模拟黑河流域区域气候精度影响研究. 高原气象, 31 (3): 657-667.

宋丰飞, 周天军, 2012. 20CR再分析资料在东亚夏季风区的质量评估. 大气科学, 36 (6): 1207-1222.

王大山, 武婕, 江鑫, 等, 2020. 基于三种WRF陆面过程方案的东南亚毁林增温响应研究. 大气科学学报, 43 (6): 992-1001.

王婷婷, 周建中, 曾小凡, 等, 2013. WRF模式云微物理过程对三峡库区降水模拟的影响. 水电能源科学, 31 (6): 17-20.

韦芬芬, 汤剑平, 王淑瑜, 2015. 中国区域夏季再分析资料高空变量可信度的检验. 地球物理学报, 58 (2): 383-397.

吴秋月, 华维, 胡垚, 等, 2018. 不同边界层方案对一次西南涡暴雨过程模拟的对比试验. 长江流域资源与环境, 27 (5): 1071-1081.

吴志鹏, 李跃清, 李晓岚, 等, 2021. WRF模式边界层参数化方案对川渝盆地西南涡降水模拟的影响. 大气科学, 45 (1): 58-72.

武文娇, 章诗芳, 赵尚民, 2017. SRTM1 DEM与ASTER GDEM V2数据的对比分析. 地球信息科学学报, 19 (8): 1108-1115.

徐彬仁, 魏瑗瑗, 2018. 基于随机森林算法对青藏高原TRMM降水数据进行空间统计降尺度研究. 国土资源遥感, 30 (3): 181-188.

徐影, 丁一汇, 赵宗慈, 2001. 美国NCEP/NCAR近50年全球再分析资料在我国气候变化研究中可信度的初步分析. 应用气象学报, 12 (3): 337-347.

尹金方, 王东海, 翟国庆, 2014. 区域中尺度模式云微物理参数化方案特征及其在中国的适用性. 地球科学进展, 29 (2): 238-242.

张涛, 2013. 基于LAPS/STMAS的多源资料融合及应用研究. 南京: 南京信息工程大学.

张颖, 刘志红, 吕晓彤, 等, 2016. 四川盆地一次污染过程的WRF模式参数化方案最优配置. 环境科学学报, 36 (8): 2819-2826.

赵天保, 符淙斌, 2009a. 几种再分析地表气温资料在中国区域的适用性评估. 高原气象, 28 (3): 594-606.

赵天保, 符淙斌, 2009b. 应用探空观测资料评估几类再分析资料在中国区域的适用性. 大气科学, 33 (3): 634-648.

支星, 徐海明, 2013. 三种再分析资料的高空温度与中国探空温度资料的季节平均特征对比分析. 高原气象, 32 (1): 97-109.

周顺武, 张人禾, 2009. 青藏高原地区上空NCEP/NCAR再分析温度和位势高度资料与观测资料的比较分析. 气候与环境研究, 14 (3): 284-292.

Antonanzas-Torres F, Urraca R, Polo J, et al., 2019. Clear sky solar irradiance models: A review of seventy models. Renewable and Sustainable Energy Reviews, 107: 374-387.

Babar B, Luppino L T, Boström T, et al., 2020. Random forest regression for improved mapping of solar irradiance at high latitudes. Solar Energy, 198: 81-92.

Breiman L. 2001.Random forests. Machine Language, 45 (1): 5-32.

Damiani A, Irie H, Horio T, et al., 2018. Evaluation of Himawari-8 surface downwelling solar radiation by ground-based measurements. Atmospheric Measurement Techniques, 11 (4): 2501-2521.

Danielson J J, Gesch D B, 2011. Global multi-resolution terrain elevation data 2010 (GMTED2010). Center for Integrated Data Analytics Wisconsin Science Center.

Fekete B M, Vörösmarty C J, Roads J O, et al., 2004. Uncertainties in precipitation and their impacts on runoff estimates. Journal of Climate, 17 (2): 294-304.

Frouin R, Murakami H, 2007. Estimating photosynthetically available radiation at the ocean surface from ADEOS-II Global Imager data. Journal of Oceanography, 63 (3): 493-503.

Fu D L, Liu Y P, Li H Z, et al., 2020. Evaluating the impacts of land cover and soil texture changes on simulated surface wind and temperature. Earth and Space Science, 7 (9): e2020EA001173.

García-García A, Cuesta-Valero F J, Beltrami H, et al., 2020. Land surface model influence on the simulated climatologies of temperature and precipitation extremes in the WRF v3.9 model over North America. Geoscientific Model Development, 13 (11): 5345-5366.

Giorgi F，1990. Simulation of regional climate using a limited area model nested in a general circulation model . Journal of Climate，3（9）：941-963.

Gutman G，Ignatov A，1998. The derivation of the green vegetation fraction from NOAA/AVHRR data for use in numerical weather prediction models. International Journal of Remote Sensing，19（8）：1533-1543.

Gutman G，Ignatov A，1997. Satellite-derived green vegetation fraction for the use in numerical weather prediction models. Advances in Space Research，19（3）：477-480.

He J J，Yu Y，Yu L J，et al.，2017. Impacts of uncertainty in land surface information on simulated surface temperature and precipitation over China. International Journal of Climatology，37（S1）：829-847.

He J，Yang K，Tang W J，et al.，2020. The first high-resolution meteorological forcing dataset for land process studies over China. Scientific Data，7（1）：25-38.

Hersbach H，Bell B，Berrisford P，et al.，2020. The ERA5 global reanalysis. Quarterly Journal of the Royal Meteorological Society，146：1999-2049.

Hiroyuki T，Shogo U，Hideyuki N，et al.，2018. JRA-55 based surface dataset for driving ocean–sea-ice models（JRA55-do）. Ocean Modelling，130：79-139.

Huang D L，Gao S B，2018. Impact of different reanalysis data on WRF dynamical downscaling over China. Atmospheric Research，200：25-35.

Jiang H，Yang Y P，Bai Y Q，et al.，2020. Evaluation of the total，direct，and diffuse solar radiations from the ERA5 reanalysis data in China. IEEE Geoscience and Remote Sensing Letters，17（1）：47-51.

Kala J，Andrys J，Lyons T J，et al.，2015. Sensitivity of WRF to driving data and physics options on a seasonal time-scale for the southwest of Western Australia. Climate Dynamics，44（3）：633-659.

Kalnay E，Kanamitsu M，Kistler R，et al.，1996. The NCEP/NCAR 40-year reanalysis project. Bulletin of the American Meteorological Society，77（3）：437-471.

King M D，Kaufman Y J，Menzel W P，et al.，1992. Remote sensing of cloud，aerosol，and water vapor properties from the moderate resolution imaging spectrometer（MODIS）. IEEE Transactions on Geoscience and Remote Sensing，30（1）：2-27.

Lang Q，Yu W P，Ma M G，et al.，2019. Analysis of the spatial and temporal evolution of land cover and heat island effects in six districts of Chongqing's main city. Sensors，19（23）：5239.

Li H Q，Zhang H L，Mamtimin A，et al.，2020. A new land-use dataset for the weather research and forecasting（WRF）model. Atmosphere，11（4）：350.

Liu L Y，Zhang X，Chen X D，et al.，2020. GLC_FCS30-2020：Global land cover with fine classification system at 30m in 2020：Aerospace information research institute. Chinese Academy of Sciences.

Mearns L O，Bogardi I，Giorgi F，et al.，1999. Comparison of climate change scenarios generated from regional climate model experiments and statistical downscaling . Journal of Geophysical Research Atmospheres，104（D6）：6603-6621.

Nasrollahi N，Aghakouchak A，Li J L，et al.，2012. Assessing the impacts of different WRF precipitation physics in hurricane simulations. Weather and Forecasting，27（4）：1003-1016.

Pedregosa F，Varoquaux G，Gramfort A，et al.，2011. Scikit-learn：Machine learning in Python. Journal of Machine Learning Research，12：2825-2830.

Ryu Y，Jiang C Y，Kobayashi H，et al.，2018. MODIS-derived global land products of shortwave radiation and diffuse and total photosynthetically active radiation at 5km resolution from 2000. Remote Sensing of Environment，204：812-825.

Shangguan W，Dai Y J，Duan Q Y，et al.，2014. A global soil data set for earth system modeling. Journal of Advances in Modeling Earth Systems，6（1）：249-263.

Sheffield J，Ziegler A，Wood E，et al.，2004. Correction of the high-latitude rain day anomaly in the NCEP–NCAR reanalysis for land surface hydrological modeling . Journal of Climate，17（19）：3814-3828.

Wang D，Liang S，Zhang Y，et al.，2020. A new set of MODIS land products（MCD18）：Downward shortwave radiation and photosynthetically active radiation. Remote Sensing，12（1）：168.

Wei Y，Zhang X，Hou N，et al.，2019. Estimation of surface downward shortwave radiation over China from AVHRR data based on four machine learning methods. Solar Energy，177：32-46.

Wu T J，Min J Z，Wu S，2019. A comparison of the rainfall forecasting skills of the WRF ensemble forecasting system using SPCPT and other cumulus parameterization error representation schemes. Atmospheric Research，218：160-175.

Xia R D，Luo Y L，Zhang D L，et al.，2021. On the diurnal cycle of heavy rainfall over the Sichuan Basin during 10-18 August 2020. Advances in Atmospheric Sciences，38（12）：2183-2200.

Ying W M，Wu H，Li Z L，2019. Net surface shortwave radiation retrieval using random forest method with MODIS/AQUA data. IEEE Journal of Selected Topics in Applied Earth Observations and Remote Sensing，12（7）：2252-2259.

Yu Y C，Shi J C，Wang T X，et al.，2019. Evaluation of the Himawari-8 shortwave downward radiation（SWDR）product and its comparison with the CERES-SYN，MERRA-2，and ERA-Interim datasets. IEEE Journal of Selected Topics in Applied Earth Observations and Remote Sensing，12（2）：519-532.

Yuan H，Dai Y，Li S，2020. Reprocessed MODIS Version 6 Leaf Area Index data sets for land surface and climate modelling. Guangzhou，China：Land-Atmosphere Interaction Research Gruop at Sun Yat-sen University.

Zhang Y L，Qin X，Li X，et al.，2020. Estimation of shortwave solar radiation on clear-sky days for a valley glacier with Sentinel-2 time series. Remote Sensing，12（6）：927.

Zhang G X，Zhu S Y，Zhang N，et al.，2022. Downscaling hourly air temperature of WRF simulations over complex topography：A case study of chongli district in Hebei province，China. Journal of Geophysical Research：Atmospheres，127（3）：12-28.

第3章 地面通量观测与分析

3.1 概　　述

涡动相关技术的理论和方法于 1895 年被雷诺提出，即命名为雷诺分解法，但是由于当时缺乏微气象的观测设备，该技术的发展受到了限制（Reynolds，1895）。一直到 20 世纪 50 年代末，英国、美国的学者将通量轮廓线法应用于农田生态系统的 CO_2 通量的观测，由于传感器和风速仪的限制，涡动相关技术依旧没有得到发展（Monteith and Sziecz，1961）。随着科技的发展和研究的深入，研究者发现红外气体分析仪可以用于 CO_2 通量的监测，并且具有非常稳定的观测性能，可以结合涡动相关技术来观测陆面生态系统 CO_2 通量。随后，涡动相关技术在日本、欧洲和北美洲得到了广泛的应用，主要用于农田生态系统 CO_2 的监测，其观测的时间尺度可以精确到小时尺度，空间尺度也可以从几十米的范围扩大至数千米的范围（Novick et al.，2004）。

当前，涡动相关技术被认为是观测生态系统和大气间碳水传输及交换量最适用的方法，该方法在全球范围内也被广泛应用。涡动相关法在一般情况下需要满足三个假设条件（图 3-1）：①大气湍流处于一个稳定的状态；②仪器与下垫面之间不存在任何碳源和碳汇的情况；③在一定的区域范围内有水平均一的下垫面。

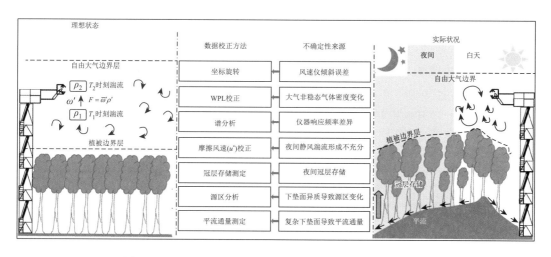

图 3-1　涡动相关技术通量观测示意图（Chen et al.，2020）

涡动相关方法能够根据大气中的湍流运动产生的风速和物理量脉动，直接计算出动量通量和能量通量。在布设站点时，需要选择具有空间代表性的下垫面，且仪器需要架设在一定的高度才能准确地观测到垂直方向上的脉动和气体密度的脉动（于贵瑞等，2004）。涡动相关法是用于定量估算陆面生态系统与大气之间 CO_2、H_2O 和能量循环交换最常用的微气象观测方法，其原理是通过测定风速脉动与物理量之间脉动的协方差进而计算出湍流通量。涡动相关技术的发展为进一步探究陆地生态系统碳水通量的动态变化特征，以及相关的生态、生物过程模型提供了精准的驱动数据，同时也为模型的输出参量提供了验证的数据（Baldocchi et al.，2001）。

通量观测是定量描述土壤-植被-大气间物质循环和能量流动的基础（王介民等，2007）。涡动相关技术作为直接测量植被冠层与大气能量物质交换通量的技术手段，已经逐步发展成为国际通用的通量观测标准方法（于贵瑞和孙晓敏，2017；Yu et al.，2014）。随着涡动相关技术在全国碳水循环研究中的广泛应用，长期连续的通量观测为准确评价生态系统固碳能力（Wang et al.，2021；Tarin et al.，2020）、水分和能量平衡状况（Zhou and Li，2019）、生态系统对全球气候变化的反馈作用（Yu et al.，2014；Xiao et al.，2013）、区域和全球尺度模型的优化与验证（Ge et al.，2021；Huang et al.，2021）、极端气候事件对生态系统结构与功能的影响（Yuan et al.，2019）等方面的研究提供了重要的数据支撑和机制理解途径。在微气象学和生态学领域的研究中，碳通量和能量通量的研究一般是针对大气的边界所测定的物理量展开的，包括土壤界面-大气界面、植被冠层界面-大气界面等生态系统尺度。该方法可以直接测量到生态系统大气边界的气体通量，如 CH_4、CO_2 通量等能量的输入和输出变量，包括潜热通量、显热通量和辐射通量等。碳通量表示生态系统中单位时间通过单位面积的某一特定组分碳的量，决定着整个生态系统的碳平衡（Litton et al.，2007）。净生态系统碳交换量（net ecosystem exchange，NEE）是地表与大气之间碳交换的直接变量，表示了单位时间单位面积上生态系统与大气之间的净碳交换量。NEE 值可以直接表征生态系统净碳固定或释放的量，为生态系统总初级生产力（gross primary productivity，GPP）与生态系统呼吸（ecosystem respiration，ER）的差值。当 NEE＜0 时，表示生态系统是大气 CO_2 的汇；当 NEE＞0 时，表明生态系统是大气 CO_2 的源；当 NEE = 0 时，表明生态系统的 CO_2 排放与吸收达到平衡（Biederman et al.，2017；Ahlström et al.，2015）。蒸散发为潮湿土壤和植被表面的蒸发量（evaporation，E）及植被叶片蒸腾（transpiration，T）之总和，是一个复杂的物理和生理过程，与植被类型、生育期、生长状况、土壤含水量及其气象条件有密切的关系，它是地球系统水循环、能量循环和碳循环的关键环节（Xu et al.，2019；Yepez et al.，2007）。

在碳水通量中，GPP 是影响碳循环、生态调节以及表征植物生命活动的关键因子；ET 是衡量陆地表面生态系统以及大气中水分分配状况的重要参量，ET 值包括了土壤水分的蒸发量和植被的蒸腾量。精准地估算和量化这两个重要的参量，对于深入认识陆面生态系统和大气之间的物质和能量的交换，研究区域甚至全球碳水通量的机理及过程、促进碳水资源的有效管理以及生态环境的可持续发展具有重要的现实意义。同时，陆面和大气之间的碳水交换对区域和全球气候变化也有着重要的反馈作用。选取典型生态系统开展野外观测试验，并获取该区域陆面过程的地表征量，是研究生态系统陆气间相互作用的重要方法（Tanaka et al.，2003；Toda et al.，2002）。在最近的几十年时间里，国内外关于涡动通量的观测试验也在大量地开展，这些试验的开展使我们对陆气之间的碳水交换有了更深一步的认识，在全球气候变化和人类活动的驱动下，对碳水循环的变化规律也有了更全面的的了解。

因此，以涡动相关技术为核心的通量观测是目前国际上最为常用的碳水通量观测方法（Wilson et al.，2002；王介民，1999）。1895 年，涡动相关技术的原理被雷诺推算出来后便被广泛应用于陆气间的物质和能量交换（Reynolds，1895）。进入 20 世纪 90 年代后，随着三维超声风速仪的研发和红外气体分析仪的逐步发展，涡动相关技术在农田、草地和森林生态系统中以及干旱半干旱生态系统中开始得到广泛的应用（Fang et al.，2020；Swain et al.，2018；Zhao et al.，2018；Speckman et al.，2015；Wesely et al.，1983）。直到 20 世纪 90 年代中期，LI-COR 公司开发出了高精度的 CO_2 红外气体分析仪，大大地推动了涡动相关技术在不同生态系统中的应用，这项技术方法能够将碳水通量进行同步监测，从而将生态学和水文学关注的两个科学问题联系起来（于贵瑞等，2006）。全球通量观测网络（FLUXNET）的建立为研究全球尺度的陆气间能量、物质传输积累了大量的数据（Baldocchi，2020；Pastorello et al.，2020）。据统计，FLUXNET 现今有超过 700 个观测站点，正在全球不同的陆地生态系统进行碳水通量的短期或者长期的观测，包括森林、草地、农田、湿地、荒漠和城市等（http://fluxnet.org/）。截至目前，全球通量观测网仍以森林、草地和农田生态系统为主，且观测时间较长，对于森林生态系统，超过 50%的站点观测时间大于 10 年。

3.2　研究区概况

中国西南地区跨度在 21°04′～34°23′N、97°26′～112°06′E，包括四川省、重庆市、云南省、贵州省以及广西壮族自治区，其总面积占我国陆地面积的 13.34%，横跨三级阶梯，地势总体上西高东低、北高南低，海拔在 100～3000m。第四纪以来，受到新构造运动的影响，青藏高原发生剧烈的抬升导致喜马拉雅山脉南部大幅度隆起（图 3-2）。处于升降交替过渡地带的西南地区沉积了巨厚的碳酸盐岩带，这便是喀斯特地貌形成的物质基础条件，喀斯特地貌与非喀斯特地貌的交替分布，共同塑造了西南地区破碎的地形地貌格局，是我国最复杂、脆弱生态环境区域之一。同时，北回归线贯穿整个西南地区，其容易受到副热带高气压带的控制，属于典型的亚热带季风气候区，雨热同期是最大的气候特点，夏季受印度洋西南季风和西太平洋季风的影响，降水较为充沛。但是由于海拔差异较大，气温、降水、太阳辐射等气候因素具有显著的空间差异性，年平均气温为 17.3℃，年平均降水量为 1257.9mm。西南地区虽然降水量丰富，但在时空上分配十分不均匀。喀斯特复杂的地形地貌结构，导致该区域极易发生干旱和内涝。西南喀斯特地区地形地貌复杂多样，生态系统和植被类型也表现出了多样化的形式，受特殊的喀斯特生态环境和海拔因素的限制，该地区的植被覆盖度分布也表现为不均一性，生产力较低，特别是受到全球气候变化和人类活动的干扰后，被破坏的植被恢复速度相对较慢。研究区植被类型主要包括亚热带和热带山地针叶林、常绿阔叶林、落叶阔叶林和灌丛等。

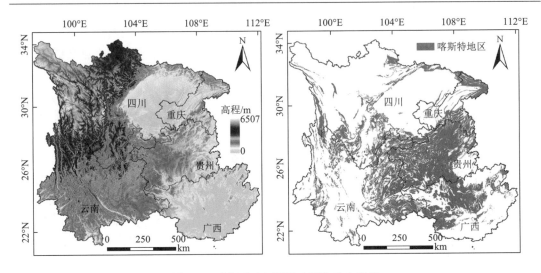

图 3-2　研究区示意图及喀斯特分布格局

（1）槽上站（CS）

槽上站位于重庆市北碚区中梁山龙凤槽谷区（图 3-3），通量塔的架设时间为 2018 年 7 月，地理坐标为 29°47′N、106°26′E，海拔为 588.5m。属亚热带季风气候，冬暖夏热，年平均气温约为 18℃，降水充沛，但分配不均，年均降水量为 1000～1300mm，雨季为 4～10 月。土壤类型以石灰土为主，土层薄且分布不均匀，植物喜钙，主要植被类型为次生灌木和草本。该区域是典型的低山喀斯特槽谷石漠化严重地区，长期受人类活动的影响，生态环境脆弱，下垫面以裸露岩石和小块农田为主，部分农田已撂荒，在退耕之前主要种植包菜、萝卜等蔬菜。直到 2019 年 8 月开始对该区域的农田进行土地流转，用于石漠化地区植被自然恢复生长碳水通量及地表生物量调查的野外观测样地，退耕后的农田主要生长蒿草、葛藤，植被高度不高于 1m。灌丛、草地、农田、裸岩的面积比例大致为 20%、45%、15%、20%。地形局部陡峭，整体上较为平坦。

（2）虎头村站（HTC）

虎头村苗圃位于青木关流域（图 3-3），通量塔的架设时间为 2018 年 7 月。站点的地理坐标为 29°46′N、106°19′E，海拔为 512.9m。属于亚热带季风气候，多年平均气温为 18.5℃，多年降水量为 1250mm，植被主要为亚热带常绿阔叶林和旱生喜钙型灌木。2011 年以前该样地的土地利用类型为耕地，主要种植水稻，2011 年以后流转为苗圃，主要种植桂花、天竺桂、山茶和刺梨，在通量塔的西侧有少量的农田，主要轮种蔬菜和红薯。该区域的下垫面较为平坦均一，土层较厚，木本植被的林下生长有草本植物，土壤含水量丰富，尤其是在雨季，下垫面经常会发生短期的积水。

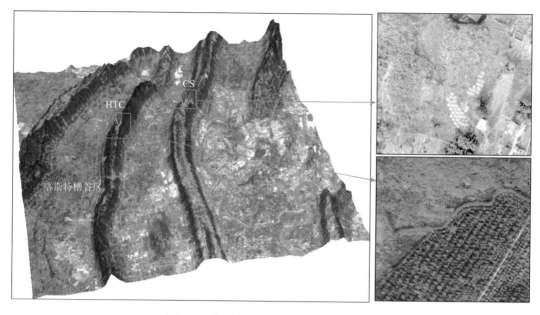

图 3-3 典型喀斯特地区通量站点示意图
五角星表示通量站点位置

3.3 通量数据处理方法

3.3.1 观测方法及项目

中梁山槽上退耕农田站和青木关流域虎头村苗圃站的观测仪器大部分安装在高 5m 的观测塔上，包括涡动相关系统、气象要素观测仪器（风速、温度、湿度、辐射）和土壤参数（不同埋深的土壤水分和土壤温度等）探头，两个站点的主要观测仪器及布设高度等信息如表 3-1 所示。

表 3-1 槽上站（CS）和虎头村站（HTC）的主要观测仪器及布设高度

观测项目	仪器型号	高度/埋深/m	站点
CO_2 与 H_2O 浓度	Gill&7500RS	5.4	HTC
	CSAT3B&7500RS	4.4	CS
三维超声风速、风向与虚温	Windsonic	5.4	HTC
	CSAT3B	4.4	CS
空气温、湿度	HMP45D	2	HTC
	HMP155A	3	HTC
	HC2S3	3	CS
四分量辐射	CNR4	5，3	HTC，CS
土壤热通量	HFP01SC	−0.05，−0.05，−0.05	HTC，CS

观测项目	仪器型号	高度/埋深/m	站点
土壤温度	AV-10T	-0.02，-0.05，-0.1，-0.2，-0.4，-0.6，-0.8	HTC，CS
土壤水分	CS616	-0.02，-0.05，-0.1，-0.2，-0.4，-0.6，-0.8	HTC，CS
降水量	TE525	10	HTC，CS

通过涡动相关方法计算陆面与大气间在一定时间和单位面积内 CO_2 和 H_2O 密度脉动值及垂直风速协方差，以获得两者之间通量交换数值，即

$$F = \overline{w'c'} \tag{3-1}$$

式中，F 为通量交换值；w' 为垂直方向上风速脉动值；c' 为 CO_2 或 H_2O 密度脉动值。根据该公式和原理，计算 CO_2 通量（F_c）和潜热通量（λET）

$$F_c = \overline{w'\rho_c} \tag{3-2}$$

$$\lambda ET = \rho_a \overline{w'q'} \tag{3-3}$$

式中，ρ_a 为空气密度；q' 为比湿的脉动量；ρ_c 为 CO_2 密度（$\rho_c = \rho_d c$，ρ_d 为干空气密度；c 为 CO_2 质量混合比）。

基于涡动相关技术方法获得 CO_2 和 H_2O 的密度脉动值，是假设在一定理想状态下观测到的原始数据，如通量站点下垫面地形地势平坦均匀、假设大气中水热条件始终处于一个理想平衡的状态等（Baldocchi and Hall，2003）。然而，通常条件下仪器在安装过程中难以满足这样的理想条件，经常会导致仪器发生轻微的倾斜，下垫面植被不均一、地形地势凹凸不平、天气变化多端导致大气湍流不稳定，致使通量观测数据出现误差或缺失，不能真实地反映陆面生态系统与大气之间的物质和能量传输过程。因此，需要对原始的涡动相关数据进行处理和质量控制，以确保获得精确的数据。本章首先采用 Campbell 公司研发的 card convert 小程序对 10Hz 的原始数据进行分割，进而获得 30min 的平均 NEE 以及能量通量数据，再用 LI-COR 公司研发的 Eddyproc 6.2.1 软件对 30min 的数据进行坐标旋转校正、超声虚温校正、空气密度脉动修正（Webb-Pearman-Leuning，WPL）以及偏离正常通量阈值范围的异常值剔除，最后对异常值剔除后的缺失数据进行插补。异常值及数据的插补规则和方法如下。

由于降水会对一定方向上的湍流造成干扰，会对观测数据造成一定的误差，因此将降水时段观测到的异常值剔除掉；夜间湍流较弱，会导致通量观测数据的值偏低，因此剔除夜间摩擦风速（u^*）临界值小于 0.1m/s 的数据（Falge et al.，2001）。同时，夜间植被不再进行光合作用，因此需要剔除掉当辐射总量 $R_g < 1W/m^2$ 时 NEE < 0 时段的数据（Papale et al.，2006；Reichstein et al.，2005）。剔除异常的数据后，需要对缺失的数据进行插补才能对数据进行有效的分析，通量数据插补方法主要有以下 3 种（Wang et al.，2019）。

在本章中，对于连续缺失时长小于 2h 的数据缺口采用线性插值的方法进行插补；对于时长大于 2h 但小于 7h 的连续缺失数据，采用临近 7d 内相同时段的观测数据值采用平

均日变化法（mean diural variation，MDV）进行插补（Falge et al.，2001）；对于连续大于 7d 的缺失数据，采用非线性的方法进行内插，即建立气象观测数据与通量数据之间的经验拟合法，如建立 NEE 与气温、光合有效辐射之间的方程，计算出缺失时段的 NEE 值。

根据涡动相关数据和气象观测数据，可以从 NEE 中分解出生态系统的 GPP 和 ER，两者共同决定生态系统的碳收支的平衡状况。在夜间没有光照的情况下，绿色植物无法进行光合作用，因此，夜间的 NEE 值几乎等于 ER 值。一般认为，生态系统呼吸的强度与温度存在指数函数关系（Tarin et al.，2020；Gong et al.，2017）。常见的生态系统呼吸方程有 Lloyd&Taylor 和 Vant's Hoff 呼吸法，本章采用 Vant's Hoff 方程估算 ER：

$$ER = R_{ref} \cdot \exp(b \cdot T_s) \tag{3-4}$$

式中，R_{ref} 和 b 均为恒定的常数值；T_s 为埋深 10cm 处的实测土壤温度。当夜间植被停止光合作用时，夜间的 NEE 值等于 ER 值。因此，基于 Vant's Hoff 方程，利用夜间实测 NEE 和土壤温度（soil temperature，T_s）之间的关系建立方程（Reichstein et al.，2005）：

$$NEE_{night} = R_{ref} \cdot \exp(b \cdot T_s) \tag{3-5}$$

最后，利用插值完整的 NEE 值和已计算好的 ER 值，计算出总初级生产力 GPP 值：

$$GPP = ER - NEE \tag{3-6}$$

本章中，NEE＞0 时，生态系统表现为碳源，即向大气中释放出 CO_2；NEE＜0 时，生态系统表现为碳汇，即生态系统吸收了大气中的 CO_2。GPP 值越大，表示光合作用越强烈，植被同化大气中 CO_2 的量越多；ER 值越大表示生态系统呼吸越强烈，包括土壤中微生物的呼吸以及植被的自养呼吸。

3.3.2 通量观测足迹分析

通量源区的足迹（footprint）函数是指涡动相关系统所观测到的 CO_2 通量下垫面的来源和足迹，表示盛行的上风向下垫面中若干个点源汇集起来所形成的源区，并且能够被仪器观测到的 CO_2 通量的贡献强度大小。CO_2 通量的源区大小通常会受到多种因素的影响，如观测仪器架设的位置和高度、下垫面的类型以及粗糙程度、大气的稳定度以及大气边界层的高度等。因此，在使用通量观测数据进行分析和研究时，需要对通量的源区进行计算，检验 CO_2 通量是否来源于典型的下垫面地表。在对通量的足迹和来源进行分析时，通常只关注通量足迹贡献百分比为 10%～90%上风向位置累积通量贡献范围以内的区域。本章利用 Kljun 等（2015）提出的二维足迹模型来分别对 2019～2020 年槽上退耕农田站和虎头村苗圃站的通量贡献区进行分析（图 3-4），图中颜色越亮表示通量源的贡献率越高，闭合的曲线表示不同累积通量贡献率的范围，从图中可以看出槽上退耕农田站的通量主要来源于东侧和西北侧，虎头村苗圃站的通量主要来源于东北侧和西南侧，与风向玫瑰图中的风向和风速示意图是相匹配的（图 3-5）。

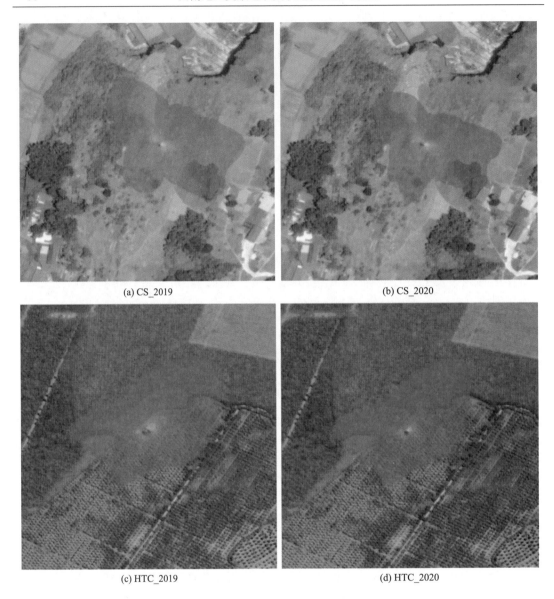

(a) CS_2019　　　　　　　　　　　　　　　　(b) CS_2020

(c) HTC_2019　　　　　　　　　　　　　　　　(d) HTC_2020

图 3-4　槽上退耕农田站和虎头村苗圃站通量二维足迹分析

3.3.3　通量数据质量评价

本章通量站点的观测时间段为 2019～2020 年，通量观测样地停电和仪器故障等，导致虎头村苗圃站丢失了 17%的数据，槽上退耕农田站丢失了 16%的数据，且大部分丢失的数据是夜间和雨季数据。研究期间，槽上退耕农田由于数据采集器的故障而丢失了大约 1 个月的数据。根据热力学第一定律，生态系统内的能量应该是守恒的。根据该原理，通常采用涡动相关系统观测到的水热通量与自动气象观测系统的有效能量来做线性回归，即潜热通量（latent heat flux，LE）与显热通量（sensible heat flux，H_s）

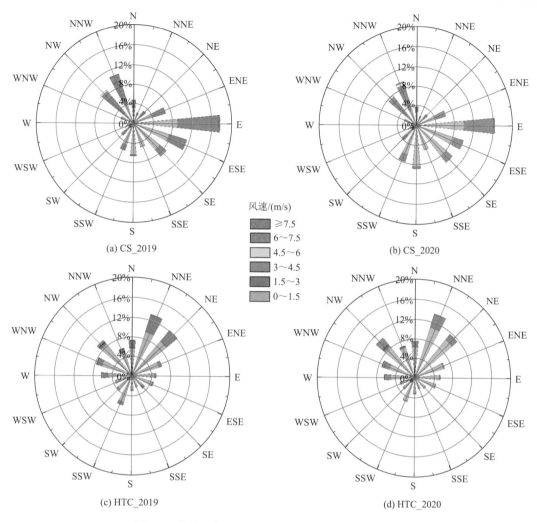

风速/(m/s)

≥7.5
6～7.5
4.5～6
3～4.5
1.5～3
0～1.5

(a) CS_2019

(b) CS_2020

(c) HTC_2019

(d) HTC_2020

图 3-5　槽上退耕农田站和虎头村苗圃站风向玫瑰图

之和比上净辐射通量（net radiation，R_n）与土壤热通量（soil heat flux，F_s）之差，线性方程可表示为 $LE + H_s = a \cdot (R_n - F_s) + b$，能量的闭合程度取决于斜率 a 和决定系数 R^2 的大小，a 和 R^2 越大，说明数据质量越可靠。采用 2019 年 1 月～2020 年 12 月的两个典型喀斯特站点日尺度数据，分析了两个观测站涡动相关系统的能量闭合状况，结果如图 3-6 所示。槽上退耕农田站线性回归方程的斜率为 0.84，截距为 29.86W/m²，决定系数（R^2）为 0.63；虎头村苗圃线性回归方程斜率为 0.65，截距为 1.06W/m²，R^2 为 0.89。槽上退耕农田站的线性回归的斜率小于 1，下垫面有岩石裸露的斑块，导致涡动相关系统观测数据低估了显热和潜热通量的大小。在以往的研究中很少有能量达到完全闭合的程度，观测中存在误差也是不可避免的。导致能量不闭合而造成结果不确定性的因素很多，从数据本身出发，有可能是因为仪器在采集的过程中出现系统故障，湍流不稳定造成低频或者高频通量的缺失，在计算能量平衡时方程中能量项被忽略等，这些因素都会致使能量计算结果出现低估或者高估的现象。在以往的研究基础之上，本章中两个站点的决定系数达到 0.63 和 0.89，能量闭合度处于一个可置信的区间内，同时也表明了两个通量站点的观测数据较为可靠且有很高的研究价值。

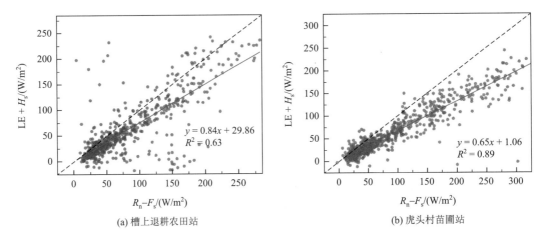

图 3-6　涡动相关系统日尺度能量闭合率

全球气候变化和人类活动对全球喀斯特地区植被的空间格局演变具有重要的影响，同时也改变了区域碳循环和能量交换的分配格局。我国西南喀斯特地区是世界上面积分布最广、岩溶发育最为强烈、人地矛盾最尖锐的地区，也是景观类型复杂、生物多样性较为丰富、生态系统极为脆弱的典型地区（王世杰等，2020；曹建华等，2017）。加上农业扩张和集约化，造成了该地区的土地退化、生物多样性的丧失和生态系统服务的减少。为了有效地遏制生态环境的退化，国家先后在我国西南喀斯特地区实施了一系列的生态环境保护工程，如退耕还林、水土流失综合治理、生态公益林保护等（Tong et al.，2018），特别是 2008 年国务院批复了《岩溶地区石漠化综合治理规划大纲（2006—2015）》，进一步加快了石漠化治理的进程。

生态和环境修复的核心是植被的恢复与重建，植被是陆地生态系统中的重要组成部分，作为自然生态系统的基本组成部分及主要生产者，联结着土壤、大气和水分等环境要素，对区域气候及碳水循环表现得十分敏感。而陆地生态系统碳平衡取决于植被光合作用时所固定下来的 CO_2 的量和呼吸作用时（植被呼吸与土壤及微生物呼吸）释放出的 CO_2 的量消长关系。若 CO_2 积累的量大于释放的量，则陆地生态系统表现为碳汇；反之，若生态系统释放出 CO_2 的量大于光合作用所固定下来的 CO_2 的量，陆地生态系统则表现为碳源。另外，我国西南喀斯特地区地处亚热带季风区，该区域的亚热带森林是全世界森林碳吸收量最高的地区之一，其主要原因可能是林分年龄小、氮沉降量高，以及水热同期且供应充足（Yu et al.，2014）。因此，耕地转为森林或者荒草地可以大大增强中国西南地区的碳吸收（Wang et al.，2017）。但目前对该地区植被自然恢复初期的退耕农田和苗圃的碳吸收能力进行直接地观测仍然缺乏针对性和系统性的研究。另外，与其他陆地生态系统相比，喀斯特生态系统地形地势复杂、不连续的土壤分布、发达的地表地下三维空间、可溶性碳酸盐岩和适钙植物的独特性，共同导致了喀斯特生态系统碳循环过程的复杂性，给生态系统尺度上量化碳平衡的研究带来了巨大的挑战（Cao et al.，2017；Song et al.，2017；Jiang et al.，2014；）。

　　自 20 世纪 90 年代初以来，涡动相关技术被广泛应用于测量生物圈与大气圈之间的 CO_2、水汽和能量的交换，极大地促进了对不同陆地生态系统碳水循环的理解（Wang et al.，2019；Xiao et al.，2013）。涡动相关技术可以获取生态系统净交换（NEE）和蒸散发（ET）的连续测量结果。NEE 通常可以拆分为两个部分：总初级生产力（GPP）和生态系统呼吸（ER），ET 是对潜热通量的测量，对水和能量平衡至关重要。目前全球范围内建立了超过 500 个长期观测的通量站点，涵盖了多个主要生物群落类型和气候区。中国通量网建设于 2002 年，是全球通量观测网的重要组成部分，目前的通量观测站点有 100 多个（于贵瑞和孙晓敏，2017），但中国西南地区通量站点分布极少，尤其是针对喀斯特生态系统碳水通量的观测目前还是较为缺乏。为了揭示和量化该区域陆地生态系统的碳水通量，需要在生态系统到区域范围内对当地生态和环境条件开展精细的研究。一般喀斯特的碳循环分为两部分：有机碳循环和无机碳循环，有机碳循环是指植被光合作用以及土壤和微生物的呼吸作用；无机碳循环主要过程包括石灰岩或白云岩的溶解、风化和碳酸盐沉淀，所有这些过程都受到喀斯特生态环境的物理化学条件的制约（Emmerich，2003；Zeng et al.，2019；Liu and Zhao，1999）。许多研究也已经表明，无机碳库的碳循环对生态系统的 CO_2 通量有很大的贡献，不应将其忽略（Wang et al.，2021；Serrano-Ortiz et al.，2009；Gombert，2002；Gaillardet et al.，1999）。这对于认知喀斯特地区碳循环的调控机理，评估喀斯特地区生态系统恢复后的碳汇潜力及其对全球碳汇的贡献具有重要的意义。

　　喀斯特地区退耕农田和苗圃的碳储量是由区域气候和植被特性以及土壤条件限制的，但关于土地利用类型发生变化和植被演变过程对碳水平衡的影响还缺乏明确的认识。大多数退耕农田位于土层浅薄且不连续的坡耕地上，长期受流水侵蚀，水土流失严重，土壤养分贫瘠且水、土地空间资源不匹配，水分供应不足和频繁的干旱事件往往限制了该区域生态系统的生产力，即使是在降水普遍充足的地区，也会有 71.2%的径流通过岩溶裂隙或管道、落水洞等向地下漏失（王世杰等，2020；Ferlan et al.，2011）。近年来，高频率的干旱事件及其毁灭性的破坏使喀斯特生态系统的碳汇减少，在某些情况下，它们甚至会变成碳源（Ferlan et al.，2016）。实地观测数据也是衡量降水量大小和土壤水分胁迫的一个重要指标，是衡量生态系统干旱或湿润程度的可靠方法。在这些地区，只有少数研究使用实测数据来直接监测干旱事件的发生及其对碳水通量的影响，因此这项工作对了解干旱对喀斯特生态系统的影响尤为重要。

　　由于气候变化和人类活动的共同作用，植被的结构和演替也会发生变化，人们不禁会产生这样的疑问：①在气候变化及土地利用方式变化过程中，喀斯特地区的碳水通量会产生怎样的变化？②在极易发生季节性干旱的喀斯特地区，降水脉冲会对碳通量产生怎样的影响？基于以上的两个问题，我们通过利用涡动相关技术来研究西南典型喀斯特槽谷区的碳水通量：苗圃和农田退耕后自然恢复的荒草地。具体研究目标有以下四点：①对比分析 2019～2020 年两个不同站点环境要素和碳水通量的日内变化、季节变化和年际变化以及碳水通量对环境要素变化的响应；②比较环境因素以及碳水通量在季节性干旱发生前、季节性干旱发生时和季节性干旱过后碳水通量的变化；③研究季节性干旱发生前、中、后环境因子对碳水通量的影响；④分析季节性干旱期间碳通量对降水脉冲的响应。

3.4　不同时间尺度碳水通量的变化特征

3.4.1　碳水通量日变化特征

利用槽上退耕农田站（CS）和虎头村苗圃站（HTC）2019 年 1 月～2020 年 12 月连续观测的涡动通量数据，计算两年中同一时刻碳水通量平均值在 24 小时内的动态变化，得到两个站点碳水通量的日内动态变化曲线（图 3-7）。

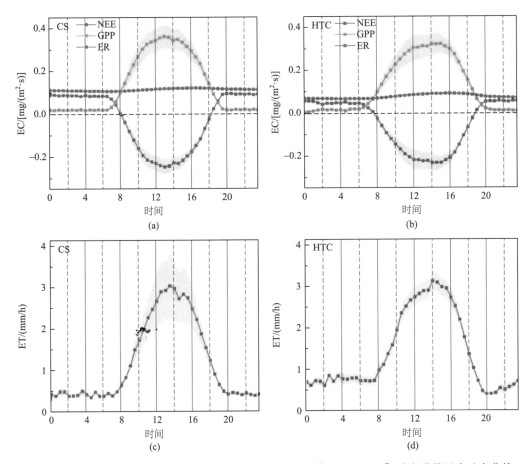

图 3-7　槽上退耕农田站［（a）和（c）］和虎头村苗圃站［（b）和（d）］碳水通量日内动态曲线

槽上站植被日内吸收 CO_2 的大小与虎头村站差别不大，槽上站的 NEE 和 GPP 的日内最大值分别为 $-0.24mg/(m^2 \cdot s)$ 和 $0.36mg/(m^2 \cdot s)$，峰值出现在 13:00，最大 ET 为 3.04mm/h，峰值出现在 14:00；虎头村站 NEE 和 GPP 的最大值分别为 $-0.23mg/(m^2 \cdot s)$ 和 $0.33mg/(m^2 \cdot s)$，峰值出现在 14:00，ET 最大值为 3.1mm/h，也出现在 14:00。两个站点的 ET 均出现了"光合午休"现象，发生的时刻分别为 14:30 和 13:30。该现象发生的原因是中午太阳高度角最大，辐射最强，致使气温快速升高，同时空气中的水汽也不断减少，饱和水气压差增大，植被的叶片通过关闭气孔来减少自身水分的流失，同时光合作用有关的酶活性也有所降低（Xiao et al., 2021），导致 GPP 和 ET 值出现短暂的下降。CS 和 HTC 两个站点的 ER 日动态变化均较小，分别维持在 0.12mg/(m^2·s) 和 0.08mg/(m^2·s) 的水平上下波动。

3.4.2　环境要素季节变化特征

研究期间（2019 年 1 月～2020 年 12 月），槽上退耕农田和虎头村苗圃的环境因子只有略微的差异（图 3-8）。苗圃的年平均气温为 16.6℃，比退耕农田的高 0.4℃。相应地，夏季苗圃的饱和水汽压差（vapor pressure deficit，VPD）和总辐射（global radiation，R_g）比退耕农田的高。然而，退耕农田的年平均土壤温度为 16.1℃，比苗圃高 2.6℃。研究期间内两个站点的降水时空分布极其不均，槽上站 6 月和 7 月的平均降水量达 324.5mm 和 261.1mm，而 8 月的平均降水量仅有 15.8mm；虎头村站 6 月和 7 月的平均降水量达 208.1mm 和 221.2mm，而 8 月的平均降水量为 35.7mm。观测数据分析结果表明，10cm 深处的平均土壤含水量（soil water content，SWC）在苗圃（30.2%）比在退耕农田的（24.3%）高。与降水量相似的是，SWC 也表现为强烈的季节性波动，槽上站 6 月和 7 月的平均 SWC 分别为 28.97% 和 29.64%，而 8 月的平均 SWC 仅为 20.38%；虎头村站 6 月和 7 月的平均 SWC 分别达 32.95% 和 32.39%，而 8 月的平均 SWC 仅有 24.59%。因此，采用土壤含水量与降水量衡量季节性干旱发生的持续时间长短，在 2019 年和 2020 年的 8～9 月两个不同植被恢复区均发生了持续长达 1 个月左右的季节性干旱 [图 3-8（d）和（e）]。

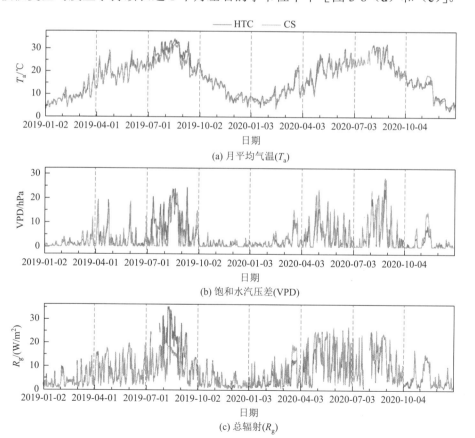

(a) 月平均气温(T_a)

(b) 饱和水汽压差(VPD)

(c) 总辐射(R_g)

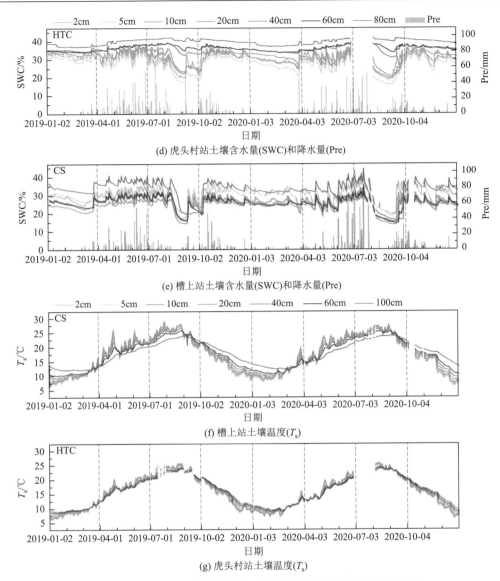

图 3-8　2019～2020 年槽上站和虎头村站环境因子季节变化特征

除降水为日累积值以外，其他变量均为日平均值

3.4.3　碳水通量季节变化特征

图 3-9 表示 2019～2020 年槽上站和虎头村站碳水通量的季节动态曲线。两个站点碳水通量的季节变化规律相似，各通量变化曲线都呈正弦曲线的形式，遵循着生长季高、非生长季低的变化规律（图 3-10）。在 3 月植被的生长初期，EVI 值开始逐渐增大，直到 4 月植被开始进入生长季，植被与大气间的碳交换和水汽传输开始增强，表现为光合作用逐渐加强，GPP 值开始逐渐增加，与此同时 ER 值也逐渐上升，表明生态系统呼吸作用增强，土壤中的微生物呼吸以及植被的自养呼吸也加强，NEE 曲线也随之下降，表明生态系统的固碳能力在增强，植被同化 CO_2 的量也在增加。5～8 月，植被的生长达到最旺

盛的时期，EVI 也达到了峰值，此时的气温和降水量也达到了全年的最高值，陆面与大气之间的水汽交换达到最大值，土壤的蒸发与植被的蒸腾作用也在该时段达到峰值，ET 曲线也在这个时期达到最大，与此同时，生态系统呼吸和光合作用的强度也达到最大，GPP 和 ER 曲线也达到峰值，NEE 曲线呈现明显的下降趋势，表明生态系统的碳汇能力达到最大值。9～11 月，植被开始进入成熟期，EVI 曲线也逐渐下降，生态系统呼吸强度与光合作用能力也逐渐下降，表现为 ER 曲线和 GPP 曲线逐渐下降，NEE 曲线上升，表明了生态系统固碳能力开始下降，此时陆表与大气之间的水汽输送也开始减弱，ET 曲线也开始逐渐下降。值得注意的是，在 8～9 月植被的生长旺盛期，发生了一段时间的季节性干旱事件，降水和土壤含水量均表现为下降的趋势，此时 EVI 值也有略微的响应，而两个站点的碳水通量均表现为下降的趋势。尤其是槽上站，在 2019 年短期的干旱期间表现为微弱的碳源，NEE 日均值为 1.31g C/(m²·d)，直到生长季后期降水发生，土壤水含量开始慢慢回升，生态系统碳水交换又得到了恢复。

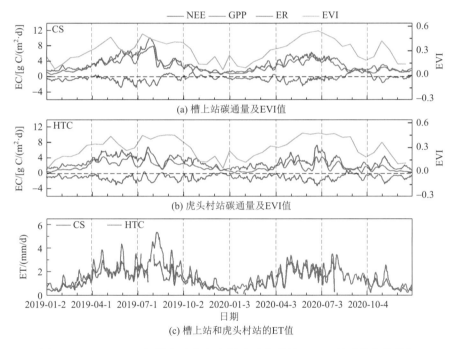

(a) 槽上站碳通量及EVI值

(b) 虎头村站碳通量及EVI值

(c) 槽上站和虎头村站的ET值

图 3-9　2019～2020 年槽上站和虎头村站碳水通量及 EVI 的季节变化特征

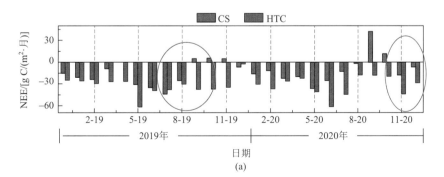

(a)

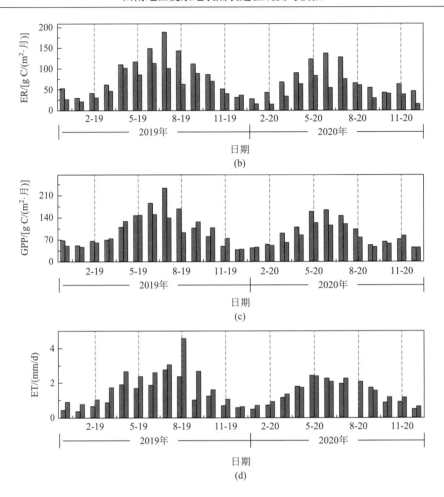

图 3-10　2019～2020 年槽上退耕农田站与虎头村苗圃站月平均碳水通量变化特征

　　虎头村苗圃的碳水通量数值在各个阶段均高于槽上退耕农田站，整个研究期内的 NEE 在冬季相对接近正值（表明生态系统释放 CO_2），生长季节为负值（表明生态系统吸收 CO_2），直至 8～9 月，由于降水减少，气温升高，蒸发强烈，使得土壤水分少于年平均值，生态系统表现出微弱的碳源［图 3-9（a）和（b）］。表 3-2 对不同年份两个站点的碳水通量进行了汇总统计。2019 年，两个生态系统均表现为碳汇[虎头村苗圃站：NEE = −392.79g C/(m^2·a)，槽上退耕农田站：NEE = −180.89g C/(m^2·a)]；两个站点的 GPP 值差别不大[虎头村苗圃站：GPP = 1184.01g C/(m^2·a)，槽上退耕农田站：GPP = 1294.34g C/(m^2·a)]；槽上退耕农田站的 ER 年累计值[1113.45g C/(m^2·a)]比苗圃 [791.22g C/(m^2·a)]高。2020 年，虎头村苗圃站的 NEE 值[−419.16g C/(m^2·a)]比槽上退耕农田站的 NEE[−165.19g C/(m^2·a)]大了 1 倍以上。然而，槽上退耕农田站的年累计 GPP 值[1096.86g C/(m^2·a)]却高于虎头村苗圃站[924.36g C/(m^2·a)]。类似的，槽上退耕农田站的 ER[884.61g C/(m^2·a)]也比虎头村苗圃站[505.04g C/(m^2·a)]要大得多。

表 3-2　槽上退耕农田站和虎头村苗圃站碳水通量和气象因子的日均值及年总值

站点_年份	T_a/℃	VPD/hPa	SWC/%	R_g/[MJ/(m²·d)]	Pre/mm	NEE/[g C/(m²·a)]	GPP/[g C/(m²·a)]	ER/[g C/(m²·a)]	ET/(mm/a)
CS_2019	16.78	2.76	26.63	6.6	1021.4	−180.89	1294.34	1113.45	482.66
CS_2020	16.57	4.21	25.54	9.72	1403.3	−165.19	1096.86	884.61	360.66
HTC_2019	17.31	3.68	31.51	7.1	1162.5	−392.79	1184.01	791.22	749.4
HTC_2020	16.7	3.66	28.45	8.69	985.9	−419.16	924.36	505.04	546.23

研究期间，两个生态系统的 ET 都表现出明显的季节性波动特征［图 3-9（c）］，虎头村苗圃站和槽上退耕农田站的最高 ET 值出现在 2019 年 8 月和 7 月，分别达到 4.89mm/d 和 2.98mm/d。然而在 8～9 月夏末秋初的干旱期，ET 值呈现大幅度下降的趋势，平均值接近于 1mm/d，这相当于一年中非生长季（12 月～次年 2 月）的 ET 水平。

3.4.4　季节性干旱下站点之间碳水通量的对比

降水、气温、土壤含水量和饱和水汽压都是植被生长的重要环境因子（Scott et al.，2009），尤其是在发生水分胁迫时期，土壤含水量对碳水通量的影响要大于气温对碳水通量的影响（Gong et al.，2017）。从图 3-8（d）和（e）可以得知，2019～2020 年，8～9 月的降水量和土壤含水量远远低于年均水平。降水减少气温增高，夏秋两季的土壤蒸发量和植被蒸腾量增大，导致土壤含水量和植被叶片水势出现水分亏缺的情况。为了对比两个不同植被类型在季节性干旱期间碳水通量的响应状况，以日尺度为单位，统计干旱发生之前、干旱发生时和干旱发生之后环境要素及碳水通量的变化大小。借鉴前人的研究经验（齐月等，2015；Vasseur et al.，2014；Åström et al.，2013），本节针对 SWC 值采用相对阈值法来提取两年中相对干旱时段，即采用发生概率为 10%作为衡量干旱时长的相对阈值，而对植被及地表生物影响较大的往往是出现频率极低的干旱事件。例如，将 2019 年虎头村苗圃站 SWC 日尺度的数据从小到大排序，当 SWC 发生的概率小于 10%时（经过计算得出 SWC<25.05%），则将这部分的时间定义为这一年当中的相对干旱期，为 2019 年 8 月 21 日～9 月 8 日，并将 2019 年 8 月 21 日的前 19 天定义为干旱发生之前，2019 年 9 月 8 日之后的 19 天标识为干旱发生之后。以同样的方法计算 2019 年和 2020 年另外一个站点的相对干旱期，如表 3-3 所示。

表 3-3　2019～2020 年虎头村站和槽上站相对干旱期的划分阈值及持续天数

站点_年份	SWC/%	相对干旱期	持续时间/d
HTC_2019	25.05	2019-08-21～2019-09-08	19
HTC_2020	22.21	2020-08-15～2020-09-16	33
CS_2019	20.83	2019-08-18～2019-09-08	22
CS_2020	18.83	2020-08-08～2020-09-13	37

两个站点在各自的研究年份都表现出典型的亚热带季风气候特征，包括短期夏季干旱现象。8～9 月两个站点的降水量都低于平均水平，2019 年的相对干旱期，槽上退耕农田站的降水量比干旱前减少了 86.8%，比干旱过后减少了 87.2%；虎头村苗圃站的降水量

比干旱前减少了 76.6%，比干旱过后减少了 64.7%［图 3-11（e）］。槽上退耕农田站的日平均气温比干旱前增高了 2.2℃，比干旱过后增高了 6℃；虎头村苗圃站的日平均气温比干旱前增高了 2.8℃，比干旱过后增高了 5.8℃［图 3-11（a）］。降水的异常减少和气温的异常增高也反映在土壤水分的时间变化模式上［图 3-11（c）］；槽上退耕农田站的日平均 SWC 值比干旱前减少了 34.9%，比干旱过后减少了 35.9%；虎头村苗圃站的日平均 SWC 值比干旱前减少了 21.1%，比干旱过后减少了 9.3%［图 3-11（c）］。与 2019 年相似的是，2020 年也发现有短期的干旱，降水和土壤含水量也急剧地减小。除此之外，其他气象因子，如 VPD ［图 3-11（b）］、R_g［图 3-11（d）］也对此次的干旱周期有明显的表征。

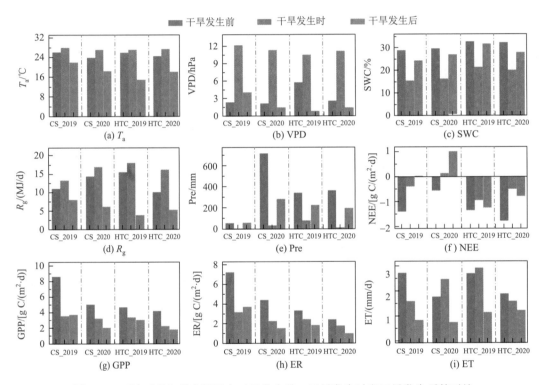

图 3-11 环境要素与碳水通量在干旱发生前、干旱发生时和干旱发生后的对比

在两年中相对干旱期内，同样检测到槽上退耕农田站和虎头村苗圃站的碳水通量对此次干旱期的响应存在明显差异［图 3-11（f）～（i）］。在 2019 年的相对干旱期，槽上退耕农田生态系统表现为微弱的碳汇[NEE = −0.37g C/(m²·d)]，比干旱发生之前减少了 1.03g C/(m²·d)，在干旱过后则表现为微弱的碳源[NEE = 0.03g C/(m²·d)]，季节性干旱的前期、中期、后期，生态系统分别表现为碳汇、碳汇、碳源。同样，在 2020 年相对干旱期，生态系统也表现为微弱的碳源[NEE = 0.14g C/(m²·d)]，在干旱期过后，生态系统的固碳能力并没有恢复到干旱之前的水平，NEE 值为 1.02g C/(m²·d)［图 3-11（f）］，季节性干旱的前期、中期、后期，生态系统分别表现为碳汇、碳源、碳源。与之不同的是，虎头村苗圃站在 2019 年和 2020 年的相对干旱期生态系统均表现为碳汇，NEE 值分别为−0.94g C/(m²·d)和−0.48g C/(m²·d)，虽然在这期间的 NEE 值略有减少，但在降水恢复之后，其固碳能力很快又得到了

恢复 [图 3-11(f)]。总体上看，槽上退耕农田的 GPP 要大于虎头村苗圃站，在两年中的相对干旱期，两个生态系统的 GPP 均显著减少，尤其是槽上站 [图 3-11(g)]。类似地，ER 也表现出和 GPP 一样的趋势。在 2020 年干旱期内，槽上退耕农田站的日平均 ET 值比干旱发生前期大 0.8mm/d，比干旱发生后期大 1.19mm/d；而在 2019 年干旱期内，虎头村苗圃站日平均 ET 值比干旱发生前期大 0.8mm/d，比干旱后期大 1.98mm/d。

3.5　环境要素对碳水通量的影响

3.5.1　环境要素对碳水通量的影响分析

植被的光合作用与光照条件密切相关，充足的光照条件能够促进植被的光合作用，许多相关研究也表明了生态系统 GPP 的大小随着辐射的增强而呈现增加的趋势（王军邦等，2021；Wang et al.，2018；Law et al.，2001），太阳辐射也影响陆面与大气之间水汽交换所需的能量，因此，太阳辐射也是影响 ET 变化的一个重要因素。另外，气温对植被的光合作用也会有一定的影响。相关研究表明，气温升高会促进 GPP 的增长（Chen et al.，2020；Ferlan et al.，2016；Xiao et al.，2013）。同时，气温也是影响土壤和植被中水分的重要因子，气温升高，会致使土壤蒸发量和植被蒸腾量加剧（Wang et al.，2021）。另外，许多研究也表明了生态系统呼吸对温度变化的反应非常敏感（Emmerich，2003；Aubinet et al.，2001）。Ferlan 等（2016）对斯洛文尼亚喀斯特生态系统的研究发现，虽然该地区降水丰富，但是喀斯特复杂的地质构造，导致土层浅薄，土壤持水性差，根系不发达的植被会长期受到水分胁迫的影响，因此，水分条件也是喀斯特碳循环过程的一个重要因子。Yuan 等（2019）和 Xiao 等（2021）研究发现，水分条件对 GPP 的日变化以及年际变化均有显著的影响，VPD 和 SWC 作为大气和土壤中水分含量的重要参数，其大小对陆面与大气间的水汽扩散起着决定性的作用，也是蒸散发和光合作用能力的重要驱动力之一。当生态系统发生水分胁迫时，植被的叶片会关闭气孔来减少自身水分的流失，导致植被的光合作用减弱甚至停止。相应地，生态系统的固碳能力也因此而减弱。

因此，本节选择 T_a、VPD、EVI、SWC、R_g 作为碳水通量的重要环境因子，分别将它们与 NEE、GPP、ER 和 ET 进行相关分析（图 3-12）。选择 2019～2020 年碳水通量以及各环境因子的日平均值进行相关分析。分析结果显示，R_g 与 NEE、GPP、ER 和 ET 的相关性均达到了显著性水平（$P<0.01$），其中虎头村苗圃站的 R_g 与 GPP 和 ET 的相关系数达到 0.72 和 0.68。从全年日平均值尺度上看，两个站点的碳水通量与 SWC 的相关性并不显著，只有虎头村苗圃站的 SWC 与 ER 的关系达到了显著性水平，$r=0.33$（$P<0.05$），说明碳水通量在全年日平均水平尺度上没有受到水分条件的限制；槽上退耕农田的 GPP、ER 和 ET 与 SWC 均表现为负相关关系，但均未达到显著性水平，说明土壤水分在一定程度上对该站点的碳水通量有抑制作用。EVI 值可以反映植被的生长状况，本节中 NEE、GPP 和 ET 与 EVI 的相关性均达到了显著性水平，在这两个生态系统中，植被的生长状况对碳水通量的变化起到不可忽视的作用。两个站点的 VPD 与 NEE 均呈现显著的正相关关系，相关系数分别达到 0.62 和

0.35，随着 VPD 的增大，NEE 值也变大，说明大气中水分含量的大小对生态系统的固碳能力产生直接的影响。从气温对碳水通量影响的角度分析，T_a 与两个生态系统的 NEE 均呈负相关关系，随着气温的升高，生态系统的固碳能力增强，但两者的相关性并未达到显著性的水平；T_a 与 GPP、ER 和 ET 的相关性均达到了显著性水平。降水对两个站点碳水的影响存在一定的差异性，降水对槽上退耕农田的 GPP、ER 和 ET 的影响均达到了显著性水平，但虎头村苗圃站的 GPP、ER 对降水的响应不明显，两者的关系未达到显著性水平。

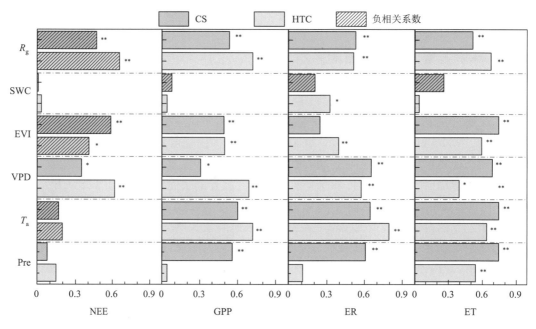

图 3-12　槽上退耕农田站与虎头村苗圃站碳水通量与各环境因子的相关分析

*表示 $P < 0.05$，**表示 $P < 0.01$

3.5.2　季节性干旱下环境要素对碳水通量的影响

2020 年 8 月两个站点的气象数据和涡动相关数据均有不同程度的缺失，考虑数据分析的有效性，根据表 3-2，以 2019 年相对干旱的月份为研究对象，通过皮尔逊相关分析方法来研究两个不同生态系统的碳水通量与环境要素之间的相关关系（图 3-13）。在槽上退耕农田站，相对干旱期内 ET 与 SWC 显示出中度的正相关（$r = 0.70$，$P < 0.05$），随着土壤水分含量的下降，ET 值也减小；NEE 与干旱中的 SWC 表现出强烈的负相关（$r = -0.93$，$P < 0.05$），即在土壤水分充足的条件下，生态系统表现为碳汇。与此同时，R_g 与 NEE 也表现出强烈的负相关（$r = -0.86$，$P < 0.05$）；在干旱期间（$r = -0.63$，$P < 0.05$）和干旱后 NEE 与 R_g 则表现出中等程度的负相关（$r = -0.51$，$P < 0.05$）。GPP 与 T_a 有中度的正相关关系（干旱前：$r = 0.73$，$P < 0.05$；干旱期间：$r = 0.52$，$P < 0.05$）。相应地，在干旱时，GPP 与 SWC 有显著的正相关关系（$r = 0.84$，$P < 0.05$），在干旱发生前，SWC 与 GPP 呈负相关关系（$r = -0.59$，$P < 0.05$）。

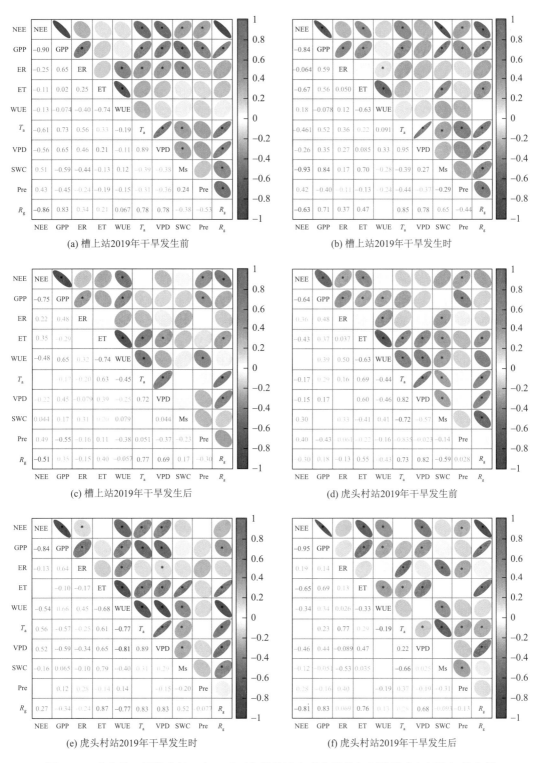

(a) 槽上站2019年干旱发生前　　　　　(b) 槽上站2019年干旱发生时

(c) 槽上站2019年干旱发生后　　　　　(d) 虎头村站2019年干旱发生前

(e) 虎头村站2019年干旱发生时　　　　(f) 虎头村站2019年干旱发生后

图 3-13　季节性干旱发生前、中、后两个通量站点碳水通量与环境要素之间的相关分析

颜色越深表示 r 值越大，椭圆形越细表示显著性越强，*代表 $P<0.05$

在季节性干旱发生之后，虎头村苗圃站的 NEE 与 R_g 表现出强烈的负相关关系（$r = -0.81$，$P < 0.05$）。与退耕农田相比，苗圃中 NEE 与 SWC 没有明显的相关关系。在干旱发生之后，GPP 与 VPD 呈正相关（$r = 0.44$，$P < 0.05$），但在干旱发生时，GPP 与 VPD 呈负相关（$r = -0.59$，$P < 0.05$）。与退耕农田相似，苗圃站在干旱发生的前期，ET 和 SWC 呈负相关（$r = -0.41$），而在干旱发生时两个变量之间显示出强烈的正相关（$r = 0.79$，$P < 0.05$）。

3.5.3　碳通量对降水脉冲的响应

土壤是陆地生态系统中第二大碳库，喀斯特生态系统中土壤碳库的大小取决于控制土壤碳输入（即总初级生产力、地下碳的分配、凋落的堆积）和输出（即凋落物的分解、土壤中 CO_2 的外排、碳酸盐岩的沉淀）（Inglima et al., 2009）。土壤中植物根系的呼吸作用和微生物的分解会向大气中输出 CO_2，土壤温度的变化以及降水量的分布都会影响土壤的呼吸速率（尚晴等，2019）。有研究表明，在干旱条件下，植物根系和微生物活动受到土壤水分的胁迫，土壤呼吸速率减小，微生物和凋落物大量积累。降水事件可以在短时间内快速提升土壤水分含量，进而显著地加剧微生物介导的异养呼吸（Fang et al., 2015）。因此，研究人员将脉冲效应定义为降水接触地表以及水分渗透过程中引起土壤短时间内释放出大量的 CO_2 的现象（Birch, 1958）。降水脉冲导致的土壤碳排放变异也是陆地生态系统碳汇能力评价的不确定性来源之一（田慧敏等，2022）。夏季干旱对年际碳通量的变化和季节性波动以及植被的生理过程产生了重大影响。在 2019 年的季节性干旱期间两个生态系统的碳通量对降水脉冲的响应均表现出很大的波动性，但也存在显著的差异性。

在 2019 年 8～9 月的相对干旱期，槽上退耕农田站 NEE 的最大值为 1.97g $C/(m^2·d)$，虎头村苗圃站为 1.89g $C/(m^2·d)$。图 3-14 显示，干旱对日间 NEE 的影响大于夜间 NEE，表明干旱对 GPP 的影响明显大于 ER。在降水最少的时间段内，日间和白天的 NEE 值几乎

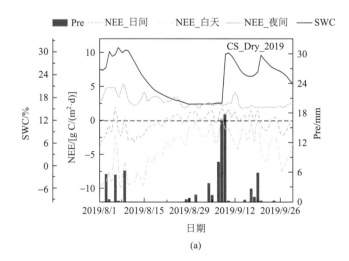

(a)

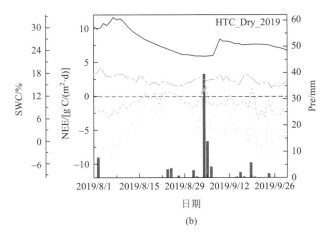

图 3-14　2019 季节性干旱期间白天、日间和夜间 NEE 对降水脉冲的响应

为正。在降水脉冲响应期间，GPP 也几乎为零，这表明对碳吸收的显著抑制作用。与 GPP 类似，生态系统呼吸作用在整个干旱期大大减少，在 9 月的第一场秋雨过后，呼吸作用表现出了强烈的脉冲（图 3-14）。在降水事件发生时及过后的几天内，生态系统的固碳能力得到迅速的恢复。碳吸收量在降水事件后逐渐增加，可能是秋雨过后促进了林下草本植被再生。与虎头村站点相比，槽上站点的降水强度相对较小，但碳通量对降水脉冲的反应却比虎头村站点的响应要剧烈。

3.6　讨　　论

3.6.1　碳水通量的变化特征

　　槽上退耕农田站和虎头村苗圃站碳水通量在季节和年际尺度上具有很大的波动特征（图 3-9）。除了气温影响造成碳水通量的季节性波动外，降水及土壤水分也被证明是影响碳水通量的一个重要因素，这与其他学者对喀斯特地区碳、水通量的研究结果相一致（Wang et al.，2020；Logan and Brunsell，2015；Eamus et al.，2013；Kolb et al.，2013；Reverter et al.，2010；Serrano-Ortiz et al.，2010；Thomas et al.，2009；Knapp et al.，2008）。即使在降水充足或者地下水丰富的喀斯特生态系统，季节性干旱也可能会大大减少生态系统碳汇（Wang et al.，2020；Piayda et al.，2014）。

　　槽上退耕农田站在 2019 年季节性干旱期间表现为微弱的碳汇，但干旱过后却表现为微弱的碳源，这是由于该样地在 2019 年 8 月才流转为荒草地，在流转之前受到人为的干预，一旦农田出现缺水就会进行人工灌溉，因此干旱期间碳通量对季节性干旱的影响小于干旱发生之后，生态系统在季节性干旱前、中、后分别表现为碳汇、碳汇、碳源［图 3-11（f）］。而 2020 年 8～9 月的季节性干旱期间，碳水通量与土壤水分胁迫的耦合关系表现得最为明显，土壤水分亏缺与强蒸散的共同作用导致该时期的 NEE 值大于 0，且在秋季降水事件发生后，生态系统固碳潜力没有恢复到干旱之前的水平，生态系统在季节性干旱前、中、后分别表现为碳汇、碳源、碳源 [图 3-11 (f)]。另有研究表明，季节性干旱期间蒸散发的增强导致土壤中 CO_2 分压增高，石灰土中的 CO_2 逃逸到空气中 (Inglima et al.，2009)，因而导致 NEE 值为正。此外，前人的研究也证实了在季节性干旱期间，碳酸盐岩的沉积也会释放一定量的 CO_2 到空气中，这一研究结论进一步佐证了本研究的结果，在干旱期间生物过程和非生物过程共同作用，导致槽上退耕农田生态系统从碳汇转成了碳源 (Zeng et al.，2019；曹建华等，2017；Serrano-Ortiz et al.，2010)。而对于虎头村苗圃站，NEE 值并没有发生明显的变化，在干旱期间只有轻微减小的趋势 [图 3-11 (f)]，这是由于虎头村苗圃站的植被根系较为发达，能从更深层次的土壤剖面甚至地下河吸取水分，受季节性干旱的影响较小 (Zhang et al.，2016)。

为了更好地对比全球不同喀斯特地区碳水通量的共同点与差异性，将本研究中虎头村苗圃站和槽上退耕农田站的 NEE 和 ET 与全球其他喀斯特生态系统进行比较 (表 3-4)。就草地生态系统而言，在降水较为丰富的季风气候区表现为碳汇，而在降水较少的干旱半干旱地区表现为碳源。然而，在相同的降水条件下，斯洛文尼亚波多格斯基克拉斯高原 (观测时间为 2008~2012 年) 草地表现为碳汇，但是同样的站点在 2009 年却表现为碳源，这可能与退耕的年限有关。在植被演替的早期，地表生物量较少，故表现为碳源；而退耕后期灌丛/林地的碳积累主要是由于木本植物的生长，其固碳能力也随之增强。对于林地或灌丛而言，本研究结果与其他喀斯特生态系统的研究结果一致 (表 3-4)。所有这些研究都表明了降水量的大小对生态系统的固碳潜力起到决定性的作用，尤其是在喀斯特地区，要将非生物过程对 CO_2 交换的贡献考虑其中。由于仪器设备的限制，未能对土壤、洞穴中 CO_2 的来源进行追踪和监测，这也是接下来研究的重点，要将喀斯特的无机碳循环考虑进来。

表 3-4　全球喀斯特地区不同植被类型气温、降水及碳水通量的对比

站点	植被类型	年份	T_a/℃	Pre/(mm/a)	NEE/[g C/(m²·a)]	参考文献
槽上站（中国西南地区）	退耕农田	2019~2020 年	16.7	1212.4	−173	本书
Podgorski kras plateau （斯洛文尼亚）	草地	2008~2012 年	12.2	1109	−212	(Ferlan et al.，2016)
Podgorski kras plateau （斯洛文尼亚）	草地	2009 年	12.2	1370	353	(Ferlan et al.，2011)
Southwest Arizona（美国）	半干旱草地	1997~2000 年	17	390	127.5	(Emmerich，2003)
Las cruces（新墨西哥州）	荒漠草地	1996~2001 年	—	272	145	(Mielnick et al.，2005)
Podgorski kras plateau （斯洛文尼亚）	灌木	2009 年	12.7	1370	126	(Ferlan et al.，2011)
虎头村站（中国西南地区）	苗圃	2019~2020 年	17	1074.2	−406	本书
普定站（中国西南地区）	灌木	2017 年	15.1	1367	−559	(Wang et al.，2020)
Southwest Arizona（美国）	半干旱灌木	1997~2000 年	17	352.5	143.75	(Emmerich，2003)

续表

站点	植被类型	年份	T_a/℃	Pre/(mm/a)	NEE/[g C/(m²·a)]	参考文献
Sierra de Ga′dor（西班牙）	灌木	2004～2007 年	12.0	277	-2	（Yepez et al.，2007）
Baja California（墨西哥）	荒漠灌丛	2002～2003 年	24	158	-45	（Hastings et al.，2005）
Northwest of Las Vagas	荒漠	2005～2006 年	16	103	-106	（Wohlfahrt et al.，2008）

3.6.2 环境要素对碳水通量的影响

本章对 2019 年 1 月～2020 年 12 月中国西南喀斯特地区苗圃植被和退耕农田碳水通量展开了研究。这两个不同喀斯特生态系统的碳通量、蒸散发在季节和年际上尺度都有显著的差异。与退耕农田相比，苗圃具有更大的碳汇潜力（NEE 为负），蒸散发强度也较大（表 3-3）。在季节性干旱期间（8～9 月），退耕农田表现为微弱的碳源，而苗圃对这种短期的干旱的响应不是很显著。季节性和年际尺度的碳水通量由不同的气候因素决定，包括 T_a、Pre、SWC 和 VPD 等。此外，研究结果也证实了最初的假设，即喀斯特生态系统不同植被恢复区的碳水通量对干旱会有不同的响应。

在研究期间内，两个站点的降水量较为丰富，但时空分布却不均匀，表现为典型的亚热带季风气候。然而，由于喀斯特地区土层浅薄且持水能力差，相当数量的水分在降水后会迅速流失，通过岩溶管道或裂隙进入地下岩溶系统（Jiang et al.，2014）。这会导致土壤有效水分大幅减少，使该区域更容易发生干旱，尤其是在夏末秋初期间。低保水能力将加剧喀斯特地区植物生长的缺水问题，尤其是根系较浅的草本植物。在秋季的降水恢复之后，自然生长的草地并没有迅速恢复其固碳能力 [图 3-11（f）]。而木本植物的抗旱能力和恢复能力比较强。这可能是由于木本植物的根系较为发达，可以有效地吸取深层次的土壤水分，甚至地下水（Litvak et al.，2011；Huang et al.，2009；Potts et al.，2006）。此外，另有研究表明（Logan and Brunsell，2015），对比两个处于不同演替阶段的相邻的生态系统，发现木本植被对于地下水的依赖性很强，这大大降低了夏季干旱带来的负面影响。这项研究同样支撑了我们的研究结果，即虎头村苗圃站点的植被不会过度依赖于表层土壤水。与之相反的是，本研究发现表层土壤水分对槽上退耕农田的碳水通量有相当大的限制作用。Serrano-Ortiz 等（2009）的观点也印证了我们的结论，非生长季，植被主要依赖于浅层土壤水，而生长季节时，植被会从较深的土壤剖面获得水分。

3.7 小   结

本章利用虎头村苗圃站和槽上退耕农田站 2019 年 1 月～2020 年 12 月的涡动相关数据及气象数据，定量分析了喀斯特生态系统的日、月、季节动态变化特征，并对影响碳水通量季节变化的环境因子进行了分析，得出以下结论。

（1）虎头村苗圃站 2019～2020 年的平均降水量为 1074.2mm，年均气温为 17℃，VPD 为 3.67hPa，R_g 为 7.9MJ/(m²·d)，NEE 为 –406g C/(m²·a)，GPP 为 1054.19g C/(m²·a)，ER 为 648.13g C/(m²·a)，ET 为 647.82mm/a；槽上退耕农田 2019～2020 年的平均降水量为 1212.4mm，年均气温为 16.68℃，VPD 为 3.49hPa，R_g 为 8.16MJ/(m²·d)，NEE 为 –173.04g C/(m²·a)，GPP 为 1195.6g C/(m²·a)，ER 为 999.03g C/(m²·a)，ET 为 421.66mm/a。相较于槽上退耕农田站，虎头村苗圃站的碳汇功能较明显，蒸散发强度较大，下垫面植被类型和水分条件是造成该差异的主要因素。而槽上的生态系统呼吸比虎头村的大，造成这种差异的原因是虎头村下垫面土壤水含量较高，特别是在雨季，容易发生积水，因此抑制了土壤微生物的呼吸，故 ER 值相对较小。

（2）两个生态系统在各自的研究年份都表现出典型的亚热带季风气候特征，包括短期季节性干旱现象。8～9 月两个站点的降水量都低于平均水平，槽上退耕农田的降水量减少了 85%～94%，苗圃减少了 65%～94%；退耕农田的 SWC 从 31.12% 下降到 22.99%；虎头村苗圃的 SWC 在干旱期间从 35.11% 下降到 22.01%。在干旱期间，苗圃的固碳能力 [–0.71g C/(m²·d)] 大于退耕农田 [–0.11g C/(m²·d)]。2019 年，干旱期过后，槽上退耕农田表现为微弱的碳源 [0.03g C/(m²·d)]。而在 2020 年的旱季，生态系统从碳汇转为碳源 [0.15g C/(m²·d)]。干旱期过后，槽上退耕农田的固碳能力 [1.02g C/(m²·d)] 并没有恢复到干旱前的水平。虎头村苗圃的蒸散发（10～60mm/d）高于槽上退耕农田（10～36mm/d）。

（3）在夏季干旱期间环境要素对碳水通量的影响：夏季短期的干旱会改变生态系统的碳源/汇状况，在 2019 年和 2020 年 8～9 月的干旱期间，槽上退耕农田的 NEE 与土壤水分呈现强烈的负相关关系（$r = -0.93$，$P < 0.05$），即随着土壤水分的减少，生态系统表现为碳源，而 ET 却与土壤水分表现出显著的正相关（$r = 0.70$，$P < 0.05$），随着土壤水分的亏缺，蒸散程度也减小，几乎接近于 1mm/d；而在这期间，虎头村苗圃站的 NEE 并没有受到土壤水分或降水的影响，这可能与木本植物发达的根系有关，它们可以有效地吸取更深层次的土壤水分甚至地下水，以维持它们的生存；但 GPP 与 VPD 却表现出中等程度的负相关（$r = -0.59$，$P < 0.05$），与气温也呈现中等的负相关（$r = -0.57$，$P < 0.05$），这是由于随着气温升高，空气中的水汽出现亏缺，从而导致植被叶片气孔关闭，进而致使光合作用减小。

季节性干旱导致的极端土壤水分状况对白天 NEE 的影响大于对夜间 NEE 的影响，表明干旱对 GPP 的影响明显大于 ER。与 GPP 类似，生态系统呼吸作用在整个干旱期大大减少，在 9 月的第一场秋雨过后，生态系统呼吸作用表现出了强烈的脉冲。在降水事件发生过后的几天内，生态系统的碳吸收得到迅速的恢复。

参 考 文 献

曹建华, 蒋忠诚, 袁道先, 等, 2017. 岩溶动力系统与全球变化研究进展. 中国地质, 44（5）: 874-900.

齐月, 陈海燕, 房世波, 等, 2015. 1961～2010 年西北地区极端气候事件变化特征. 干旱气象, 33（6）: 963-969.

尚晴, 程露, 王忠伟, 等, 2019. 森林土壤呼吸对降雨脉冲的响应研究进展. 世界林业研究, 32（4）: 18-22.

田慧敏, 刘彦春, 刘世荣, 2022. 暖温带麻栎林凋落物调节土壤碳排放通量对降雨脉冲的响应. 生态学报, 42（10）: 3889-3896.

王军邦, 杨屹涵, 左婵, 等, 2021. 气候变化和人类活动对中国陆地生态系统总初级生产力的影响厘定研究. 生态学报,

41 （18）：7085-7099.

王介民，1999. 陆面过程实验和地气相互作用研究：从 HEIFE 到 IMGRASS 和 GAME-Tibet/TIPEX. 高原气象，18（3）：280-293.

王介民，王维真，奥银焕，等，2007. 复杂条件下湍流通量的观测与分析. 地球科学进展，22（8）：791-797.

王世杰，彭韬，刘再华，等，2020. 加强喀斯特关键带长期观测研究，支撑西南石漠化区生态恢复与民生改善. 中国科学院院刊，35（7）：925-933.

于贵瑞，孙晓敏，2017. 陆地生态系统通量观测的原理与方法. 2 版. 北京：高等教育出版社.

于贵瑞，王秋凤，于振良，2004. 陆地生态系统水—碳耦合循环与过程管理研究. 地球科学进展，19（5）：831-839.

于贵瑞，伏玉玲，孙晓敏，等，2006. 中国陆地生态系统通量观测研究网络（ChinaFLUX）的研究进展及其发展思路. 中国科学 D 辑：地球科学，36（S1）：1-21.

Ahlström A，Raupach M R，Schurgers G，et al.，2015. The dominant role of semi-arid ecosystems in the trend and variability of the land CO_2 sink. Science，348（6237）：895-899.

Åström O D，Forsberg B，Ebi L K，et al.，2013. Attributing mortality from extreme temperatures to climate change in Stockholm，Sweden. Nature Climate Change，3（12）：1050-1054.

Aubinet M，Chermanne B，Vandenhaute M，et al.，2001. Long term carbon dioxide exchange above a mixed forest in the Belgian Ardennes. Agricultural and Forest Meteorology，108（4）：293-315.

Baldocchi D D，2020. How eddy covariance flux measurements have contributed to our understanding of Global Change Biology. Global Change Biology，26（1）：242-260.

Baldocchi D D，Hall H，2003. Assessing ecosystem carbon balance：Problems and prospects of the eddy covariance technique. Global Change Biology，33（27）：1-33.

Baldocchi D D，Falge E，Gu L H，et al.，2001. FLUXNET：A new tool to study the temporal and spatial variability of ecosystem-scale carbon dioxide，water vapor，and energy flux densities. Bulletin of the American Meteorological Society，82（11）：2415-2434.

Biederman J A，Scott R L，Bell T W，et al.，2017. CO_2 exchange and evapotranspiration across dryland ecosystems of southwestern North America. Global Change Biology，23（10）：4204-4221.

Birch H F，1958. The effect of soil drying on humus decomposition and nitrogen. Plant and Soil，10（1）：9-31.

Cao J，Jiang Z，Yuan D，et al.，2017. The progress in the study of the karst dynamic system and global changes in the past 30 years. Geology in China，44（5）：874-900.

Chen S P，You C H，Hu Z M，et al.，2020. Eddy covariance technique and its applications in flux observations of terrestrial ecosystems. Chinese Journal of Plant Ecology，44（4）：291-304.

Ding Y，Nie Y，Chen H，et al.，2021. Water uptake depth is coordinated with leaf water potential，water use efficiency and drought vulnerability in karst vegetation. The New Phytologist，229（3）：1339-1353.

Eamus D，Cleverly J，Boulain N，et al.，2013. Carbon and water fluxes in an arid-zone Acacia savanna woodland：An analyses of seasonal patterns and responses to rainfall events. Agricultural and Forest Meteorology，182（2013）：225-238.

Emmerich W E，2003. Carbon dioxide fluxes in a semiarid environment with high carbonate soils. Agricultural and Forest Meteorology，116（1/2）：91-102.

Falge E，Baldocchi D，Olson R，et al.，2001. Gap filling strategies for long term energy flux data sets. Agricultural and Forest Meteorology，107（1）：71-77.

Fang B，Lei H，Zhang Y，et al.，2020. Spatio-temporal patterns of evapotranspiration based on upscaling eddy covariance measurements in the dryland of the North China Plain. Agricultural and Forest Meteorology，281（2020）：107844.

Fang X，Zhao L，Zhou G，et al.，2015. Increased litter input increases litter decomposition and soil respiration but has minor effects on soil organic carbon in subtropical forests. Plant and Soil，392（1）：139-153.

Ferlan M，Alberti G，Eler K，et al.，2011. Comparing carbon fluxes between different stages of secondary succession of a karst grassland. Agriculture，Ecosystems and Environment，140（1-2）：199-207.

Ferlan M，Eler K，Simončič P，et al.，2016. Carbon and water flux patterns of a drought-prone mid-succession ecosystem developed on abandoned karst grassland. Agriculture，Ecosystems and Environment，220（2016）：152-163.

Gaillardet J，Allegre C J，Dupre B，et al.，1999. Global silicate weathering and CO_2 consumption rates deduced from the chemistry of large rivers. Chemical Geology，159（1999）：3-30.

Ge Z，Huang J，Wang X，et al.，2021. Using remote sensing to identify the peak of the growing season at globally-distributed flux sites：A comparison of models，sensors，and biomes. Agricultural and Forest Meteorology，307（2011）：108489.

Gombert P，2002. Role of karstic dissolution in global carbon cycle. Global Planetary Change，33（2002）：177-184.

Gong T，Lei H，Yang D，et al.，2017. Monitoring the variations of evapotranspiration due to land use/cover change in a semiarid shrubland. Hydrology and Earth System Sciences，21（2）：863-877.

Hastings S J，Oechel W C，Muhlia-Melo A，2005. Diurnal，seasonal and annual variation in the net ecosystem CO_2 exchange of a desert shrub community（Sarcocaulescent）in Baja California，Mexico. Global Change Biology，11（6）：927-939.

Huang Y，Zhao P，Zhang Z，et al.，2009. Transpiration of Cyclobalanopsis glauca（syn. Quercus glauca）stand measured by sap-flow method in a karst rocky terrain during dry season. Ecological Research，24（4）：791-801.

Huang X，Xiao J，Wang X，et al.，2021. Improving the global MODIS GPP model by optimizing parameters with FLUXNET data. Agricultural and Forest Meteorology，300（2021）：108313.

Inglima I，Alberti G，Bertolini T，et al.，2009. Precipitation pulses enhance respiration of Mediterranean ecosystems：The balance between organic and inorganic components of increased soil CO_2 efflux. Global Change Biology，15（5）：1289-1301.

Jiang Z，Lian Y，Qin X，2014. Rocky desertification in Southwest China：Impacts，causes，and restoration. Earth-Science Reviews，132（3）：1-12.

Kljun N，Calanca P，Rotach MW，et al.，2015. A simple two-dimensional parameterisation for Flux Footprint Prediction（FFP）. Geoscientific Model Development，8（2015）：3695-713.

Knapp A K，Briggs J M，Collins S L，et al.，2008. Shrub encroachment in North American grasslands：Shifts in growth form dominance rapidly alters control of ecosystem carbon inputs. Global Change Biology，14（3）：615-623.

Kolb T，Dore S，Montes-Helu M，2013. Extreme late-summer drought causes neutral annual carbon balance in southwestern ponderosa pine forests and grasslands. Environmental Research Letters，8（1）：015015.

Law B E，Falge E，Gu L，et al.，2001. Environmental controls over carbon dioxide and water vapor exchange of terrestrial vegetation. Agricultural and Forest Meteorology，113（2001）：97-120.

Liu Z，Zhao J，1999. Contribution of carbonate rock weathering to the atmospheric CO_2 sink. Environmental Geology，39（9）：1053-1058.

Litton C M，Raich J W，Ryan M G，2007. Carbon allocation in forest ecosystems. Global Change Biology，13（10）：2089-2109.

Litvak M E，Schwinning S，Heilman J L，2011. Woody Plant Rooting Depth and Ecosystem Function of Savannas：A Case Study from the Edwards Plateau Karst，Texas. Boca Raton：CRC Press.

Logan K E，Brunsell N A，2015. Influence of drought on growing season carbon and water cycling with changing land cover. Agricultural and Forest Meteorology，213（2015）：217-225.

Mielnick P，Dugas W A，Mitchell K，et al.，2005. Long-term measurements of CO_2 flux and evapotranspiration in a Chihuahuan desert grassland. Journal of Arid Environments，60（3）：423-436.

Monteith J L，Sziecz G，1961. The flux of CO_2 over a field of sugar beet. Quarterly Journal of the Royal Meteorological Society（87）：112-113.

Novick K A，Stoy P C，Katul G G，et al.，2004. Carbon dioxide and water vapor exchange in a warm temperate grassland. Oecologia，138（2）：259-274.

Papale D，Reichstein M，Aubinet M，et al.，2006. Towards a standardized processing of Net Ecosystem Exchange measured with eddy covariance technique：Algorithms and uncertainty estimation. Biogeosciences，3（4）：571-583.

Pastorello G，Trotta C，Canfora E，et al.，2020. The FLUXNET2015 dataset and the ONEFlux processing pipeline for eddy covariance data. Scientific Data，7（1）：225.

Piayda A，Dubbert M，Rebmann C，et al.，2014. Drought impact on carbon and water cycling in a Mediterranean *Quercus suber* L. woodland during the extreme drought event in 2012. Biogeosciences，11（24）：7159-7178.

Potts D L，Huxman T E，Cable J M，et al.，2006. Antecedent moisture and seasonal precipitation influence the response of canopy-scale carbon and water exchange to rainfall pulses in a semi-arid grassland. The New Phytologist，170（4）：849-860.

Reverter B R，Sánchez-Cañete E P，Resco V，et al.，2010. Analyzing the major drivers of NEE in a Mediterranean alpine shrubland. Biogeosciences，7（9）：2601-2611.

Reynolds O，1895. On the dynamical theory of incompressible viscous fluids and the determination of the criterion. Philosophical Transactions of the Royal Society of London，174（1895）：935-982.

Reichstein M，Falge E，Baldocchi D，et al.，2005. On the separation of net ecosystem exchange into assimilation and ecosystem respiration: review and improved algorithm. Global Change Biology，11（9）：1424-1439.

Scott R L，Jenerette G D，Potts D L，et al.，2009. Effects of seasonal drought on net carbon dioxide exchange from a woody-plant-encroached semiarid grassland. Journal of Geophysical Research：Biogeosciences，114（G4）：G04004.

Serrano-Ortiz P，Domingo F，Cazorla A，et al.，2009. Interannual CO_2 exchange of a sparse Mediterranean shrubland on a carbonaceous substrate. Journal of Geophysical Research：Biogeosciences，114（G4）：G04015.

Serrano-Ortiz P，Roland M，Sanchez-Moral S，et al.，2010. Hidden，abiotic CO_2 flows and gaseous reservoirs in the terrestrial carbon cycle：Review and perspectives. Agricultural and Forest Meteorology，150（3）：321-329.

Song X，Gao Y，Wen X，et al.，2017. Carbon sequestration potential and its eco-service function in the karst area，China. Journal of Geographical Sciences，27（8）：967-980.

Speckman H N，Frank J M，Bradford J B，et al.，2015. Forest ecosystem respiration estimated from eddy covariance and chamber measurements under high turbulence and substantial tree mortality from bark beetles. Global Change Biology，21（2）：708-721.

Swain C K，Nayak A K，Bhattacharyya P，et al.，2018. Greenhouse gas emissions and energy exchange in wet and dry season rice：eddy covariance-based approach. Environmental Monitoring and Assessment，190（7）：423.

Tanaka K，Takizawa H，Tanaka N，et al.，2003. Transpiration peak over a hill evergreen forest in northern Thailand in the late dry season：Assessing the seasonal changes in evapotranspiration using a multilayer model. Journal of Geophysical Research：Atmospheres，108（D17）：4533.

Tarin T，Nolan R H，Eamus D，et al.，2020. Carbon and water fluxes in two adjacent Australian semi-arid ecosystems. Agricultural and Forest Meteorology，281：107853.

Thomas C K，Law B E，Irvine J，et al.，2009. Seasonal hydrology explains interannual and seasonal variation in carbon and water exchange in a semiarid mature ponderosa pine forest in central Oregon. Journal of Geophysical Research：Biogeosciences，114（G4）：G04006.

Toda M，Nishida K，Othe N，et al.，2002. Observations of energy fluxes and evapotranspiration over terrestrial complex land covers in the tropical monsoon environment. Journal of the Meteorological Society of Japan Ser II，80（3）：465-484.

Tong X，Brandt M，Yue Y，et al.，2018. Increased vegetation growth and carbon stock in China karst via ecological engineering. Nature Sustainability，1（1）：44-50.

Vasseur D A，Delong J P，Gilbert B，et al.，2014. Increased temperature variation poses a greater risk to species than climate warming. Proceedings Biological Sciences，281（1779）：20132612.

Wang X G，Zhou M H，Li T，et al.，2017. Land use change effects on ecosystem carbon budget in the Sichuan Basin of Southwest China：Conversion of cropland to forest ecosystem. Science of the Total Environment，609（2017）：556-562.

Wang M M，Wang S Q，Wang J B，et al.，2018. Detection of positive gross primary production extremes in terrestrial ecosystems of China during 1982～2015 and analysis of climate contribution. Journal of Geophysical Research：Biogeosciences，123（9）：2807-2823.

Wang H B，Li X，Xiao J F，et al.，2019. Carbon fluxes across alpine，oasis，and desert ecosystems in northwestern China：The importance of water availability. Science of the Total Environment，697（2019）：133978.

Wang Y W，Luo W J，Zeng G N，et al.，2020. Characteristics of carbon，water，and energy fluxes on abandoned farmland revealed by critical zone observation in the karst region of southwest China. Agriculture，Ecosystems and Environment，292（2020）：106821.

Wang H B，Li X，Xiao J F，et al.，2021. Evapotranspiration components and water use efficiency from desert to alpine ecosystems in drylands. Agricultural and Forest Meteorology，298（2021）：108283.

Wesely M L，Cook D R，Hart R L，1983. Fluxes of gases and particles above a deciduous forest in wintertime. Boundary-Layer Meteorology，27（3）：237-255.

Wilson K，Goldstein A，Falge E，et al.，2002. Energy balance closure at FLUXNET sites. Agricultural and Forest Meteorology，113（1）：223-243.

Wohlfahrt G，Fenstermaker L F，Arnone J A，2008. Large annual net ecosystem CO_2 uptake of a Mojave Desert ecosystem. Global Change Biology，14（7）：1475-1487.

Xiao J，Sun G，Chen J，et al.，2013. Carbon fluxes，evapotranspiration，and water use efficiency of terrestrial ecosystems in China. Agricultural and Forest Meteorology，182（2013）：76-90.

Xiao J F，Fisher J B，Hashimoto H，et al.，2021. Emerging satellite observations for diurnal cycling of ecosystem processes. Nature Plants，7（7）：877-887.

Xu H J，Zhao C Y，Wang X P，2019. Spatiotemporal differentiation of the terrestrial gross primary production response to climate constraints in a dryland mountain ecosystem of northwestern China. Agricultural and Forest Meteorology，276（2019）：107628.

Yepez E A，Scott R L，Cable W L，et al.，2007. Intraseasonal variation in water and carbon dioxide flux components in a semiarid riparian woodland. Ecosystems，10（7）：1100-1115.

Yu G R，Chen Z，Piao S L，et al.，2014. High carbon dioxide uptake by subtropical forest ecosystems in the East Asian monsoon region. Proceedings of the National Academy of Sciences of the United of America，111（13）：4910-4915.

Yuan W G，Zheng Y，Piao S L，et al.，2019. Increased atmospheric vapor pressure deficit reduces global vegetation growth. Science Advances，5（8）：eaax1396.

Zeng S B，Liu Z H，Kaufmann G，2019. Sensitivity of the global carbonate weathering carbon-sink flux to climate and land-use changes. Nature Communications，10（1）：5749.

Zhang L，Xiao J，Zhou Y，et al.，2016. Drought events and their effects on vegetation productivity in China. Ecosphere，7（12）：e01591.

Zhao J，Olivas C P，Kunwor S，et al.，2018. Comparison of sensible heat flux measured by large aperture scintillometer and eddy covariance in a seasonally-inundated wetland. Agricultural and Forest Meteorology，259（2018）：345-354.

Zhou Y，Li X，2019. Energy balance closures in diverse ecosystems of an endorheic river basin. Agricultural and Forest Meteorology，274（2019）：118-131.

第4章 叶面积指数遥感反演

4.1 概　　述

叶面积指数（LAI）是表征植被几何结构及生长状态的重要生物物理参数，也是陆表过程模型的重要输入参数，如何获取高精度 LAI 一直备受关注。近年来，随着遥感数据的不断丰富，LAI 遥感估算算法得到了快速发展，全球尺度的 LAI 产品已被广泛应用于气候与生态环境变化研究。然而，当前主流的 LAI 遥感产品生产算法大多基于平坦地表假设，而忽略了地形的影响。但实际上崎岖地表反射失真的现象显著，尤其是多样的森林冠层结构和复杂的山区地形给叶面积指数遥感反演带来了较大的不确定性。山区地形作为一种特殊的复杂地表，约占全球陆地表面的 1/4。我国山地约占陆地面积的 2/3，因此估算这些复杂山区的 LAI 时考虑地形因素十分必要。

目前针对 LAI 地面采样的理论及方法已经有了较好的发展（Yan et al.，2019），然而仅是地面的样本数据难以满足大区域监测的应用需求，遥感技术的发展为生产全球 LAI 产品提供了有效可行方法。在过去近 40 年中，国内外学者基于海量的遥感数据发展了多种 LAI 反演算法，并在中、低分辨率尺度的应用中趋于成熟。目前，已有大量研究对这些产品的数据来源、生成算法及产品精度等做了详细的评述和对比（贺敏等，2022；Fang et al.，2019；徐保东，2018）。结果表明，基于平坦均质地表验证的全球中、低分辨率 LAI 产品误差约 0.41（Fang et al.，2019），绝大部分产品通常难以达到该精度，特别是在崎岖的山地表面，其 LAI 产品的误差会显著增大，总体上大于 1.7（Jin et al.，2017）。而根据全球气候观测系统（Global Climate Observing System，GCOS）的要求，LAI 最大不确定性应不超过 0.5（即相对误差不超过 15%）（GCOS，2016），这给崎岖地表的 LAI 估算带来了巨大的挑战。

山地下垫面异质性较强、局部小气候明显、云覆盖时间长，强烈影响卫星观测几何和辐射特征，给山地参数的精确估算带来很大困难。已有研究发现，当坡度达到 60°时，忽略地形的 LAI 反演算法进行 LAI 反演时，其结果产生的平均相对误差甚至高达 51%（Yu et al.，2020），反映了 LAI 产品在山地表面估算中精度不高的事实。不论是从全球还是国家的应用需求角度出发，进一步提高 LAI 产品在山地崎岖地表的精度都十分必要。

4.2　山区叶面积指数反演主要问题

山地地形起伏度大，山区叶面积指数反演问题主要体现在以下方面。

（1）不同尺度地形影响卫星数据辐射，导致叶面积指数反演存在较大误差。在光学遥感中，地形的起伏不仅会引起光谱的失真，造成同物异谱和同谱异物的现象，对于高大山体更会对背阴坡造成遮挡，形成山体本影以及落影。地形对不同尺度的地表反射率影响不同（Wu et al.，2019；Wen et al.，2018），具体体现在以下几个方面：第一，在区域尺度上，地表由许多单一坡面的小面元组合而成，形成崎岖的复合坡面，而在复合坡面里崎岖地表会改变太阳辐射的散射和吸收，形成邻近像元地形辐射，造成地表辐射不均匀等问题。第二，在像元尺度上，地形的起伏造成太阳-地表-传感器（sun-target-sensor，STS）之间的几何关系发生变化，接收到的信号与平坦地表相比具有较大的差异，并且这种辐射差异在阳坡和阴坡更加明显。因此，山区会影响山地叶面积指数的反演精度。如何理解山区辐射传输过程是山地叶面积指数反演的重点难题之一。

（2）适用于山地的不同尺度植被辐射传输基础理论不足以支持高精度叶面积指数反演。现有的辐射传输模型，大多基于平坦地表和均质下垫面的假设，近年来考虑山地起伏的辐射传输模型渐渐增加（Wu et al.，2019；Hao et al.，2018），然而在实际中还需要考虑植被的向地性生长、如何求解植被内部多次散射解，以及山地植被下垫面异质性强等多种问题，普遍缺乏可较高精度描述山地植被冠层不同尺度的反射辐射特性的遥感机理模型。

（3）山地云雨复杂环境普遍导致用于叶面积指数反演的光学遥感数据不足。根据已有的统计，全球热带和亚热带森林的年平均云覆盖率大于 80%，山地的云覆盖空间变异率甚至达到了 20%，山地光学被动遥感数据缺失严重。

4.3　基于 GOSAILT 模型的山区叶面积指数反演模型

4.3.1　GOSAILT 模型

GOSAILT 是一个基于单一坡面的离散森林冠层反射率模型，以 GOMS 几何光学模型为主框架，在此基础上加入地形影响进行几何旋转，并且考虑树冠的向地性生长，修正地形对场景组分四分量面积比例的影响，同时引入 SAIL 模型描述天空散射光和冠层与地面的多次散射（图 4-1）。GOSAILT 模型在描述离散植被冠层的辐射传输过程的同时考虑了其几何结构的影响。GOSAILT 与已有的许多模型，包括 DART 计算机模拟模型、PLC 模型、SLCT 模型、GOST 模型以及 GOMST 模型进行了较为全面的对比，在不同复杂的场景中的反射率模拟精准度都较高，模型质量真实可靠。

首先，根据几何光学模型理论，每个像元的冠层反射率模型可由四个组分光谱的加权表述：

$$\rho = K_c C + K_t T + K_g G + K_z Z \tag{4-1}$$

式中，K_c、K_t、K_g、K_z 分别为光照树冠、光照背景、阴影树冠、阴影背景的面积比例；C、T、G、Z 则分别为其对应组分的组分光谱，由改进至坡面的 SAIL 模型计算而来。基于 GOMS 模型对面积比例的描述，考虑地形坡面后的光谱组分面积比例可表述为

$$K_c + K_t = 1 - \exp(-\lambda' \pi r^2 \sec \theta''_v) \tag{4-2}$$

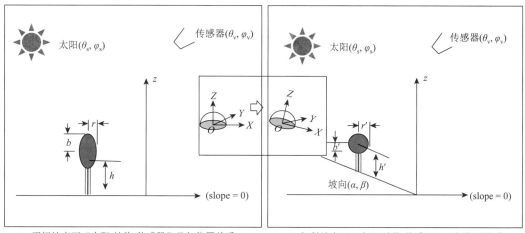

(a) 平坦地表下"太阳-地物-传感器"几何位置关系　　　(b) 倾斜地表下"太阳-地物-传感器"几何位置关系

图 4-1　地形几何转换原理

$$K_g + K_z = \exp(-\lambda' \pi r^2 \sec \theta_v'') \tag{4-3}$$

$$K_g = \exp\left\{-\lambda' \pi r^2 [\sec \theta_s'' + \sec \theta_v'' - O(\theta_s'', \varphi_s'', \theta_v'', \varphi_v'')]\right\} \tag{4-4}$$

其中，r 为冠层半径；λ' 为有效树冠密度，为了保证考虑树冠的向地性生长状态，将椭球假设的树冠通过坐标轴压缩为球状，因此该坐标变换将对应的天顶角变为 θ_s' 和 θ_v'。随着坐标系的变换，坡度和树冠高度也相应进行伸缩变换为 α' 和 h'，变换后的参数可表达为

$$\theta_{s(v)}' = \tan^{-1}(b / r \times \tan \theta_{s(v)}) \tag{4-5}$$

$$\alpha' = \tan^{-1}(r / b \times \tan \alpha) \tag{4-6}$$

$$h' = b / r \times h \tag{4-7}$$

而 θ_s''、φ_s''、θ_v''、φ_v'' 分别为基于坡面坐标系统的局部太阳天顶角、太阳方位角、观测天顶角、观测方位角。在树冠压缩后的坐标基础上，将坐标再次进行变换，如图 4-1（b）绕 Y 轴转换至倾斜的坡面。

坐标旋转后的角度几何可通过乘以对应的旋转矩阵表示：

$$\begin{bmatrix} \sin \theta'' \cos \varphi'' \\ \sin \theta'' \sin \varphi'' \\ \cos \theta'' \end{bmatrix} = T \begin{bmatrix} \sin \theta' \cos \varphi' \\ \sin \theta' \sin \varphi' \\ \cos \theta' \end{bmatrix} = \begin{bmatrix} \cos \alpha' & 0 & -\sin \alpha' \\ 0 & 1 & 0 \\ \sin \alpha' & 0 & \cos \alpha' \end{bmatrix} \begin{bmatrix} \sin \theta' \cos \varphi' \\ \sin \theta' \sin \varphi' \\ \cos \theta' \end{bmatrix} \tag{4-8}$$

因此，在最终的坐标系统中，有效树冠密度 λ' 以及树冠高度 h'' 可进一步表述为

$$\lambda' = \lambda \times \cos \alpha' \tag{4-9}$$

$$h'' = h' \times \cos \alpha' \tag{4-10}$$

同时，为了解出 K_c 和 K_t，引入相互遮蔽因子 F：

$$F = \frac{K_c}{1 - K_g} \tag{4-11}$$

最后，GOSAILT 模型可简写为以下表达式：

$$\rho=f\left(\lambda r^2,\frac{b}{r},\frac{h}{b},\frac{\Delta h}{b},\mathrm{LAI},r_1,\tau_1,r_{\mathrm{soil}},\alpha,\beta,\theta_\mathrm{s},\varphi_\mathrm{s},\theta_\mathrm{v},\varphi_\mathrm{v}\right) \tag{4-12}$$

式中，ρ 为基于坡面坐标系统的冠层反射率；r_1、τ_1、r_{soil} 分别为叶片反射率、叶片透过率、背景反射率；α、β 分别为坡度、坡向。此处为了方便后续参数设置，θ_s、φ_s、θ_v、φ_v 等参数输入均以坐标变换前为基准，坐标变换后的参数放入模型内部计算。

4.3.2　基于 GOSAILT 模型的查找表构建

查找表方法一般基于正演模型，输入叶片光学特性、冠层结构参数及几何位置信息等参数，按照一定的步长先建立查找表，再使用代价函数最小化实现 LAI 最优值查找和反演，其是部分全球产品的快速反演方法之一，如 MODIS LAI、VIIRS LAI（Knyazikhin et al.，1998）等产品是基于查找表方法生产的。本章根据 GOSAILT 模型，分别设置对应的冠层结构参数、地表覆盖类型的光学参数、地形参数以及观测几何参数（表 4-1），正演输出冠层反射率。由于该模型涉及的参数较多，如果所有参数都进行存储，则查找表尺寸将十分庞大，会降低存储和查询效率，因此在实际应用中固定不敏感或非必要变化的参数（如 b/r、h/b、$\Delta h/b$），将每个敏感参数设置合适的范围和步长，进一步简化查找表，提高反演效率。

表 4-1　构建查找表所需要的参数设置

参数类型	变量符号	变量描述	单位	范围	步长	默认值
冠层结构参数	λ	树冠株密度	1/m²	0.11～0.31 0.155：0.07：0.83	0.05 0.07	—
	r	树冠半径	m	—	—	1
	b/r	—	—	—	—	2
	h/b	—	—	—	—	2
	$\Delta h/b$	—	—	—	—	2
	LAI0	叶面积指数	m²/m²	0.25～8 0.25～4	0.25 0.25	—
光学参数	r_1	叶片反射率	—	—	—	0.10 0.08 0.45/0.40
	τ_1	叶片透过率	—	—	—	0.10 0.08 0.45/0.40
	r_{soil}	背景反射率	—	—	—	0.14 0.16 0.26
地形参数	α	坡度	(°)	0～60	5	—
	β	坡向	(°)	0～330	30	—
观测几何参数	θ_s	太阳天顶角	(°)	0～60	5	

续表

参数类型	变量符号	变量描述	单位	范围	步长	默认值
	φ_s	太阳方位角	(°)	0~330	30	—
观测几何参数	θ_v	观测天顶角	(°)	0~60	5	—
	φ_v	观测方位角	(°)	0~330	30	—

注：光学参数设置包括三个波段：绿、红和近红外波段。叶面积指数为单棵树的真实叶面积指数，与场景叶面积指数的转换关系为 LAI 场景 = LAI 单木×单位面积内植被的面积，本章中记为 $LAI=LAI_0 \times \lambda \times r^2 \times \pi$。

由于阔叶林和针叶林生长习性分别在单棵树 LAI 和树冠密度上存在差异，例如，阔叶林单棵树 LAI 一般较大，但单位面积的树的数量一般来说比针叶林小很多，而针叶林单棵树 LAI 一般较阔叶林相对较小但分布上较密。因此，将阔叶林的查找表中树冠密度设置为 0.11：0.05：0.31 共 5 组密度,而单棵树的 LAI 设置为 0.25：025：8 共 32 组 LAI，因此整个场景的 LAI 则为 32×5 = 160 组值，这样设置使得查找表中相邻的场景 LAI 值相差不超过 0.15。同时，将针叶林的查找表的树冠密度设置为 0.155：0.07：0.83 共 10 组密度，单棵树 LAI 设置为 0.25：025：4 共 16 组，整个场景 LAI 在查找表中则为 16×10 = 160 组，总的组合数量与阔叶林保持一致。

由于森林一般覆盖率较高，假设土壤为一般的林下土壤，光学特性设置为定值。不同的森林覆盖类型由于叶片形状、叶肉结构组织、含水量等不同，其光学特性也有所差异。根据钟守熠等（2020）测量的不同类别的森林地物电磁波谱，对常见的优势物种的光谱取均值（图 4-2），最终根据对应的波长将阔叶林和混交林的叶片近红外反射率设置为 0.45，将针叶林叶片近红外反射率值设置为 0.4。

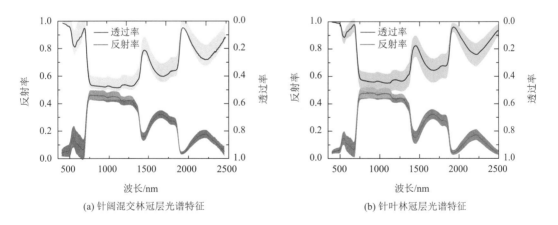

(a) 针阔混交林冠层光谱特征　　　　　　　　(b) 针叶林冠层光谱特征

图 4-2　不同叶片光谱信息

需要注意的是，由于山区坡面反射率有基于水平面定义的反射率和基于坡面定义的坡面反射率，而 GOSAILT 模型模拟的反射率是坡面反射率，故在基于查找表用于反演的时候，需要以坡面反射率作为输入。

4.4　试验区及叶面积指数反演验证

4.4.1　试验区及数据处理

重庆北碚区虎头村位于我国西南地区，该区域地形起伏大，测量区域的林种为杉树与其他落叶阔叶类林种混合，是典型的针阔混交林（图 4-3）。由于地面采样的时间是 2020 年 10 月 20~22 日，此时西南区域气候变化快，尤其是重庆阴天较多，故获取的有效遥感数据十分稀少，选择 11 月 14 日的 Landsat-8 影像，采集时太阳天顶角为 31.70°，太阳方位角为 135.99°，观测方向近似认为是星下点。

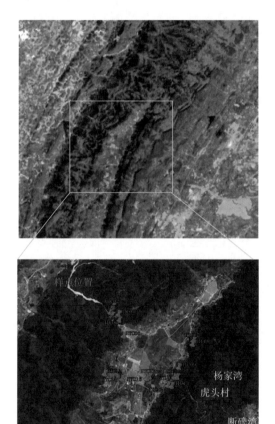

图 4-3　虎头村山地实测样点区标准假彩色影像

虎头村的叶面积指数采样采用 LAI2200 冠层分析仪，由于采样区域地形陡峭复杂，在采样过程中遵循常规的采样规则，每次采样选择比较均匀的地表，按照对角线的采样方式，仪器保持水平，在大约 20m×20m 的范围内取 6 次测量的均值作为该区域中心的实测值。算法中需要的参数，如坡度、坡向等均从航天飞机雷达地形测绘任务（shuttle radar topography mission，SRTM）的地形数据中获取。

山地中由于地形起伏等，反射率往往出现失真的情况，针对 Landsat 的预处理，首先经过定标和几何精校正得到大气层顶反射率（top of atmosphere reflectance，TOA），再利用数字高程模型经过大气-地形耦合校正算法（Wen et al.，2015）对 TOA 进行校正，获取地表的坡面反射率。大气-地形耦合校正算法不仅考虑了周围地形辐射对像元反射能量的贡献，还考虑了植被冠层在存在显著地形的条件下的各向异性反射，对坡面冠层反射率的刻画较为准确。

图 4-4（a）显示的是只经过大气校正的地表反射率，图 4-4（b）显示的是地形校正后的平坦地表的反射率，图 4-4（c）显示的是大气地形校正至坡面的反射率。图中显示，只考虑大气校正的反射率不能够消除地形的影响，阴坡和阳坡的反射率差异较大，尤其是阴坡反射率比阳坡明显低许多。而图 4-4（b）和（c）分别考虑了地形的影响，地形引起的差异得以消除，但由于图 4-4（b）是基于朗伯体假设，在阴坡容易发生过校正，图 4-4（c）是基于非朗伯体假设，通过引入地表二向反射先验知识，获得的坡面反射率更加符合实际的地表反射率。

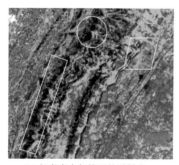 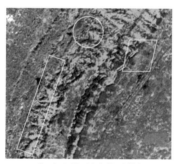 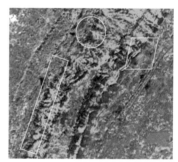

(a) 仅考虑大气校正的反射率　　　　(b) 校正至平坦地表的反射率　　　　(c) 校正至坡面的反射率

图 4-4　虎头村（HTC）预处理后的反射率结果对比

4.4.2　验证结果

以地形起伏较大的虎头村（HTC）作为研究区，讨论在复杂地形条件下使用 GOSAILT 模型反演得到的 LAI 的准确性，研究中对地物类别进行了区分，对非森林像元进行了掩膜处理。由于地面观测到的 LAI 为有效 LAI，而反演出的 LAI 是真实 LAI，在验证时统一转换为有效 LAI。

为了更加清楚地反映山区 LAI 反演的精度，在基于 GOSAILT 查找表采用的坡面反射率反演 LAI 基础上，还采用了忽略地形影响的反射率和地形校正的反射率作为输入同时反演 LAI，并开展对比分析。表 4-2 中显示了基于三种预处理的反射率反演时的反演率（即 RI-02），其中，坡面反射率（slope）的可反演率为 0.639，比其他两种反射率的反演率高，说明基于坡面反射率反演，使用主算法的概率更高。

表 4-2　山地的研究站点信息

站点	聚集指数经验值	RI-02		
		AC	TC	slope
虎头村	0.7	0.439	0.269	0.639

注：AC = atmospheric correction，表示只对大气校正的反射率进行了反演，不考虑地形因素；TC = topographic correction，表示基于大气和地形校正的反射率进行反演，该反射率基准面是水平地面；slope 表示对耦合了大气和地形的以坡面为基准的反射率进行了反演。

反演率是描述主算法使用成功概率的指标。

　　虎头村的森林类型为针阔混交林，图 4-5 描述了基于三种反射率反演的 LAI 在空间上的分布以及三种结果的验证情况。其中，图 4-5（a）～（c）中暗色的值的地表类型，主要是混合在林子中的竹林。从空间分布上看，三者主要差异体现在暗色值的数量和分

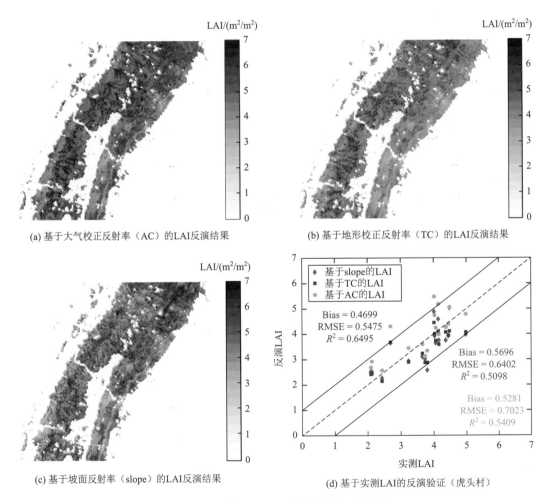

(a) 基于大气校正反射率（AC）的LAI反演结果　　　　(b) 基于地形校正反射率（TC）的LAI反演结果

(c) 基于坡面反射率（slope）的LAI反演结果　　　　(d) 基于实测LAI的反演验证（虎头村）

图 4-5　虎头村（HTC）反演结果验证及对比

布不同，很明显，图 4-5（a）和（c）对竹林的刻画比（b）明显。另外，基于三种反射率反演结果的 LAI 均值的大小顺序为 AC（6.90）＞slope（6.40）＞TC（5.96），说明不考虑地形进行反演比考虑地形的反演总体上估值更大。

图 4-5 使用三种指标来描述反演的效果，其根据实地测量值的验证结果，在精度上（RMSE）的表现为 TC＜slope＜AC，由此可见 TC 和 slope 两种反演策略均可提高 LAI 反演精度，尤其是 TC 策略下反演结果的 RMSE 为 0.5475，接近于全球气候观测系统（global climate observation system，GCOS）对 LAI 要求的精度［最大不确定性应不超过 0.5（即相对误差不超过 15%）］（GCOS，2016），其次是基于坡面反射率的 LAI，精度为 RMSE=0.6402，比不考虑地形的反演结果精度提升了 0.0621。

为了描述查找过程中算法的稳定性，图 4-6 展示了成功使用主算法反演的像元的查找过程中的加权标准差。图中结果与表 4-2 中保持一致，即基于坡面反射率的反演率最高，基于大气地形校正后的反射率的反演率最低。从空间分布上看，如果仅仅考虑大气校正而不考虑地形［图 4-6（a）］，局部入射角较低的坡面使用主算法反演 LAI 的成功率高于局部入射角大的坡面（尤其是局部入射角大于 50°的坡面），而当同时考虑大气和地形的校正时［图 4-6（b）］，使用主算法的成功率显著下降。相反，基于坡面反射率［图 4-6（c）］反演的成功率比前两者都有了显著的提升，尤其是填补上了局部入射角大于 50°的坡面，这说明使用 GOSAILT 模型，基于坡面反射率可以较好实现崎岖坡面的 LAI 反演。

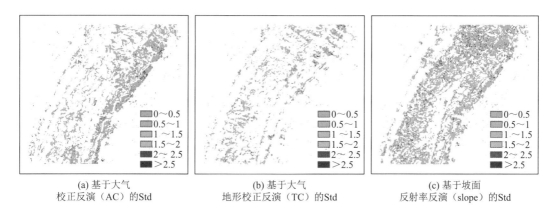

图 4-6　使用主算法反演的像元的加权标准差（Std）

从以上崎岖山地验证结果的对比与分析可知，使用 GOSAILT 及其备用算法在太阳局部入射角较低（或者说太阳天顶角较小）时，能够反演出崎岖复杂山地的 LAI（图 4-7）。具体结论包括：①从疏密程度上看，中低稀疏密度的森林的反演效果好于浓密森林的反演；②从对地形的处理方式来看，地形校正至平面和校正至坡面的精度比只做大气校正的效果好，但总体上地形校正后的反射率用于反演的精度最高；③从可反演率（RI）来看，基于坡面反射率对主算法的应用率最高。

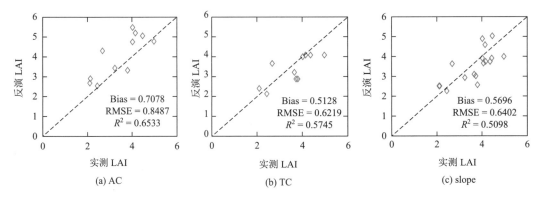

图 4-7　基于查找表反演的 LAI 验证精度比较（HTC）

4.5　小　　结

叶面积指数作为植被重要的生物物理参数，与全球生物量等有密切关系，因此对全球植被，尤其是森林的生长态势的把握与预测，迫切需要提高全球叶面积指数产品精度。本章基于 GOSAILT 模型提出了山地森林 LAI 反演算法，利用实测数据，对不同森林类型的 LAI 反演结果，分别从空间分布、查找稳定性、主算法的可反演率以及直接验证精度等多个方面进行了评价，验证表明基于 GOSAILT 模型反演山区 LAI 具有较高的精度。

参 考 文 献

贺敏，闻建光，游冬琴，等，2022. 山地森林叶面积指数（LAI）遥感估算研究进展. 遥感学报，26（12）：2451-2472.

徐保东，2018. 非均质地表叶面积指数反演及产品真实性检验. 北京：中国科学院大学（中国科学院遥感与数字地球研究所）.

钟守熠，肖青，闻建光，等，2020. 测绘地物波谱本底数据库. 遥感学报，24（6）：701-716.

Fang H，Baret F，Plummer S，et al.，2019. An overview of global leaf area index（LAI）：Methods，products，validation，and applications. Reviews of Geophysics，57（3）：739-799.

GCOS，2016. The global observing system for climate：Implementation needs. World Meteorol Organ，200：316.

Hao D，Wen J，Xiao Q，et al.，2018. Modeling anisotropic reflectance over composite sloping terrain. IEEE Transactions on Geoscience and Remote Sensing，56（7）：3903-3923.

Jin H，Li A，Bian J，et al.，2017. Intercomparison and validation of MODIS and GLASS leaf area index（LAI）products over mountain areas：A case study in southwestern China. International Journal of Applied Earth Observation and Geoinformation，55：52-67.

Knyazikhin Y，Martonchik J V，Myneni R B，et al.，1998. Synergistic algorithm for estimating vegetation canopy leaf area index and fraction of absorbed photosynthetically active radiation from MODIS and MISR data. Journal of Geophysical Research：Atmospheres，103（D24）：32257-32275.

Wen J，Liu Q，Tang Y，et al.，2015. Modeling land surface reflectance coupled BRDF for HJ-1/CCD data of rugged terrain in Heihe River Basin，China. IEEE Journal of Selected Topics in Applied Earth Observations and Remote Sensing，8（4）：1506-1518.

Wen J，Liu Q，Xiao Q，et al.，2018. Characterizing land surface anisotropic reflectance over rugged Terrain：A review of concepts and recent developments. Remote Sensing，10（3）：370.

Wu S，Wen J，Gastellu-Etchegorry J P，et al.，2019. The definition of remotely sensed reflectance quantities suitable for rugged terrain. Remote Sensing of Environment，225：403-415.

Wu S，Wen J，Lin X，et al.，2018. Modeling discrete forest anisotropic reflectance over a sloped surface with an extended GOMS and SAIL Model. IEEE Transactions on Geoscience and Remote Sensing，57（2）：944-957.

Yan G，Hu R，Luo J，et al.，2019. Review of indirect optical measurements of leaf area index：Recent advances，challenges，and perspectives. Agricultural and Forest Meteorology，265：390-411.

Yu W，Li J，Liu Q，et al.，2020. A simulation-based analysis of topographic effects on LAI inversion over sloped terrain. IEEE Journal of Selected Topics in Applied Earth Observations and Remote Sensing，13：794-806.

第5章　地表温度重建

5.1　概　　述

5.1.1　地表温度遥感反演方法及产品

传统获取地表温度的方式为点温法，一种是通过水银温度计、电阻式温度计接触目标物测量温度；另一种是红外辐射测量法，即使用热像仪、傅里叶红外光谱仪等不接触物体测量目标物表面温度（李云红，2010）。直接测量地面温度得到的点上温度，受周围环境热辐射影响大，尤其是接触式测量还会改变物体表面的热状况。对于区域或全球尺度长时间序列的地表温度获取，通过卫星影像反演的方式更为现实。为了便于管理和维护，大部分观测站都架设在平坦的地区（Li et al.，2013a），而复杂地形区域的地表温度在地面测量和验证方面也更为复杂。遥感反演过程是通过传感器探测物体的辐射能量，通过普朗克方程来推算出物体温度。普朗克定律表示热平衡状态下的黑体在温度和波长 λ 处的辐射能量，公式为

$$B_\lambda(T) = \frac{C_1}{\lambda^5 \left[\exp(C_2 / \lambda T) - 1 \right]} \tag{5-1}$$

式中，$B_\lambda(T)$ 为黑体在温度 $T(\mathrm{K})$ 和波长 $\lambda(\mu\mathrm{m})$ 处的辐射亮度[$\mathrm{W}/(\mu\mathrm{m}\cdot\mathrm{m}^2)$]；$C_1$ 和 C_2 为物理常量，$C_1 = 3.7418\times10^8\mathrm{W}\cdot\mu\mathrm{m}^4/\mathrm{m}^2$，$C_2 = 1.439\times10^4\mu\mathrm{m}\cdot\mathrm{K}$。

对于波长较长的微波波段，根据瑞利-琼斯定律，普朗克方程可近似为

$$B_\lambda(T) = \frac{2f^2 kT}{c^2} = \frac{2kT}{\lambda^2} \tag{5-2}$$

式中，f 为频率（Hz）；光速 $c = 2.9979\times10^8\mathrm{m/s}$；玻尔兹曼常量 $k = 1.3806\times10^{-23}\mathrm{J/K}$。

式（5-1）和式（5-2）表示黑体辐射在不同波长对温度的响应，根据传输原理可构建辐射传输方程来对地表温度进行求解。根据波谱类型的不同，遥感反演温度的方式可以分为热红外反演和被动微波反演。热红外反演的地表温度是物体表面辐射温度，也称表皮温度。由于微波波长较长，对物体表面有一定穿透能力，微波反演的地表温度是物体一定深度范围内的等效温度（Duan et al.，2017a）。关于热红外和微波的温度反演算法逐渐成熟，常用的热红外反演方法有单通道算法（Susskind et al.，1984；Price，1983）、多通道算法（Tang，2018；Qian et al.，2017）、多角度算法（Ren et al.，2015；Li et al.，2001）、多时相算法（Wang et al.，2011；Borel，2008）及高光谱反演算法等。被动微波反演模型主要分为统计模型（Han et al.，2019；毛克彪等，2006）、物理模型（Huang et al.，2019；Köhn et al.，2010）和神经网络模型（Duan et al.，2017a；Prigent et al.，2016；Zurk et al.，1992）三种，具体方法如表 5-1 所示。

表 5-1 地表温度反演算法及特点

	反演算法	作者及发表时间	特点
热红外反演	单通道算法	（Jiménez-Muñoz and Sobrino，2003；Qin et al.，2001；Price，1983）	对单个红外通道进行建模，需要输入地表发射率、大气传输模型、精确大气廓线
	多通道算法	（Tang，2018；Qian et al.，2017；Deschamps and Phulpin，1980；McMillin，1975）	对多个红外通道进行建模，无需大气廓线数据，反演精度较高，地表发射率具有不确定性，对算法结果影响较大
	多角度算法	（Ren et al.，2015；Li et al.，2001；Sobrino et al.，1996；Chedin et al.，1982）	根据特定通道在不同角度的亮温差异来消除大气的影响，无需大气廓线数据，数据源稀缺
	多时相算法	（Wan，2008；Wan and Li，1997；Watson，1992；）	基于地表发射率不随时间变化的假设，无需输入地表发射率，结果对传感器噪声、大气校正误差和影像配准精度敏感，现在主要应用于 MODIS 地表温度反演
	高光谱反演算法	（Chen et al.，2019；Zhong et al.，2016；Ouyang et al.，2010；Kanani et al.，2007）	利用地表发射率固有的光谱特征，无需输入地表发射率，需要精确大气校正
被动微波反演	统计模型：单通道回归、多通道回归	（Zhou et al.，2019；Han et al.，2019；毛克彪等，2006；Njoku and Li，1999；McFarland et al.，1990）	算法简单，模型回归需要大量实验数据，模型系数具有较强局地性
	物理模型：微波辐射传输方程、基于发射率求解、基于发射率不变	（Zhang et al.，2019；Huang et al.，2019；Köhn et al.，2010；Fily et al.，2003；Basist et al.，1998）	具有物理意义，且反演精度较经验模型高，过于依赖输入参数和假设条件的准确性
	神经网络模型	（Mao et al.，2018；Ermida et al.，2017；Prigent et al.，2016；Aires et al.，2001）	方法简单易行，但不具有实际物理意义，通过输入有代表性的训练样本建立数学公式推导结果，对训练样本的依赖性较大

随着观测地面的传感器性能和反演地表温度的算法精度不断提高，地表温度产品也逐渐丰富。卫星传感器类型上，有极轨卫星反演的温度产品和地球静止卫星数据反演的产品，静止卫星的应用提高了数据产品的时间分辨率，15 分钟到小时变化的地表温度产品获取成为可能，但其空间范围通常只是区域尺度。反演算法上，地表温度根据传感器的热红外波段数量，算法有针对 Landsat 的单通道算法和广泛应用于 MODIS 产品的劈窗算法等。空间尺度上，地表温度产品广泛使用的是 MODIS 的 1km 产品，空间分辨率较高的有 30m 的 Landsat 系列产品，适用于不同尺度的地表温度研究。近年来，地表温度产品被广泛应用于气候变化监测、灾害监测和土地覆盖变化等各领域，常见的几种地表温度产品如表 5-2 所示。

表 5-2 常用地表温度产品

传感器	算法	时间范围	时空分辨率	查询及下载地址
MODIS	劈窗算法/温度发射率分离算法	2000 年至今	1d、8d、月/1km	https://modis.gsfc.nasa.gov/
VIIRS	劈窗算法/温度发射率分离算法	2011 年至今	1d/750m	https://ladsweb.modaps.eosdis.nasa.gov/

传感器	算法	时间范围	时空分辨率	查询及下载地址
AVHRR	劈窗算法	2007 年至今	1d/1km	https://noaasis.noaa.gov/
AATSR	劈窗算法	2002～2012 年	3d/1km	https://earth.esa.int/web/guest/home
ASTER	温度发射率分离算法	2000 年至今	16d/90m	https://terra.nasa.gov/data/aster-data/
FY-2S-VISSR	劈窗算法	2012 年至今	1h/5km	http://satellite.nsmc.org.cn/
FY-3 VIRR	劈窗算法	2009 年至今	1d/1km	http://satellite.nsmc.org.cn/
FY-4A AGRI	劈窗算法	2019 年至今	15min/4km	http://satellite.nsmc.org.cn/
GOES-16 ABI	劈窗算法	2018 年至今	15min/2km	https://www.ospo.noaa.gov/
Landsat 系列	单通道算法	1984 年至今	16d/~30m	https://earthexplorer.usgs.gov/
MSG-SEVIRI	劈窗算法	2005 年至今	15min/3km	https://patentimages.storage.googleapis.com/9f/42/ac/405ff8a3b32344/CN105137506B.pdf
Sentinel-3A_SLSTR	劈窗算法	2016 年至今	1d/1km	https://www.asf.alaska.edu/

5.1.2　山区地表温度反演与挑战

随着地表温度产品的不断丰富，学者们陆续关注地表温度在复杂山地的研究，并开展了一系列工作。地形变化导致传感器接收到的地面辐射能量和地面有着复杂的关系，山体遮挡会减弱地表接收的大气下行辐射，但是地形的邻近效应会增加到达地表的辐射能量。针对地表和传感器之间的几何关系，曹彪等（2021）利用垄行种植的果园进行热辐射方向性研究，为探索适合复杂地表的温度反演奠定了基础。为了研究山地的邻近效应对地表温度的影响，Zhu 等（2020）提出了一种基于辐射传输方程的单通道算法，利用 Landsat 8 数据进行地形效应校正后反演地表温度。现阶段，对复杂山地地表温度的研究越来越受到学者们的重视，在模型和验证等方面不断创新，但是仍存在着一些局限性，由此归纳出以下四点可以进一步提高的方面。

1）反演模型问题

无论是热红外辐射传输模型还是被动微波传输模型，反演过程始终存在问题，即方程未知数个数总是比方程个数多。因此在反演过程中，各种模型的建立都基于一定的约束条件和假设，使方程可解。但是，约束方程和条件不确定性往往是反演算法的重要误差来源（李召良等，2016）。

根据辐射传输原理，热红外温度反演过程需要输入的参数有地表发射率、大气透过率以及上下行大气辐射。而地表温度、发射率和大气下行辐射三者耦合，相互制约，增加了反演难度。其中，大气对温度反演结果误差增量和地表亮温呈线性关系，大气中水汽含量越高影响越大，由此大部分反演算法是基于大气校正值较小的干燥大气提出的（Sobrino et al.，2004）。热红外温度反演的大气透过率通常根据其与水汽含量的关系来进行估算，常用到的大气模拟模型有 MODTRAN 和 LOWTRAN 等（张佳华等，2009）。热红外反演算法中将温度和发射率分离是一大难点，基于发射率已知或未知，分为逐步反演地表发射率与地表温度，以及在大气廓线已知情况下同时获取地表发射率和地表温度。

常用到的地表发射率估算方法有参考通道法、发射率归一化法、亮温法、地表类型赋值法和归一化差值植被指数（normalized difference vegetation index，NDVI）阈值法等（Bento et al.，2017；Li et al.，2013b；Mira et al.，2010）。

被动微波地表温度反演物理机制的研究不成熟，大多研究基于数理统计的经验模型和神经网络模型开展。对于物理模型，往往通过一定的假设条件简化方程，或是引入经验关系或参数化物理模型来减少未知量（李云红，2010）。

为了提高反演精度，大部分研究着力于提高参数的可靠性，如针对地表发射率的大气效应校正和水汽的校正等（柳菲等，2012）。Bento 等（2017）在山区使用总可降水量参数化和降阶两种水汽修正方法来提高单通道算法和劈窗算法精度。消除发射率和大气的影响是热红外遥感反演着力解决的问题，近几十年来各种改进模型也不断被提出，反演精度能达到 1K 以内，但对于复杂地表，环境对热红外波段的影响非常复杂，应用模型定量分析热过程，分离温度与发射率仍是热红外遥感的难点（阳勇等，2014），而且在非均质的复杂地形区域，地表温度的邻近效应、非同温混像元以及辐射方向性等物理机制也增加了复杂地表温度反演的难度（孟鹏燕等，2015）。热红外遥感受大气、云雾的影响较严重，而被动微波具有全时相、全天候观测能力，并且对云层有一定的穿透能力，因此，使用被动微波反演地表温度可以弥补热红外遥感反演多云雾的山区地区地表温度产品缺失的不足。但微波反演的温度为一定深度的等效温度，并且对于破碎的下垫面微波地表发射率易变，反演温度空间分辨率低，将微波等效温度和热红外表皮温度相结合使用存在温度转化和尺度转换问题。对于不同厚度的云层，大气对微波反演星上亮温的影响强度是否能够忽略，量化这种影响是被动微波遥感需要进一步提高的方面（陈修治等，2010）。

2）地形复杂性

相比平坦均一的地表，山区地形更为复杂，景观破碎度和空间异质性更强，给地表发射率的估算带来更大困难。复杂的地形对土壤物理性质、水分分布和地表植被类型存在影响（Famiglietti et al.，1998）。土壤介电常数显著影响地表发射率，由土壤含水量决定，还与土壤质地、土壤组分、土壤有机质和土壤温度相关（韩晓静，2018）。不同土壤类型对辐射的吸收、反射、透射不同，影响地表能量通量变化和地表发射率、反射率及吸收率（马红章等，2011）。山地水分分布受地形和海拔的影响。地表起伏使气流抬升或下沉，山体遮挡阻止水汽移动，使山地地表水分的水平和垂直方向分布表现出异质性（孙常峰等，2014）。地表水分分布不均，影响土壤湿度和植被生长，同种土壤或同种植被可能有不同的发射率。植被对地表温度有冷却和保温的作用，可以抑制地表温度剧烈改变。现有地表发射率的估算多基于地表植被与土壤比例或植被覆盖度分级阈值，对于植被类型丰富、地形起伏的复杂地表，以单一的发射率估算方法不能有效解决发射率精度问题。复杂地表区域、下垫面破碎，水分、土壤和植被复杂多变，因子间相互影响，由此地表发射率的估算必须考虑环境因素。输入参数多且不确定性大，是复杂地表温度反演难度大的主要影响因素。

山区地表具有复杂三维结构，热辐射与地表存在复杂的相互作用。研究山区热辐射传输过程，必须考虑地表方向性，近年来国内外专家学者构建了许多热红外模型，包括辐射传输模型、几何光学模型、3D 模型、混合模型和参数模型等（Cao et al.，2019；Jiao et al.，2018）。模型的发展需要考虑方向性、地形因素和热力因素，目前的模型多建立于条件可控的实验场或小区域试验区，应用于复杂多变的山区地表温度建模仍存在挑战。在坡度、坡向和地形不断变化和相互遮蔽的山区，地表接收到的太阳入射辐射能量，包括直接辐射能量、散射辐射能量和邻近地形反射辐射能量，辐射间差异显著（赵伟等，2016）。坡度、坡向和地形直接影响地表辐射的分布（Yu K et al.，2019；吕利利等，2017；Rorison et al.，1986），地形的遮蔽作用同样使温度在空间分布上存在差异（Staelin et al.，2010）。对山地热辐射建模，不仅需要考虑复杂的地形因素，还需要考虑能量平衡和流体力学等影响。Yu K 等（2019）结合太阳高度、建筑高度研究建筑物阴影对地表温度的季节效应，证明地形遮挡对热辐射作用显著。山地地形条件直接影响地表辐射收支和能量平衡，要提高复杂地区地表温度反演精度，还需要进一步建立统一且普适性强的模型。提高山区地表温度反演精度，需要考虑地形因素对发射率的影响、邻近效应、能量平衡等，优化复杂地表辐射传输模型、动力模型、核驱动模型，并结合地面多角度观测数据对模型进行修订。

3）水汽与云的影响

水汽是大气中重要的吸收气体，其吸收系数与频率、大气温度、大气压强和水汽密度相关，并在时间空间上都有很大变化（Staelin et al.，2010）。孙常峰等（2014）基于泰山的实验也表明地表水汽特征是影响地表温度的主要因素。云中包含液态水和各种微粒，能吸收和散射辐射。当天空晴朗无云时，水汽和氧气是影响消光系数的主要因子；在云雨天气时，云的存在致使热红外信号失真，使用热红外反演方法无法获取地面温度信息。微波虽然能穿透云层，但是其在云中传播时还应考虑液态水的瑞利散射（Ulaby et al.，1981）。云对云覆盖区下不同地表类型有不同程度的影响；对于像元位置而言，云边缘像元受云的影响程度小于位于云覆盖中心的像元；云覆盖时间越长，对地表温度影响越大；云阴影与云遮挡的地区，云覆盖对其影响也不一样。现有的地表温度反演算法主要是针对晴空像元，云下地表温度反演仍是一个难题。许多学者通过插值或热红外与微波相结合的方法对云下地表温度进行估算，例如，周义等（2012）采用梯度距离平方反比法，涂丽丽等（2011）采用克里金插值和规则样条函数插值方法，Yu W 等（2019）提出基于土地能量平衡理论和相似像元的方法。这些研究都表明了水汽和云在地表温度反演中的作用不能忽略，尤其是地形起伏大的山区，有效的水汽修正和云下温度估算方法能弥补云下数据缺失状况。云区像元在可见光近红外波段的填补方法较为成熟，但大部分方法建立在短时间地表发射率未改变的假设条件下，而云下地表温度反演所使用的热红外波段的适用性未得到有效的说明（Du et al.，2019）。对于微波遥感，其与热红外相结合解决数据缺失问题，存在温度转换和尺度转换的难题。而且现有的被动微波反演地表温度算法大多忽略了大气的影响或只是将大气上行辐射量和大气透过率给定为常数，被动微波温度反演主要对大气的影响做进一步量化。水汽和云是复杂地表温度反演的主要障碍，热红外波段的重建、对不同厚度云像元的识别、云遮挡区域数据填补等问题有待进一步深入研究。

4）真实性验证的不确定性

遥感反演的真实性检验，包含对算法可行性和精度进行检验，对温度产品的精度、稳定性、适用性、生产效能进行检验，以及算法应用是否满足地球科学应用需求的检验（马晋等，2017；吴小丹等，2015）。对于地形复杂、地表破碎的复杂地表区域，反演的温度像元与地面观测值存在尺度差异，单个像元的值难以反映地面实际状况，有效的检验方法和尺度转换是提高检验可信性的基本要求（马晋等，2017）。目前，用于复杂地表的地表温度的检验方法还是常规地表温度真实性检验方法，主要有基于温度的方法、基于辐射的方法、交叉验证以及时间序列分析 4 种典型的检验方法（李召良等，2016），如表 5-3 所示。这些方法对于复杂地表的地表温度精度验证有一定的借鉴作用，但是仍存在一些限制。

表 5-3　地表温度真实性检验

检验方法	参考对象	适用范围	特点
基于温度检验	地表实测温度	下垫面均一，地势平坦地区	简单直接，对站点数据质量要求高，不适用无站点和地物破碎区域
基于辐射检验	辐射传输方程模拟辐射值	无地面监测站点地区	需要输入实测大气廓线和地表发射率，复杂地表区域参数获取困难
交叉验证	设为真值的温度产品	无实测温度和模拟参数情况	对参考产品要求高，山区和云覆盖区产品精度无保证；产品匹配问题影响验证结果
时间序列验证	目标物长序列变化	传感器本身监测	传感器运行时间较长，对异常值敏感，不适用于地表温度检验

基于地表实测温度的检验是最直接的一种检验方法，即通过监测的地表温度同遥感获取的地表温度进行时空配准后直接进行比较（李军等，2018；Li et al.，2013a，2013b），该方法要求下垫面相对均一、地势平坦，如于文凭和马明国（2011）利用黑河流域地表温度观测数据来检验 MODIS 地表温度产品的精度，选择的地面站点就是地形较为平缓、地物类型相对一致的区域。该方法简单直接，地面数据可以选择单点或多点数据，在一定程度上可以评估温度反演产品质量，但是对于站点数少、地形崎岖、地表类型不均一的复杂地表环境，需要进一步探讨尺度转换和空间异质性问题（赵伟等，2016）。

基于辐射的地表温度检验方法是以辐射传输方程为基础，通过输入实测大气廓线和地表发射率模拟大气层顶的辐射值，并通过调整地表温度的值改变模拟辐射值，使之与卫星过境时测量的辐射值相等。调整的结果温度与卫星数据反演的地表温度差值即为地表温度产品的精度（Niclós et al.，2011）。该方法不需要地面实测地表温度数据，因此可以应用于地面测量比较困难的地区，使复杂地形地表温度真实性检验成为可能。但该方法对大气廓线和地表发射率等参数依赖性大（李召良等，2016），对参数的精度要求高，在复杂地表区域这两个变量的获取本身就是一个难题。考虑观测几何、地形效应和亚像素变化，模拟方向亮温和等效亮温来验证山地区域反演温度精度，证实观测天顶角和地形给基于辐射的验证带来了较大的不确定性（Jiao et al.，2018）。交叉验证是针对上述两种方法都不适用的情况，即既没有地面站点数据也没有大气廓线数据。该方法通过与已知质量和精度较好的地表温度产品进行比较检验，以评定未知反演产品的精度。目前被大多数研究者公认的具有较好稳定性，且广泛用于地表温度交叉检验的产品是 MODIS 地表温度产品（cho and suh，2013）。由于不同传感器间存在差异，观测角度和观测时间也不尽相同，需要对参考产品和比较产品进行位置匹配、空间尺度匹配、时间匹配、光谱匹配，匹配过程存在误差，因此交叉验证的结果不能完全被认可。

最后一种方法主要是用于传感器本身的检验（吴小丹等，2015），该方法通过对同一目标进行长时间的观测，分析目标物时序特征，监测传感器在运行周期中是否存在不符合实际情况的异常值，发现传感器运行是否正常。该方法能检验出传感器定标等问题，但不能对产品做出直接评价，对于地表温度真实性检验并不适用。

地表温度真实性检验方法不断被改进，并在复杂地形区开展应用（Yang et al.，2020；Simò et al.，2016），但是仍存在以下问题（Schneider et al.，2004）：①空间异质性问题，地表破碎区同温像元内部存在较大差异，缺少绝对均一的地表，真实性检验标准存在不确定性。②辐射方向性问题，复杂地表地物多样，地势起伏，地表方向亮温角度差异大，制约地表温度反演精度和长波估算精度。③时空、角度不匹配问题，卫星数据反演的地表温度是卫星过境的瞬时温度，而地面是不断变化的，参考值和比较值间存在着差异性，尤其是对站点分布少的山地区域，得到与卫星过境同时段的高质量观测值更加困难。④仪器观测不确定性，仪器获取数据存在不确定性，站点的布设不均一。复杂地表区域站点数过少，山地区域仪器维护困难，数据质量和参数完整性不能得到有效保障。

5.1.3　地表温度重建研究进展

由 MODIS 衍生的地表温度产品已成为不同领域广泛应用的卫星地表温度产品（Zhang et al.，2021；Long et al.，2020）。大多数 MODIS 地表温度产品具有较高的时间分辨率，一般采用广义劈窗算法进行反演（Wan and Dozier，1996）。然而，由于云量的影响，利用红外数据反演地表温度产品存在大范围的数据缺口，这给分析地表温度的时空变异性带来了很大的障碍。据统计，全球超过 60% 的 MODIS 地表温度数据集受到云层覆盖的影响（Duan et al.，2017b）。因此，为了克服云层导致数据缺失的限制，大部分研究集中在地表温度的重建方法上（Tan et al.，2021；Martins et al.，2019；Zhang et al.，2019；Zeng et al.，2018）。

目前，云下地表温度重建方法主要可分为基于空间信息的方法、基于多时相信息的方法和混合方法三大类。最常见的是基于空间信息的方法，如反距离权重法、克里金方法、协同克里金和调整克里金（Ke et al.，2013；Lyon et al.，2010）。这些地统计方法基于缺失的地表温度数据与其相邻的晴空像元之间的空间相关性。基于这一理论，Ke 等（2013）重建了山地区域地表温度时间序列产品；Fan 等（2014）考虑了土地覆盖和其他环境要素，在平坦地形和碎片化的景观下估算地表温度；Hengl 等（2012）建立了一个插值模型，通过使用辅助预测器的时间序列来生成一整年的日平均温度。遗憾的是，大量缺失的地表温度数据限制了地统计学插值方法的适用性。第二类方法是基于地表温度时间变化的识别，其性能受两个无云值之间时间间隔的影响。各种时间插值方法已经被提出和评估，如 Coops 等（2007）研究了 MODIS Aqua 和 Terra 地表温度之间的差异，推导出了全天的地表温度；Xu 和 Shen（2013）采用时间序列滤波分析算法去除云覆盖像元，重构了长三角地区 MODIS 地表温度数据。针对空间插值方法和时间插值方法常用于云下地表温度重建，结合时空邻域信息的优点，有研究提出了混合方法。Chen 等（2020）使用多个时间上相邻的图像作为参考，并基于贝叶斯方法提出了晴空等效地表温度的最佳估计。Kang 等（2018）研究出一种依赖于时空信息的重建方法来重建 MODIS 地表温度产品。

以上方法为云下地表温度的填补提供了多种选择，但是这些方法重建的地表温度为理论晴空地表温度值，而不是通常受云量影响的实际地表温度值。为了获取真实地表温度，许多重建工作利用能量守恒的方法和微波数据与热红外数据融合的方法进行云下温度重建（Yu W et al.，2019；Lu et al.，2011）。能量守恒的方法根据不同像元内太阳辐射值的不同来重建云下的地表温度。Zeng 等（2018）提出一种重建地表温度的方法，包括两步：首先，利用多时相方法，结合植被指数重建出晴空像元温度。然后，采用能量平衡方程对填充的地表温度进行校正，利用短波辐射数据将晴空像元温度转化为云下地表温度。Yu W 等（2019）基于能量平衡方程提出一种相似像元的方法，利用云下像元邻近范围内辅助数据相似性最高的温度值代替云下温度。这些基于能量守恒的方法有效地提高了地表温度重建的精度，但是重建效果在很大程度上依赖于不同辅助数据（如辐射、植被和地表反照率）的质量，重建结果受辅助数据不确定性影响大。近年来，热红外数据与微波数据融合方法为地表温度重建提供了更多的选择。例如，Duan 等（2017b）提出一种利用热红外反演的地表温度数据和微波数据集融合构建全天候地表温度的框架，其中，热红外温度被云遮挡的温度值用微波数据来进行填充。Holmes 等（2015）尝试建立热红外温度与微波反演的温度之间的差异，通过同化数据对两者差异进行比较，为热红外温度与微波温度的融合提供借鉴。微波的穿透性克服了云的影响，但是微波反演的地表温度是具有一定深度的表皮温度，而非热红外反演的表层温度，两者之间存在着物理差异。为了应对这些挑战，重建云下实际地表温度更加实用的方法亟待研究。

5.2　基于能量平衡云下温度重建

热红外波段反演的地表温度（land surface temperature，LST）产品易受大气和云等的影响，导致产品出现大量的温度异常的低值像元，直接影响产品的应用。云直接影响太阳对地表的辐射能量，进而影响云下像元的 LST 值。目前，云下像元 LST 的重建算法多是基于 DEM、植被覆盖、土地利用、土壤分类等与 LST 相关的其他参量的传统插值。但这些量都无法反映云对太阳辐射的影响，因此这种传统的重建方法无法估算出云下像元的真实 LST。黑河流域有着广泛分布的地表温度地面验证站点，且该流域地表类型相对均一，是相对于地表复杂的西南地区开展地表温度验证实验更理想的区域。因此，本节以黑河流域为研究对象开展试验，对增加太阳辐射因子到云下温度重建模型的可靠性进行验证。在获取到最优模型后，将该模型应用到地形更加复杂、云雾影响更严重的西南地区，生产出时空连续的云下温度产品，以支持西南地区的生态水文应用研究。本节对目前应用比较广泛的 MODIS LST/LSE 产品中的 LST 数据的云下像元进行估算。本节以 2012 年全年的 V5

MODIS LST 数据（MOD11A1）为例，选择其质量控制（quality control，QC）符字段为 2（即 QC = 2，受云影响而无有效值）的像元进行云下像元的 LST 估算。

5.2.1　重建算法原理与参数化

自 1999 年 12 月发射以来，MODIS 一直免费提供大气、海洋和陆地产品数据。MODIS LST/LSE 是其重要的陆地产品之一，并已被广泛应用于全球基础研究中。但受云层影响，MODIS LST/LSE 产品中存在大面积的填充无效值区，直接限制了 MODIS LST 数据的应用。MODIS 1km 每日产品 MOD11A1 在整个流域包括 390000 个像元，而整个流域各个像元具有质量良好数据的平均天数仅仅有 135d。因此，云层影响导致的 MODIS LST 数据的严重缺失，直接影响 MODIS LST 在整个流域的应用。

1. 邻近像元插值法

本节的重建方法是一种基于地表能量平衡的邻近像元重建方法（neighboring-pixel approach，NP algorithm）。而白天和夜晚估算 LST 最大的不同就是白天有太阳辐射，而夜晚无太阳辐射。所以，采用邻近像元插值的算法分别对白天和夜晚的不同状况进行估算。

对白天云覆盖像元的 LST 估算利用地表短波净辐射进行相邻像元时间和空间插值的方法。理论基础来自 Jin 的遥感 LST 重建的理论（Jin，2000）。根据地表能量平衡有

$$G = S_n - F_n - \text{SH} - \text{LE} \tag{5-3}$$

式中，G 为土壤热通量；S_n 为地表短波净辐射；F_n 为地表长波净辐射；SH 为感热通量；LE 为潜热通量。S_n 和 F_n 通过下式获得

$$S_n = S_\downarrow - S_\uparrow \tag{5-4}$$

$$F_n = F_\downarrow - F_\uparrow \tag{5-5}$$

这里可以用 S_{hle} 来表示潜通量和感热通量的和，则（5-3）可以表示成

$$G = S_n - F_n - S_{\text{hle}} \tag{5-6}$$

式（5-6）中的各个量都与 LST 相关，则

$$\frac{\partial G}{\partial T_s} = \frac{\partial S_n}{\partial T_s} - \frac{\partial F_n}{\partial T_s} - \frac{\partial S_{\text{hle}}}{\partial T_s} \tag{5-7}$$

式中，$\dfrac{\partial S_n}{\partial T_s}$ 并不是表示地表短波净辐射是地表温度（T_s）的函数，而只是表示地表短波净辐射是与地表温度相关的能量项。基于传统的强迫方法（conventional force-restore method）有

$$G = k_g \frac{\partial T}{\partial Z} = k_g \frac{(T_s - T_d)}{\Delta Z} \tag{5-8}$$

式中，T_d 为子层温度（sublayer temperature）；k_g 为土壤热传导率[W/(m·K)]；ΔZ 为子层到地表的深度。Stull（1988）证明了地表温度 T_s 要比子层温度 T_d 敏感得多，因此，对于两个毗邻的像元有

$$\frac{\partial G}{\partial T_{\mathrm{s}}} = \frac{\partial}{\partial T_{\mathrm{s}}}\left[k_{\mathrm{g}}\frac{(T_{\mathrm{s}}-T_{\mathrm{d}})}{\Delta Z}\right] \approx \frac{k_{\mathrm{g}}}{\Delta Z} \tag{5-9}$$

S_{hle} 和 F_{n} 分别针对 T_{s} 微分:

$$\frac{\partial S_{\mathrm{hle}}}{\partial T_{\mathrm{s}}} \approx \frac{\Delta S_{\mathrm{hle}}}{\Delta T_{\mathrm{s}}} = \frac{\Delta S_{\mathrm{hle}}}{\Delta S_{\mathrm{n}}}\frac{\Delta S_{\mathrm{n}}}{\Delta T_{\mathrm{s}}} \tag{5-10}$$

$$\frac{\partial F_{\mathrm{n}}}{\partial T_{\mathrm{s}}} \approx \frac{\Delta F_{\mathrm{n}}}{\Delta T_{\mathrm{s}}} = \frac{\Delta F_{\mathrm{n}}}{\Delta S_{\mathrm{n}}}\frac{\Delta S_{\mathrm{n}}}{\Delta T_{\mathrm{s}}} \tag{5-11}$$

联立式 (5-9)、式 (5-10) 和式 (5-11) 可以得到如下式子:

$$\Delta T_{\mathrm{s}} = \frac{\Delta Z}{k_{\mathrm{g}}}(\Delta S_{\mathrm{n}} - \Delta F_{\mathrm{n}} - \Delta S_{\mathrm{hle}}) \tag{5-12}$$

Jin (2000) 通过分析站点的观测值和气候模式的模拟数据, 发现 F_{n} 与 S_{n}、S_{hle} 与 S_{n} 之间存在线性关系:

$$F_{\mathrm{n}} = a_0 + aS_{\mathrm{n}} \tag{5-13}$$

$$S_{\mathrm{hle}} = b_0 + bS_{\mathrm{n}} \tag{5-14}$$

式中, 参数 a 为地表土壤性质的函数; b 为地表状况和土壤特性的参数, 则针对式 (5-13) 和式 (5-14) 同时对 LST 微分:

$$\frac{\partial F_{\mathrm{n}}}{\partial T_{\mathrm{s}}} \approx \frac{\Delta F_{\mathrm{n}}}{\Delta T_{\mathrm{s}}} = \frac{\Delta F_{\mathrm{n}}}{\Delta S_{\mathrm{n}}}\frac{\Delta S_{\mathrm{n}}}{\Delta T_{\mathrm{s}}} = a \cdot \frac{S_{\mathrm{n}}}{\Delta T_{\mathrm{s}}} \tag{5-15}$$

$$\frac{\partial S_{\mathrm{hle}}}{\partial T_{\mathrm{s}}} \approx \frac{\Delta S_{\mathrm{hle}}}{\Delta T_{\mathrm{s}}} = \frac{\Delta S_{\mathrm{hle}}}{\Delta S_{\mathrm{n}}}\frac{\Delta S_{\mathrm{n}}}{\Delta T_{\mathrm{s}}} = b \cdot \frac{S_{\mathrm{n}}}{\Delta T_{\mathrm{s}}} \tag{5-16}$$

则联合式 (5-9)、式 (5-15)、式 (5-16)、式 (5-17) 得到如下方程:

$$\Delta T_{\mathrm{s}} = \frac{\Delta Z}{k_{\mathrm{g}}}(1-a-b)\Delta S_{\mathrm{n}} = \frac{1}{K}\Delta S_{\mathrm{n}} \tag{5-17}$$

设 $\lambda = \dfrac{1}{K} = \dfrac{\Delta Z(1-a-b)}{k_{\mathrm{g}}}$, 则对于影像上的第 i 个有云像元, 利用其时间和空间的相邻像元来估算 LST 值, 按照式 (5-17) 有

$$T_{\mathrm{s}}^{i} = \frac{1}{N}\sum_{j=1}^{N}w_j T_{\mathrm{s}}^{j} + \frac{1}{N}\sum_{j=1}^{N}w_j \lambda \Delta S_{\mathrm{n}}^{j} + d' \tag{5-18}$$

式中, T_{s}^{i} 为有云像元的 LST 值; T_{s}^{j} 为时间或空间相邻晴空像元的 LST 值; $\Delta S_{\mathrm{n}}^{j}$ 为相邻晴空像元与有云像元的地表短波净辐射差值; w_j 为基于地表能量平衡的邻近像元重建方法空间和时间重建时的权重; $\sum_{j=1}^{N}w_j = N$; d' 为估算的残差项。根据气候模型模拟数据统计研究发现, 白天的 d' 并没有固定的趋势, 所以在式 (5-18) 中, $d' = 0$。

由于无太阳辐射, 夜间 LST 数据重建时对于式 (5-18) 中的第二项就缺失, 但夜间的地表温度也较为均一。因此, 可以通过周围的晴空像元直接插值的方法对夜间的云下

像元的地表温度值进行估算。但根据前人的研究和黑河流域的观测统计，同等条件下，无云状况的地表温度值比有云状况下的地表温度值低 3K 左右（Jin，2000），为了便于算法实施，将直接插值获得的晴空条件下的地表温度值添加一个残差项 $d' = 3$，则有

$$T_s^i = \frac{1}{N}\sum_{j=1}^{N} w_j T_s^i + d' \qquad (5\text{-}19)$$

2. 算法参数化和计算窗口选择

1）算法参数化

在式（5-6）中，为了获取其他项与 S_n 的关系，进而得到 a、b、K 等参数值。本节用黑河流域开展的 WATER 试验中的长期观测站的数据对算法进行参数化，第 2 章已经对站点的信息进行了介绍，这里不再赘述。从式（5-6）中可以得到

$$S_{hle} = S_n - F_n - G \qquad (5\text{-}20)$$

式中，R_n 为地表净辐射，则 $R_n = S_n - F_n$；而土壤热通量 G 与地表净辐射 R_n 的关系可以用经验公式描述，那么，在已知 R_n 的情况下就可以计算 G。Allen（1998）提出白天在一个小时或更短时间范围内，G 近似等于 $0.1R_n$。基于 9 个自动气象站的长期辐射观测数据，可以直接获取 S_n、F_n、R_n 数据，进而计算获得 G。根据各个站点的这些数据和式（5-13）与式（5-14），可以计算各个站点对应下垫面的参数 a 和 b。经过计算，各个站点的 a 的平均值为 0.1919，最大值是在地表覆盖为荒漠的花寨子站，值为 0.2756；最小值在地表覆盖为森林的大野口关滩站，值为 0.1089。而 b 的平均值为 0.7266；最大值在关滩站，为 0.8020；最小值在花寨子站，为 0.6519。因 a 和 b 是地表状况和土壤属性的函数，所以在不同的地表类型和土壤类型情况下，它们的值表现出一定的差异性。但是 $1-a-b$ 项却很接近，对不同站点进行统计的平均值、最大值和最小值分别为 0.0816、0.0892 和 0.0725。不同土壤的 ΔZ 的物理深度接近 0.1m。根据生物圈-大气圈传输方案（biosphere-atmosphere transfer scheme，BATS）参数化中按照站点地表覆盖类型获取的站点的热导率 k_g 的范围是砂质黏土 0.92W/(m·K) 到森林的 1.56W/(m·K)，则当 $1-a-b$ 的值取 0.0725~0.0892，k_g 取 0.92~1.56W/(m·K) 时，K 值范围为 103~215W/(m·K)。而当 $1-a-b$ 取平均值 0.0816，k_g 取最大值和最小值的中间值 1.255W/(m·K) 时，K 约为 152W/(m·K)，为了便于计算，K 取 150W/(m·K)。

2）计算窗口选择

重建所用的计算窗口的选择主要依赖于三方面：研究区面积的大小、其地表覆盖的异质性强弱、区域内小范围高程差异大小。整个流域包括 650 像元×600 像元个 MODIS 1km 分辨率的 LST 产品，在上游和下游大面积覆盖着均一的植被类型，除了上游的山区范围内，剩下的区域相对都比较平坦。但是，在中游和下游存在着大量的小块的不同覆盖类型的斑块，这大大限制了计算矩阵的大小。而整个流域的 MODIS LST 产品，由于云污染导致的数据缺失的状况比较严重，特别是大面积连续云覆盖的高频率出现。因此，这又要求在精度允许的范围内尽量选取比较大的范围来实施算法，从而达到能最大范围重建云污染区域内的地表温度值的目的。

通过测试发现，常规的 3pixels×3pixels 的计算单元太小，达不到重建的效果。为了试验合适的计算单元，分别用 5pixels×5pixels、7pixels×7pixels 和 9pixels×9pixels 实施

了 NP 算法。对它们的重建结果进行了比较，结果见图 5-1。图中给出了 5pixels×5pixels、7pixels×7pixels 两种算法的结果，为了便于比较，图中显示出来的天数都是两种算法结果不同的天数。同时图中也给出了未实施重建算法前，原 MODIS LST 产品中该天的数据缺失的像元数。它们的纵坐标代表的是全流域的 390000 像元中，分别用两种窗口重建之后的改善数据中仍然缺失数据的像元个数，横坐标是 2012 年的天数顺序数值。图 5-1（a）为白天的结果，图 5-1（b）为夜间的比较结果。图中"Dcloud_Pixels"和"Ncloud_Pixels"分别表示白天和夜晚的原数据中缺失的像元数；"Dfill_Pixels（5×5）"和"Nfill_Pixels（5×5）"分别表示白天和夜晚数据中，使用 5pixels×5pixels 计算窗口重建后，改善的 MODIS LST 全流域数据中仍缺失数据的像元数；"Dfill_Pixels（7×7）"和"Nfill_Pixels（7×7）"分别表示白天和夜晚数据中，使用 7pixels×7pixels 计算窗口重建后，改善的 MODIS LST 全流域数据中仍缺失数据的像元数。

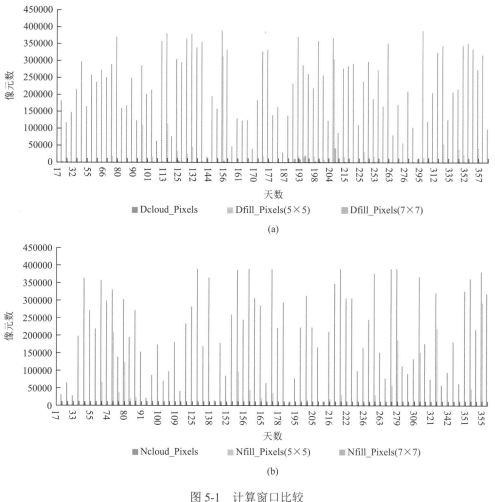

图 5-1　计算窗口比较

　　无论是白天还是夜晚数据的统计结果，从图中都可以看出使用 7pixels×7 pixels 为计算单元的结果要优于使用 5pixels×5pixels 为计算单元的重建结果。当然单针对重建后像元缺失的数量来说，最少的是 9pixels×9pixels 计算窗口的结果。使用 9pixels× 9pixels 重建后的 MODIS LST 改善产品，除了 2012 年的第 193d 和第 197d 白天的数据有很少的云下像元无法重建外，几乎重建了所有缺失的像元。因此，如果将它显示在图 5-1 中也无法看到其显示的柱形，所以，这里没有在图 5-1 中给出 9pixels×9pixels 结果。虽然 9pixels×9pixels 有一个最大范围重建云下像元的效果，但使用它进行重建后的结果却严重模糊了中游和下游绿洲的斑块区域的不同覆盖类型的 LST 的差异信息。所以，综合考虑空间重建范围和保留异质性的效果，最后对 2012 年全年的 MODIS LST 数据的重建使用了 7pixels×7pixels 计算窗口。并且经过对几种计算窗口重建后的改善的 MODIS LST 产品的使用者的反馈，陆面过程模型使用 7pixels×7pixels 计算窗口重建后产品能够获得更合理的结果。因不同天的相同时间的 LST 之间的相关关系随着相隔天数的增加而递减，当超过 7d 之后相关性基本很小，因此针对时间临近窗口，这里选择有云像元所在影像前后 3d 内的相近时刻的数据。

5.2.2　地表短波净辐射反演

地表短波净辐射（net surface shortwave radiation，NSSR）是本章 NP 算法的重要参数。至今已经有很多的反演算法被提出，这些算法可以归纳为以下三类：①统计反演算法，早期的 Li 等（1993）、之后的 Tang 等（2006）及 Kim（2008）提出的算法都归属于这一类；②MODIS 大气产品结合的简化的辐射传输模型，如 Laake 和 Sanchez-Azofeifa（2004）；③由于 MODIS 的一些产品的低分辨以及其他存在的问题，Liang 等（2006）发展了一种新的基于查找表的算法。虽然结合辐射传输模型的方法的物理定义明确且精确也高，但它的计算比较烦琐，并且如何精确获取云和气溶胶及其分布也是限制其计算的因素。与之相比，统计反演方法的计算更便捷，对云的依赖也更小，但计算过程简单，往往会导致其计算的结果精度有限。为了克服这些缺点，更充分地利用 MODIS 数据的多通道信息，Tang 等（2006）提出了窄波段反射率转化成宽波段局地行星（TOA）反照率的方法，并基于该方法，利用 MODIS 数据多通道信息反演了地表短波净辐射。这种算法的计算简单，且结果较为精确。因此使用这种方法来反演地表短波净辐射。整个反演过程分成三步：①将窄波段反射率转化成宽波段 TOA 反照率；②利用查找表获取参数化方法里的经验系数；③利用 Li 等（1993）的参数化方法计算地表短波净辐射。所使用的 MODIS 数据包括 L1 级产品 MOD021KM、MOD03 和 MOD05_L2，最后反演成 1km 分辨率的 MODIS NSSR 产品。

基于 MODTRSN 模型的模拟，可以获得下面的线性转化方程来计算局地行星反照率：

$$\gamma = b_0 + b_1\rho_1 + b_2\rho_2 + b_3\rho_3 + b_4\rho_4 + b_5\rho_5 + b_6\rho_6 + b_7\rho_7 \quad\quad (5\text{-}21)$$

式中，γ 为 TOA 短波宽波段反照率；ρ_i 为 MODIS 的 i 波段的 TOA 窄波段反射率；b_i 为对应 MODIS 第 i 波段的拟合系数。考虑方位角对辐射亮度的影响小于天顶角，将方位角粗略地分成三种方位角变化（0°～60°、60°～120° 及 120°～180°）分别代表后向散射、旁向散射和前向散射。之后针对给定的一种方位角的变化范围和一个太阳天顶角，通过式（5-21）获取转换系数 $b_0 \sim b_7$ 和观测天顶角 VZA 的关系。

$$b_i = c_{1i} + c_{2i} \Bigg/ \left\{ 1 + \exp\left[\left(\frac{1}{\cos(\text{VZA})} - c_{3i} \right) \Big/ c_{4i} \right] \right\} \qquad (5\text{-}22)$$

式中，$c_{1i} \sim c_{4i}$ 为对应于给定太阳高度角 0°、10°、20°、30°、40°、50°、60° 和 70° 的固定参数，可以在查找表中找到。对于不同的太阳高度角、观测天顶和相对方位角的转换系数都可以在 Tang 等（2006）提出的查找表中找到。

Li 等给出了地表通量吸收系数（a_s）与 TOA 短波宽波段反照率 r 关系，如下：

$$a_s(\mu, \omega, \gamma) = \alpha' - \beta'\gamma \qquad (5\text{-}23)$$

而截距 α' 与斜率 β' 可以表达成

$$\alpha' = 1 - a_1\mu^{-1} - a_2\mu^{-x} - \left[1 - \exp(-\mu)\right](a_3 + a_4\omega^y)\mu^{-1} \qquad (5\text{-}24)$$

$$\beta' = 1 + a_5 + a_6 \ln \mu + a_7\varpi^z \qquad (5\text{-}25)$$

式中，$a_1 \sim a_7$ 为针对不同地表的常量；μ 为太阳高度角的余弦；x、y 和 z 给定值为 0.5。宽波段 TOA 反照率通过式（5-21）计算，而大气可降水量和太阳高度角则分别从 MODIS 产品的 MOD05 和 MOD03 数据中获取。因此，最后地表短波净辐射可以由下面的式子获得：

$$\text{NSSR} = a_s E_0 \mu / d^2 \qquad (5\text{-}26)$$

式中，E_0 为太阳天顶辐照度；d 为天文单位的日地距离。

5.2.3　重建结果与讨论

本节使用上述方法，对 2012 年全黑河流域的 MODIS LST 数据中的云下像元重建的结果验证，以及对影响其精度的各因素进行讨论。因为参数化过程中使用 WATER 试验的 9 个站点的数据进行观测，为了验证重建结果的有效性，验证数据选择本流域其他站点的数据进行。采用 2012 年 HiWATER 在黑河中游人工绿洲区域的 5.5km×5.5km 观测矩阵内的 17 个 EC 系统的气象站的地表长波辐射数据来进行验证，将地表长波辐射观测数据转化成地面观测地表温度。同时，为了讨论反演的地表净辐射的精度，地面观测的地表短波净辐射也由 17EC 站点观测的短波上行和下行辐射数据中获得。

重建主要是针对原 MODIS LST 数据中的 QC=2 的数据，也就是受云影响而无有效值的像元。为了在改善后的 MODIS LST 产品中区分重建的数据，将整个流域中所有像元都没有出现的质量控制符的值 10 赋予重建的像元。这样改善后的 MODIS LST 产品包括三部分：原数据中有 LST 值的部分（QC≠2）、重建的云下像元的部分（QC=10）和原数据云下部分但实施重建算法后仍然无法重建的像元（QC=2）。

图 5-2 给出了整个黑河流域 2012 年全年的 MODIS LST 数据和改善后的数据的统计结果，以及各个像元全年的 LST 数据中具有对应 QC 值的天数。图 5-2（a）是在全年的原 MODIS LST 数据中，流域中各个像元具有质量良好（QC=0）的 LST 产品的天数；图 5-2（b）表示原数据中，流域内的各个像元受云的污染为非有效数据的天数，即具有质量控制符 QC=2 的天数；图 5-2（c）统计了原数据中，各个像元具有其他

原因造成反演的精度稍低的数据的天数，即质量控制符 QC 的范围在 3～255 的天数；图 5-2（d）为将原图像中 QC = 2 的数据重建后，各个像元具有有效 LST 值的天数，即改善后的 2012 年 MODIS LST 中，具有质量控制符 QC = 10 的天数。从图 5-2（a）可以看出，整个流域中上游像元中质量良好的数据的天数要远远小于中下游，整个流域各个像元具有质量良好的平均值是 135d。而从图 5-2（b）可以看出，原 MODIS 的 LST 产品在黑河流域存在着大范围的数据缺失，经过统计整个流域有 4010 个像元全年因云的影响而不具有有效的 LST 值。图 5-2（a）和（b）的分布趋势几乎是互补的，这也说明云的影响是 MODIS LST 数据缺失的最主要原因。图 5-2（c）中给出的是其他原因引起的反演误差＞1K 的数据，可以看出，在全年的数据中其所占的比例很小。图 5-2（d）显示了经过NP 法重建各个像元重建的天数与图 5-2（b）基本是一致的。这也说明了实施基于地表能量平衡的 NP 算法后，基本上重建了原数据中受云影响的像元的 LST 值。

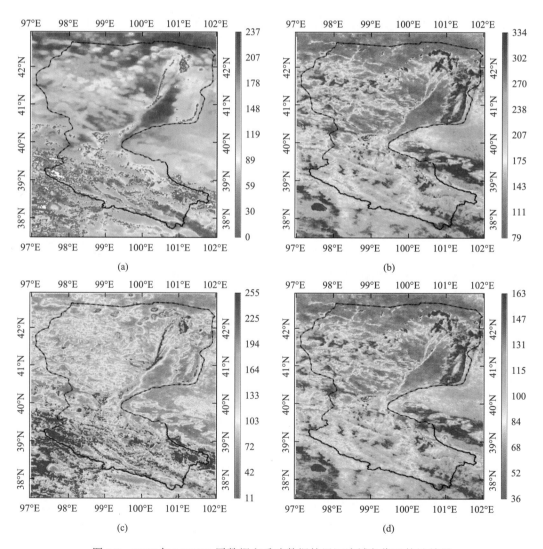

图 5-2　2012 年 MODIS 原数据和重建数据的黑河流域各像元统计结果

　　最后生产且改善后的 MODIS LST 既包括了原数据中有效数据的部分，也包括对云下像元重建的部分。对白天和夜间的原数据与改善后的数据进行对比的结果见图 5-3。图中"Dcloud_Pixels"表示全流域内每天影像数据缺失的像元数；"Dfill_Pixels（7×7）"为经过 7pixels×7pixels 计算窗口重建后，改善的 MODIS LST 产品中仍然缺失数据的像元数；"Ncloud_Pixels"为夜间 MODIS LST 原数据中，全流域每天缺失数据的像元数；"Nfill_Pixels（7×7）"为夜间实施重建算法改善的数据缺失的像元数。对比昼夜都存在大量数据缺失的原 MODIS LST 数据，改善后的 MODIS LST 产品在全流域内基本都有有效的 LST 数据，特别是在夜间，几乎所有的云下像元都被重建。即使是改善后的 MODIS LST 产品中白天数据，对于整个流域，也有 338d 是全流域所有像元都被有效值覆盖的改善结果。统计结果表明，改善后的 MODIS LST 产品的可用性大大增加，数据的时间和空间连续性得到了很大的改善。当然也存在一些极端的情况，如 2012 年第 211d 的数据，存在着大面积连续的云覆盖，而经过本算法重建后的改善数据中仍有 41363 个像元为无效值，相当于整景影像的 10.61%。

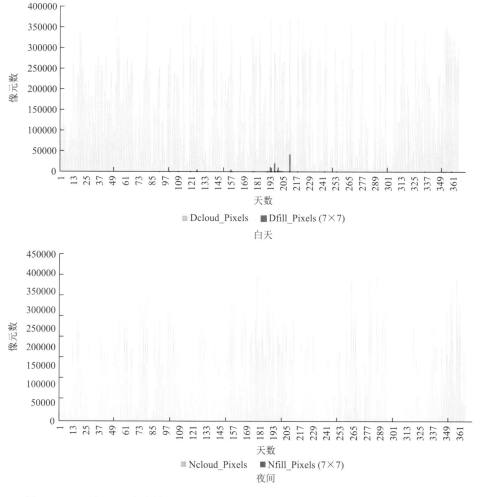

图 5-3　2012 年黑河流域的 MODIS LST 原始数据缺失量与改善产品的数据缺失对比

　　为了说明重建算法估算结果的精度,将改善 MODIS LST 产品中的 QC = 10 的数据单独提出来进行验证。同时,为了削弱尺度效应对验证的影响,改善后产品中保留的原数据中质量较好的(QC = 0)数据与地面观测值的比较结果被作为参照。验证结果见图 5-4,其中,图 5-4(a)和(c)表示改善的 MODIS LST 数据中保留的原 MODIS LST 数据中质量较好的(QC = 0)数据("MOD_LST")与地表观测的 LST("MS_LST")比较的散点图,图 5-4(a)是白天的结果,图 5-4(c)是夜间的比较结果;图 5-4(b)和(d)是重建的数据,即改善的 MODIS LST 产品中 QC = 10 的数据("Re_LST")与地表观测数据("MS_LST")的比较,图 5-4(b)为白天的比较结果,图 5-4(d)为夜晚的比较结果。结果图 5-4(a)表明,原 MODIS LST 中质量较好的数据与地表观测能够很好地吻合,两者之间在白天的数据偏差为 0.77K,均方根误差(RMSE)为 1.802K。而图 5-4(b)中,大多数的散点都集中在 1∶1 线附近,且其散点的趋势线也几乎与 1∶1 线重合。而重建的 Re_LST 与地表观测 MS_LST 在白天的平均偏差是 –0.25K,均方根误差是 4.122K。尽管存在误差达到 8~9K 的极端散点,但原温度产品中的云下无效像元,经过本研究的重建方法估算的 LST 与原来 MODIS LST 中质量较好的数据,在与地表观测温度比较时,具有相同的平均偏差水平。对于夜间数据的比较,重建的数据(Re_LST)与地面观测 LST 值(MS_LST)的平均偏差为 –0.1263K,RMSE 为 2.901K,原 MODIS LST 数据中质量较好的数据与地面观测数据的偏差为 –0.6689K,RMSE 为 1.954K。所以,重建的夜间数据与原 MODIS LST 中夜间的质量较好的数据具有相同的误差尺度。但夜间重建的数据在高温区往往出现低估,这使得其趋势线在高温和低温区出现了偏离 1∶1 线情况。从以上分析可以看出,对于 MODIS LST 数据中云下像元 LST 值,本估算方法无论在白天还是夜间都能取得相对较好精度的估算结果,因此改善后的 MODIS LST 数据可以直接用于对 LST 精度要求不高的研究中。

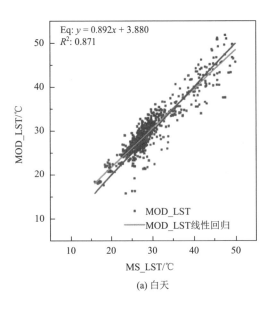

(a) 白天

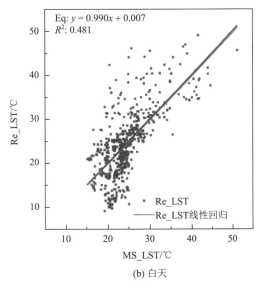

(b) 白天

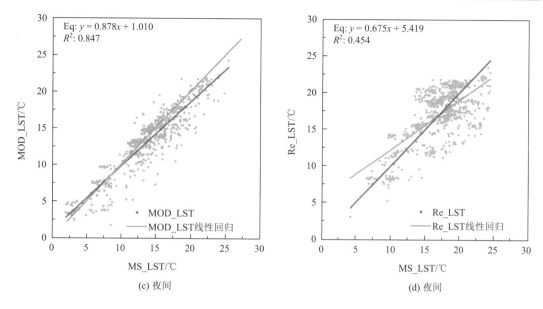

图 5-4　验证散点图

5.2.4　误差讨论

虽然在重建过程中，遥感观测的精度和遥感反演 LST 的精度也是至关重要的，但对反演算法的评价、卫星观测误差的分析以及原 MODIS LST 数据中晴空数据精度都不在重建算法的误差分析范围内，只侧重于对与 NP 算法本身有关的误差项的分析。验证结果表明，重建的 LST 与地面观测的 LST 比较的结果，比原 MODIS LST 中质量较好的数据与地面观测 LST 的比较结果具有更高的 RMSE。这里可能的因素主要有三方面：①参数的不确定性，如 a、b、K 和 d'，以及反演的 MODIS NSSR 的精度等，这些都是直接影响重建精度的因素；②云下复杂的天气状况和黑河流域地表覆盖的多样性或地表覆盖的异质性，使得重建云下像元更加困难，特别是云下伴随着降雨降雪等情况；③搭载在 Terra 卫星上的 MODIS 传感器对于同一地点在不同日期的过境时间虽然比较接近，但并不完全一致，而对于同一天，不同的扫描带之间数据获取的时间也不同，这些因素造成了时间和空间相邻像元的时间差距，特别是时间重建过程中重建影像与相邻天之间影像的时间差异。下面将依次讨论其对重建精度的影响。

5.2.5　参数影响

在 NP 算法中，最重要的参数就是利用 MODIS 反演的地表短波净辐射（NSSR）数据。为了说明其精度对重建结果的影响，选取 17 个 EC 站点的短波辐射数据对反演的 NSSR 数据进行了验证。结果表明，使用本书中算法反演的 MODIS NSSR 数据与地表观测的平均误差是 35.5W/m^2。这个误差中包括随机误差和系统误差两方面。而用于估算云下像元 LST 重建时，使用的是云下像元的地表短波净辐射值与相邻的晴空像元的地表短波净辐射的差值。当 K 为 150W/(m²·K)时，如果误差等于反演偏差 35.5W/m²，则由其引起的重建 LST 的误差为 0.24K。而计算过程中，就能够消去反演中的系统误差，所以重建过程中，由地表净辐射差值引起的平均误差小于 0.24K。

参数 K 是由参数 a、b 和 k_g 共同决定的，而这三个量又都随着地表覆盖类型和土壤类型的变化而变化。用于参数化的站点的地表类型从沙漠到农田，最终过渡到森林，而在这些类型范围内，参数 a 的范围是 0.1089～0.2756，参数 b 的范围是 0.8806～0.6519。因此，$1-a-b$ 项的取值范围是 0.0725～0.0105，则当 k_g 取平均值 1.24W/(m·K)时，由取值 $1-a-b$ 的均值来代替各站点因不同 $1-a-b$ 值所造成 K 的最大偏差，即为 19.074W/(m²·K)。这个偏差不超过 K 最终取值 150W/(m²·K)的 12.8%，因估算应用的是 ΔS_n，所以，$1-a-b$ 的均值代替不同站点的值所引起的相关的重建估算的误差有限。参数 k_g 依赖于地表类型、土壤质地和土壤水分，并且在大的区域内随着不同的地表类型 k_g 的取值可以从零点几到接近于 3。在极端状况下，k_g 取值能够导致 K 值上出现几百的差异，从而导致估算的 LST 出现几 K 的误差。因此，k_g 是云下像元 LST 估算过程中比较敏感的参数。

5.2.6　天气状况和时间差距的影响

被云覆盖像元下如果存在着降雨降雪，则将剧烈改变该像元的地表温度状况，但目前降水信息还无法直接通过遥感观测获得。因此，如果云下像元正赶上强降水，那么，这一信息的缺乏将使得重建结果会出现 9～10K 极端的偏差状况。这也解释了验证散点图 5-4（b）和（d）中在 1:1 线下的那些明显被低估的是散点。为了提高重建的精度，需要借助于云下状况的相关信息，把云下存在强烈对流系统和降雨降雪现象的像元提取出来。

搭载在 Terra 上的 MODIS 每天的过境时间不同，MODIS 在黑河流域有一天两次的过境数据，上午过境的平均地方时为 10:30，晚上过境的平均地方时为 22:30，对于相邻天，即使相近时间影像的获取时间的间隔可能相差超过 2 个小时。而对于针对白天 MODIS LST 数据的重建过程中，这种时间差距的影响被同样具有时间间隔效应的地表短波净辐射参数所抵消。但在夜间没有太阳辐射信息的量 S_n，而在重建式（5-19）中，d' 是经验常量，所以其重建只依赖于邻近像元插值项。因此，时间和空间相邻晴空像元与云下像元的时间间隔直接影响着这一项。对于夜间时间重建时，所选择的是有云影像前后 3d 内的过境影像中的晴空数据，而这些数据获取时间有的比有云影响早，有的比有云像元获取时间晚，如在理想状况下有云影像的获取时间是地方时 22:30，它前一天数据获取时间是 23:00，但后一天的获取时间是 22:00，这样在一定程度上减弱了时间间隔的影响。同时，夜间地表温度随空间和时间的变化要远远小于其在白天的变化，因此夜间地表温度的空间和时间异质性都是最弱的，这样进一步减弱了时间间隔的效应。但如果强烈的天气变化发生在相邻的天中，这个因素就会造成很大的误差。这也是实际应用 NP 算法过程中并不能取得 Jin（2000）模拟获得的理论精度的主要原因。

5.3 基于随机森林的地表温度重建

在地形复杂的山地区域进行地表温度重建必须考虑地形因素的影响。而多云多雾造成的地表温度缺失是阻碍山地区域地表温度研究的又一主要问题。西南地区气候湿润，多云多雾的特征使得利用热红外数据反演地表温度产品数据缺失严重，这给基于地表温度的各种研究带来了巨大的挑战。Landsat 数据空间分辨率高，但时间分辨率低，为 16d，为得到时空分辨率较高的地表温度产品，选用时间分辨率为 1d、空间分辨率为 1km 的 MODIS 地表温度数据进行云下温度反演研究。

据统计，全球超过 60%的 MODIS 地表温度数据产品受到云层覆盖的影响（Duan et al.，2017b）。对于地形复杂的西南地区，云雾遮挡造成的地表温度缺失情况更为严重，加上植被种类多且破碎化严重等，使山区开展地表温度重建工作更为复杂。目前，云覆盖像元重建方法主要可分为基于空间信息的方法、基于多时相信息的方法和混合方法三大类（Long et al.，2020；Martins et al.，2019；Zhang et al.，2019）。这些方法都可以重建理论晴空地表温度值，而不是通常受云量影响的实际地表温度值，因此本章选用 Zhao 和 Duan（2020）提出的一种基于随机森林的方法，用于重建复杂地形区 MODIS 每日观测中受云影响的地表温度。该方法的主要创新之处是利用第二代气象卫星（meteosat second generation，MSG）地球同步观测的向下短波辐射通量产品来描述云层对地表温度的影响。由于 MSG 产品的高时间分辨率可以很好地反映云层覆盖区域内累积辐射因子的影响，所以以该太阳辐射因子和地形水分等环境因子为预测变量，采用随机森林回归方法对晴空像元进行拟合，然后应用于云像元估算实际地表温度。作为一种机器学习方法，它代表了地表温度与最相关的地表温度影响变量之间的相互作用，这种方法对重构函数的拟合相对简单。全球陆地数据同化系统地表温度数据和地面气温数据检验证明了该重建方法的可靠性。然而，他们的研究缺乏地面地表温度测量数据的直接验证，因此将该方法引用到西南地区，通过站点实测数据对该方法的精度进行验证。

在 5.2 节中，我们发现太阳辐射因子能够有效描述云影响下太阳对地表的加热过程，由于使用的累积辐射量需要通过经验模型获取，与实际的情况存在误差，因此，在本节中，我们使用静止卫星高频率观测地表的优势，获取分钟级的辐射数据，从而得到实际的累积辐射量，对模型进行改进，并应用到西南地区以得到真实的地表温度。

5.3.1 数据来源及研究方法

1. 研究区概况

本章以西南地区典型山地城市重庆（图 5-5）作为研究区进行地表温度重建。重庆位于中国西南部，105°11′~110°11′E，28°10′~32°13′N。属亚热带湿润气候，年平均降水量 1240.9mm，年平均气温 14.6~15.6℃。作为一个内陆城市，重庆山地面积广阔，区域内山地面积占重庆市总面积的 76%，有"山城"之称。重庆地形复杂，海拔 73~2796m。渝西地区渗透进入四川盆地，渝东地区逐渐向东升至四川盆地边缘，东南部有大巴山和武陵山两座大山。重庆多云多雾的特征使该地区湿度大，加之山脉交错分布，水汽难以扩散，使得该区域成为热红外卫星地表温度产品获取困难的区域。

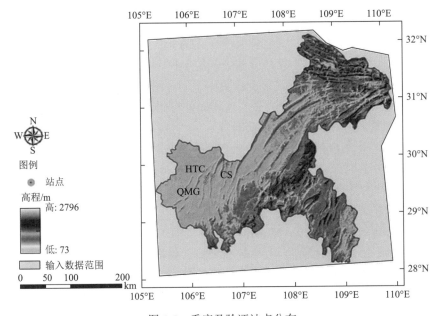

图 5-5　重庆及验证站点分布

CS（槽上站）；HTC（虎头村站）；QMG（青木关站）

根据 2018 年 MODIS 日观测数据统计，该区域各像元有效天数仅为 38～135d（图 5-6），大部分区域难以得到有效的地表温度数据。在估计过程中，需要有足够的晴空像元用于构建随机森林模型，以有效捕捉地表温度与这些预测变量之间的复杂关系。经过多次测试，需要设定 30% 的晴空像素的阈值来确定训练样本是否适合重建云层覆盖下的地表温度。对于地表温度有效像素低于 30% 的天数，使用 CLDAS 地表温度数据进行补充建模。如图 5-6 所示，2018 年满足上述要求的天数只有 102d。在拟合模型之前，需要指定两个重要参数：每次分割时要选择变量的数量（mtry）和生长树的总数（ntree）。本节使用机器学习库

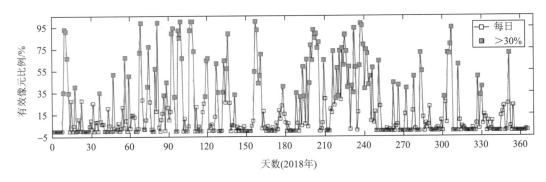

图 5-6　MODIS LST 有效值在研究区域的百分比及其随时间的变化

（Scikit-Learn0.24.2）在 Python3.8（https://www.python.org/downloads/release/ python-380/）中构建链接模型，据多次测试选择，ntree 和 mtry 值分别为 500 和 3。最后，利用 4 个站点的长波辐射观测数据对恢复的地表温度进行验证，并对重建方法进行评价。

2. 数据来源

1）MODIS 产品

MODIS 是搭载于美国国家航空航天局对地球观测系统（earth observation system，EOS）计划中，用于观测全球生物和物理过程的 Terra 和 Aqua 两颗卫星上的传感器。EOS 卫星是美国地球观测系统计划中一系列卫星的简称，用于对太阳辐射、大气、海洋和陆地进行综合观测。MODIS 传感器在运行过程中，获取海洋、陆地和大气等光谱信息，监测地球系统的物质和能量变化，进行气候变化、土地覆被变化、自然灾害等地球环境变化监测。

在地表温度重建研究中，选择空间分辨率为 1km 的每日 MOD11A1 温度产品、每月地表温度产品 MOD11B3 数据来进行时间序列的验证。根据数据质量控制标志去除误差大于 1K 的云覆盖的低精度像素。然后，采用目前广泛使用的质量控制法 3σ-edit 规则去除异常地表温度值，获得鲁棒性较高的地表温度数据，用于进行地表温度参量的输入（Duan et al.，2019）。本节选取的地表反射率数据和植被指数数据分别来自 MOD09A1 和 MOD13A2 产品。归一化水指数（normalized difference water index，NDWI）以每 8d 的 MOD09 A1 产品的 band 2 和 band 7 为基准计算获得。NDVI 和增强型植被指数（enhanced vegetation index，EVI）均来自 MOD13A2 产品，时间分辨率为 16d。利用这些数据集作为相关的影响因子数据来推断地表温度与植被和水体等变量之间的相互关系。其中，植被指数数据的质量受到各向异性噪声、电子传播噪声、人工数据重采样和大气条件等因素影响。为了降低噪声造成的数据质量问题，在运行基于随机森林的重建模型之前，采用一种时间滤波方法，即 Savitzky-Golay（SG）滤波技术（Cai et al.，2017），对植被指数（NDVI 和 EVI）时间序列产品进行平滑处理。对于 SG 方法，Lara 和 Gandini（2016）评估了它的性能，发现在复杂地表环境下，该方法比其他平滑方法表现出更可靠的结果。所有 MODIS 数据集均可从 NASA 地球数据网站（https://search. earthdata.nasa.gov/）免费下载。

2）风云数据

地表温度重建的关键因子为太阳辐射累积因子，即从日出到卫星观测时间的地表太阳辐射累积值。对于一直有云遮挡的像素，太阳累积辐射值较小，对于无云覆盖的像元，太阳累积辐射随着晴空持续时间的增加呈现增加的趋势。因此，太阳累积辐射可以代表太阳对地表加热过程中云的影响。考虑高时间分辨率的优势，本节选择 FY-4A 地表太阳入射辐射（surface solar irradiance，SSI）反演产品，用于计算太阳累积辐射因子。

风云四号气象卫星是我国第二代静止气象卫星，用于监测我国海洋、陆地和大气信息，满足农牧林水等环境和灾害领域的需求。2016 年 12 月 11 日，风云四号科研试验卫星在西昌卫星发射中心成功发射，并正式命名为风云四号 A 星。自 2016 年 12 月 26 日起，中国气象局和中国航天科技集团有限公司联合组织开展 FY-4A 在轨测试工作，至今 FY-4A 所搭载的观测仪器已全部开机，卫星技术状态良好、工作稳定。FY-4A 上的传感器主要有多通道扫描成像辐射计、干涉式大气垂直探测仪、闪电成像仪、空间环境监测仪器。

其中，空间环境监测仪器为套件，包含了三大类、六小个环境探测仪器。它配备了先进地球同步辐射成像仪（advanced geosynchronous radiation imager，AGRI），可以提供高时间分辨率（60min）和粗分辨率（4km）的 SSI 产品。AGRI 是 FY-4A 的主要载荷之一，能够对区域进行快速扫描，生成分钟级产品，高频次获取 14 波段的地球云图，利用星上黑体进行高频次红外定标，以确保观测数据的精度。多通道扫描成像辐射计可以对云、水汽、植被、地表、气溶胶、雪等进行观测，尤其是获取云图的能力，成像仪可以对不同云的相态和高、中层水汽进行区分。成像仪每日获取 40 幅全圆盘云图，165 幅中国区域云图。

SSI 产品可从风云卫星遥感数据服务网（http://data.nsmc.org.cn）免费下载。为了匹配 MODIS 地表温度数据的空间分辨率，使用双线性插值方法将 FY-4A SSI 产品插值到 1km。然后将日出到卫星观测时间的瞬时数据进行积分，估算出太阳累积辐射值，用于表征云对地表温度的影响。

3）同化数据

为了补充有效地表温度的数量，使用全球陆地数据同化系统（global land data assimilation system，GLDAS）地表温度产品。GLDAS 地表温度数据被用于补充 MODIS 晴空像元数据缺失严重的日期的温度计算，该数据的空间分辨率为 0.0625°，时间分辨率为 1h，具有全天候的特征，且覆盖范围为 0~65°N、60°E~160°E，包含了整个西南地区，下载于中国气象数据中心（http://data.cma.cn）。该数据利用多源地面和卫星等观测数据进行模拟获得，在中国区域的质量和时空分辨率均优于国际同类型同化数据产品。GLDAS 地表温度数据的时间分辨率为 1h，为了匹配 MODIS 地表温度，选取每日和 MODIS 地表温度过境时间最临近的数据作为输入数据。由于 GLDAS 和 MODIS 空间分辨率不一致，在数据融合时进行了空间像元匹配操作。对于长时间序列的 GLDAS 数据，本节使用查找表的方法对数据进行批量处理。查找表的操作思路为寻找到不同分辨率的两种数据像元中心的坐标，然后寻找不同影像最邻近的像元位置进行匹配。升尺度转换时，按照两幅影像空间分辨率的比值确定对应的像元数目，计算范围内像元的平均值得到升尺度后的产品。GLDAS 地表温度数据是基于卫星数据和地表观测数据采用陆面模拟和数据同化生产的产品，空间分辨率为 0.25°，时间分辨率为 3h，在本节中用于融合地表温度产品的验证。

4）站点数据

实测数据包括槽上站（CS）、虎头村站（HTC）、青木关站（QMG）和金佛山（JFS）的四分量辐射温度数据。其中，站点地表温度为每小时数据，可直接用于验证，而四分量数据需要通过计算得到地表温度。四分量数据为半小时数据，由于卫星获取地表温度为瞬时温度，因此选择与卫星过境时间最接近的数据，用于地表温度反演结果验证。基于热红外传输方程，站点观测的地表温度可以根据四分量数据计算：

$$T_s = \left[\frac{L_u - (1-\varepsilon_b)L_d}{\varepsilon_b \delta} \right]^{\frac{1}{4}}$$（5-27）

式中，L_u 为地表上行长波辐射；L_d 为地表下行长波辐射；ε_b 为地表宽波段辐射率；δ 为 Stefan-Boltzmann 常数[$5.67 \times 10^{-8} \text{W}/(\text{m}^2 \cdot \text{K}^4)$]。其中，$\varepsilon_b$ 可以通过以下方程进行估算（Duan et al.，2017b）：

$$\varepsilon_b = 0.2122\varepsilon_{29} + 0.3859\varepsilon_{31} + 0.4029\varepsilon_{32} \tag{5-28}$$

式中，ε_{29}、ε_{31} 和 ε_{32} 分别为 MODIS 波段 29（8.3μm）、31（10.8μm）和 32（12.1μm）的宽波段发射率。

图 5-7 所示散点图为 2018 年 MODIS 晴空地表温度数据与四分量数据计算的地表温度的对比图。该图显示两个数据集决定系数（R^2）为 0.92，且无偏估计均方根误差（ub RMSE）小于 3K，表明两个数据集之间存在良好的相关性，站点数据可以用作 Landsat 8 反演的地表温度和 MODIS 云下地表温度数据的验证。

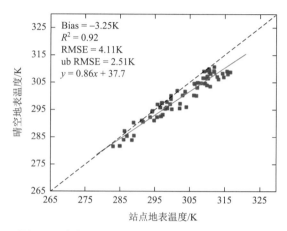

图 5-7 晴空 MODIS 地表温度与站点温度散点图

在对反演的地表温度进行验证之前，利用以站点为中心的 MODIS 像元对应的高级星载热发射和反射辐射仪（advanced spaceborne thermal emission and reflection radiometer，ASTER）90m 空间分辨率的地表温度数据进行异质性检验，即据 11×11 个 ASTER 像元子集计算地表温度的空间标准差（standard deviation，STD）。表 5-4 展示了各个站点在 MODIS 像元大小内的 STD 和 ASTER 影像过境时间，其中，CS、HTC 和 QMG 是夏季卫星过境产品，JFS 为冬季过境产品，其余站点获取的 ASTER 数据均为春季卫星过境产品。表 5-4 中 HTC、JFS 和 ALF 站点的 STD 比其他站点的标准差大，但对于地表异质性大的西南地区，它们可以被认为是相对均质的，可以用来直接验证 MODIS 尺度上的地表温度。ALF 站点位于云南哀牢山国家自然保护区，海拔 2450m，地形崎岖，地物复杂，地表异质性强，因此该站点 STD 较大，但是由于研究缺少山地区域站点数据，因此保留该站点对地表温度数据进行时空趋势验证评估。

表 5-4 验证站点空间标准差（STD）

项目	CS	HTC	QMG	JFS	ALF	BNF	HTF	MXF	TYA	TGA
STD/K	1.07	1.60	0.78	1.62	2.60	0.47	1.04	0.78	0.38	0.77
获取日期（月-日）	08-04	08-04	08-04	01-02	05-09	04-14	03-19	03-24	03-21	03-26

由于地面观测的适用性较低，在复杂地区缺乏丰富的完整时间序列站点数据以供验证。如图 5-8 所示，在晴朗的天气条件下，分别获得了以每个站点为中心的一组 ASTER 像素（对应于 MODIS 像素）。从图 5-8 可以看出，该地区站点地表温度在 1km×1km 范

围内分布不均匀，在 9 个站点的地表温度日观测实验中，HTC、JFS 和 ALF 三个站点地表温度的非均匀结构特征较其他站点弱。在一个温度−10K 的 MODIS 地表温度像元上的地表温度差异较大，但是整体的 STD 均低于 3K，因此这些站点可以被认为是相对均质的，可以用于后续反演和重建结果的验证。

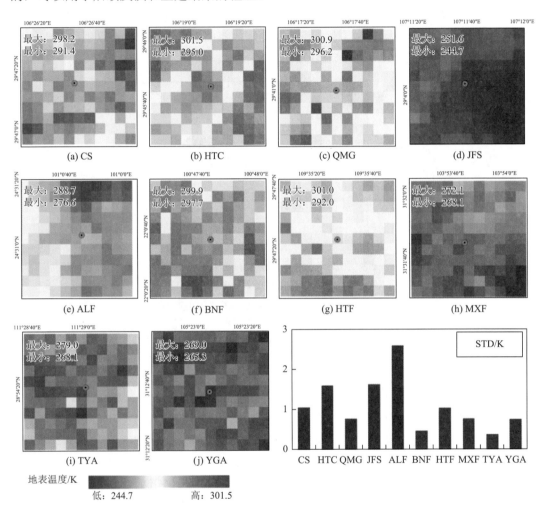

图 5-8　站点区域 ASTER 地表温度数据

遥感观测站点通常搭建在地表均一的区域，但是通过高空间分辨率的地表温度数据发现，西南地区的异质性强，地表温度在 1km 范围内变化剧烈。因此在该区域进行地表温度驱动因素分析，选用高空间分辨率的产品，更有利于探索地表温度随高程、坡度和坡向等地形要素的变化特征，且有效减少空间异质性导致的系统误差。

5. 辅助数据

辅助数据包括地形数据和岩溶数据。其中，地形数据来源于地理空间数据云网站

（http://www.gscloud.cn/）30m 空间分辨率的 ASTER GDEM V3 数据，用于地形特征高程、坡度和坡向的估算。在应用于云下 MODIS 地表温度计算时，忽略了地形内部起伏，采用双线性内插法将 30m 分辨率的地形数据插值为与 MODIS 相匹配的 1km 空间分辨率的数据，用于计算地形给地表温度带来的影响。岩溶矢量数据来源于国家喀斯特科学数据中心（https://gyig.cas.cn/jgsz/qtjg/kst/），该数据为人工解译地质图获得，数据根据土壤性质和溶蚀情况划分喀斯特范围与非喀斯特范围。

3. 全天候地表温度模型构建

本节中，地表温度重建包括两个部分，由晴空像元的比例作为分类标准：有效值高于30%的影像直接进行随机森林建模，低于30%的影像利用 GLDAS 同化数据补充后进行温度重建。重建的产品进行整合，得到全天候时空无缝的地表温度数据集。以 2018 年为例，重庆地区全年有 102d 的晴空像元数是大于 30%的，可以使用晴空像元和各参数的关系利用随机森林的方法进行地表温度重建，另外 263d 遥感数据则需要通过同化数据进行补充。

1）MODIS 晴空像元作为训练标准

地表温度的空间分布受地表辐射、地形、气象、土地覆盖、纬度位置和海拔分区的协同影响。在云量条件下，入射太阳辐射被云量阻挡，进而影响地表温度的演变。相比线性回归算法，随机森林的方法可以处理海量的数据且无须剔除变量，能有效地保持变量与结果的定量关系，可以有效表达地表温度与其他地表变量之间的非线性关系。Zhao 和 Duan（2020）提出基于随机森林回归方法的连接模型，并成功地归一化了地形对地表温度的影响。此模型的方程如下：

$$T_s = T_m + e \tag{5-29}$$

$$T_m = F\left(V_{NDVI}, V_{EVI}, V_{NDWI}, V_{ALB}, V_{ELV}, V_{SLP}, V_{LAT}, V_{SOL}\right) \tag{5-30}$$

式中，T_s 为实际地表温度；T_m 为估算的地表温度；e 为模型误差；F 为与方程右侧预测因子之间的非线性关系的函数；预测因子包括 NDVI（V_{NDVI}）、EVI（V_{EVI}）、NDWI（V_{NDWI}）、地表反照率（V_{ALB}）、地表高程（V_{ELV}）、地表坡度（V_{SLP}）、纬度（V_{LAT}）和太阳辐射因子（V_{SOL}）。V_{SOL} 定义为从日出到卫星过境地表增温过程中的累积地面短波辐射。在第 3 章的实验中发现地表温度受地形（包括高程、坡度和坡向三个因子）影响，由于坡向数据在平坦区域的值为 0，在随机森林模型中表现为异常值，且 0 值范围较广，影响模型的建立，因此在模型建立时剔除了该因子，保留高程和坡度两个地形数据。另外，在重庆区域，云雾影响严重，获得全年的 LAI 和地表反照率产品受污染严重，而对这两个产品进行重建不确定性大，误差严重，因此在该模型中，剔除了这两个因子。最后该模型的输入数据包括 NDVI、EVI、NDWI、地表高程、地表坡度、纬度和太阳累积辐射这 7 个参数，使用随机森林方法与晴空像素的观测数据集建立地表温度链接模型。然后，将所建立的模型应用于被云覆盖的像素点，估计云覆盖区域的像元温度值。

2）GLDAS 地表温度作为训练标准。

对于有效像元占比低于 30%的影像，GLDAS 地表温度作为晴空像元的补充值，以此建立地表温度与各参数之间的关系。GLDAS 地表温度数据在中国的验证结果较好，可以准确地捕捉到地表温度的变化趋势，为地表温度缺失严重的卫星遥感影像进行补充。

首先，利用随机森林方法对 GLDAS 地表温度进行降尺度，输入的训练数据包含 GLDAS 地表温度数据和累积短波辐射数据，以及使用简单平均法将 1km 分辨率升尺度到 GLDAS 尺度的 NDVI、EVI、NDWI、纬度、高程和坡度等环境参数。基于随机森林方法建立低空间分辨率下 GLDAS 地表温度与各环境参数的关系模型，然后将此关系模型应用到 1km 尺度和 1km 空间分辨率下的 SSI、NDVI、EVI、NDWI、纬度、高程和坡度数据模拟出 1km 尺度的地表温度。通过降尺度的过程，既保留了地表温度本身的空间分布特征，又在细节上对地表温度数据进行了补充。模拟的同化数据与卫星观测的瞬时数据直接存在一定的误差，为了准确表达卫星过境时间的地表温度分布，还需对降尺度的数据进行校正处理。误差校正方法仍然选择随机森林，此时降尺度地表温度作为输入数据，晴空像元数量较多的 MODIS 地表温度作为训练标准，建立 MODIS 晴空像元与降尺度后的 GLDAS 地表温度的关系，由此消除降尺度两种产品之间的误差。因此，通过上述两个部分的地表温度建模，便得到了全天候时空无缝地表温度产品，具体方法流程如图 5-9 所示。

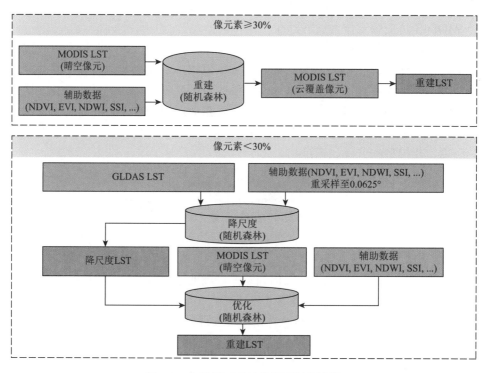

图 5-9　全天候云下地表温度重建流程

5.3.2　云下地表温度重建结果

1. 原始地表温度

为了展现重建效果，选取不同季节（2018 年第 9d、第 92d、第 203d、第 283d）的 4 个场景为例。如图 5-10 所示，年积日（day of the year，DOY）9、92、203、283 分别代表该年的冬、春、夏、秋四个季节，且包含了不同程度有效像元缺失的情况。这 4 天的数据缺失严重，有效值的百分比分别为 66.6%、55.7%、44.4%、20.3%，数据缺失的像素主要分布在重庆东北部和东南部山地区域。该区域分布着由北向南的平行岭谷，阻碍了水汽的流通，多云雾天气，因此在地形和气候特征的影响下，该区域全年表现出严重的地表温度缺失状况。选用的四景地表温度影像代表了一年内四个季节的变化，地表温度均值差异显著，可以验证该重建方法在不同温度条件下重建的地表温度效果。其中，有效像元高于 30%的三幅影像使用 MODIS 晴空像元作为训练标准来重建云下地表温度。对于 DOY283 的地表温度影像，MODIS 地表温度有效数据较少，不能有效拟合地表温度与各个参数之间的关系，因此该日使用到前述方法二。以 GLDAS 地表温度作为训练标准进行温度建模，在 GLDAS 尺度下建

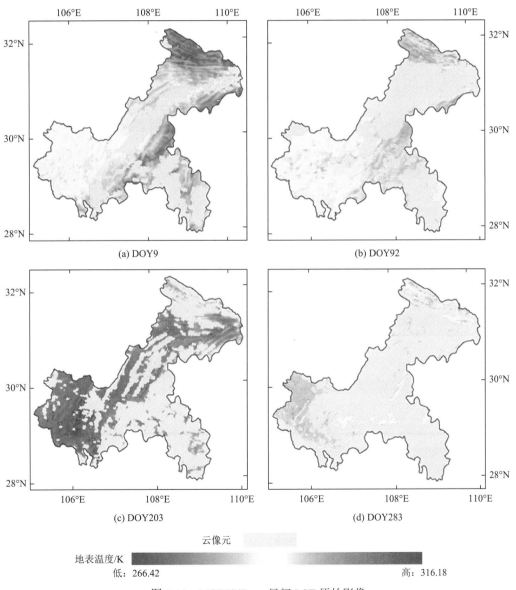

图 5-10　MODIS/Terra 日间 LST 原始影像

立地表温度与环境因子之间的关系模型，将相同的关系模型应用到 MODIS 尺度，利用相同的模拟关系计算出当日云下地表温度值，再通过误差校正的方法，对降尺度下的温度数据进行校正，得到 DOY283 当日的空间无缝地表温度数据。

图 5-11 为地表温度、海拔和 NDVI 直方图。地表温度有效像元遍布整个高程和 NDVI 范围内，可以有效捕捉不同高程和不同 NDVI 的特征，能全面地拟合不同地面特征。单日内低地表温度和高地表温度的输入数据有利于推导地表温度与变量之间的复杂关系。此外，DOY9、DOY92、DOY203、DOY283 4 天内有值像素的大小也不同，这可以进一步说明输入数据的不同大小对模型构建精度的影响。随机森林建模对训练集的要求依赖性强，只能对输入训练样本范围内的数据进行模拟，超出或者低于训练样本的数据会产生不同程度的误差，因此需要对重建数据的输入数据进行质量控制和样本筛选，以保证在低温和高温范围内均有数据输入。图 5-11 显示了在这些天晴空像元对应参数的分布，不同季节对应的地表温度范围和植被指数范围差异显著，因此不可以利用差异较大的天模拟的关系模型进行互补重建，这意味着该方法只能用于当天的数据重建。对于有效像元较少的 DOY283，使用 GLDAS 数据进行补充，模拟地表温度与参数间的相关关系，应用到 MODIS 地表温度缺省严重天的温度重建，由此便可完成时间连续的地表温度重建。

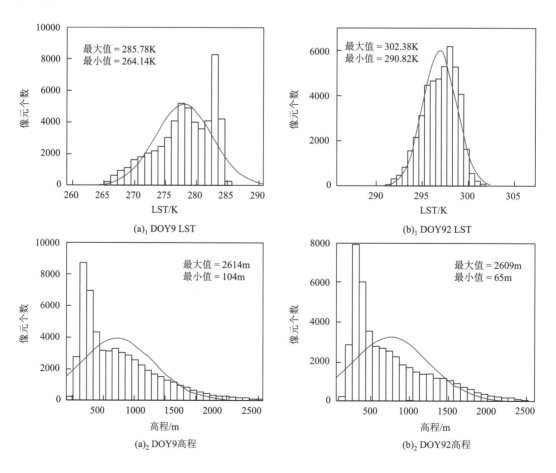

(a)₁ DOY9 LST　　　　　　　　　　　　　(b)₁ DOY92 LST

(a)₂ DOY9高程　　　　　　　　　　　　　(b)₂ DOY92高程

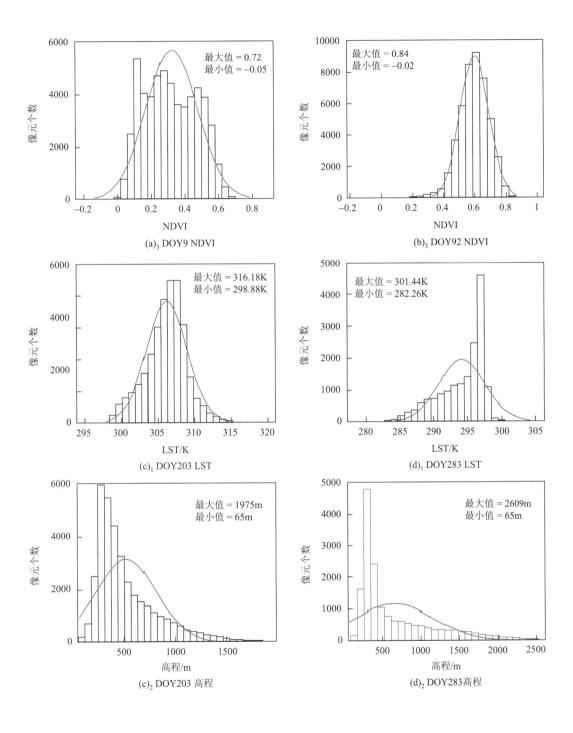

(a)₃ DOY9 NDVI　　　　　　　　　　　　　　　(b)₃ DOY92 NDVI

(c)₁ DOY203 LST　　　　　　　　　　　　　　　(d)₁ DOY283 LST

(c)₂ DOY203 高程　　　　　　　　　　　　　　　(d)₂ DOY283高程

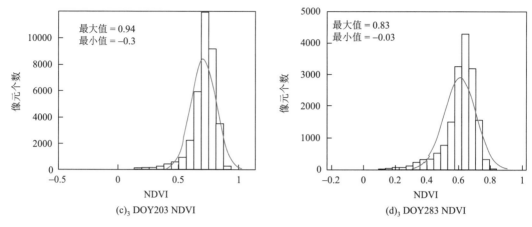

(c)₃ DOY203 NDVI　　　　　　　　　　(d)₃ DOY283 NDVI

图 5-11　地表温度（LST）、海拔和 NDVI 直方图

2. 云的影响

在重建温度模型的拟合中，云覆盖信息的影响突出。图 5-12 为 DOY9、DOY92、DOY203、DOY283 这 4 天的地表太阳辐照度累积值，反映地表增温过程中云层对太阳辐射的影响，受云影响较小的区域，累积辐射值较高，受云影响严重的区域，地表获得的太阳能量低，累积辐射值相对较低。对比太阳累积辐射（图 5-12）与原始 MODIS 地表温度（图 5-10），太阳累积辐射的低值像元与被云遮蔽的地表温度空白区域具有相似的空间分布，由此说明在云的影响下，利用太阳累积辐射值可以准确获取云在地表接收到的太阳能量过程中的影响作用。东北和西南方向的山脉的太阳累积辐射较低的区域也是经常被云覆盖的区域，太阳累积辐射值同样表现出地形影响着能量的空间分布，太阳累积辐射因子和地形因子在地表温度建模过程中是不可忽视的两大参数。从 MODIS 地表温度相似的空间分布可以得出，基于 FY-4A SSI 时序产品能够准确监测不同太阳辐射条件的影响，

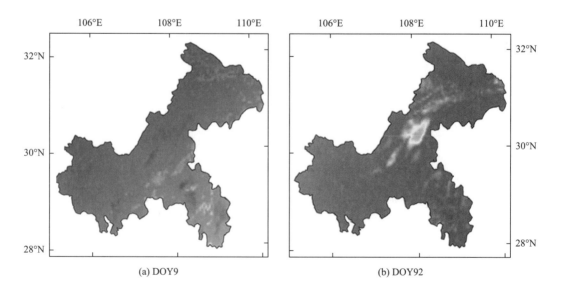

(a) DOY9　　　　　　　　　　　　　(b) DOY92

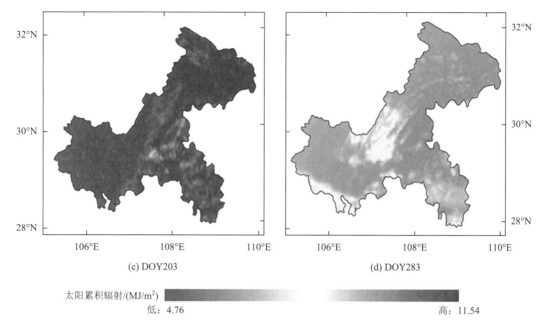

(c) DOY203　　　　　　　　　　　　(d) DOY283

太阳累积辐射/(MJ/m²)

低：4.76　　　　　　　　　　　　　　　　　　　　高：11.54

图 5-12　太阳累积辐射

充分捕捉云信息的变化。因此可以得出，随机森林模型有效地获得了地表温度与不同地表变量之间的关系，特别是与太阳辐射因子之间的关系。

3. 重建地表温度

重建后的地表温度与有效地表温度之间的密度图说明了基于有效像元拟合地表温度随机森林模型的良好性能（图 5-13）。该密度图为模拟的地表温度与晴空像元温度的比较，模型模拟精度的 R^2 均大于 0.98，RMSE 均小于 0.1K，说明原始的地表温度值与重建的地表温度值吻合较好，训练样本和预测因子建立关系模拟出的地表温度值与原始的地表温度具有极强的相关性，并且该模型在不同季节都保持了相对稳定的性能。同时，将输入数据集随机分为训练部分和测试部分，分别包含 90% 和 10% 的数据集，进行交叉验证。利用 Python 的随机森林包自动求取的模型拟合平均得分均在 0.98 以上，得分情况同样表明拟合模型较好地描述了地表温度与预测变量的交互作用。稳定的模型运行保证了后续数据结果的可靠性，因此该模型在性能上能够满足地表温度与复杂地表环境的建模要求，能够有效完成地表温度建模任务。

随着模型拟合，重建天各参数平均重要性如表 5-5 所示。V_{ELV}、V_{LAT} 和 V_{SOL} 的分值分别为 0.299、0.209 和 0.148，与地表温度具有较强的相关性，说明在该模型中，高程、纬度和太阳辐射因子对地表温度的影响较大，植被因子、水分因子和坡度因子对地表温度的影响相对较小。该结果能够有效解释图 5-14 的表现特征，地表温度对地形和太阳辐射的影响表现特征相似，在随机森林的建模过程中，不可忽视地形和太阳辐射的影响。

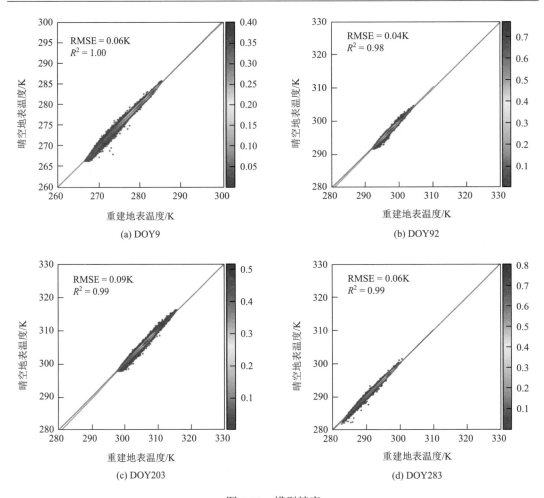

图 5-13　模型精度

表 5-5　重建天各参数平均重要性

项目	V_{NDVI}	V_{EVI}	V_{NDWI}	V_{LAT}	V_{ELV}	V_{SLP}	V_{SOL}
重要性	0.113	0.080	0.086	0.209	0.299	0.065	0.148

　　重建的地表温度结果如图 5-14 所示,重建的地表温度图像具有较强的空间连续性,没有明显突变增减。重建的地表温度空间上对地形的拟合程度较高,从 DOY9、DOY92、DOY203、DOY283 4 天重建地表温度的空间分布可以发现,地表温度从北向南呈相似的增加趋势,地表温度随地表高程的变化可以清晰地检测出来。研究区北部和中部的高海拔地区通常地表温度较低,而西部的低海拔地区则有较高的地表温度,平坦的盆地区域地表温度相较于山地区域温度较高。基于该方法,重建的地表温度图像清晰地反映了该地区中西部山脉的变化。

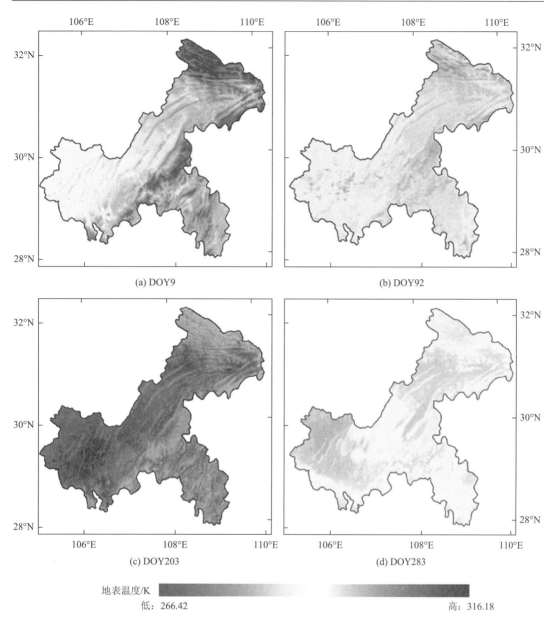

图 5-14　重建的地表温度（第 9d、第 92d、第 203d 和第 283d）

5.3.3　重建地表温度精度验证

1. 站点数据验证

图 5-15 显示去除系统偏差后重建的地表温度与四个站点的测量值的对比。散点图显示，4 个站点重建的地表温度与站点数据具有良好的相关性，R^2 值为 0.89，ub RMSE 为 2.63K。此外，大部分重建的地表温度值都集中在 1：1 线附近，说明重构地表温度与原始地表温度有很好的一致性，该方法提供了可靠、稳健的重建结果。图 5-15 中，R^2 略

低于无云地表温度，但从绝对值来看偏差略小，可忽略。观测站点测量的范围为以观测塔为中心的圆形区域内的地表温度，而 MODIS 测量值为 1km 的矩形范围，站点数据相对于面上数据较小，两者温度存在尺度差异，但是通过异质性检验，这四个站点的异质性较低，可以作为面上的地表温度参考，因此站点数据与重建温度之间的误差在可接受范围内，能够说明重建温度的有效性。

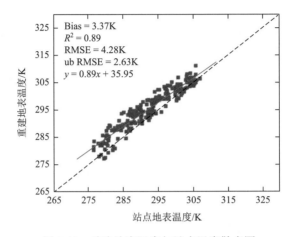

图 5-15　重建地表温度与站点温度散点图

为了进一步分析不同站点的验证效果，在每个站点分别对重建的地表温度进行验证（表 5-6）。对于这四个站点，偏差在 3.00～4.87K，这意味着所有站点都存在轻微的系统性高估。结果表明，JFS 的验证效果比其他位点差，尤其在误差方面。结合表 5-4 4 个站点的 STD 情况，4 个站点地表温度的空间异质性可能是造成这种显著差异的原因之一。此外，对比结果显示，虽然部分站点存在较大的偏倚，但结果总体上呈现出较强的相关性。因此，可以得出结论，基于随机森林的方法在云覆盖下的地表温度重建中具有良好的性能。

表 5-6　重建地表温度与站点温度 Bias、R^2、RMSE 和 ub RMSE 差异

参数	CS	HTC	QMG	JFS
bias/K	3.00	3.61	3.05	4.87
R^2	0.88	0.90	0.88	0.68
RMSE/K	4.11	4.32	3.78	5.79
ub RMSE/K	2.81	2.38	2.24	3.13

2）不确定性分析

选取 FY-4A SSI 产品估算地表增温过程中累积向下的地表太阳辐照度来描述云层对地表温度的影响。FY-4A 是我国第一颗地球静止气象卫星，它于 2016 年发射，并于 2018 年开始进行数据发布，对风云数据产品进行应用可以挖掘风云系列产品的需求潜力，丰富该产品的应用范围。图 5-16 显示了站点地表温度（橙色曲线）和太阳累积辐射值（蓝色曲线）的对比。图中这两条曲线表现出良好的一致性和相似的变化趋势，说明太阳累积

辐射与地表温度变化趋势相同。图 5-10 和图 5-12 中原始地表温度和太阳累积辐射的分布，可以进一步说明太阳累积辐射数据充分捕捉了云量对地表温度的影响。因此，基于 FY-4A SSI 产品，可以准确估算出日出至卫星过境时间之间 MODIS 地表温度值的云覆盖信息。通过 FY-4A SSI 产品计算出 V_{SOL} 参数，该产品理论上可以应用到整个半球以 104°42′E 为中心的地表温度重建。该重建方法利用 FY-4A SSI 产品获得的辅助数据描述受云覆盖条件影响的地表温度变化，与其他方法相比更实用、更独立（Liu et al.，2020；Yu W et al.，2019）。

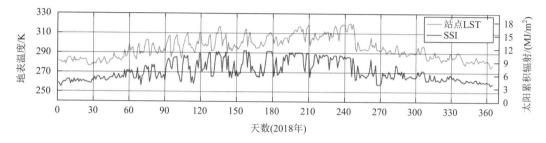

图 5-16　CS 站点地表温度与 SSI 随时间变化图

尽管重建方法的结果表现良好，但仍存在一些局限。首先，随机模型的性能依赖于足够大的数据样本。因此，应该选择尽可能多的有效像元来拟合模型。基于经验假设，本节的重建研究至少需要 30% 的无云像元，对于低于 30% 的地表温度，使用 GLDAS 地表温度数据进行补充后建模。为了选择丰富的有效像素来训练模型，这里使用的输入数据扩大到整个研究区域。然后，拟合模型与输入数据集有一些内在的不确定性。例如，SG 滤波法对植被指数进行平滑处理，导致在描述某一天的实际地表情况时存在不确定性。为了减小变量的不确定性，在重建前需要对数据集的质量和误差进行控制。山区地表温度的地面监测数据少是提供高质量地表温度数据和地表温度真实性检验的限制因素。复杂地表带来的异质性问题突出，加上尺度转换问题限制了该区域地表温度的验证，造成验证结果误差较大。由于研究区域范围的限制，不能全面地对该方法进行验证，后续工作将进一步解决这个问题，扩大研究区，寻找更多数据对该方法重建的地表温度数据进行验证，并应用到整个西南地区，生产出适用于该区域的空间无缝地表温度产品，以满足生产生活需求。

5.4　小　　结

本章以西南地区为研究区域提出了基于能量平衡和基于随机森林的云覆盖影响下时间序列地表温度重建方法。基于能量平衡的方法利用地表短波辐射建立与地表温度的关系重建云下地表温度。基于随机森林的方法选取时间序列 FY-4A SSI 产品，定量化描述地表温度与云量的关系，并利用 GLDAS 地表温度数据对晴空地表温度严重缺失的区域进行补充。重建结果表明地形影响在重建的地表温度中表现得很明显，该重建方法能够充分捕捉不同地表条件下地表温度的时空变化。重建地表温度数据和站点地表温度数据的定量验证表明，重建的地表温度与地面验证站点数据具有良好的相关性。

参 考 文 献

曹彪, 杜永明, 卞尊健, 等, 2021. 热红外核驱动模型在垄行植被热辐射方向性特征拟合中的精度分析. 遥感学报, 25（8）: 1710-1721.

陈修治, 陈水森, 李丹, 等, 2010. 被动微波遥感反演地表温度研究进展. 地球科学进展, 25（8）: 827-835.

韩晓静, 2018. 云下地表温度被动微波遥感反演算法研究. 北京: 中国农业科学院.

李军, 龚围, 辛晓洲, 等, 2018. 重庆地表温度的遥感反演及其空间分异特征. 遥感技术与应用, 33（5）: 820-829.

李云红, 2010. 基于红外热像仪的温度测量技术及其应用研究. 哈尔滨: 哈尔滨工业大学.

李召良, 段四波, 唐伯惠, 等, 2016. 热红外地表温度遥感反演方法研究进展. 遥感学报, 20（5）: 899-920.

柳菲, 王新生, 徐静, 等, 2012. 基于NDVI阈值法反演地表比辐射率的参数敏感性分析. 遥感信息, 27（4）: 3-12.

吕利利, 颉耀文, 董龙龙, 2017. 基于不同地形校正模型的影像反射率对比分析. 遥感技术与应用, 32（4）: 751-759.

马红章, 柳钦火, 杨乐, 等, 2011. 热红外联合被动微波重构裸土区地表温度时间序列数据算法. 红外与激光工程, 40（3）: 418-423.

马晋, 周纪, 刘绍民, 等, 2017. 卫星遥感地表温度的真实性检验研究进展. 地球科学进展, 32（6）: 615-629.

毛克彪, 施建成, 李召良, 等, 2006. 一个针对被动微波AMSR-E数据反演地表温度的物理统计算法. 中国科学: D辑, 36（12）: 1170-1176.

孟鹏燕, 徐元进, 陈曦, 2015. 地形对热红外数据反演林地表面温度的影响. 地理与地理信息科学, 31（1）: 32-36.

孙常峰, 孔繁花, 尹海伟, 等, 2014. 山区夏季地表温度的影响因素: 以泰山为例. 生态学报, 34（12）: 3396-3404.

涂丽丽, 覃志豪, 张军, 等, 2011. 基于空间内插的云下地表温度估计及精度分析. 遥感信息, 26（4）: 59-63.

吴小丹, 闻建光, 肖青, 等, 2015. 关键陆表参数遥感产品真实性检验方法研究进展. 遥感学报, 19（1）: 75-92.

阳勇, 陈仁升, 宋耀选, 2014. 高寒山区地表温度测算方法研究综述. 地球科学进展, 29（12）: 1383-1393.

于文凭, 马明国, 2011. MODIS地表温度产品的验证研究: 以黑河流域为例. 遥感技术与应用, 26（6）: 705-712.

张佳华, 李欣, 姚凤梅, 等, 2009. 基于热红外光谱和微波反演地表温度的研究进展. 光谱学与光谱分析, 29（8）: 2103-2107.

赵伟, 李爱农, 张正健, 等, 2016. 基于Landsat 8热红外遥感数据的山地地表温度地形效应研究. 遥感技术与应用, 31（1）: 63-73.

周义, 覃志豪, 包刚, 2012. GIDS空间插值法估算云下地表温度. 遥感学报, 16（3）: 492-504.

Aires F, Prigent C, Rossow W B, et al., 2001. A new neural network approach including first guess for retrieval of atmospheric water vapor, cloud liquid water path, surface temperature, and emissivities over land from satellite microwave observations. Journal of Geophysical Research: Atmospheres, 106（D14）: 14887-14907.

Allen R G, 1998. Oxidative stress and superoxide dismutase in development, aging and gene regulation. Journal of the American Aging Association, 21（2）: 47-76.

Basist A, Grody N C, Peterson T C, et al., 1998. Using the special sensor microwave/imager to monitor land surface temperatures, wetness, and snow cover. Journal of Applied Meteorology, 37（9）: 888-911.

Bento A V, Dacamara C C, Trigo F I, et al., 2017. Improving land surface temperature retrievals over mountainous regions. Remote Sensing, 9（1）: 38.

Borel C, 2008. Error analysis for a temperature and emissivity retrieval algorithm for hyperspectral imaging data. International Journal of Remote Sensing, 29（17/18）: 5029-5045.

Cai Z, Jönsson P, Jin H, et al., 2017. Performance of smoothing methods for reconstructing NDVI time-series and estimating vegetation phenology from MODIS data. Remote Sensing, 9（12）: 1271.

Cao B, Liu Q, Du Y, et al., 2019. A review of earth surface thermal radiation directionality observing and modeling: Historical development, current status and perspectives. Remote Sensing of Environment, 232: 111304.

Chedin A, Scott N A, Berroir A, 1982. A single-channel, double-viewing angle method for sea surface temperature determination from coincident meteosat and TIROS-N radiometric measurements. Journal of Applid Meteorology, 21（4）: 613-618.

Chen M S, Ni L, Jiang X C, et al., 2019. Retrieving atmospheric and land surface parameters from at-sensor thermal infrared hyperspectral data with artificial neural network. IEEE Journal of Selected Topics in Applied Earth Observations and Remote

Sensing，12（7）：2409-2416.

Chen Y，Nan Z，Zhao S，et al.，2020. A Bayesian approach for interpolating clear-sky MODIS land surface temperatures on areas with extensive missing data. IEEE Journal of Selected Topics in Applied Earth Observations and Remote Sensing，14：515-528.

Cho A，Suh M，2013. Evaluation of land surface temperature operationally retrieved from Korean geostationary satellite（COMS）data. Remote Sensing，5（8）：3951-3970.

Coops N C，Duro D C，Wulder M A，et al.，2007. Estimating afternoon MODIS land surface temperatures (LST) based on morning MODIS overpass，location and elevation information. International Journal of Remote Sensing，28（10）：2391-2396.

Deschamps P Y，Phulpin T，1980. Atmospheric correction of infrared measurements of sea surface temperature using channels at 3.7，11 and 12 Mm. Boundary-Layer Meteorology，18（2）：131-143.

Du W H，Qin Z H，Fan J L，et al.，2019. An efficient approach to remove thick cloud in VNIR bands of multi-temporal remote sensing images. Remote Sensing，11（11）：1284.

Duan S B，Li Z L，Cheng J，et al.，2017a. Cross-satellite comparison of operational land surface temperature products derived from MODIS and ASTER data over bare soil surfaces. ISPRS Journal of Photogrammetry and Remote Sensing，126：1-10.

Duan S B，Li Z L，Leng P，2017b. A framework for the retrieval of all-weather land surface temperature at a high spatial resolution from polar-orbiting thermal infrared and passive microwave data. Remote Sensing of Environment，195：107-117.

Duan S B，Li Z L，Li H，et al.，2019. Validation of Collection 6 MODIS land surface temperature product using in situ measurements. Remote Sensing of Environment，225：16-29.

Ermida S L，Jiménez C，Prigent C，et al.，2017. Inversion of AMSR-E observations for land surface temperature estimation：2. Global comparison with infrared satellite temperature. Journal of Geophysical Research：Atmospheres，122（6）：3348-3360.

Famiglietti J S，Rudnicki J W，Rodell M，1998. Variability in surface moisture content along a hillslope transect：Rattlesnake Hill，Texas. Journal of Hydrology，210（1-4）：259-281.

Fan X M，Liu H G，Liu G H，et al.，2014. Reconstruction of MODIS land-surface temperature in a flat terrain and fragmented landscape. International Journal of Remote Sensing，35（23）：7857-7877.

Fily M，Royer A，Goita K，et al.，2003. A simple retrieval method for land surface temperature and fraction of water surface determination from satellite microwave brightness temperatures in sub-arctic areas. Remote Sensing of Environment，85（3）：328-338.

Han X J，Duan S B，Huang C，et al.，2019. Cloudy land surface temperature retrieval from three-channel microwave data. International Journal of Remote Sensing，40（5/6）：1793-1807.

Hengl T，Heuvelink G B M，Perčec Tadić M，et al.，2012. Spatio-temporal prediction of daily temperatures using time-series of MODIS LST images. Theoretical and Applied Climatology，107（1）：265-277.

Holmes T R H，Crow W T，Hain C，et al.，2015. Diurnal temperature cycle as observed by thermal infrared and microwave radiometers. Remote Sensing of Environment，158：110-125.

Huang C，Duan S B，Jiang X G，et al.，2019. Intercomparison of AMSR2-and MODIS-derived land surface temperature under clear-sky conditions. IEEE Journal of Selected Topics in Applied Earth Observations and Remote Sensing，12（9）：3286-3294.

Jiao Z H，Yan G J，Wang T X，et al.，2018. Modeling surface thermal anisotropy using brightness temperature over complex terrains. IGARSS 2018-2018 IEEE International Geoscience and Remote Sensing Symposium. Valencia，Spain：1160-1163.

Jiménez-Muñoz J C，Sobrino J A，2003. A generalized single-channel method for retrieving land surface temperature from remote sensing data. Journal of Geophysical Research：Atmospheres 108（D22）：4688-4695.

Jin M L，2000. Interpolation of surface radiative temperature measured from polar orbiting satellites to a diurnal cycle：2. Cloudy-pixel treatment. Journal of Geophysical Research：Atmospheres，105（D3）：4061-4076.

Kanani K，Poutier L，Nerry F，et al.，2007. Directional effects consideration to improve out-doors emissivity retrieval in the 3-13μm domain. Optics Express，15（19）：12464-12482.

Kang J，Tan J L，Jin R，et al.，2018. Reconstruction of MODIS land surface temperature products based on multi-temporal information. Remote Sensing，10（7）：1112.

Ke L H，Ding X L，Song C Q，2013. Reconstruction of time-series MODIS LST in central Qinghai-Tibet Plateau using geostatistical approach. IEEE Geoscience and Remote Sensing Letters，10（6）：1602-1606.

Kim H Y，2008. Estimation of land surface radiation budget from MODIS data University of Maryland.

Köhn A，Birkenmeier G，Holzhauer E，et al.，2010. Generation and heating of toroidally confined overdense plasmas with 2.45 GHz microwaves. Plasma Physics and Controlled Fusion，52（3）：035003.

Laake P E V，Sanchez-Azofeifa G A，2004. Simplified atmospheric radiative transfer modelling for estimating incident PAR using MODIS atmosphere products. Remote Sensing of Environment，91（1）：98-113.

Lara B，Gandini M，2016. Assessing the performance of smoothing functions to estimate land surface phenology on temperate grassland. International Journal of Remote Sensing，37（8）：1801-1813.

Li Z L，Stoll M P，Zhang R H，et al.，2001. On the separate retrieval of soil and vegetation temperatures from ATSR data. Science in China Series D：Earth Sciences，44（2）：97-111.

Li Z L，Wu H，Wang N，et al.，2013a. Land surface emissivity retrieval from satellite data. International Journal of Remote Sensing，34（9/10）：3084-3127.

Li Z L，Tang B H，Wu H，et al.，2013b. Satellite-derived land surface temperature：Current status and perspectives. Remote Sensing of Environment，131：14-37.

Li Z Q，Leighton H O，Cess R D，1993. Surface net solar radiation estimated from satellite measurements：Comparisons with tower observations. Journal of Climate，6（9）：1764-1772.

Liang S，Zheng T，Liu R G，et al.，2006. Estimation of incident photosynthetically active radiation from moderate resolution imaging spectrometer data. Journal of Geophysical Research-Atmospheres，111（D15）．

Liang S，Zheng T，Liu R G，et al.，2006. Estimation of incident photosynthetically active radiation from Moderate Resolution Imaging Spectrometer data. Journal of Geophysical Research，111（D15）：D15208.

Liu H Z，Lu N，Jiang H，et al.，2020. Filling gaps of monthly terra/MODIS daytime land surface temperature using discrete cosine transform method. Remote Sensing，12（3）：361.

Long D，Yan L，Bai L L，et al.，2020. Generation of MODIS-like land surface temperatures under all-weather conditions based on a data fusion approach. Remote Sensing of Environment，246：111863.

Lu L，Venus V，Skidmore A，et al.，2011. Estimating land-surface temperature under clouds using MSG/SEVIRI observations. International Journal of Applied Earth Observation and Geoinformation，13（2）：265-276.

Lyon S W，Sørensen R，Stendahl J，et al.，2010. Using landscape characteristics to define an adjusted distance metric for improving kriging interpolations. International Journal of Geographical Information Science，24（5）：723-740.

Mao K B，Zuo Z Y，Shen X Y，et al.，2018. Retrieval of land-surface temperature from AMSR2 data using a deep dynamic learning neural network. Chinese Geographical Science，28（1）：1-11.

Martins J P A，Trigo I F，Ghilain N，et al.，2019. An all-weather land surface temperature product based on MSG/SEVIRI observations. Remote Sensing，11（24）：3044.

McFarland M，Miller R，Ncalc C，1990. Land surface temperature derived from the SSM/I passive microwave brightness temperatures. IEEE Transaction Geoscience and Remote Sensing，28：839-845.

McMillin L M，1975. Estimation of sea surface temperatures from two infrared window measurements with different absorption. Journal of Geophysical Research，80（36）：5113-5117.

Mira M，Valor E，Caselles V，et al.，2010. Soil moisture effect on thermal infrared（8–13-μm）emissivity. IEEE Transactions on Geoscience and Remote Sensing，48（5）：2251-2260.

Niclós R，Galve J M，Valiente J A，et al.，2011. Accuracy assessment of land surface temperature retrievals from MSG2-SEVIRI data. Remote Sensing of Environment，115（8）：2126-2140.

Njoku E G，Li L，1999. Retrieval of land surface parameters using passive microwave measurements at 6-18GHz. IEEE Transactions on Geoscience and Remote Sensing，37：79-93.

Ouyang X Y，Wang N，Wu H，et al.，2010. Errors analysis on temperature and emissivity determination from hyperspectral thermal infrared data. Optics Express，18（2）：544-550.

Price J C，1983. Estimating surface temperatures from satellite thermal infrared data：a simple formulation for the atmospheric effect. Remote Sensing of Environment，13（4）：353-361.

Prigent C，Jimenez C，Aires F，2016. Toward "all weather，" long record，and real-time land surface temperature retrievals from microwave satellite observations. Journal of Geophysical Research：Atmospheres，121（10）：5699-5717.

Qian Y G，Zhao E Y，Gao C X，et al.，2017. Land surface temperature retrieval using nighttime mid-infrared channels data from airborne hyperspectral scanner. IEEE Journal of Selected Topics in Applied Earth Observations and Remote Sensing，8（3）：1208-1216.

Qin Z，Karnieli A，Berliner P，2001. A mono-window algorithm for retrieving land surface temperature from landsat TM data and its application to the Israel-Egypt border region. International Journal of Remote Sensing，22（18）：3719-1746.

Ren H Z，Yan G J，Liu R Y，et al.，2015. Determination of optimum viewing angles for the angular normalization of land surface temperature over vegetated surface. Sensors，15（4）：7537-7570.

Rorison I H，Gupta P L，Hunt R，1986. Local climate，topography and plant-growth in lathkill-dale NNR .2. GROWTH and nutrient-uptake within a single season. Plant Cell Environment，9（1）：57-64.

Schneider P，Ghent D，Corlett G，et al.，2004. AATSR validation：LST validation protocol. Leicester：University of Leicester.

Simic A，Chen J M，Liu J，et al.，2004. Spatial scaling of net primary productivity using subpixel information. Remote Sensing of Environment，93（1-2）：246-258.

Simò G，García-Santos V，Jiménez M，et al.，2016. Landsat and local land surface temperatures in a heterogeneous terrain compared to MODIS values. Remote Sensing，8（10）：849.

Sobrino J A，Li Z L，Stoll M P，et al.，1996. Multi-channel and multi-angle algorithms for estimating sea and land surface temperature with ATSR data. International Journal of Remote Sensing，17（11）：2089-2114.

Sobrino A J，Sòria G，Prata J A，2004. Surface temperature retrieval from Along Track Scanning Radiometer 2 data：Algorithms and validation. Journal of Geophysical Research Atmospheres，109（D11）：D11101.

Staelin D H，Kunzi K F，Pettyjohn R L，et al.，2010. Remote sensing of atmospheric water vapor and liquid water with the nimbus 5 microwave spectrometer. Journal of Applied Meteorology，15（11）：1204-1214.

Stull R B，1988. An Introduction to Boundary Layer Meteorology. Boston：Kluwer Academic Publishers.

Susskind J，Rosenfield J，Reuter D，et al.，1984. Remote sensing of weather and climate parameters from HIRS2/MSU on TIROS-N. Journal of Geophysical Research：Atmospheres，89（D3）：4677-4697.

Tan J L，Che T，Wang J，et al.，2021. Reconstruction of the daily MODIS land surface temperature product using the two-step improved similar pixels method. Remote Sensing，13（9）：1671.

Tang B H，2018. Nonlinear split-window algorithms for estimating land and sea surface temperatures from simulated Chinese Gaofen-5 satellite data. IEEE Transactions on Geoscience and Remote Sensing，56（11）：6280-6289.

Tang B H，Li Z L，Zhang R H，2006. A direct method for estimating net surface shortwave radiation from MODIS data. Remote Sensing of Environment，103（1）：115-126.

Ulaby F T，Moore R K，Fung A K，1981. Microwave remote sensing：Active and passive. Volume 1-Microwave remote sensing fundamentals and radiometry. Remote Sensing A. DOI：10.1109/IGARSS.2007.4423026.

Wan Z M，Dozier J，1996. A generalized split-window algorithm for retrieving land-surface temperature from space. IEEE Transactions on Geoscience and Remote Sensing，34（4）：892-905.

Wan Z M，Li Z L，1997. A physics-based algorithm for retrieving land-surface emissivity and temperature from EOS/MODIS data. IEEE Transactions on Geoscience and Remote Sensing，35（4）：980-996.

Wan Z M，2008. New refinements and validation of the MODIS land surface temperature/emissivity products. Remote Sensing of Environment，112（1）：59-74.

Wang N，Wu H，Nerry F，et al.，2011. Temperature and emissivity retrievals from hyperspectral thermal infrared data using linear spectral emissivity constraint. IEEE Transactions on Geoscience & Remote Sensing，49（4）：1291-1303.

Watson K，1992. Spectral ratio method for measuring emissivity. Remote Sensing of Environment，42（20）：113-116.

Xu Y M，Shen Y，2013. Reconstruction of the land surface temperature time series using harmonic analysis. Computers & Geosciences，61：126-132.

Yang C，Zhan Q M，Gao S H，et al.，2020. Characterizing the spatial and temporal variation of the land surface temperature hotspots in Wuhan from a local scale. Geo-spatial Information Science，23（4）：327-340.

Yu K，Chen Y，Wang D D，et al.，2019. Study of the seasonal effect of building shadows on urban land surface temperatures based on remote sensing data. Remote Sensing，11（5）：497.

Yu W，Tan J，Ma M，et al.，2019. An effective similar-pixel reconstruction of the high-frequency cloud-covered areas of Southwest China. Remote Sensing，11（3）：336.

Zeng C，Long D，Shen H F，et al.，2018. A two-step framework for reconstructing remotely sensed land surface temperatures contaminated by cloud. ISPRS Journal of Photogrammetry and Remote Sensing，141：30-45.

Zeng C，Shen H，Zhong M，et al.，2015. Reconstructing MODIS LST based on multitemporal classification and robust regression. IEEE Geoscience and Remote Sensing Letters，12（3）：512-516.

Zhang X D，Zhou J，Göttsche F M，et al.，2019. A method based on temporal component decomposition for estimating 1-km all-Weather Land surface temperature by merging satellite thermal infrared and passive microwave observations. IEEE Transactions on Geoscience and Remote Sensing，57（7）：4670-4691.

Zhang X D，Zhou J，Liang S L，et al.，2021. A practical reanalysis data and thermal infrared remote sensing data merging（RTM）method for reconstruction of a 1-km all-weather land surface temperature. Remote Sensing of Environment，260：112437.

Zhao W，Duan S B，2020. Reconstruction of daytime land surface temperatures under cloud-covered conditions using integrated MODIS/Terra land products and MSG geostationary satellite data. Remote Sensing of Environment，247：111931.

Zhong X K，Huo X，Ren C，et al.，2016. Retrieving land surface temperature from hyperspectral thermal infrared data using a multi-channel method. Sensors，16（5）：687.

Zhou F C，Li Z L，Wu H，et al.，2019. A remote sensing method for retrieving land surface emissivity and temperature in cloudy areas：a case study over South China. International Journal of Remote Sensing，40（5/6）：1724-1735.

Zhu X L，Duan S B，Li Z L，et al.，2020. Retrieval of land surface temperature with topographic effect correction from Landsat 8 thermal infrared data in mountainous areas. IEEE Transactions on Geoscience and Remote Sensing，59（8）：6674-6687.

Zurk L M，Davis D，Njoku E G，et al.，1992. Inversion of parameters for semiarid regions by a neural network. Geoscience and Remote Sensing Symposium，IGARSS '92. International.

第6章 土壤水分遥感反演

6.1 概　　述

地表土壤水分是调节陆表能量分配的关键变量，控制着植被蒸散发和地表径流。鉴于这些需要，已有许多微波遥感产品用于评估全球尺度的长时间序列的土壤水分（Fan et al.，2022；Aghakouchak et al.，2015；施建成等，2012；Legates et al.，2011）。尽管更高频率的主被动微波遥感技术已被论证具有很好的潜力，但被动微波在 L 波段的应用被认为是最有前景的方法（Li et al.，2022；Chen et al.，2017；Wigneron et al.，2007）。然而现有被动微波卫星（如 SMOS 和 SMAP）空间分辨率有限（小于25km），这极大制约了区域尺度（1~10km）的潜在应用。为了制备更高分辨率的土壤水分产品，已有学者融合 SMAP 产品和主动微波卫星哨兵 1 号观测产品来生成 3km 尺度的土壤水分产品（L2_SM_SP）（He et al.，2018）。然而，基于这些主动微波产品制备的土壤水分产品在高山地区的应用受到较大限制，这归因于两方面：①哨兵 1 号卫星重访周期大（6d 或 12d），这导致观测的产品时间分辨率较低（在中国境内大于等于 12d），尤其在中国西北部，L2_SM_AP 产品仅有一小部分质量较好的数据能使用（Datta et al.，2021）；②高山对 SAR 或哨兵 1 号的后向散射系数的影响很复杂，以至于很难被模拟修正，这使得后向散射具有较高不确定性，进一步降低了反演高分辨率土壤水分的精确度（Coleman and Niemann，2013）。

目前，利用耦合的光学遥感数据对低空间分辨率的遥感数据降尺度从而获得高分辨率土壤水分（~1km）已得到广泛应用。降尺度方法有经验模型回归方法和半物理模型方法，它们都依赖于光学遥感和土壤水分的直接关系构建。在降尺度方法中，地表反照率（albedo）、地表温度（LST）、温度植被干旱指数（temperature vegetation dryne index，TVDI）、条件植被温度指数（vegetation temperature condition index，VTCI）和土壤蒸发率（soli evaporative efficiency）等指标可用来为高分辨率土壤水分的反演提供辅助信息。

降尺度方法的表现能力受限于两个问题。

（1）在高山地区构建的数学函数无法正确表征土壤水分和光学遥感之间的复杂关系。已有研究表明，土壤水分和光学遥感指数之间的关系具有较高的变动性。另外，由于气象要素、地形和植被之间复杂的交互过程，高山地区土壤水分和光学遥感的关系更加复杂。

（2）粗分辨率的微波遥感土壤水分产品本身含有的不确定性或许会降低降尺度后的高分辨率土壤水分的精度。尤其在高山地区，地形会进一步增加微波土壤水分反演过程中某些参数（如植被特征和地表粗糙度）优化的不确定性。

另外一种有前景的反演高分辨率土壤水分的方法是采用地统计技术将观测产品推到更大尺度。基于无线电传感器网络（wireless sensor networks，WSN），已有几种升尺度方法来反演高分辨率土壤水分，包括块克里金、贝叶斯最大熵方法和贝叶斯线性回归（Bayesian linear regression，BLR）方法（王思楠等，2022；Sedaghat et al.，2022）。由于贝叶斯线性回归方法在高山地区可有效克服高分辨率土壤水分产品的时间不一致性，已被成功用于高山区高分辨率土壤水分的反演。需特别说明的是，所有升尺度方法都需保证实测产品的观测值具有代表性，如在不同的海拔需有阴坡和阳坡的观测值。

对于 BLR 方法而言，首先计算出"真"土壤水分参考值作为表观热惯量（ATI）反演土壤水分。然后，利用实测的土壤水分和参考土壤水分值之间的校正关系来获得高分辨率的土壤水分（1km）。采用一个具有固定经验系数的简单数学函数和 ATI 反演土壤水分。然而，气象条件、区域土地利用类型和植被覆盖类型的复杂交互导致土壤水分具有异质性，在高山地区土壤水分的异质性更强，使得该函数不能正确表征反演土壤水分与 ATI 的实际关系，同时可能由此增加参考 ATI 反演土壤水分的不确定性，这是 BLR 升尺度的关键点。

机器学习方法（如人工神经网络和随机森林）是另一种可选的反演高分辨率土壤水分的有效手段。机器学习方法由于能够融合多种光学遥感手段提供的土壤水分信息而逐步用于对卫星土壤水分产品降尺度。已有研究表明，随机森林算法可用于融合多源产品以及解决预测指标和预测值之间的非线性关系的问题。随机森林通过随机选择训练样本生成独立的决策树，且各棵决策树之间具有最小相关性，这有效规避了反演过程中结果的过拟合问题。

研究区选择青藏高原，该区域是北半球中低纬度地区海拔最高且地形最复杂的地区，广泛发育着多年冻土（Luo et al.，2021；朱立平等，2020；赵林等，2019）。在全球地表平均温度已上升约 1℃背景下，青藏高原变暖趋势明显（程国栋等，2019）。青藏高原地区气候变化会使我国东部和西南部地区的气候发生改变，甚至会影响全球的气候状况（刘珂等，2020）。而在青藏高原地区，高原气候变化导致冰川退缩（张玉兰等，2021），大部分湖泊扩张（杨珂含，2017），多年冻土退化及高原不同区域降水量改变（Guo and Wang，2017），对青藏高原地区的湖泊演变甚至高原水循环产生了深远的影响。

本章旨在基于所提出的框架融合多源多光谱影像和地形信息来反演西南地区逐日 1km 土壤水分产品，以及减少高山地区土壤水分反演的潜在不确定性。

6.2　基于机器学习算法的复杂地表高分辨率土壤水分反演算法

在开展山区土壤水分需求分析的基础上，基于本书提出的（经地形纠正的）反射率产品、地表温度产品等获取可表征山区土壤水分时空变化的遥感植被及干旱指数。其中，植被指数包括归一化差异植被指数（NDVI）、反照率（albedo）、土壤调节植被指数（SAVI）和大气阻抗指数（VARI），干旱指数包括 NDWI、归一化红外指数 5（NDII5）、归一化红外指数 6（NDII6）、归一化红外指数 7（NDII7）、LST、热惯量（ATI）、全球植被湿度指数（GVMI）。同时，结合粗分辨率（9km）ERA-5 及 SMAP 的近地表（0～5cm）土壤水分产品，以及高分辨率地形因子，包括坡向（aspect）、高程（elevation）和地形湿度指数（TWI），在机器学习框架下，开展山区遥感指数与土壤水分敏感性分析，遴选能够捕捉土壤水分时空变化的遥感指数，构建最优预测因子组合。进而在机器学习算法框架下，分别构建基于遥感指数的土壤水分降尺度模型，以及考虑温度产品缺失条件下的山区土壤水分降尺度模型作为补充模型，以实现获取的高分辨率土壤水分产品具有较高的时空分辨率。技术路线如图 6-1 所示，主要关键技术介绍如下。

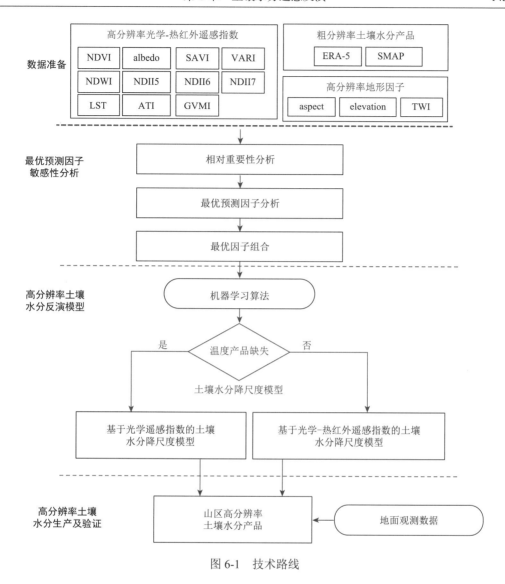

图 6-1　技术路线

6.2.1　最优预测因子敏感性分析

在经过地形修正的多种光学/热红外产品的支持下，获取多种可表征土壤水分时空变化的植被及干旱因子。在此基础上，将高分辨率光学/热红外指数通过像元平均的方法使其与粗分辨率土壤水分产品具有相同的空间分辨率，进而在随机森林算法的框架下，开展多种遥感指数与土壤水分的敏感性分析，识别对山区土壤水分时空变化敏感的遥感指数，构建最优预测因子组合。

基于机器学习框架下的相对重要性分析（图 6-2）发现，在复杂地表条件下，对土壤水分时空分布影响最重要的依次是坡度（aspect）、高程（elevation）、反照率（albedo）、热惯量（ATI）、归一化差异植被指数（NDVI）、NDII5、SAVI、TWI、VARI 等。

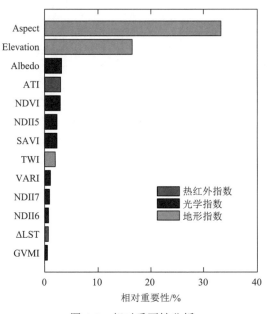

图 6-2　相对重要性分析

在机器学习的框架下，进一步开展敏感性分析，发现利用重要性排名前六的预测因子就可以很好地预测土壤水分的变化情况（图 6-3），模型的拟合精度达到 0.99，无偏均方根误差为 0.0083m³/m³。

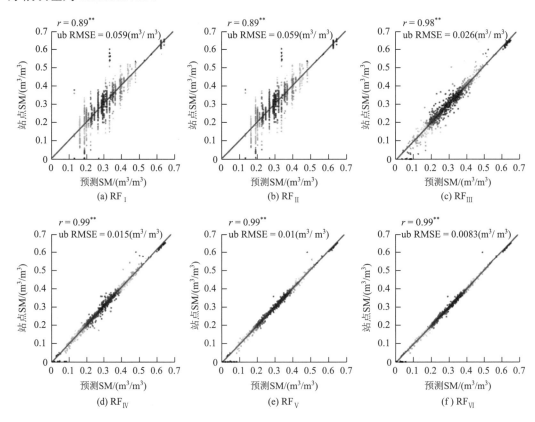

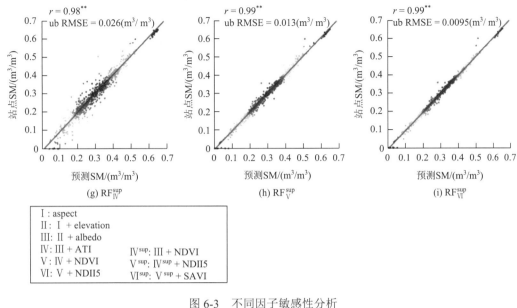

图 6-3　不同因子敏感性分析

**表示 $P < 0.01$

6.2.2　基于机器学习算法的土壤水分反演模型构建

本章所用的实测土壤水分数据来源于中国科学院冰冻圈观测研究站布设的观测网络（Zhao et al.，2021）。该监测网络基本覆盖了青藏高原高平原的主体，其中活动层水热观测站点主要分布于青藏工程走廊沿线，用于监测多年冻土活动层水热变化。本章选取 16 个观测站点最表层的观测值作为模型构建和验证数据，各站点地理信息和观测信息见表 6-1。其中，前 13 个站点用于反演模型的构建与验证，QT01、QT03、QT10 3 个站点作为对反演结果的验证。

表 6-1　观测站点基本信息

站点编号	纬度	经度	高程/m	观测间隔/h	观测深度/cm	植被类型
QT06	33.77°N	92.24°E	4643	1	5，30，60，90	高寒草原
QT08	35.22°N	93.09°E	4679	0.5	5，10，20，40，80	高寒荒漠
QT09	35.72°N	94.13°E	4451	0.5	5，10，20，40，80	高寒草甸
QT11	35.72°N	94.08°E	4516	0.5	10，40，70，110	高寒草甸
QT12	35.62°N	94.06°E	4747	0.5	10，20，40，80，100	高寒荒漠
QT13	35.49°N	93.68°E	4529	0.5	10，50，90	高寒草原
QT14	35.43°N	93.60°E	4468	0.5	10，50，90	高寒草甸
QT15	35.20°N	93.08°E	4637	0.5	10，30，50，70，90	高寒草甸
QT16	35.14°N	93.04°E	4718	0.5	10，30，50，70，90	高寒草甸
QT17	34.82°N	92.92°E	4648	0.5	10，30，50，70，90	高寒草甸
QT18	34.73°N	92.89°E	4773	0.5	10，30，50，70，90	高寒沼泽草甸

站点编号	纬度	经度	高程/m	观测间隔/h	观测深度/cm	植被类型
Ch03	34.47°N	92.73°E	4579	2	10，20，48，74，91，110	高寒草原
Ch04	31.82°N	91.74°E	4801	2	3，15，28，36，50，60，70，80，90	高寒沼泽草甸
QT01	35.14°N	93.04°E	4734	0.5	10，30，50，70，90	高寒草原
QT03	34.82°N	92.92°E	4648	0.5	10，30，50，70，90	高寒草甸
QT10	31.82°N	91.74°E	4801	0.5	10，30，50，70，90	高寒沼泽草甸

首先，将基于表 6-1 中前 13 个站点经纬度信息提取的地表温度、归一化植被指数、增强植被指数、坡度、坡向、高程、土壤质地数据和站点经纬度，与表 6-1 中前 13 个站点的每日平均土壤水分在点尺度构建土壤水分反演模型。根据白天 LST 与夜间 LST 之分，分别构建白天反演模型与夜间反演模型，反演模型见式（6-1）和式（6-2）：

$$\text{SM}_{\text{实测}} = f(\text{lat}, \text{lon}, \text{LST}_{\text{白天}}, \text{NDVI}, \text{EVI}, \text{elevation}, \text{aspect}, \text{slope}, \text{soiltexture}) \quad (6\text{-}1)$$

$$\text{SM}_{\text{实测}} = f(\text{lat}, \text{lon}, \text{LST}_{\text{夜间}}, \text{NDVI}, \text{EVI}, \text{elevation}, \text{aspect}, \text{slope}, \text{soiltexture}) \quad (6\text{-}2)$$

式（6-1）与式（6-2）表示随机森林回归方法。

2015～2018 年 5～9 月共有 612 天，每天有 13 个站点的观测值，可参与运算的数据共有 7956 条，不受质量控制影响的数据共有 3125 条，划分 70%作为训练样本训练模型，即 2187 个样本用于模型训练，938 个样本作为验证集进行模型精度评估。两个土壤水分反演模型训练和验证结果见图 6-4 和图 6-5。

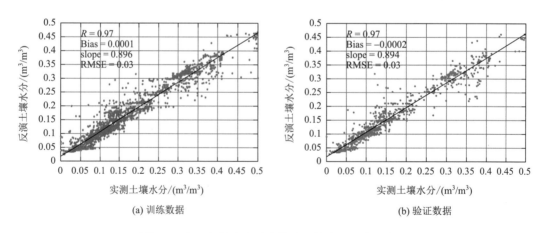

图 6-4　白天土壤水分反演模型训练结果与验证结果

图 6-4 和图 6-5 分别展示了基于站点观测对白天和夜间两种模型反演的土壤水分的评估结果。整体上，两种土壤水分模型反演能力相似，训练集和验证集土壤水分精度均较高。其相关性（R）均等于 0.97，斜率大于 0.89，反演误差较小（RMSE = 0.03m³/m³）。图 6-4（b）和图 6-5（b）分别为白天反演模型与夜间反演模型的验证结果，两个模型模拟的土壤水分与实测土壤水分的相关性均等于 0.97，反演误差均为 0.03m³/m³，斜率

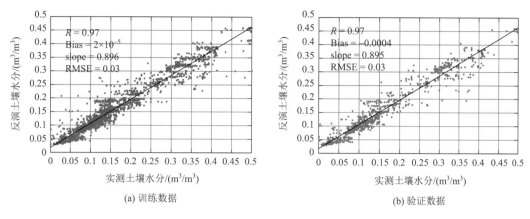

(a) 训练数据　　　　　　　　　　　　　　　　　　(b) 验证数据

图 6-5　夜间土壤水分反演模型训练结果与验证结果

大于 0.89，反演偏差均接近 0m³/m³，但两个模型对实测土壤水分的模拟均存在低估现象。两个模型的验证结果表明构建的白天和夜间两种土壤水分反演模型均能较好地反演青藏公路沿线区域多年冻土区的地表土壤水分。

为检验白天反演模型与夜间反演模型对各站点的模拟能力，计算基于验证数据的 2015～2018 年 5～9 月两个模型模拟的土壤水分与实测土壤水分的 R 和 RMSE，并用 ERA5_Land 再分析降水产品辅助分析模拟结果的时间特征。由于 QT12、QT13、QT16 3 个站点在 2015 年 5～9 月的观测数据缺失，故图 6-6 与图 6-7 未展示 2015 年这 3 个站点

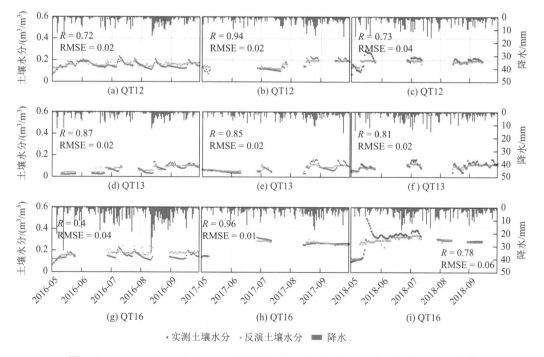

图 6-6　QT12、QT13 和 QT16 站点白天反演结果与实测土壤水分的时间序列图

的结果。同时，由于在土壤水分反演模型构建过程中，若某日某观测站点的植被指数为空值，则该日该站点对应的数据不参与模型构建，因此在验证过程中空值的数据不参与运算，故图 6-7 与图 6-6 仅展示参与运算的数据，未参与运算的数据未展示，这在图 6-6 和图 6-7 中体现在 5～9 月实测数据有所缺失。

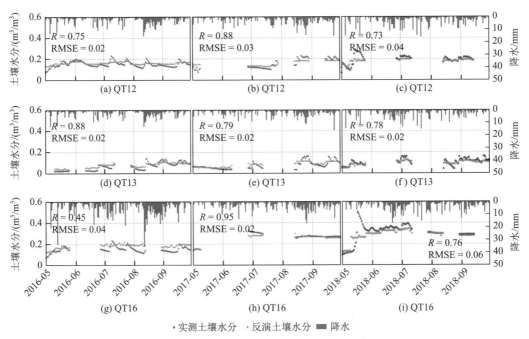

图 6-7　QT12、QT13 和 QT16 站点夜间反演结果与实测土壤水分的时间序列图

从图 6-6 可以看出，白天模型和夜间模型对 QT12、QT13 两个站点 2016 年 5～9 月、2017 年 5～9 月、2018 年 5～9 月 3 年的模拟结果与实测土壤水分的相关性和 RMSE 均相差不大，如 QT13 站点［图 6-6（d）～（f）和图 6-7（d）～（f）］，模型在 2016 年 5～9 月、2017 年 5～9 月、2018 年 5～9 月 3 年模拟的白天模型和夜间模型的 R 相差不超过 0.2，RMSE 均为 0.02m^3/m^3，这表明白天模型和夜间模型对 QT12、QT13 两个站点在不同年份模拟能力相似，模型稳健性较强。

从图 6-6（g）(i) 和图 6-7（g）(i) 可以看出，白天模型和夜间模型在 2016 年 5～9 月和 2018 年 5～9 月对 QT16 站点的模拟能力不太好，具体表现为在 2016 年 5～9 月，白天模型与夜间模型模拟结果与实测土壤水分的相关性均低于 0.5，RMSE 等于 0.04m^3/m^3，2018 年 5～9 月，反演精度较大，RMSE 等于 0.06m^3/m^3，这或许是由实测结果的观测异常导致的。

图 6-6 和图 6-7 整体而言，两个模型反演能力均较好，模拟的土壤水分在 5～6 月逐渐增加，在 9～10 月逐渐减少，与实测土壤水分具有较好的时间一致性，能够捕捉观测数据随时间的动态变化。

为详细对比白天和夜间两个模型对各个站点的反演精度，首先单独计算各个站点2016～2018 年 5～9 月 3 年反演结果与实测地表土壤水分的中值 R 与中值无偏均方根误差（ub RMSE），并展示在图 6-8 中（a）(b) 的前 13 列。

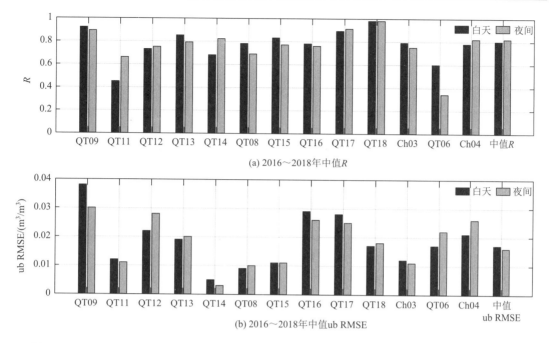

(a) 2016~2018年中值R

(b) 2016~2018年中值ub RMSE

图 6-8　2016~2018 年白天、夜间各站点反演土壤水分与实测土壤水分的中值 R 与中值 ub RMSE

从相关性看［图 6-8（a）］，对于白天模型而言，除站点 QT11 外，各个站点的 R 中值均大于 0.6，QT09、QT12 等约 10 个站点的反演结果与实测土壤水分的 R 中值大于 0.73，且 QT09、QT18 两个站点反演结果与实测土壤水分 R 中值大于 0.92。对于夜间模型而言，除站点 QT06 外，模型反演的各个站点的 R 中值均大于 0.6，QT09、QT12 等约 2/3 站点的反演结果与实测土壤水分的 R 中值大于 0.75，QT09、QT17、QT18 3 个站点反演结果与实测土壤水分 R 中值大于 0.89。另外，除 QT11 和 QT06 外，白天与夜间模型在其余站点反演的中值 R 较接近，表明所构建的两个模型在各个站点的反演能力较接近。总体而言，不论白天反演模型还是夜间反演模型对各站点的反演精度均较高，各站点的反演结果与实测土壤水分的相关性较强。

图 6-8（a）中第 14 列为所有站点在 2016~2018 年 5~9 月各年的 R 混合一起计算所得的总体中值 R，白天所有站点的总体中值 R 为 0.8，而夜间所有站点的总体中值 R 为 0.82，这表明夜间反演模型的反演结果较白天反演结果精度更优。

对 ub RMSE 而言［图 6-8（b）］，白天模型各个站点处的 ub RMSE 中值均不超过 0.038m³/m³，除站点 QT09 外，白天反演模型在其余站点反演的 ub RMSE 均低于 0.029m³/m³。同时，QT11、QT13 等超过一半的站点 ub RMSE 小于 0.022m³/m³，QT14、QT08 两个站点 ub RMSE 小于 0.01m³/m³。夜间模型对各个站点的反演误差中值 ub RMSE 均不超过 0.03m³/m³，QT09、QT12 等约 1/2 站点 ub RMSE 的中值介于 0.02~0.03m³/m³。QT11、QT08、QT15 等站点的 ub RMSE 的中值接近 0.01m³/m³。同时，从图 6-8（b）可看出，白天模型在所有站点处的中值 ub RMSE 均小于 0.04m³/m³，而夜间模型在所有站点处的中值 ub RMSE 最大值不超过 0.03m³/m³，尽管两个模型在白天与夜间对各个站点的反演误差较接近，但夜间反演误差更小的站点数量多于白天模型，这表明夜间反演模型反演结果精度更好。

另外，图 6-8（b）中第 14 列为所有站点在 2016～2018 年 5～9 月的 ub RMSE 混合一起计算所得的总体中值 ub RMSE，夜间模型总体中值 ub RMSE 相较于白天总体中值 ub RMSE 更小，从总体中值 ub RMSE 分析可得夜间反演结果精度优于白天反演结果。

白天模型与夜间模型在不同站点的反演能力有所差别，这主要由于站点所处的下垫面条件不同以及各站点用于训练的数据量不同。站点 QT11 反演精度较低主要原因为该站点周围广泛发育裸地和冰川从而增加了反演的不确定性，而 QT06 站点反演模型训练的数据量较少导致该站点反演精度不及其他站点高。

在机器学习算法的框架下，定量分析粗分辨率下的最优预测因子组合与土壤水分的定量关系，构建山区土壤水分反演模型。进而利用高分辨率最优预测因子，实现对粗分辨率土壤水分产品的降尺度，获取高分辨率土壤水分产品。本节首先开展文献调研，总结现有的不同机器学习算法在遥感参数定量反演中的优势与不足，开展多种机器学习算法在土壤水分降尺度模型中的应用，获取最优的机器学习算法。另外，考虑地表温度产品的时空连续性略差于光学产品的特点，构建不考虑地表温度的土壤水分降尺度算法作为补充模型，结合基于光学-热红外土壤水分降尺度模型，构建山区土壤水分降尺度模型。

6.3 高分辨率土壤水分验证

6.3.1 土壤水分空间分布特征

基于建立的白天模型与夜间模型，将整个研究区空间尺度的地表变量值应用于两个反演模型，反演得到整个研究区逐日 1km 白天土壤水分产品与夜间土壤水分产品。然后计算 2015 年 9 月、2016 年 9 月和 2018 年 9 月平均地表土壤水分，展示于图 6-9（a）～（c）和图 6-10（a）～（c）。

图 6-9（a）～（c）和图 6-10（a）～（c）均揭示了青藏公路沿线地区地表土壤水分含量较低，高土壤含水量出现在研究区东南部与研究区东部。研究区西南部与最北部发育冰川，冰川脚下发育的裸地土壤含量少且土壤颗粒粗、地表碎石较厚，土壤水分含量偏低。此外，由于云和传感器的空间覆盖范围影响，MODIS 数据的质量参差不齐。本节严格按照数据说明，仅留下官方标识为高质量的数据。尽管裸土地区的 NDVI 值一般为 0，但在本研究区中裸土地区的 NDVI 值质量未达到官方标定的高质量，故将其剔除。因此，裸土地区的 NDVI 值为空值，这也导致研究区裸土区域的土壤水分反演值缺失。

为进一步分析地表土壤水分空间分布特征的准确性，将地表土壤水分空间分布特征与 Wang 等（2016）基于实测植被类型数据研究所得的青藏高原植被类型空间分布结果进行对比。如图 6-9（d）和图 6-10（d）所示，研究区青藏公路沿线地区与西北部地区主要发育高寒草原，高寒沼泽草甸与高寒草甸发育于该区东部与南部，植被覆盖类型自东南向西北呈减少趋势。对图 6-9 和图 6-10 综合分析发现，两个土壤水分反演模型反演所得的

9月平均地表土壤水分与植被类型分布趋势一致，均呈自东南向西北减少的趋势。表明构建的土壤水分反演模型反演结果能较好地反演出研究区地表土壤水分空间分布特征。

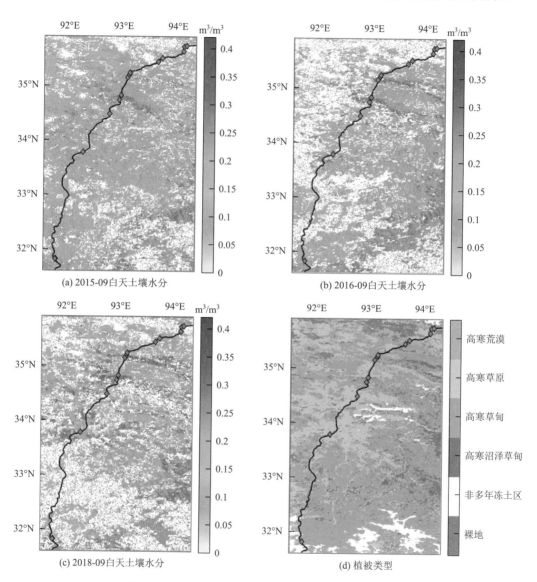

图 6-9　白天 9 月平均土壤水分与植被类型空间分布特征

资料来源：Wang 等（2016）

6.3.2　土壤水分反演结果验证

对已反演所得的多年冻土区白天 1km 地表土壤水分产品和夜间 1km 土壤水分产品，使用 QT01、QT03、QT10 3 个不同植被类型区实测站点的观测值来验证反演结果的准确性。其中，QT01 站点位于高寒草原区，QT03 位于高寒草甸区，QT10 位于高寒沼泽草甸

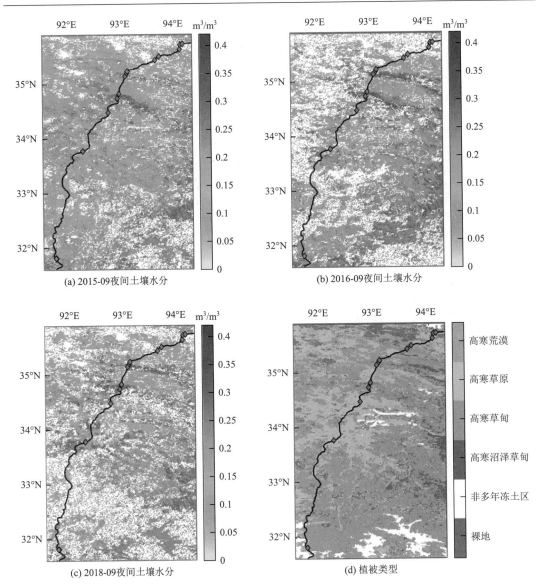

(a) 2015-09夜间土壤水分   (b) 2016-09夜间土壤水分

(c) 2018-09夜间土壤水分   (d) 植被类型

图 6-10   夜间 9 月平均土壤水分与植被类型空间分布特征

资料来源：Wang 等（2016）

区。首先，根据 3 个观测站点的经纬度分别提取白天和夜间 1km 土壤水分。然后用 QT01 和 QT03 2015～2017 年 5～9 月的观测数据以及 QT03 2015～2018 年 5～9 月的观测数据按站点计算反演土壤水分和实测土壤水分的 R、Bias 和 RMSE，结果如图 6-11 所示。

    图 6-11 中，在 QT01、QT03、QT10 3 个站点均发现白天反演结果与实测值的相关性均强于夜间反演结果，3 个站点的白天 Bias 与夜间 Bias 相差不大，且白天反演结果、夜间反演结果的 RMSE 相差不大，这说明基于白天反演模型和夜间反演模型反演所得的 1km 白天土壤水分产品和夜间土壤水分产品在 3 个站点处的验证结果均表现出一致性，偏差较小，均有较高的精度，但夜间反演产品精度更高。

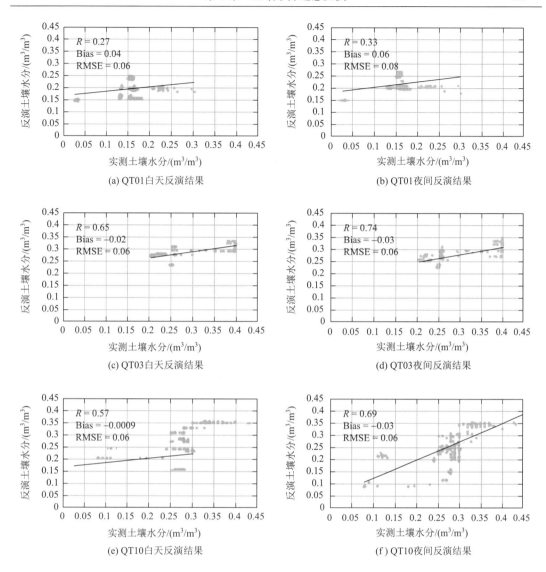

图 6-11　QT01、QT03、QT10 3 个站点的白天与夜间 1km 土壤水分产品验证结果

此外，在 QT01 站点处白天反演结果与夜间反演结果的 Bias 均大于 0m³/m³，在 QT03、QT10 两个站点白天反演结果与夜间反演结果 Bias 均小于 0m³/m³，这说明白天反演产品和夜间反演产品在 QT01 处存在高估现象，在 QT03 和 QT10 站点存在低估现象，因为 QT01 处于土壤水分含量相对较少的高寒草原区，QT03 和 QT10 站点分别处于土壤水分含量相对较高的高寒草甸区和高寒沼泽草甸区。这表明 1km 土壤水分产品和 1km 夜间土壤水分产品在土壤水分含量相对较低区域存在高估现象，在土壤水分含量相对较高区域存在低估现象。

整体而言，白天反演模型与夜间反演模型在 QT01、QT03 和 QT10 3 个站点处表现出较好的验证结果，证明在青藏高原多年冻土区结合实测土壤水分、地表温度、归一化植被指数、增强植被指数、坡度、坡向、高程、土壤质地、经纬度等信息基于随机森林方法构建土壤水分反演模型是可靠、有效的一种手段。

　　基于本章提出的机器学习融合算法，估算的土壤水分的空间连续性从 16%提升到 62%。例如，在 2013 年 10 月 4 日，传统的数据融合方法获得的数据空间覆盖率为 79%，而通过机器学习融合算法获取的土壤水分空间覆盖率达到 98%。本研究提出的算法将 2013 年 8 月 8 日和 8 月 12 日的空间覆盖率从 74%和 58%提升到 98%和 96%。

　　基于地面土壤水分观测的交叉检验结果说明：本章提出的机器学习算法反演的土壤水分产品的相关性、无偏均方根误差和斜率分别为 0.89m³/m³、0.028m³/m³ 和 1.1m³/m³（图 6-12）。

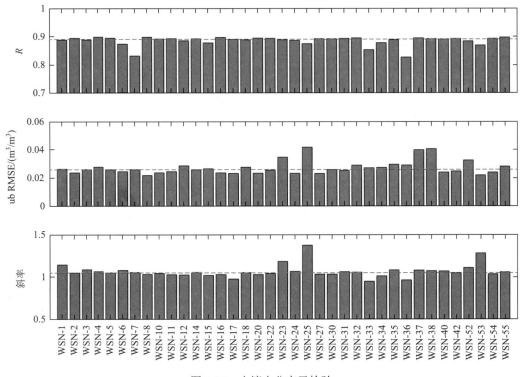

图 6-12　土壤水分交叉检验

　　上述结果说明，本章提出的算法不仅能够有效提高土壤水分时空分辨率，而且能够准确捕捉土壤水分的时空变化。

6.4　小　　结

　　区域尺度土壤系统的应用需要在高时空分辨率的土壤水分条件下，因此，采用随机森林方法融合实测土壤水分、光学遥感指数和地形指标反演中国西南地区 2013～2015 年逐日 1km 土壤水分，并用相对重要性分析确定反演高分辨率土壤水分所需最优预测因子。随后基于最优预测因子包括遥感手段获取的地表反照率（albedo）、热惯量（ATI）、归一化植被指数（NDVI）、归一化红外线指数 5（NDII5）、土壤调整植被指数（SAVI）和地形指标（坡向和高程）构建一个具体的随机森林模型（RF$_{VI+SUP}$）。RF$_{VI+SUP}$ 解释了山区的热指数（如

ATI）观测结果的缺失。在基于 RF_{VI+SUP} 和其他随机森林模型反演结果的比较下，研究区的覆盖范围由 14%增加到 64%，相关性提高到 0.75，无偏均方根误差 ubRMSE 降低到 0.032m^3/m^3。因此，本章所提出的基于多源数据包括实测数据、遥感数据、地形指标和随机森林方法构建的土壤水分反演模型可精确反演高山地区高时空分辨率的土壤水分。

参 考 文 献

程国栋, 赵林, 李韧, 等, 2019. 青藏高原多年冻土特征、变化及影响. 科学通报, 64 (27): 2783-2795.

刘珂, 杨明祥, 徐艳红, 2020. 青藏高原春季地表感热加热特征及其对黄河源区汛期降水的影响. 水文, 40 (2): 72-79.

施建成, 杜阳, 杜今阳, 等, 2012. 微波遥感地表参数反演进展. 中国科学: 地球科学, 42 (6): 814-842.

王思楠, 李瑞平, 吴英杰, 等, 2022. 基于环境变量和机器学习的土壤水分反演模型研究. 农业机械学报, 53 (5): 332-341.

杨珂含, 2017. 基于多源多时相卫星影像的青藏高原湖泊面积动态监测. 北京: 中国科学院大学 (中国科学院遥感与数字地球研究所).

赵林, 胡国杰, 邹德富, 等, 2019. 青藏高原多年冻土变化对水文过程的影响. 中国科学院院刊, 34 (11): 1233-1246.

张玉兰, 康世昌, 史贵涛, 等, 2021. 青藏高原冰川氮记录研究进展. 冰川冻土, 43 (1): 135-144.

朱立平, 彭萍, 张国庆, 等, 2020. 全球变化下青藏高原湖泊在地表水循环中的作用. 湖泊科学, 32 (3): 597-608.

Aghakouchak A, Farahmand A, Melton F S, et al., 2015. Remote sensing of drought: Progress, challenges and opportunities. Reviews of Geophysics, 53 (2): 452-480.

Chen Y Y, Yang K, Qin J, et al., 2017. Evaluation of SMAP, SMOS, and AMSR2 soil moisture retrievals against observations from two networks on the Tibetan Plateau. Journal of Geophysical Research: Atmospheres, 122 (11): 5780-5792.

Coleman M L, Niemann J D, 2013. Controls on topographic dependence and temporal instability in catchment-scale soil moisture patterns. Water Resources Research, 49 (3): 1625-1642.

Datta S, Das P, Dutta D, et al., 2021. Estimation of surface moisture content using Sentinel-1 C-band SAR data through machine learning models. Journal of the Indian Society of Remote Sensing, 49 (4): 887-896.

Fan L, Xing Z P, De Lannoy G, et al., 2022. Evaluation of satellite and reanalysis estimates of surface and root-zone soil moisture in croplands of Jiangsu Province, China. Remote Sensing of Environment, 282: 113283.

Guo D L, Wang H J, 2017. Permafrost degradation and associated ground settlement estimation under 2℃ global warming. Climate Dynamics, 49 (7): 2569-2583.

He L, Hong Y, Wu X L, et al., 2018. Investigation of SMAP active-passive downscaling algorithms using combined sentinel-1 SAR and SMAP radiometer data. IEEE Transactions on Geoscience and Remote Sensing, 56 (8): 4906-4918.

Legates D R, Mahmood R, Levia D F, et al., 2011. Soil moisture: A central and unifying theme in physical geography. Progress in Physical Geography: Earth and Environment, 35 (1): 65-86.

Li X J, Wigneron J P, Frappart F, et al., 2022. The first global soil moisture and vegetation optical depth product retrieved from fused SMOS and SMAP L-band observations. Remote Sensing of Environment, 282: 113272.

Luo M, Sa C L, Meng F, et al., 2021. Assessing remotely sensed and reanalysis products in characterizing surface soil moisture in the Mongolian Plateau. International Journal of Digital Earth, 14 (10): 1255-1272.

Sedaghat A, Shahrestani M S, Noroozi A A, et al., 2022. Developing pedotransfer functions using Sentinel-2 satellite spectral indices and Machine learning for estimating the surface soil moisture. Journal of Hydrology, 606: 127423.

Shahzaman M, Zhu W J, Ullah I, et al., 2021. Comparison of multi-year reanalysis, models, and satellite remote sensing products for agricultural drought monitoring over south asian countries. Remote Sensing, 13 (16): 3294.

Wang Z W, Wang Q, Zhao L, et al., 2016. Mapping the vegetation distribution of the permafrost zone on the Qinghai-Tibet Plateau. Journal of Mountain Science, 13 (6): 1035-1046.

Wigneron J P, Kerr Y, Waldteufel P, et al., 2007. L-band Microwave Emission of the Biosphere (L-MEB) Model: Description and calibration against experimental data sets over crop fields. Remote Sensing of Environment, 107 (4): 639-655.

Zhao L, Zou D E, Hu G J, et al., 2021. A synthesis dataset of permafrost thermal state for the Qinghai–Tibet (Xizang) Plateau, China. Earth System Science Data, 13 (8): 4207-4218.

第7章 植被动态过程模型

7.1 概 述

7.1.1 Biome-BGC 模型研究进展

生物地球化学过程（biome biogeochemical cycles，Biome-BGC）模型是由 Forest-BGC 模型发展而来的，由美国蒙大拿大学数字地球动态模拟研究组（Numerical Terradynamic Simulations Group，NTSG）研发的一个生理生态过程模型，该模型在全球多个领域得到了广泛的应用，并且在发展的过程中不断得到改进和完善，其模拟的结果也十分可靠。近几十年来，Biome-BGC 模型经历了一系列的发展过程（Running and Hunt，1993）（图 7-1），1993 年，第一代 Biome-BGC 模型被 Running 研究团队提出后便得到了进一步的改善，其可以模拟不同时空尺度的生态变量，空间尺度为单木—站点—区域—全球，时间尺度为由日到年。运用模型与遥感数据相结合是目前分析和预测大尺度生态系统大气–植被–土壤之间碳、氮以及水通量的首要选择（Cope et al.，2005）。Biome-BGC 模型目前已经发展到了 6.1 版本（http://www.ntsg.umt.edu/project/Biome-BGC），成为国际主流的生态过程模型。

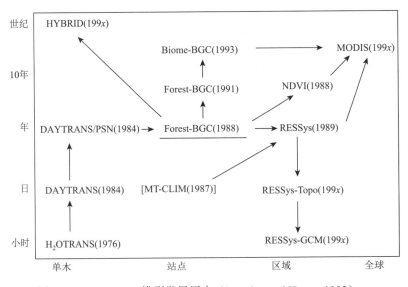

图 7-1 Biome-BGC 模型发展历史（Running and Hunt，1993）

Biome-BGC 模型已被广泛应用于区域乃至全球尺度上的碳水循环模拟，如农田、草地、森林等不同生态系统以及气候带上的碳水循环模拟，在不同的研究领域，如生态价值评估、森林经营管理以及生态系统物质能量循环对气候变化和人类作用干扰响应的研究中也已经得到广泛的应用。

Running 和 Coughlan（1988）、Running 和 Gower（1991）、Running 和 Hunt（1993）应用 Biome-BGC 模型模拟了全球不同植被功能类型、生物群落的生理学、生物化学、结构和分配模式；White 等（2000）结合植被/生态系统模型参数与站点实测数据，对植被初级生产力进行敏感因子分析，发现温带地区生物群落净初级生产力（NPP）容易受叶片和根系碳氮比的影响，非木本生物群落则是对火灾、死亡率和腐殖质的敏感性较高；Wang 等（2005）修正模型的本地化参数，并分两种模式对华北平原农田的碳水通量进行了模拟，即受人为干扰和未受人为干扰的情况，结果显示，受人为干扰情景下模拟的 H_2O 和 CO_2 通量高于未受干扰的情景。Kimball 等（1999）和 Kang 等（2006）应用 Biome-BGC 模型模拟了北半球不同森林植被类型的 GPP 和 ET 对气候变化和火灾扰动的响应，并分析了高纬度寒带和亚高山带常绿林的植被生长物候特征对 GPP 和 ET 的影响。Schmid 等（2006）通过设定不同的情景模式，利用 Biome-BGC 模型模拟不同土地利用类型的情景模式下，瑞士森林在未来 100 年后地表、地下碳库以及碳通量的变化特征，分析了全球变化趋势对碳通量变化的影响；Ueyama 等（2010）利用 AsiaFlux 6 个站点实测数据与 Biome-BGC 结合，对北半球落叶松林的碳通量进行了模拟，研究结果表明，春季变暖增强了碳汇，而夏季变暖降低了整个落叶松林的碳汇。

Chiesi 等（2016）应用模型模拟 4 个不同气候条件下欧洲森林生态系统碳水通量，分析了气象要素对 GPP 年际动态变化的影响，结果表明 GPP 的变化主要取决于生长季节开始时的最低温度，而春/夏的水分胁迫对 GPP 的影响不大；Minaya 等（2016）通过改进 Biome-BGC 模型来模拟厄瓜多尔安第斯山脉帕拉莫斯典型地区的 GPP 和 H_2O 通量，结果显示 GPP 和 H_2O 通量的变化取决于环境驱动因素、植被生态生理和海拔；Keyser 等（2000）、Engstrom 等（2006）和 Machimura 等（2016）分别改进了模型中土壤水分模块的模拟算法，分析了气候变化对森林碳水平衡的影响；Cienciala 和 Tatarinov（2006）等将改进后的 Biome-BGC 模型应用于欧洲温带森林生态系统的管理，同时考虑了森林的砍伐、植被类型的变化，对水循环模块进行了改进，特别是对降水和蒸发、工业氮沉降和细根死亡率的模拟；Bond-Lamberty 等（2005，2007，2009）综合考虑混交林、植被冠层和林下植被的动态变化，改进了 Biome-BGC 的生态系统的演替过程，提高了排水问题造成的森林模拟结果误差，以及火灾扰动对森林生态系统蒸散的影响；Lagergren 等（2006）应用 Biome-BGC 模型模拟瑞典森林的碳平衡，发现了该模型的一些不足之处，并提出了解决方案，根据瑞典中部 3 个森林通量站点的数据进行了校准，并进行了敏感性分析；Thornton 等（2002）利用水-碳-氮耦合模型、树冠尺度的通量观测以及每个站点的植被类型、管理方法和干扰历史的描述，评估了干扰历史、气候以及大气 CO_2 浓度和氮沉降变化对 7 个北美常绿针叶林碳、水通量的影响，并将结果与实测生物计量，按月、年汇总的涡动观测数据进行了比较。模型结果表明，不同站点 NEE 的变化主要受人为活动干扰的影响，其次是气候、植被生态生理状况以及大气中 CO_2 和氮氧化物变化的影响；Law 等（2004）和 Turner 等（2016）利用 Biome-BGC 模型分别模拟了北美人为扰动和气候变化对碳储量和碳通量的影响，以及在不同情景模式和景观尺度下土地利用变化和环境差异对温带针叶林 NEE 的影响。

近几年来，关于 Biome-BGC 模型在我国的应用研究已经引起了相关领域学者的关注，以一系列的科研院所和高等院校为代表，如中国科学院、西北农林科技大学、北京林业大学、南京大学、兰州大学、中山大学等，均采用 Biome-BGC 模型进行相关领域的研究。Hu 等（2018）采用 Biome-BGC 与其他生态过程模型对 2004～2011 年中国温带草原 GPP 的年际动态变化进行对比，并分析了环境要素对模型模拟结果的影响，研究结果表明，叶面积指数和单叶片的 GPP 对土壤水分的响应较大，土壤水分对草原生态系统 GPP 的年际变化有很大影响。Li 等（2020）采用土壤水分和土壤温度的野外观测数据作为模型驱动，改善了冻融过程中土壤水分的数值模拟方法。这种方法不需要新的参数，对其他模块也没有进行改动，然后将冻融过程中土壤含水量的改善方法纳入 Biome-BGC 模型中。Yan 等（2019）改进 Biome-BGC 模型中与土壤过程相关的模块，通过使用 Ensemble Kalman Filter 算法同化了长白山森林通量站点地面测量的多层逐日土壤温度和湿度数据，将结果与原来的 Biome-BGC 模型相比，改善后的模型对 ER、NEE 和 ET 模拟的精度有所提高，通过校准土壤模块的相关模拟，改善了碳水通量的模型估算。

Wang 等（2011）对比了 Bome-BGC、LPJ 和 CASA 模型在陆地观测和预测系统进行的集合模型实验中模拟的陆地生态系统的碳储量，并开发了诊断生态系统模型的分层框架，将模拟的生物地球化学分为一系列的功能层，并依次检查其特征。分析结果表明，Biome-BGC 的模拟生物量通常比 LPJ 或 CASA 高 2～3 倍。这种差异主要是由生物量周转率的模型参数和算法的差异引起的。王乐等（2022）结合 Biome-BGC 模型与 Logistics 生长模型模拟了 1958～2017 年荒漠草原转变为人工灌丛前后的碳储量变化，定量分析了人工灌丛对生态系统储量和组分的影响。刘丽慧等（2021）通过改进 Biome-BGC 的土壤水分模块并加入冻土层土壤冻融过程中的水循环，结合遥感数据模拟了青藏高原 2000～2018 年高寒草地 NPP 的时空变化特征，发现改进后的模型比原模型的估算精度要高。李传华等（2019）利用参数本地化的 Biome-BGC 模型结合遥感数据在不同的情景模式下，模拟了 1961～2015 年五道梁地区草地生态系统 NPP 的变化特征。李书恒等（2018）和张越等（2019）运用该模型模拟不同气候情景模式下 1959～2016 年大兴安岭太白红杉的碳储量、生态系统生产力以及碳利用率的变化特征，并预测了在未来气候变化的影响下碳通量的变化趋势。刘腾艳等（2019）耦合遥感数据和 Biome-BGC 模拟 1984～2014 年浙江省竹林地表碳储量，并结合森林资源清查数据对模型进行精度评价，分析了浙江省竹林地上碳储量时空格局以及环境因子对竹林地上碳储量的影响。康满春等（2019）基于杨树人工林碳水通量的连续监测数据和对 Biome-BGC 模型参数的校准，研究了气候变化，如降水的变化、CO_2 浓度的升高以及气温的升高对人工杨树林碳水通量以及水分利用率的影响。刘秋雨等（2017）基于 Biome-BGC，利用美国哈弗森林环境监测站点（environmental monitoring site，EMS）通量观测站的相关数据，对哈弗森林地下水、碳通量进行了模拟。

综上所述，目前我国 Biome-BGC 模型主要应用于陆地生态系统生物量、NPP 和 NEP、水热通量、碳循环过程的模拟和估算，无论是在站点尺度还是区域尺度上，都得到了广泛的应用。在站点尺度上主要是用于模型的驱动和验证，在区域尺度上主要是结合遥感数据估算区域上生态系统碳水通量的时空分布格局以及驱动因素，涉及不同的气候类型、不同的生态系统类型，预测了不同情景模式下气候变化对碳水通量的影响。这些相关研究都证明了 Biome-BGC 模型合理性及很强的适用性。然而，该模型在西南喀斯特地区的相关模拟和研究较少，缺乏地表观测数据以及模型的本地化参数、多源数据与模型的耦合方面的研究。

7.1.2　Biome-BGC 模型原理及优势

Biome-BGC 模型是一个典型的生理生态过程模型，它的形成和发展基于植被的生理生态过程模拟，是将气候、植被生理生态参数、通量驱动数据、土壤参数作为模型的输入数据，模拟生态系统植被、凋落物、土壤水以及 C、N、H_2O 和通量状态的一个生物过程模型（图 7-2），其时间分辨率可以精确到日尺度。其优点是模型的参数较多，能将众多因素变量考虑其中，模型机理清晰，可以方便且快捷地观察到在某一气候模式场景下生态系统及功能的变化情况，模拟结果与实测数据具有较好的一致性，更

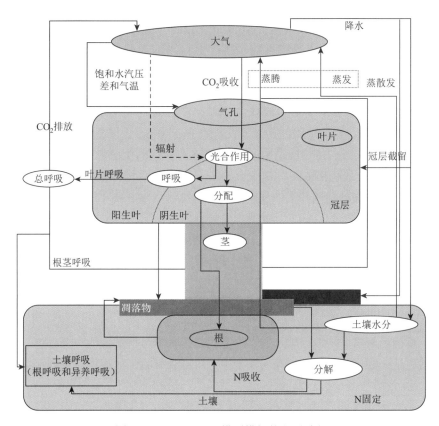

图 7-2　Biome-BGC 模型模拟的主要过程

资料来源：http://www.ntsg.umt.edu/project/Biome-BGC.php

具有实际意义。其缺点是必须假设模型的运行是在一个理想的状态之下：在时间尺度上，在某一研究期间对生态系统动态碳水通量进行模拟时，自动忽略不同植被功能类型或生态群落内部之间的竞争关系以及生态系统的动态演替过程；在空间尺度上假设每个单元都具有均一性，单元的属性和性质只能用执行者给定的一组模拟参数来表示。

在应用 Biome-BGC 模型时，首先要对模型的驱动数据进行详细的了解，其驱动数据共分为三个部分：第一部分为研究区的基本信息，也就是初始文件（ini 文件），包括站点的地理信息、海拔、土壤质地等；第二部分为气象数据文件（mete 文件），即观测站点的气象参数，包括平均气温、日最高气温、日最低气温、降水、辐射、日长，对于站点缺失的数据，采用山地小气候模型（mountain microclimate model，MT-CLIM）通过附近站点的气象数据模拟出该站点的气象参数；第三部分为植被的生理生态参数文件（epc 文件），该文件包含了 7 种植被功能类型中的 44 个植被生理生态参数，植被功能类型包括常绿针叶林、常绿阔叶林、落叶针叶林、落叶阔叶林、C3 草地、C4 草地和灌丛。植被的生理生态参数包括是否为木本植被或草本植被、是否为常绿林或落叶林、植被的生理物候特征等。不同的植被类型中植被的生理生态参数取值不同，分别有一个特定的参数值文件，可根据站点的实际情况进行选择。

模型的运行模式包括两个部分：自旋转（spin-up）模式和常规（normal）模式。在运行 Biome-BGC 模型之前，首先要运行 spin-up 模式，使模型的各状态变量达到平衡，这一状态的假设前提是未受到人为因素的干扰，但输入的气象数据仍在发生年际变化，本章中 spin-up 设置的时间阈值为 6000 年。spin-up 模式运行完成后模型便达到稳定的状态，随即生成一个新的 ini 文件。然后运行 normal 模式，将本地化的参数，如站点的实际气象参数、经纬度以及土壤和实测的植被生理生态参数输入模型中，进而对站点生态系统的碳水通量进行模拟。本章采用的是 4.2 版本的 Biome-BGC 模型。

国内外学者对 Biome-BGC 模型驱动参数和输入参数的敏感性分析已经在相关领域取得了一定的进展，对于国内而言，对植被的生理生态参数进行敏感性分析的研究还相对缺乏，只能通过部分实测参数和文件搜集的途径来获取，其结果具有很大的不确定性。采用传统的反复调整模型参数的方法来进行迭代"调参"，以确保获得接近期望值的水平，使得模型的输出结果与实测数据更为接近。由于 Biome-BGC 模型关键参数较多，无法逐一通过实测的方法获取，因此在对参数进行敏感性分析的基础上，主要对敏感性比较高的参数进行优化，非敏感性参数采用模型默认的缺省值。由于 Biome-BGC 模型没有针对喀斯特地区植被类型的生理生态参数，因此根据站点的实测数据和文献查阅的方法，对虎头村苗圃和槽上退耕农田各自设定一套参数，并分别模拟两个站点的碳水通量。如何正确地将 Biome-BGC 模型应用于我国西南喀斯特地区碳水通量模拟仍然是当下亟待解决的一个难题。本章需要解决的科学问题是：将实测观测数据输入模型中，再结合参数优化模型对 Biome-BGC 模型中的缺省参数进行优化，明确是否能够提高模型模拟结果的准确性。

7.1.3　PEST 参数敏感性分析

独立参数估算与不确定性分析模型（model-independent parameter estimation and uncertainty analysis，PEST）被广泛地应用于不同模型的参数优化中，该模型参数优化的方法能与模型之外的参数进行非线性优化，因而具有很高的普遍性和适用性，通常被用于模型的状态参数优化和初始化参数优化。在对模型优化的过程中，能够生成离期望值最近的一个参数估算值。在站点尺度上，本章以 2019 年槽上站和虎头村站的通量观测数据作为 Biome-BGC 模型的气象输入数据和模型参数优化的数据。通量观测数据经过数据预处理获得逐日碳水通量数据：NEE 值、GPP 值、ER 值和 ET 值。模型的优化过程在 cmd 控制窗口中执行，通过结合输入实测的涡动相关数据来优化 Biome-BGC 模型中的参数，减少模型中众多参数的不确定性，从而使模型达到最优的模拟效果。

Biome-BGC 模型中的生理生态参数共有 43 个，可以分为以下几类：转换和死亡、植物体各器官碳分配比、植物体不同器官所含的不稳定成分、纤维素和木质素百分比、碳氮比、比叶面积、叶片及边界层导度、冠层截留系数和消光系数等。本章中除了站点信息（经纬度、土壤质地、氮沉降等）、植被功能类型选择外，其他连续性的生理生态参数则可能会因为选择的不同而影响模型模拟的结果，因而采用 PEST 模型来对植被的生理生态参数进行参数优化。

除以上提及的选择性参数以外，剩余的参数将其取值范围逐个输入参数文件中，同时生成观测数据文件和控制文件，以便模型对数据进行存储和调用。然后，应用 PEST 打开控制文件，它能够根据控制文件中的指定路径地址调用 Biome-BGC，PEST 模型在运算过程中能够自行迭代、不断调试得到最优的结果（表 7-1 和表 7-2）。

表 7-1　槽上站 Biome-BGC 模型的敏感性参数取值范围及优化结果

参数	取值范围	默认值	优化值
转化期占生长季比例（FTG）	0.1～0.3	1	0.204
活木的年周转比例（LWT）	0.1～1.0	0	0.578
茎碳与叶碳分配比例（SC∶LC）	0.1～6.0	0	3.1
活木碳与总碳分配比例（LWC∶TWC）	0.005～0.5	0	0.228
当前生长与储存生长比例（GC∶SC）	0.01～1.0	0.5	0.437
冠层水分截留系数（w_{int}）	0.05～0.07	0.021	0.0355
冠层消光系数（k）	0.05～1.0	0.6	0.599
冠层平均比叶面积（SLA）	5.0～80	45	46.64
Rubisco 中叶氮含量（FLNR）	0.01～0.5	0.15	0.157
最大气孔导度（g_{max}）	0.001～0.02	0.005	0.0094

表 7-2　虎头村站 Biome-BGC 模型的敏感性参数取值范围及优化结果

参数	取值范围	默认值	优化值
转化期占生长季比例（FTG）	0.1～1.0	0.2	0.76
凋落期占生长季比例（FL）	0.1～0.6	0.2	0.23
叶年周转率和细根的年周转率比例（LFRT）	0.1～0.8	0.5	0.56
活木的年周转比例（LWT）	0.1～1.0	0.7	0.81
细根碳与叶碳分配比例（FRC∶LC）	0.1～2.0	1	0.25
茎碳与叶碳分配比例（SC∶LC）	0.1～2.0	1	1.2

续表

参数	取值范围	默认值	优化值
活木碳与总碳分配比例（LWC∶TWC）	0.01~1	0.22	0.54
粗根茎与茎碳分配比例（CRC∶SC）	0.1~0.5	0.3	0.08
当前生长与储存生长比例（GC∶SC）	0.1~0.5	0.5	0.24
叶片碳氮比（C∶N_{leaf}）	1~100	42	67
凋落物碳氮比（C∶N_{lit}）	1~100	49	84
冠层水分截留系数（w_{int}）	0.001~0.005	0.041	0.038
冠层消光系数（k）	1~10	0.7	0.84
全叶面积与投影面积比（$LAI_{alll∶proj}$）	0.1~1.0	0.005	0.19
冠层平均比叶面积（SLA）	1~100	12	72
最大气孔导度（g_{max}）	0.001~0.01	0.005	0.072

植被通过光合作用的形式吸收大气中的 C 作为能量给自身提供自养呼吸，因此，细根碳与叶碳分配比例（FRC∶LC）会对 GPP 有较大的影响（Chiesi et al.，2016）。采用 Biome-BGC 模型对植被的光合作用进行模拟时，植被的固碳能力会受到叶片碳氮比的影响。在季节性干旱期间，植被容易受到水分胁迫的影响，通过关闭气孔的方式来减少自身水分的散失，因此，最大气孔导度（g_{max}）是影响植被进行光合作用和叶片蒸腾作用的一个敏感参数（Yan et al.，2019）。茎碳与叶碳分配比例（SC∶LC）和叶片碳氮比（C∶N_{leaf}）对 ER 值的模拟结果影响较大，SC∶LC 会改变植被根茎和叶片的碳氮比例，从而影响细根呼吸，进而影响微生物活性和异养呼吸。

7.1.4 PEST 参数优化

本节将采用 PEST 模型来对 Biome-BGC 模型中各项参数进行优化，以及对优化的参数进行敏感性分析，评估不同参数对模型模拟结果影响的大小。PEST 模型可以对 Biome-BGC 模型中的参数不断地进行调整和迭代计算，使得模型最终的结果与实测数据的差距达到最小。利用 2019 年 1~12 月日尺度的涡动相关数据结合 PEST 模型对 Biome-BGC 模型中的各项参数进行优化。优化后的植被生理生态参数如表 7-3 所示。

表 7-3 Biome-BGC 模型在槽上退耕农田站和虎头村苗圃站的植被生理生态参数表

生理生态参数		退耕农田	苗圃	单位
1 = 木本	0 = 非木本（flag）	0	1	—
1 = 常绿	0 = 落叶（flag）	0	1	—
1 = C3 PSN	0 = C4 PSN（flag）	0	0	—
1 = 模型物候	0 = 用户自定义物候（flag）	0	0	—
	生长季的开始时间	120	1	—
	结束凋落物时间	364	365	—
	转化期占生长季比例（FTG）	0.4765	0.2	prop.
	凋落期占生长季比例（FL）	0.25	0.2	prop.
	叶年周转率和细根的年周转率比例（LFRT）	0.35	1	a^{-1}

续表

生理生态参数	退耕农田	人工林地	单位
活木的年周转比例（LWT）	0.7	0.7	a^{-1}
年内整株植物的死亡率（WPM）	0.1	0.05	a^{-1}
年内植物火灾死亡率（FM）	0	0	a^{-1}
细根碳与叶碳分配比例（FRC：LC）	1	1	ratio
茎碳与叶碳分配比例（SC：LC）	0	1	ratio
活木碳与总碳分配比例（LWC：TWC）	0.1	0.22	ratio
粗根茎与茎碳分配比例（CRC：SC）	0.23	0.3	ratio
当前生长与储存生长比例（GC：SC）	0.5	0.5	prop
叶片碳氮比（C：N_{leaf}）	63.14	80.86	kg C/kg N
凋落物碳氮比（C：N_{lit}）	96.24	108.32	kg C/kg N
细根碳氮比（C：N_{fr}）	47	65	kg C/kg N
活木碳氮比（C：N_{lw}）	72	36	kg C/kg N
死木碳氮比	327	382	kg C/kg N
凋落物易分解物质比例（L_{lab}）	0.39	0.32	DIM
凋落物纤维素比例（L_{cel}）	0.44	0.44	DIM
凋落物木质素比例（L_{lig}）	0.17	0.24	DIM
细根易分解物质比例（FR_{lab}）	0.3	0.3	DIM
细根纤维素比例（FR_{cel}）	0.45	0.45	DIM
细根木质素比例（FR_{lig}）	0.25	0.25	DIM
死木纤维素比例（DW_{cel}）	0.76	0.76	DIM
死木木质素比例（DW_{lig}）	0.24	0.24	DIM
冠层水分截留系数（W_{int}）	0.0002	0.058	1/LAI/d
冠层消光系数（k）	3.22	0.78	DIM
全叶面积与投影面积比（$LAI_{all：proj}$）	2.36	3.23	DIM
冠层平均比叶面积（SLA）	31	24	m^2/kg C
阴生叶与阳生叶面积比例（$SLA_{shade：sun}$）	0.23	3.1	DIM
Rubisco 中叶氮含量（FLNR）（DIM）	0.15	0.06	m/s
最大气孔导度（g_{max}）	0.005	0.007	m/s
角质层导度（g_{cut}）	0.00001	0.00001	m/s
边界层导度（g_{bl}）	0.04	0.01	m/s
叶水势传导上限（LWP_s）	−0.6	−0.6	MPa
叶水势传导下限（LWP_f）	−2.3	−3.9	MPa
气孔开始缩小时饱和水汽压差（VPD_s）	930	1800	Pa
气孔完全闭合时饱和水汽压差（VPD）	4100	4100	Pa

注：DIM 表示无量纲。

7.2　模型参数优化结果评价

7.2.1　槽上退耕农田站

通过 PEST 方法对 Biome-BGC 模型进行参数优化后，实验结果表明（表 7-4～表 7-7、图 7-3 和图 7-4）：模型优化前 GPP 的 R^2 和 RMSE 分别为 0.24 和 3.16，GPP 的日平均值和年总量分别为 3.19g C/(m²·d)和 1166.08g C/(m²·a)；模型优化后 GPP 的 R^2 和 RMSE 分别为 0.53 和 2.38，GPP 的日平均值和年总量分别为 3.00g C/(m²·d)和 1095.25g C/(m²·a)。优化后的 GPP 较优化前的更接近观测值，但在生长季依然出现了明显的低估。模型优化前 NEE 的 R^2 和 RMSE 分别为 0.02 和 1.75，NEE 的日平均值和年总量分别为−0.32g C/(m²·d)和−116.49g C/(m²·a)；模型优化后 NEE 的 R^2 和 RMSE 分别为 0.35 和 1.59，NEE 的日平均值和年总量分别为−0.53g C/(m²·d)和−193.23g C/(m²·a)。优化后模型精度有了较大的提高，但其精度与观测值还是有一定的差距，模拟值高于观测值，这是由于在 8~9 月的短期干旱期间内，模型未能捕捉到该时期碳通量的变化，在该时段内，实测的 NEE 大于 0，而模拟值却小于 0，因此导致了模型整体上的高估。模型优化前 ER 的 R^2 和 RMSE 分别为 0.43 和 1.64，ER 的日平均值和年总量分别为 2.86g C/(m²·d)和 1043.23g C/(m²·a)；模型优化后 ER 的 R^2 和 RMSE 分别为 0.58 和 1.60，ER 的日平均值和年总量分别为 2.67g C/(m²·d)和 975.22g C/(m²·a)。模型优化前 ET 的 R^2 和 RMSE 分别为 0.15 和 0.8，ET 的日平均值和年总量分别为 1.75mm/d 和 638.3mm/a；模型优化后 ET 的 R^2 和 RMSE 分别为 0.32 和 1.39，ET 的日平均值和年总量分别为 1.30mm/d 和 360.66mm/a。

表 7-4　结合 PEST 模型对 Biome-BGC 模型参数优化前和优化后 GPP 值的对比（槽上站）

类型	线性拟合	R^2	RMSE	GPP			
				最大值 /[g C/(m²·d)]	最小值 /[g C/(m²·d)]	平均值 /[g C/(m²·d)]	总值 /[g C/(m²·a)]
初始模拟	$y = 0.28x + 1.76$	0.24	3.16	9.15	0.51	3.19	1166.08
PEST 优化	$y = 0.54x + 1.15$	0.53	2.38	7.42	0.71	3.00	1095.25
实测值	—	—	—	10.81	0.34	3.54	1096.86

表 7-5　结合 PEST 模型对 Biome-BGC 模型参数优化前和优化后 NEE 值的对比（槽上站）

类型	线性拟合	R^2	RMSE	NEE			
				最大值 /[g C/(m²·d)]	最小值 /[g C/(m²·d)]	平均值 /[g C/(m²·d)]	总值 /[g C/(m²·a)]
初始模拟	$y = 0.14x - 0.46$	0.02	1.75	2.44	−3.00	−0.32	−116.49
PEST 优化	$y = 0.91x - 0.38$	0.35	1.59	2.50	−4.27	−0.53	−193.23
实测值	—	—	—	1.70	−4.14	−0.49	−165.19

表 7-6　结合 PEST 模型对 Biome-BGC 模型参数优化前和优化后 ER 值的对比（槽上站）

类型	线性拟合	R^2	RMSE	ER			
				最大值 /[g C/(m²·d)]	最小值 /[g C/(m²·d)]	平均值 /[g C/(m²·d)]	总值 /[g C/(m²·a)]
初始模拟	$y = 0.72x + 1.17$	0.43	1.64	8.43	0.25	2.86	1043.23
PEST 优化	$y = x + 0.48$	0.58	1.60	7.65	0.09	2.67	975.22
实测值	—	—	—	5.56	0.72	2.42	884.61

表 7-7　结合 PEST 模型对 Biome-BGC 模型参数优化前和优化后 ET 值的对比（槽上站）

类型	线性拟合	R^2	RMSE	ET			
				最大值/(mm/d)	最小值/(mm/d)	平均值/(mm/d)	总值/(mm/a)
初始模拟	$y = 0.54x + 1.02$	0.15	0.80	6.21	0.18	1.75	638.30
PEST 优化	$y = 0.76x + 0.76$	0.32	1.39	6.31	0.25	1.76	643.44
实测值	—	—	—	3.51	0.02	1.30	360.66

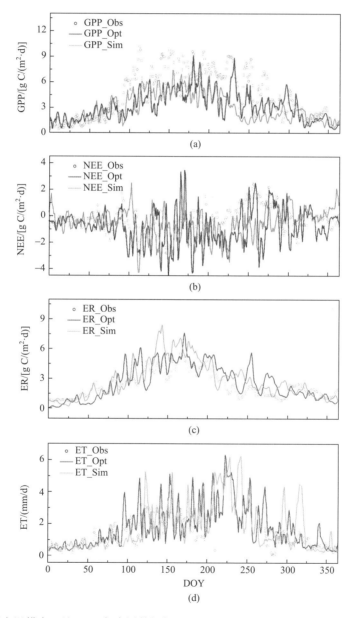

图 7-3　槽上退耕农田站 2020 年实测数据与 Biome-BGC 模型优化前、后碳水通量的对比

Obs：实测数据的曲线；Opt：参数优化之后的曲线；Sim：参数优化之前的曲线

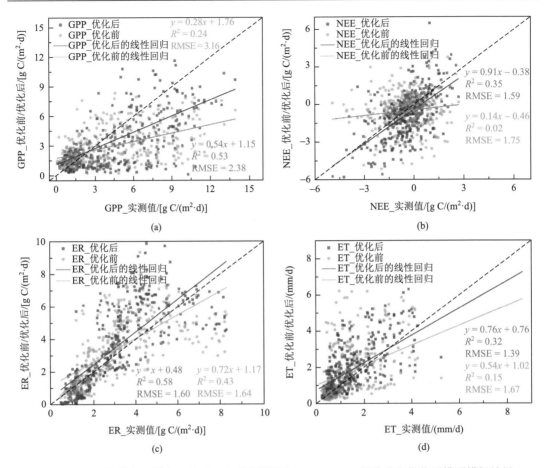

图 7-4　2020 年槽上退耕农田站日尺度碳水通量在 Biome-BGC 优化前和优化后模型模拟结果
与涡动相关实测数据之间的回归分析

7.2.2　虎头村苗圃站

　　虎头村站的下垫面种植桂花树，树高 2～3m，图 7-5 和图 7-6 表明，参数优化后
模型的碳水通量与涡动相关获得的碳水通量结果比较一致。模型优化前 GPP 的决定系
数 R^2 和 RMSE 分别为 0.36 和 1.99，GPP 的日平均值和年总量分别为 2.07g C/(m^2·d)和
756.30g C/(m^2·a)；模型优化后 GPP 的 R^2 和 RMSE 分别为 0.48 和 1.43，GPP 的日平均值
和年总量分别为 2.77g C/(m^2·d)和 1008.17g C/(m^2·a)。模型优化前 NEE 的 R^2 和 RMSE 分
别为 0.06 和 1.52，NEE 的日平均值和年总量分别为 −0.55g C/(m^2·d)和 −200.73g C/(m^2·a)；
模型优化后 NEE 的 R^2 和 RMSE 分别为 0.56 和 0.97，NEE 的日平均值和年总量分别为
−1.01g C/(m^2·d)和 −367.30g C/(m^2·a)；模型优化前 ER 的 R^2 和 RMSE 分别为 0.37 和 0.81，
ER 的日平均值和年总量分别为 1.11g C/(m^2·d)和 405.97g C/(m^2·a)；模型优化后 ER 的 R^2
和 RMSE 分别为 0.80 和 0.69，ER 的日平均值和年总量分别为 1.25g C/(m^2·d)和
455.24g C/(m^2·a)。模型优化前 ET 的 R^2 和 RMSE 分别为 0.72 和 0.80，ET 的日平均值和
年总量分别为 1.32mm/d 和 481.03mm/a；模型优化后 ET 的 R^2 和 RMSE 分别为 0.76 和 0.71，

ET 的日平均值和年总量分别为 1.68mm/d 和 613.45mm/a（表 7-8～表 7-11）。结果表明，Biome-BGC 参数优化后对虎头村苗圃站的碳水通量模拟效果较为理想。

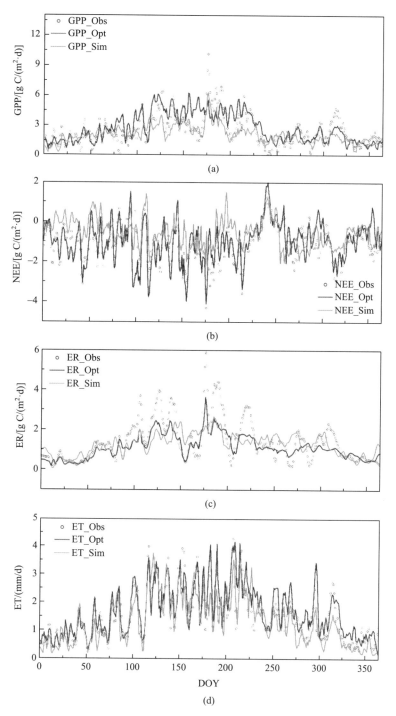

图 7-5 虎头村苗圃站 2020 年实测数据与 Biome-BGC 模型优化前、后碳水通量的对比

Obs：实测数据的曲线；Opt：参数优化之后的曲线；Sim：参数优化之前的曲线

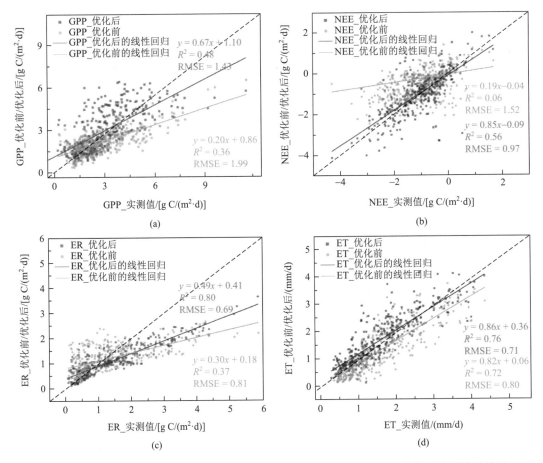

图 7-6　2020 年虎头村苗圃站日尺度碳水通量在 Biome-BGC 优化前和优化后模型模拟结果
与涡动相关实测数据之间的回归分析

表 7-8　结合 PEST 模型对 Biome-BGC 模型参数优化前和优化后 GPP 值的对比（虎头村站）

类型	线性拟合	R^2	RMSE	GPP			
				最大值 /[g C/(m²·d)]	最小值 /[g C/(m²·d)]	平均值 /[g C/(m²·d)]	总值 /[g C/(m²·a)]
初始模拟	$y = 0.20x + 0.86$	0.36	1.99	6.33	0.24	2.07	756.30
PEST 优化	$y = 0.67x + 1.10$	0.48	1.43	6.26	0.59	2.77	1008.17
实测值	—	—	—	10.18	0.06	2.50	924.36

表 7-9　结合 PEST 模型对 Biome-BGC 模型参数优化前和优化后 NEE 值的对比（虎头村站）

类型	线性拟合	R^2	RMSE	NEE			
				最大值 /[g C/(m²·d)]	最小值 /[g C/(m²·d)]	平均值 /[g C/(m²·d)]	总值 /[g C/(m²·a)]
初始模拟	$y = 0.19x - 0.04$	0.06	1.52	1.48	-2.44	-0.55	-200.73
PEST 优化	$y = 0.85x - 0.09$	0.56	0.97	1.99	-4.12	-1.01	-367.30
实测值	—	—	—	1.67	-4.31	-1.07	-419.16

表 7-10　结合 PEST 模型对 Biome-BGC 模型参数优化前和优化后 ER 值的对比（虎头村站）

类型	线性拟合	R^2	RMSE	ER			
				最大值 /[g C/(m²·d)]	最小值 /[g C/(m²·d)]	平均值 /[g C/(m²·d)]	总值 /[g C/(m²·a)]
初始模拟	$y = 0.30x + 0.18$	0.37	0.81	2.64	0.14	1.11	405.97
PEST 优化	$y = 0.49x + 0.41$	0.80	0.69	3.65	0.25	1.25	455.24
实测值	—	—	—	5.86	0.08	1.41	505.04

表 7-11　结合 PEST 模型对 Biome-BGC 模型参数优化前和优化后 ET 值的对比（虎头村站）

类型	线性拟合	R^2	RMSE	ET			
				最大值/(mm/d)	最小值 /(mm/d)	平均值 /(mm/d)	总值/(mm/a)
初始模拟	$y = 0.82x + 0.06$	0.72	0.80	3.74	0.14	1.32	481.03
PEST 优化	$y = 0.86x + 0.36$	0.76	0.71	4.16	0.13	1.68	613.45
实测值	—	—	—	4.27	0.22	1.52	546.23

7.3　西南喀斯特地区碳水通量时空分布特征

7.3.1　数据来源与预处理

Biome-BGC 模型区域尺度和站点的模拟相似，需要的驱动数据包括：初始文件、气象参数文件、植被生理生态参数文件、CO_2 数据、N 沉降数据和土壤质地数据等。本节采用的基础地理数据、土壤特征数据和植被功能数据均来源于国家地球系统科学数据中心（https://www.geodata.cn/），空间分辨率为 1km。采用的气象数据来源于中国气象科学数据共享服务网（https://data.cma.cn/），将获取到的站点气象要素资料进行空间插值，生成格点数据后进行重采样，最终获得空间分辨率为 1km 的气象栅格数据。除此之外，模型的驱动数据还需要大气 CO_2 数据和氮沉降数据，本节采用的 CO_2 数据来源于美国夏威夷莫奈罗亚气象站的观测数据集（https://gml.noaa.gov/dv/data.html）。氮沉降取模型的默认值。

7.3.2　西南喀斯特地区碳水通量时间分布特征

结合遥感数据和气象栅格数据，采用 Biome-BGC 模型对我国西南喀斯特地区的碳水通量进行区域尺度模拟，得到我国西南典型喀斯特地区的 NEE、GPP、ER、ET 在 2001～

2020 年的平均年总量分别为−146.78g C/(m²·a)、1431g C/(m²·a)、1285g C/(m²·a)、831mm/d，其年际变化规律如图 7-7 所示。

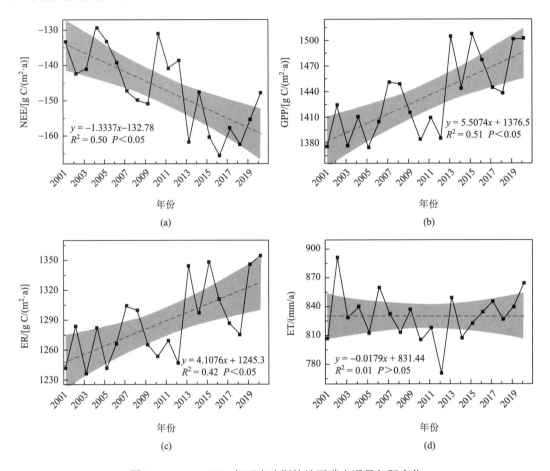

图 7-7　2001～2020 年西南喀斯特地区碳水通量年际变化

从图 7-7（a）中可以得知，我国西南喀斯特地区的生态系统碳汇能力呈现增长的趋势（NEE 曲线下降表示碳汇能力增强），平均以每年−1.3337g C/m² 的速率在增长，最大值出现在 2016 年，为−165.6g C/(m²·a)，最小值出现在 2005 年，为 130.97g C/(m²·a)。与此同时，GPP 值也表现为增长的趋势［图 7-7（b）］，增长速率为 5.5074g C/(m²·a)，最大值为 1508.22g C/(m²·a)，出现在 2015 年，最小值为 1379.22g C/(m²·a)。ER 的年际动态变化特征与 GPP 相似［图 7-7（c）］，其最大值出现在 2020 年，为 1355.22g C/(m²·a)，最小值出现在 2003 年，为 1244.37g C/(m²·a)。与碳通量不同的是，ET 在这 20 年间没有发生显著的变化［图 7-7（d）］，但年际波动比较大，最大值出现在 2002 年，为 892.01mm/a，最小值出现在 2012 年，为 806.69mm/a。该研究结果与前人的研究结果一致，喀斯特生态系统的碳汇能力以及生态系统生产力都呈现了增长的趋势（Tang et al.，2022），然而在 2010～2011 年，NEE、GPP 和 ET 值都出现了一个异常的拐点，这个最低值是由于 2010～2011 年，西南大部分地区出现极端的干旱现象（Wang et al.，2021；Lai et al.，2020；Li et al.，2019）。

7.3.3　西南喀斯特地区碳水通量空间分布特征

2001～2020 年中国西南喀斯特地区碳水通量的空间分布格局如图 7-8 所示。由图 7-8（a）（c）（e）（g）可知，年平均 NEE、GPP、ER 和 ET 值在空间上由西北地区的横断山脉和若尔盖高原向东南地区的云贵高原和广西丘陵平原递增，其中增长率最高值出现在云南的东北部和贵州的西北部，碳水通量的多年平均值和变化趋势都存在明显的空间异质性。由图 7-9 可知，从总体上看，西南喀斯特地区的生态系统表现为碳汇，NEE 的最大平均值出现在云南，为 –157.62g C/(m²·a)，最小值出现在四川，为 –87.01g C/(m²·a)，广西的增长趋势最为显著 [图 7-8（b）]，可以得知，生态系统的固碳能力与海拔和气温有关，海拔越低，生态系统的固碳能力越强。由于纬度较低，植被生长旺盛，光合作用能力较强，GPP 的最大平均值出现在广西，为 1862.57g C/(m²·a)，随着海拔

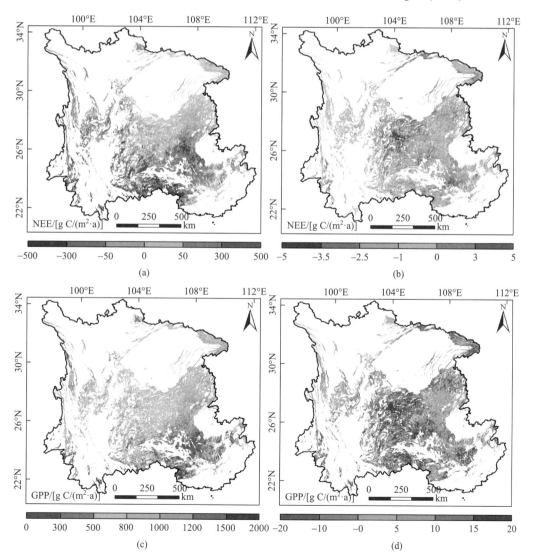

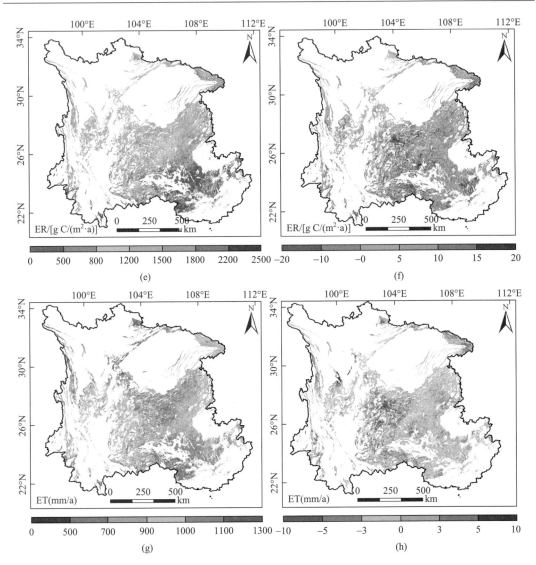

图 7-8　2001～2020 年中国西南喀斯特地区年均碳水通量及其变化趋势空间分布特征
（a）（c）（e）（g）：年均 NEE、GPP、ER、ET 空间变化特征；（b）（d）（f）（h）：NEE、GPP、ER、ET
趋势变化空间分布特征

和纬度的升高，气温减小，GPP 的最小值出现在四川，为 1123.47g C/(m² · a)；西南喀斯特地区的 GPP 整体上呈现增长的趋势，云南的增长速率最为显著［图 7-8（d）］。ER 的增长趋势与 GPP 的增长趋势较为相似［图 7-8（f）］，最大值和最小值出现在广西和四川，分别为 1707.31g C/(m² · a) 和 1034.10g C/(m² · a)。从图 7-8（h）可以得知，几个省区市的 ET 平均值差异性不大，最大值和最小值分别出现在广西和四川，分别为 957.84mm/a 和 725.93mm/a。植被在恢复过程中会使蒸散发减小，这是由于植被的根系会从土壤中吸取水分转化为蒸腾，加上植被覆盖度高，植被冠层达到遮蔽的效果，太阳辐射无法直接到达地面，使得土壤水分的蒸发量减少，从而西南喀斯特地区大面积的 ET 值呈现减小的趋势（Wang et al.，2021）。其中，广西和贵州东部 ET 值的减小趋势最为明显，而云南的增长速率最为显著 [图 7-8（h）]。

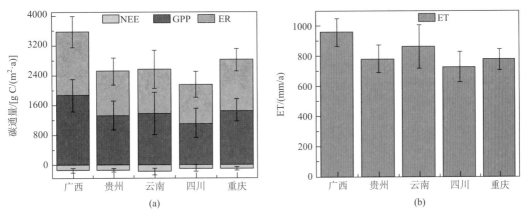

图 7-9　中国西南喀斯特地区各省（区、市）碳水通量多年平均值

7.4　小　　结

本章利用 2019 年通量观测数据对模型参数进行优化，用 2020 年的碳通量实测数据对模型进行模拟验证，使模型更适用于喀斯特生态系统碳水通量的模拟。采用 PEST 模型对 Biome-BGC 模型进行参数优化及敏感性分析，并对两个不同生态系统参数的取值范围及敏感性进行了分析，结论如下。

（1）从模型模拟的结果上看，经过参数优化后的 Biome-BGC 模型能够较好地对退耕农田和苗圃植被进行模拟，模拟的效果较为理想，决定系数 R^2 最高能达到 0.80，但是对于不同的变量，模型的模拟精度有着较大的差异。采用 PEST 模型优化后，模型对虎头村的模拟精度高于槽上站，这是由于槽上的生态结构比虎头村的复杂，不确定因素更多，其中包括非生物过程吸收或释放的 CO_2。植被通过光合作用的形式吸收大气中的碳作为能量为自身提供自养呼吸，因此细根碳与叶碳分配比例（FRC：LC）会对 GPP 有较大的影响。在季节性干旱期间，植被容易受到水分胁迫的影响，通过关闭气孔的方式来减少自身水分的散失，因此，最大气孔导度（g_{max}）是影响植被进行光合作用和叶片蒸腾作用的一个敏感参数。茎碳与叶碳分配比例（SC：LC）和叶片碳氮比（C：N_{leaf}）对 ER 值的模拟结果影响较大，SC：LC 会改变植被根茎和叶片的碳氮比例，从而影响细根呼吸，进而影响微生物活性和异养呼吸。

（2）将 Biome-BGC 模型从站点尺度外延到整个西南喀斯特地区面上计算 2001～2020 年逐栅格影像的碳水通量时空变化特征，发现年平均 NEE、GPP、ER 和 ET 值在空间上由西北地区的横断山脉和若尔盖高原向东南地区的云贵高原和广西丘陵平原递增，其中增长率最大值出现在云南的东北部和贵州的西北部，碳水通量的多年平均值和变化趋势都存在显著的空间异质性。其中，云南喀斯特地区的年均 NEE 值最高，GPP、ER 和 ET 的最大值均出现在广西，最小值在四川。

参 考 文 献

康满春，朱丽平，许行，等，2019. 基于 Biome-BGC 模型的北方杨树人工林碳水通量对气候变化的响应研究. 生态学报，39（7）：2378-2390.

李传华，韩海燕，范也平，等，2019. 基于 Biome-BGC 模型的青藏高原五道梁地区 NPP 变化及情景模拟. 地理科学，39（8）：1330-1339.

李书恒，侯丽，史阿荣，等，2018. 基于 Biome-BGC 模型及树木年轮的太白红杉林生态系统对气候变化的响应研究. 生态学报，38（20）：7435-7446.

刘丽慧，孙皓，李传华，2021. 基于改进土壤冻融水循环的 Biome-BGC 模型估算青藏高原草地 NPP. 地理研究，40（5）：1253-1264.

刘秋雨，张廷龙，孙睿，等，2017. Biome-BGC 模型参数的敏感性和时间异质性. 生态学杂志，36（3）：869-877.

刘腾艳，毛方杰，李雪建，等，2019. 浙江省竹林地上碳储量的时空动态模拟及影响因素. 应用生态学报，30（5）：1743-1753.

王乐，杜灵通，马龙龙，等，2022. 人工灌丛化对荒漠草原生态系统碳储量的影响. 生态学报，42（1）：246-254.

张越，刘康，张红娟，等，2019. 基于 Biome-BGC 模型的秦岭北坡太白红杉林碳源/汇动态和趋势研究. 热带亚热带植物学报，27（3）：235-249.

Bond-Lamberty B，Gower S T，Ahl D E，et al.，2005. Reimplementation of the Biome-BGC model to simulate successional change. Tree Physiology，25（4）：413-424.

Bond-Lamberty B，Gower S T，Ahl D E，2007. Improved simulation of poorly drained forests using Biome-BGC. Tree Physiology，27（2007）：703-715.

Bond-Lamberty B，Peckham S D，Gower S T，et al.，2009. Effects of fire on regional evapotranspiration in the central Canadian boreal forest. Global Change Biology，15（5）：1242-1254.

Chiesi M，Chirici G，Marchetti M，et al.，2016. Testing the applicability of Biome-BGC to simulate beech gross primary production in Europe using a new continental weather dataset. Annals of Forest Science，73（3）：713-727.

Cienciala E，Tatarinov F A，2006. Application of BIOME-BGC model to managed forests. Forest Ecology and Management，237（1/2/3）：252-266.

Cope J，Hartsough C，Thornton P，et al.，2005. Grid-BGC：A grid-enabled terrestrial carbon cycle modeling system. Euro-par 2005，Parallel Processing. Berlin：springer：1285-1294.

Engstrom R，Hope A，Kwon H，et al.，2006. Modeling evapotranspiration in Arctic coastal plain ecosystems using a modified BIOME-BGC model. Journal of Geophysical Research：Biogeosciences，111（G2）：G02021.

Hu Z M，Shi H，Cheng K L，et al.，2018. Joint structural and physiological control on the interannual variation in productivity in a temperate grassland：A data-model comparison. Global Change Biology，24（7）：2965-2979.

Kang S，Kimball J S，Running S W，2006. Simulating effects of fire disturbance and climate change on boreal forest productivity and evapotranspiration. Science of the Total Environment，362（1/2/3）：85-102.

Keyser A R，Kimball J S，Nemani R R，et al.，2000. Simulating the effects of climate change on the carbon balance of North American high-latitude forests. Global Change Biology，6（S1）：185-195.

Kimball J S，Keyser A R，Running S W，et al.，1999. Regional assessment of boreal forest productivity using an ecological process model and remote sensing parameter maps. Tree Physiology，20（11）：761-775.

Lagergren F，Grelle A，Lankreijer H，et al.，2006. Current carbon balance of the forested area in Sweden and its sensitivity to global change as simulated by Biome-BGC. Ecosystems，9（6）：894-908.

Lai P Y，Zhang M，Ge Z X，et al.，2020. Responses of seasonal indicators to extreme droughts in Southwest China. Remote Sensing，12（5）：818.

Law B E，Turner D，Campbell J，et al.，2004. Disturbance and climate effects on carbon stocks and fluxes across Western Oregon USA. Global Change Biology，10（9）：1429-1444.

Li C H，Sun H，Wu X D，et al.，2020. An approach for improving soil water content for modeling net primary production on the

Qinghai-Tibetan Plateau using Biome-BGC model. Catena，184：104253.

Li X Y，Li Y，Chen A P，et al.，2019. The impact of the 2009/2010 drought on vegetation growth and terrestrial carbon balance in Southwest China. Agricultural and Forest Meteorology，269：239-248.

Machimura T，Miyauchi T，Kondo S，et al.，2016. Modified soil hydrological schemes for process-based ecosystem model Biome-BGC. Hydrological Research Letters，10（1）：15-20.

Minaya V，Corzo G，van der Kwast J，et al.，2016. Simulating gross primary production and stand hydrological processes of páramo grasslands in the ecuadorian andean region using the Biome-BGC model. Soil Science，181（7）：335-346.

Running S W，Coughlan J C，1988. A general model of forest ecosystem processes for regional applications I. Hydrologic balance，canopy gas exchange and primary production processes. Ecological Modelling，42（2）：125-154.

Running S W，Gower S T，1991. FOREST-BGC，a general model of forest ecosystem processes for regional applications. II. Dynamic carbon allocation and nitrogen budgets. Tree Physiology，9（1）：147-160.

Running S W，Hunt E R，1993. Generalization of a forest ecosystem process model for other biomes，Biome-BGC，and an application for global-scale models. Scaling Physiological Processes，42（2）：141-158.

Schmid S，Thürig E，Kaufmann E，et al.，2006. Effect of forest management on future carbon pools and fluxes：A model comparison. Forest Ecology and Management，237（1/2/3）：65-82.

Tang X G，Xiao J F，Ma M G，et al.，2022. Satellite evidence for China's leading role in restoring vegetation productivity over global karst ecosystems. Forest Ecology and Management，507：120000.

Tatarinov F A，Cienciala E，2006. Application of Biome-BGC model to managed forests. Forest Ecology and Management，237（1-3）：267-279.

Thornton P E，Law B E，Gholz H L，et al.，2002. Modeling and measuring the effects of disturbance history and climate on carbon and water budgets in evergreen needleleaf forests. Agricultural and Forest Meteorology，113（1）：185-222.

Turner D P，Guzy M，Lefsky M A，et al.，2016. Effects of land use and fine-scale environmental heterogeneity on net ecosystem production over a temperate coniferous forest landscape. Tellus B：Chemical and Physical Meteorology，55（2）：657-668.

Ueyama M，Ichii K，Hirata R，et al.，2010. Simulating carbon and water cycles of larch forests in East Asia by the Biome-BGC model with AsiaFlux data. Biogeosciences，7（3）：959-977.

Wang M，Ding Z，Wu C，et al.，2021. Divergent responses of ecosystem water-use efficiency to extreme seasonal droughts in Southwest China. Science of the Total Environment，760：143427.

White M A，Thornton P E，Running S W，et al.，2000. Parameterization and sensitivity analysis of the BIOME-BGC terrestrial ecosystem model：Net primary production controls. Earth Interactions，4（3）：1-85.

Wang Q X，Watanabe M，Ouyang Z，2005. Simulation of water and carbon fluxes using Biome-BGC model over crops in China. Agricultural and Forest Meteorology，131：209-224.

Wang W L，Dungan J，Hashimoto H，et al.，2011. Diagnosing and assessing uncertainties of terrestrial ecosystem models in a multimodel ensemble experiment：2. Carbon balance. Global Change Biology，17（3）：1367-1378.

Yan M，Li Z Y，Tian X，et al.，2019. Improved simulation of carbon and water fluxes by assimilating multi-layer soil temperature and moisture into process-based biogeochemical model. Forest Ecosystems，6（1）：1-15.

第8章 水文过程模拟

8.1 概 述

我国是岩溶大国，碳酸盐岩的分布面积高达 $3.46 \times 10^6 km^2$，其中裸露面积约为 90 万 km^2（袁道先，1982）。西南地区热带-亚热带岩溶分布最为密集，同时人口密度大，经济发展-人口需水-脆弱岩溶环境之间的供需矛盾极为突出，水资源短缺是制约该地区经济发展的重要因素之一。在西南典型岩溶地区开展水文模拟预测研究，对于区域岩溶水资源评价、洪水风险管理、水资源统筹配置以及满足岩溶地区水资源的可持续性发展具有极为重要的战略意义和实用价值（唐佐其等，2020）。岩溶水文模型的出现为岩溶地区水文模拟预测提供了一条良好的途径（Qiu et al.，2019；Liu et al.，2019）。

本章借助新一代岩溶流域洪水预报的岩溶-流溪河模型，以重庆青木关岩溶槽谷流域、广西环江木连流域和贵州陈旗岩溶流域为例，这三个典型的岩溶流域作为重庆、广西和贵州岩溶流域的代表，在一定程度上也可以代表我国西南其他岩溶流域，尤其是能够反映类似的岩溶流域下垫面条件和产汇流特征，通过对比这几个流域的岩溶水文相似性与差异，对研究区内地下河的水文过程进行精细化模拟研究，对比其岩溶水文过程的模拟效果，探索适用于我国西南岩溶地区水文预报的分布式水文模型，可为我国西南岩溶地区水文预报、洪水风险管理和水资源定量评估提供必要的理论依据和关键的技术支撑。

8.2 岩溶水文模型概述

水文模型是对流域水文循环过程进行定量模拟、预报的数学模型，是现代水文预报、水资源管理等方面的一个重要工具（夏军等，2011；陈洋波，2009；郭生练，1997）。水文模型作为水文预报的基础工具，是一个多学科相互交叉融合的综合技术手段（刘昌明等，2004；芮孝芳和黄国如，2004）。其发展和演化与现代计算机科学、工程科学、数学、物理学科以及 3S（GNSS、GIS、RS）技术等交叉学科的发展相辅相成、密不可分（林剑艺和程春田，2006）。1932 年谢尔曼提出的单位线（Sherman，1932）和 1933 年 Horton 提出的下渗理论为早期流域水文模型形成奠定了理论基础。但直到 20 世纪 50 年代末，真正意义上可对水文循环过程定量描述的流域水文模型才正式出现，即 SHE 模型（吕允刚等，2008；贾仰文等，2005；Abbott et al.，1986a，1986b）。

岩溶水文模型，顾名思义是用于岩溶地区水文模拟预报的模型，其与非岩溶流域的水文模型差别较大（卢德宝等，2013；卢耀如，1982）。由于岩溶流域地表的峰丛洼地和峰林平原，地下广泛发育的岩溶裂隙和管道系统，以及溶洞、竖井、天坑等（常勇和刘玲，2015；何宇彬，1997），普通的水文模型要适用于岩溶地区，就需要调整模型结构，尤其是深化地下径流产汇流模块，刻画复杂的、各向异性的岩溶含水介质中的水分运动和转化规律（薛冰贤等，2019；章程等，2007；Ford and Williams，2007）。由于岩溶地区复杂的水文地质条件限制，由岩溶洞穴、管道、裂隙、孔隙等多重介质组成的岩溶含水系统通常高度非均质化（Mario et al.，2019；常勇和刘玲，2015），导致岩溶裂隙介质和管道中地下水的运动机理很难定量模拟（Williams，2009）。目前，岩溶水文模型实际应用中常见的做法是对岩溶含水介质进行概化处理，但是基于数学物理模型对岩溶水系统的空间结构难以精确量化，导致针对岩溶水文过程的模拟结果经常存在较大的误差，这也是当前岩溶地下水模拟中存在的最主要的难题（Kovács and Perrochet，2007）。同时，受理论方法和技术的限制，传统水文学方法如集总式水文模型应用在岩溶地区地下河系统定量评价时，通常存在不同程度的精度问题（Bittner et al.，2020；Sarrazin et al.，2018）。分布式水文模型的出现为岩溶地区水文模拟预测和水资源评价提供了一条良好的途径（Qiu et al.，2019；Liu et al.，2019）。

总体而言，岩溶水文模型包括集总式模型和分布式模型两大类，主要区别在于二者对流域的划分方式不同，且分布式模型考虑岩溶含水系统内部的物理水文过程（Hartmann et al.，2013）。早期的岩溶水文模型多为集总式模型，建模前通常先进行一定的条件假设和概化处理，之后通过解析解求出目标函数的最优值（潘欢迎，2014；蒙海花和王腊春，2010）。随着 3S 技术、数学和计算机技术的高速发展（贾晓青，2008），构建岩溶水文模型时通常可以多学科交叉融合，通过选取适合的数学物理方法来细化流域为很多岩溶子流域单元，使得岩溶水文模型的发展趋于分布式，基于数值解来实现对岩溶水文过程的模拟预测研究。

8.3　典型岩溶流域概况

8.3.1　重庆青木关流域

青木关岩溶流域位于四川盆地东南部，重庆市北碚区、沙坪坝区和璧山县的交界处，坐标 29°40′～29°47′N，106°17′～106°20′E，流域面积 13.4km²，属亚热带湿润季风气候区。多年平均降水量为 1250mm，多年平均气温 16.5℃，降水主要集中在 5～9 月（王尊波等，2016）。流域属于川东平行岭谷缙云山温塘峡背斜南延部分——青木关背斜轴部，背斜表面破碎严重，断层发育，有较大面积的三叠系碳酸盐岩出露，在长期的水流溶蚀作用下，形成“一山两岭一槽”式的典型岩溶地貌形态（刘仙等，2009）。这种岩溶地貌发育特性在西南岩溶地区极为常见，尤其多见于重庆岩溶地区。青木关岩溶槽谷为北北东—南南西走向，呈狭长带状微度弯曲的弧形构造，南北长约 12km，区内山脉走向与构造线方向基本一致，地势北高南低，起伏较缓，海拔相对高差在 200～300m。青木关流域概况如图 8-1 所示，详细信息如表 8-1 所示。

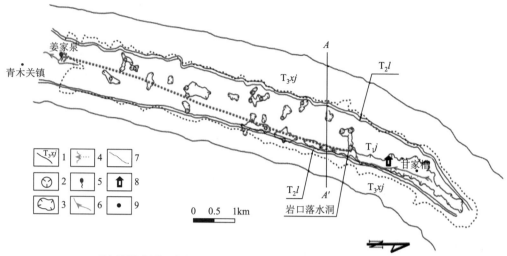

1-研究区地层界线及代号；2-落水洞；3-岩溶洼地；4-地下河；5-岩溶泉点；
6-地表水；7-地表分水岭；8-气象站点；9-地物名

(a) 青木关流域图[改自杨平恒等（2008）]

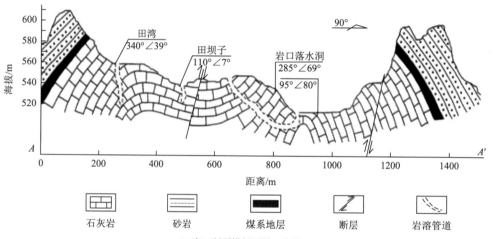

(b) 岩口断面横剖面图（张强，2012）

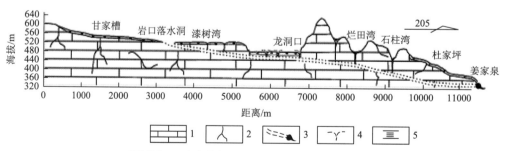

1-碳酸盐岩；2-岩溶裂隙；3-地下河及出口；4-落水洞；5-土壤层

(c) 研究区纵剖面图（杨平恒等，2008）

图 8-1　青木关流域概况

表 8-1　3 个喀斯特流域气象水文差异性和岩溶发育差异性

流域	气候类型	气象水文差异性				岩溶发育差异性				
		年均气温/℃	多年平均降水量/mm	岩溶地下水补给	地下河动态曲线	地表岩溶地貌	岩溶形态	岩石类型	地下岩溶含水介质	产流模式
青木关	亚热带季风性湿润气候	16.5	1250	降水补给	管道流	槽谷	埋藏型为主	灰岩	单一的岩溶地下河管道系统；裂隙系统发育	蓄满产流
木连	亚热带季风气候	19.9	1389	降水补给为主	管道流为主	峰丛洼地	埋藏型和裸露型	白云岩	岩溶裂隙系统；管道系统	蓄满产流为主
陈旗	亚热带季风气候	14.2	1336	降水补给	管道流	高原	裸露型岩溶为主	灰岩	溶隙系统发育；大型岩溶管道系统	蓄满产流和超渗产流

　　青木关地下暗河系统发育于岩溶槽谷中，区内岩溶地貌发育的封闭条件较好，大气降水是该区地下河系统的主要补给来源（杨平恒等，2008）。降水扣除蒸散发和植物截留后大部分水量沿坡面汇集到槽谷底部的洼地，通过表层裂隙面状分散入渗以及落水洞集中注入方式补给地下河。上游地表水在平缓的谷地中汇集后经岩口落水洞（洞口高程 524m）进入地下河，中下游地表水则主要通过串珠状的小型落水洞或岩溶裂隙进入地下河系，最终通过南部敞开处的地下暗河出口（高程 320m）排出，暗河长约 7.4km。流域汇水范围主要由下三叠统嘉陵江组（T_1j）和两侧山坡地带中三叠统雷口坡组（T_2l）碳酸盐岩以及部分上三叠统须家河组（T_3xj）石英砂岩、泥岩地层出露区组成（张强，2012）。

8.3.2　广西木连流域

　　木连岩溶小流域，即中国科学院环江喀斯特生态系统观测研究站木连综合试验示范区（24°43′～24°44′N，108°18′～108°19′E），位于广西壮族自治区环江毛南族自治县。流域属于中亚热带季风气候，年均气温 19.9℃，极端低温为 −5.2℃，极端高温为 38.7℃，全年无霜期为 300～330d；≥10℃ 积温为 5500～6530℃，太阳年平均辐射总量为 414.1kJ/cm²。年均降水量为 1389.1mm，降水丰富但季节分布不均，雨季降水量占全年降水量的 70% 以上（陈洪松等，2012）。木连流域观测系统布局如图 8-2 所示，详细信息如表 8-1 所示。

　　研究区为典型的岩溶峰丛洼地，总面积为 146.1hm²，海拔为 272.0～647.2m，60% 的坡地坡度大于 25°，坡地、洼地平均基岩裸露率分别为 30% 和 15%，相应的土层深度分别为 10～50cm 和 20～160cm。土壤由白云岩发育而成，地表多覆盖碎石（粒径＞2mm），表土碎石体积含量可达 10%～40%；土壤质地为黏土和黏壤土，粉粒、黏粒质量分数分别为 25%～50%、30%～60%；土壤有机质质量分数为 2.2%～10.1%，土壤为中性至微碱性（陈洪松等，2012）。

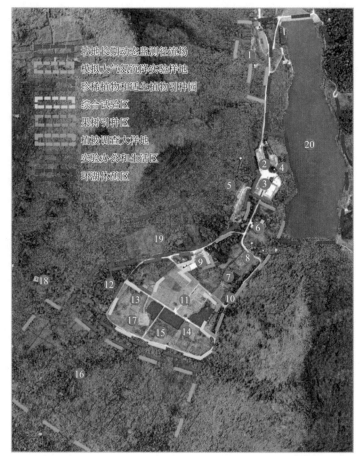

环江站观测系统分布

1. 模拟氮沉降样地；
2. 实验区
3. 办公区
4. 生活区
5. 喀斯特关键带三维水土过程
　观测样地；
6. 模拟降雨试验场；
7. 育种场；
8. 流域出口监测点；
9. 室外模拟降雨试验场；
11. 农业生态系统观测样地；
13. 豆科植物引种观测样地；
14. 豆科固氮过程监测样地；
15. 人工牧草地生态系统功能
　监测平台；
16. 植被监测大样地；
17. 气象场；
18. 干旱胁迫下植物生长监测样地；
19. 大径流场
20. 岩溶湖

图 8-2　木连流域观测系统布局

　　研究区地带性植被类型为常绿阔叶林。荒草地和稀疏灌丛为研究区主要的植被类型，但西南部山坡、洼地溪流水两侧以及四周坡麓地带有斑块状和条带状分布的茂密的灌木林或次生林。由于 20 余年的植被恢复，洼地西南部以及局部低洼地段土壤常年大部分时间处于积水或饱和状态，坡脚有 3~5 个间隙泉（雨季出流泉水）。2004 年下半年开始，约一半洼地（东北部）重新开发，布设有旱地、水田、果园、草地等试验样地（陈洪松等，2012）。

　　2004 年底开始，在一面东南向山坡中下部修建了 13 个宽 20m 的大型（投影面积＞1000m² ）径流小区。小区修建前，坡面土壤和植被较为均一，地表基岩裸露率低（＜10%），但碎石覆盖率较高（30%~60%），表土碎石体积含量为 10%~30%。土壤粉粒、黏粒质量分数分别为 20%~35% 和 35%~45%，土壤有机质质量分数为 4.0%~5.5%。沿坡向下，土层厚度由 10~30cm 增加到 50~80cm；植被类型由灌草丛逐渐转变为灌丛，植被覆盖率由 50%~70% 增加到 70%~90%。径流小区四周用砖石浆砌围隔（地表、地下各约 20cm），以阻挡区内外地表径流和泥沙出入（陈洪松等，2012）。区内径流小区分布情况如图 8-3 所示。

图 8-3　木连流域多尺度水文监测平台布设图

8.3.3　贵州陈旗流域

陈旗流域（26°15′36″～26°15′56″N，105°43′30″～105°44′42″E）位于贵州省黔中丘原盆地区的普定岩溶盆地，流域面积为 0.9km^2。该流域属于亚热带季风湿润气候，多年平均降水量为 1336mm，降水主要集中在 5～8 月，年均气温为 14.2℃（薛冰贤等，2019）。

流域具有贵州典型的峰丛山体、峰丛洼地地貌及岩溶水文地质特征。由于岩溶发育，岩层裸露现象严重，且溶隙发育，降水一般经过溶隙补给岩溶地下水，径流经粗大裂隙管道在流域出口以泉水形式排泄（薛冰贤等，2019）。流域以三叠系关岭组第二段第二、三亚段厚层灰岩、薄层灰岩夹泥灰岩和少量白云质灰岩为主，属于可溶性岩石，风化过程以溶蚀为主，形成的土层主要为碳酸盐岩土。峰丛山体上部为关岭组地层，其上部为厚层灰岩，中部为中厚层灰岩与白云岩互层，下部为泥岩及泥灰岩；关岭组下部为永宁镇组地层，少有出露，基本被第四系地层和植被覆盖。第四系主要分布于河谷阶地及溶蚀谷地、洼地中，主要作为耕地使用（张志才等，2011）。陈旗流域概况如图 8-4 所示。

区内表层岩溶带发育极为典型，利用实地调查与探地雷达技术对研究区峰丛山体表层岩溶带发育特征进行观测，结果表明，表层岩溶带中中等裂隙是水分储存及运移的主要空间。以构造层面为界，将剖面分为上下两部分，上部剖面总裂隙率为 6.9%，下部剖面总裂隙率为 2.4%。受岩溶溶蚀作用影响，上部各等级裂隙率均大于下部剖面相应裂隙率，且各级裂隙及总裂隙均随深度增加显著减小（张志才等，2011）。所选剖面的表层岩溶带实测结果如图 8-5 所示。

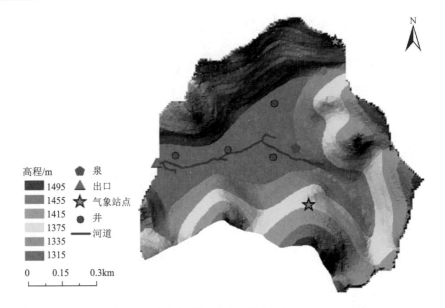

图 8-4　陈旗流域概况图（薛冰贤等，2019）

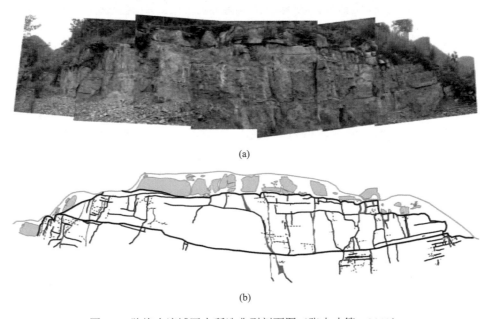

图 8-5　陈旗小流域区内所选典型剖面图（张志才等，2011）

8.3.4　三个岩溶小流域的水文相似性与差异

本节中的三个典型的岩溶小流域即青木关岩溶槽谷流域、环江木连岩溶小流域和陈旗岩溶流域可以作为重庆、广西和贵州岩溶流域的代表。这三个流域的岩溶发育特性与水文地质条件具有一定的相似性。它们都位于我国西南岩溶地区，西南岩溶区占全国岩溶类型总面积的近 1/3（吴应科等，1998）。该区气候多属于亚热带湿润季风气候，多年平均降水量为 1200～1400mm（王尊波等，2016），均属于较为湿润的岩溶地区，使得流域的产流方式以蓄满产流为主，部分裸露型岩溶地貌单元上也可能存在一定的超渗产流。姜光辉和郭芳（2009）探讨了岩溶坡地 5 种产流模式，认为石质坡地的径流是表层岩溶带产流、超渗产流、蓄满产流（饱和产流）的集合。

相似的气候特点使得这三个流域的岩溶发育和水文特性具有一定的相似性，部分地区裸露型岩溶地貌和埋藏型岩溶地貌共存，表现在地表发育有峰丛洼地地貌（如木连流域和陈旗流域），地下则岩溶裂隙和管道系统极为发育（如青木关岩溶槽谷流域）。地下河的水分来源均以降水补给为主，岩溶地下河出口处水位流量动态随降水量同步变化，对降水响应非常敏感。地下河动态曲线属于管道流为主的响应曲线，表现出我国西南岩溶地下河普遍具有的水文过程动态特征线。

然而，由于这三个岩溶流域地理位置不同，其水文地质条件和岩溶发育特性也具有一定的差异（表 8-1）。青木关岩溶流域属于川东平行岭谷缙云山温塘峡背斜南延部分——青木关背斜轴部、背斜表面破碎严重，断层发育，有较大面积的三叠系碳酸盐岩出露，在长期的水流溶蚀作用下，形成"一山两岭一槽"式的典型岩溶槽谷地貌形态（刘仙等，2009）。这种岩溶槽谷地貌在重庆极为常见，如中梁山岩溶槽谷区和南山老龙洞流域。青木关地下暗河系统发育于岩溶槽谷中，区内岩溶地貌发育的封闭条件较好，大部分降水沿坡面汇集到槽谷底部的洼地，并通过表层裂隙面状分散入渗以及经落水洞集中注入的方式补给地下河。槽谷地貌和地势特性为洪水的演化和传播提供了便利的条件，"旱涝并存"是这种岩溶槽谷区较常见的现象。青木关流域基本以埋藏型岩溶地貌为主，区内产流方式为蓄满产流模式。

木连流域的岩溶地貌是典型的岩溶峰丛洼地，60%的坡地坡度大于 25°。坡地、洼地平均基岩裸露率分别为 30%和 15%。流域不同土地利用方式下的地表产流较少，降水几乎全部入渗，坡面降水产流以蓄满产流为主。这与小区基岩裸露率低、中下部土层较厚、土壤入渗率高密切相关。但是，裸露基岩或局部土层浅薄地段因降水入渗率低而以超渗产流为主。降雨过程中及雨后，入渗雨水除部分储蓄在较深厚的土体中外，一部分在土壤-岩石界面形成壤中流汇入洼地低洼地段，另一部分通过表层岩溶带的孔洞、管道、裂隙等渗入地下河系统（陈洪松等，2012）。

陈旗流域位于贵州省黔中丘原盆地区的普定岩溶盆地。流域具有贵州典型的峰丛山体、峰丛洼地地貌及岩溶水文地质特征。山坡单元上的降水径流是峰丛-洼地岩溶地貌区主要水源（薛冰贤等，2019）。地表岩溶发育特性与木连流域具有一定的相似性（峰丛洼地地貌）。区内表层岩溶带与上覆土壤和底部传输带渗透性具有较大差异，地表超渗产流较少发生，产流方式以蓄满产流为主，但是在裸露的峰丛洼地部分地貌单元上也存在地表超渗产流过程，降水一般经过溶隙补给岩溶地下水，径流经粗大裂隙管道在流域出口以泉水形式排泄（张志才等，2011）。

综上所述，青木关、木连和陈旗岩溶流域的水文相似性较强，岩溶发育动态和水文地质条件的差异较小。总体而言，这三个流域均属于湿润的西南岩溶地区，区内产流方式均以蓄满产流模式为主，但在部分裸露的岩溶地貌单元上会产生一定量的超渗产流。因此，在岩溶-流溪河模型定量模拟其岩溶水文过程时，需要对这两种不同的产流模式进行分别刻画，以与流域实际的产汇流规律相符，提高模型用于岩溶水文模拟预报的精度和性能。

8.3.5 建模基础数据

在岩溶-流溪河模型建模中，主要采用的流域特性物理数据包括 DEM、土地利用类型和土壤类型以及降水和相应的流量过程数据。本节采用的 DEM 数据来自地理空间数据云免费的 30m×30m 分辨率的数据（http://www.gscloud.cn/search#dlv = Wzg4LFswLDEwLDEsMF0sW1siZGF0YWhdGUiLDBdXSxbXSw5OV0%3D）。考虑这三个岩溶流域的面积较小，在 ArcGIS 10.2 软件结合岩溶-流溪河模型中对 DEM 进行重采样到 15m×15m 的空间分辨率。土地利用类型（land use type）又称植被类型（vegetation type）或地表覆盖类型（land cover type）。目前，国际上已有几个空间分辨率为 1km 的数据库，可通过国际互联网免费下载。本章从美国马里兰大学全球观测实验室与中国科学院地理科学与资源研究所联合实验室网站的全球土地覆盖数据数据库中（http://www.fao.org/soils-portal/soil-survey/soil-classification/geology-unified-soil-classification/zh/）下载了流域的土地利用类型数据，空间分辨率为 1000m×1000m，从世界土壤信息（World Soil Information, ISRIC）网站的全球土壤类型数据库（http://www.isric.org/）中下载了流域的土壤类型数据，空间分辨率为 1000m×1000m。后期需要对土壤类型和土地利用类型数据进行重采样到 15m×15m 的空间分辨率，使其与模型空间分辨率相匹配。

岩溶-流溪河模型需要采用研究区内实测的降水和径流数据来率定模型参数和验证模型效果，因此需要收集这三个岩溶小流域的降水和流量过程数据。青木关流域内目前具有自动气象雨量站两个：虎头村气象站和姜家泉气象站。本研究收集到 2017 年 4 月 14 日~2019 年 6 月 5 日的逐时降水数据，并匹配到姜家泉出口水文断面收集到的 15min 一次的水位数据（结合矩形堰相关公式将其换算为流量数据），将降水和峰值流量过程数据整合成洪水事件，并采用改进后的岩溶-流溪河模型进行模拟效果验证研究。共收集到 16 场流量过程，其中最开始的三场连续的流量过程用于率定模型参数，后面全部的流量过程用于验证模型模拟效果。

木连岩溶流域由于缺乏坡面降水产流观测数据，参考有关小流域径流系数（径流量/降水量）的观测结果，按径流系数 0.3~0.5、最大暴雨 100~150mm 设计了高度均为 1m 的大（2m×2m）、中（2m×1m）、小（1m×1m）三个互相连接的集水池。每次降水后，及时观测集水池水位，计算小区降水产流量和径流量（陈洪松等，2012）。降水量和降水强度分别采用研究区人工、自动气象站的观测资料，不同水文年按多年平均降水量的±15%来确定。本次研究中收集到了区内出站水文站点 2012 年 7 月~2013 年 11 月系列降水和流量过程，其中，模型率定期为 2012 年 7 月 14 日~2013 年 3 月 20 日，验证期为 2013 年 6 月 22 日~2013 年 11 月 15 日，计算步长为 24h。

陈旗流域内在阳坡、火烧坡位置分别设立了 HOBO 小型气象站，获取实时降水、气温、气压、风速、湿度、太阳辐射等气象资料，利用彭曼公式计算潜在蒸散发量（薛冰贤等，2019）。流域出口处修建了三角堰并分别放置了 HOBO 水位自计仪观测水位，获取 5min 间隔的实时水位数据，通过堰流公式计算获得流域的流量数据。利用流域洼地内 4 眼观测井的水位数据，推求流域洼地地下水埋深。收集了流域出口水文站 2019 年 10 月～2020 年 12 月系列的降水和流量过程，其中，模型率定期为 2019 年 10 月 30 日～2020 年 3 月 15 日，验证期为 2020 年 3 月 18 日～2020 年 12 月 21 日，计算步长为 5min。

8.4　岩溶–流溪河模型建模及参数优选

8.4.1　流溪河模型

流溪河模型原型是由中山大学陈洋波（2009）教授及其科研团队历经 10 余年研究而提出的一个主要用于流域洪水预报的分布式物理水文模型，因该模型是在广东省从化流溪河流域洪水预报中提出的，故命名为流溪河模型。由陈洋波主持开发的主要用于流溪河模型流域洪水预报方案编制的 CYB 流溪河模型系统（简称 CYB.LMS）获得了中国国家计算机软件著作权登记，登记号 2008SR27060。用于流域实时洪水预报的 CYB 流溪河模型实时洪水预报系统（简称 CYB.LMS-R）开发完成后，就在国内多个水库入库洪水预报中进行了试用，效果良好。流溪河模型目前已在入库洪水预报、中小流域洪水预报、山洪地质灾害预报、城市内涝洪水预报等领域成功应用，且取得了丰硕的成果与经验（Li et al.，2017，2019；Chen et al.，2018；陈洋波，2009）。流溪河模型结构示意如图 8-6 所示。

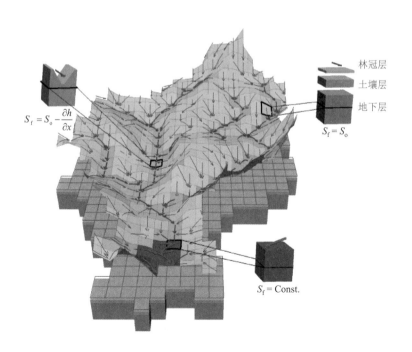

图 8-6　流溪河模型结构示意图（陈洋波，2009）

整个模型分成 8 个相互独立的部分，称为子模型，分别为流域划分与数据挖掘、单元分类与断面估算、降雨融合、蒸散发计算、产流计算、汇流计算、参数敏感性分析、参数优选 8 个子模型，各个子模型的功能如下。

流域划分与数据挖掘子模型：挖掘各类流域特性数据，包括数字高程模型、土地利用类型、土壤类型等。在此基础上，根据 DEM 将流域划分成单元，或称单元流域；确定各个单元流域上的物理特性数据。

单元分类与断面估算子模型：对单元流域进行分类，对于河道单元，估算各单元上的河道断面形状与尺寸。

降雨融合子模型：根据现有的流域内的多源降雨数据，主要是雷达估算或预报的降雨、地面雨量计实测的降雨以及天气预报的降雨，采用相应的数据融合方法，估算各个单元流域上的降雨量。

蒸散发计算子模型：根据单元流域上的降雨量及土壤前期含水量，计算确定各个单元流域上的蒸散发量。

产流计算子模型：根据单元流域上的降雨量、蒸散发量，计算确定各个单元流域上的产流量，并将其划分成地表径流、壤中流和地下径流。

汇流计算子模型：对各单元流域上产生的地表径流量进行汇流计算，确定流域上各个单元及控制点的水文过程，包括流量、径流深等，汇流分成边坡汇流、河道汇流和水库汇流三种类型，分别采用不同的方法进行计算。

参数敏感性分析子模型：采用相应的方法，对模型参数进行敏感性分析，或称不确定性分析，确定各个参数的敏感程度及其对模型预报不确定性的影响。

参数优选子模型：采用有效的模型参数优化方法，优选各个单元上的模型参数，保证参数的预报效果。

8.4.2　岩溶-流溪河模型

流溪河模型作为陆地水文模型，其结构和功能在岩溶地下水计算方面尚存在一定的不足，如图 8-6 流溪河模型结构示意图中其将整个地下划分为一层结构，采用线性水库汇流法来演算地下水汇流过程，这样的处理方式在复杂的、非线性的岩溶地下水系统中不合适，需加入岩溶流域水文循环机制，对流溪河模型的地下径流模块进行改进。

通常分布式模型采用 DEM 数据将整个岩溶流域划分成一系列单元，每个单元被看作一个独立的、具有物理意义的岩溶子流域。为了使岩溶-流溪河模型对岩溶下垫面特征的刻画更加精细和准确，将划分的岩溶子流域进一步细化为一系列空间独立的岩溶水文网格单元，岩溶发育特性在单元内部的空间差异要小于单元之间的差异，每个岩溶水文网格单元都有自己的模型参数，整个岩溶水文过程，包括降雨空间插值、蒸散发计算、产汇流计算以及调蓄过程都是在该岩溶水文网格单元上进行的，并在岩溶子流域内汇总，然后通过子流域间的地下暗河系统汇流形成流域出口流量。岩溶水文网格单元的划分能够最大限度地利用有限的气象水文和地质资料，更加细致地反映流域下垫面的产汇流特征。原始的流溪河模型地下为单层结构，而改进的模型将岩溶水文网格单元在垂直方向上划分为五层结构：林冠层、土壤层、土壤层之下的表层岩溶带、基岩层和岩溶地下河。岩溶水文网格单元的结构示意图如图 8-7（a）所示。

图 8-7（b）是作者团队在实验室建立的岩溶水文网格单元的三维模型空间示意图，目的是便于直观地理解岩溶含水介质中水分是如何移动和转化的，如分析快速流和慢速流的存在位置和运移方式以及二者之间的水量交换关系。这样做使得划分的岩溶水文网格单元的结构更加立体和直观，有助于水文模型的后续建模和模拟计算工作。

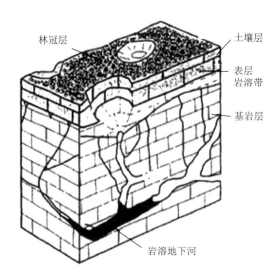

(a) 岩溶水文网格单元结构[改自任启伟（2006）]

(b) 岩溶水文网格单元模型图

图 8-7 岩溶水文网格单元的结构示意图

岩溶-流溪河模型总体框架上为双重结构，包括岩溶水循环的地面部分和地下部分。地面部分控制着子流域内地表水的输入，地下部分完成岩溶地下暗河的汇流输出，在模型地下结构基础上加入岩溶水蓄水库功能。其中，关于地表径流产汇流计算仍然采用与流溪河模型相同的方法。降落在岩溶水文网格单元上的降雨扣除蒸散发和植物截留等损失后的部分称为净雨。对于降雨的空间插值方法采用泰森多边形法和反距离加权插值法将流域内有限个雨量站的点降雨结果插值成全流域的面降雨；采用叶面积指数的函数来反映植物截留的水量；蒸散发计算采用彭曼公式进行。当净雨大于零时，其通过下渗作用进入地表层中的土壤中，首先补充包气带的含水量，当土壤层中的蓄水量超过田间持水量时，土壤中的水一方面向更下层的表层岩溶带发生渗漏，另一方面形成壤中流向下游单元作侧向流动。壤中流采用达西公式和水量平衡公式计算。当包气带达到饱和后部分净雨将形成地表径流，通过边坡、河道和水库单元汇流到流域出口断面。边坡汇流即发生在流域边坡单元上的地表径流汇流，采用运动波法进行计算；对河道汇流，用扩散波法进行计算；对水库汇流，结合水库库容曲线和调蓄过程采用一种类似于河道汇流的平移方法进行汇流计算。上述这些流溪河模型具体的原理和相关算法略，详见流溪河模型专著（陈洋波，2009）。

　　表层岩溶带中的水分继续下渗后通过岩溶裂隙和管道系统最终汇入地下河系统。本节研究的重点就是岩溶关键带中的这部分水量在裂隙和管道介质中的运移和转化计算。由于复杂的水文地质条件下岩溶含水介质中的水分运动计算较为困难，故重新设计流溪河模型的地下径流汇流模块。建模时进行一系列的优化处理。

　　首先，在模型中将岩溶地下河系统概化为一个多空间嵌套的结构。目前，在进行岩溶介质概化时多采用等效裂隙介质模型，而由于岩溶介质的空间不连续性和各向异性，采用同一种方法概化岩溶介质必然造成与实际情况不符（曾科，2012）。为了能更加准确地概化研究区的岩溶含水介质情况，对不同类型的岩溶介质采用不同的方法进行概化：把研究区内的暗河概化为模型中可识别的汇水系统，其中，暗河主管道的分布和流向等信息可通过示踪实验推求，暗河干流水系划分可以参考地表河流分级方法；将岩溶裂隙介质概化为等效连续介质模型；溶蚀裂隙为主的富水带概化为饱和的、有效孔隙度较大的、高渗透性含水介质；将溶洞概化为垂向入渗系数和孔隙度较大的、给水度较小的各向异性介质；断层处理为垂直渗透系数和给水度较大的各向异性介质，这样的多元概化方式使得模型可以有效识别和计算不同岩溶含水介质中水分的运移和转化规律。

　　其次，在模型填洼计算时需要将流域内落水洞、竖井和天坑等岩溶真实洼地与 DEM 数据自身误差造成的"假洼地"区分开来。通过前期流域踏勘掌握区内这些岩溶洼地等负地形的位置、海拔和大致尺寸等信息，后续建模计算时通过 DEM 数据预处理筛选并保留这些真实洼地，填洼计算"假洼地"，在模型产汇流计算时需要单独考虑落水洞、竖井等这些特殊岩溶地形的产汇流过程。另外，在模拟流域地下暗河出口流量时，通过模型地下结构的岩溶水蓄水库功能，估算流域上游这些岩溶洼地等负地形和暗河主管道中可能存在的一些溶潭或地下湖造成的"滞洪"和"削峰"作用，以提高模型模拟结果的准确性。这些暗河中可能存在的溶潭或地下湖起着岩溶蓄水库的作用，其位置和尺寸通过在研究区内开展岩溶管道示踪实验大致估算。

　　最后，在改进的模型中重点考虑岩溶关键带——表层岩溶带中的水分运移方式，将其中的岩溶地下水运动模式分为慢速流和快速流两种。慢速流主要存在于微小的岩溶裂隙中，而快速流则主要存在于较宽的岩溶孔隙、管道、落水洞和地下河中。Atkinson（1977）指出，当岩溶裂隙宽度超过 10cm 时，岩溶含水介质中的水流为非达西流动，即速度较快的湍流，也是本研究中的快速流。以岩溶裂隙宽度 10cm 为阈值，当裂隙宽度超过 10cm 时，岩溶含水介质中地下水运动规律为快速流，否则是慢速流。快速流通过大的岩溶管道迅速进入地下河系统，可以忽略其对水量的调蓄作用；而慢速流主要存在于细小的岩溶裂隙中，对降雨入渗水分起着重要的调节作用。岩溶关键带中慢速流和快速流的流量为

$$
\begin{cases}
\mathrm{SW_{epi}} = Q_{\mathrm{inf}} - Q_{\mathrm{r}} \\
Q_{\mathrm{r}} = -2A\log\left(\dfrac{k_{\mathrm{c}}}{3.71d} + \dfrac{2.51v}{d\sqrt{2gd\dfrac{\partial h_{\mathrm{c}}}{\partial x}}}\right)\sqrt{2gd\dfrac{\partial h_{\mathrm{c}}}{\partial x}}
\end{cases}
\tag{8-1}
$$

式中，SW_{epi} 为表层岩溶带中的慢速流的流量（L/s）；Q_{inf} 为表层带中降雨入渗总流量（L/s）；Q_r 为快速流流量（L/s）；A 为管道横截面积（m^2）；k_c 为岩溶管道壁的平均高度（m）；d 为管道直径（m）；$v = \mu/\rho$，为运动黏度系数，可以通过地下水温度来计算；g 为重力加速度，$9.8 m/s^2$；$\dfrac{\partial h}{\partial x} = \dfrac{\Delta h}{\Delta l}$ 为管道水力梯度，无量纲因子。

采用一种指数衰减方程刻画表层岩溶带中慢速流的调蓄过程：

$$\begin{cases} W_{sep} = W_{epi}\left(1 - \exp\left(\dfrac{-\Delta t}{TT_{perc}}\right)\right) \\ W_{epi,\ t+1} = W_{epi,t} + SW_{epi,t+1} - W_{sep,t+1} \\ TT_{perc} = \dfrac{SAT_{epi} - FC_{epi}}{K_{epi}} \end{cases} \tag{8-2}$$

式中，W_{sep} 为通过表层岩溶带中慢速流下渗到地下河中的水量；W_{epi} 为慢速流的总水量；Δt 为模拟计算的时间步长，为了实现对岩溶水文过程的精细化模拟，模拟的时间步长拟细化到 15min（通常水文模拟的时间步长多为 1h）；TT_{perc} 为水量衰减系数；SAT_{epi} 为慢速流的饱和含水量；FC_{epi} 为田间持水量；K_{epi} 为慢速流的饱和水力传导率，无量纲因子（公式中的水量单位为 L）。

洪水期间岩溶关键带中快速流和慢速流之间存在一定的水量交换关系，这部分水量采用式（8-3）进行计算：

$$\begin{cases} W_{rs} = \alpha_{i,j,k}\left(h_n - h_{i,j,k}\right) \\ \alpha_{i,j,k} = \displaystyle\sum_{ip=1}^{np} \dfrac{(K_w)_{i,j,k}\,\pi d_{ip}\,\dfrac{1}{2}(\Delta l_{ip}\tau_{ip})}{r_{ip}} \end{cases} \tag{8-3}$$

式中，W_{rs} 为快速流和慢速流之间交换的水量（L）；$\alpha_{i,j,k}$ 为岩溶水文网格单元网格 i, j, k 处的水量交换系数（m^2/s）；h_n 为对应的管道节点处的水头（m）；$h_{i,j,k}$ 为岩溶水文网格单元 (i, j, k) 处的水头（m）；np 为连接相邻的岩溶水文网格单元 (i, j, k) 的管道数；$(K_w)_{i,j,k}$ 为管道壁的渗透系数（m/d）；d_{ip} 为 ip 管道的直径（m）；Δl_{ip} 为 i 管道到 p 管道的长度（m）；τ_{ip} 为管道曲率（°）；r_{ip} 为管道半径（m）。

原始的流溪河模型将整个地下层处理为一个整体，采用线性水库法计算地下径流的汇流过程，而这用于岩溶地区非均质、非线性的地下水系统汇流计算是不合适的。本节采用马斯京根模型进行岩溶-流溪河模型地下径流的汇流计算：

$$W = K[xI + (1-x)O_1] = KO_2 \tag{8-4}$$

式中，W 为下渗到地下河的总水量；K 为蓄水量与流量关系曲线的斜率；x 为无量纲因子；I 为地下河的汇入流量；O_1 为表层岩溶带中的存储水量；O_2 为地下河的出口流量（公式中的水量单位为 L）。

采用有限差分法进行马斯京根模型中的水量平衡计算，公式如下：

$$\begin{cases} O_2 = C_0 I_2 + C_1 I_1 + C_2 O_1 \\ C_0 + C_1 + C_2 = 1 \end{cases} \tag{8-5}$$

其中

$$\begin{cases} C_0 = \dfrac{0.5\Delta t - Kx}{0.5\Delta t + K - Kx} \\[2mm] C_1 = \dfrac{0.5\Delta t + Kx}{0.5\Delta t + K - Kx} \\[2mm] C_2 = \dfrac{-0.5\Delta t + K - Kx}{0.5\Delta t + K - Kx} \end{cases} \tag{8-6}$$

式中，I_1、I_2 分别为时段初和时段末的地下河汇入流量（m³/s）。其他参数意义同上。

8.4.3　模型参数及其自动优选方法

1. 模型参数

原始的流溪河模型有 14 个参数，本节加入岩溶机制，使改进的岩溶流溪河模型参数达到 20 个。增加的 6 个参数主要包括表层岩溶带和地下径流汇流的相关参数（表 8-2）。岩溶含水介质的非均质性和空间各向异性，使得表层岩溶带参数最为复杂，且因不同的气候、地形和地貌发育条件，表层岩溶带的发育特征也有所不同。本节通过野外调查、示踪实验、土壤入渗实验和一些经验公式得到建模的一些基础水文地质参数，如通过现场踏勘掌握研究区表层岩溶带的厚度、发育特征和分布；结合地下暗河示踪实验和土壤入渗实验获取岩溶管道大体发育特征和地下暗河分布、流向等信息；通过钻孔抽水实验大体掌握表层岩溶带中地下水位动态变化及岩溶含水介质的分布情况；通过在暗河出口建立人工明渠和自动水位计监测其水位、流速和流量过程；通过经验公式确定岩体渗透系数、降雨入渗系数水文地质参数等。表 8-2 列出了岩溶-流溪河模型参数以及表层岩溶带的物理参数和降雨入渗系数取值范围。

表 8-2　岩溶-流溪河模型的相关参数

（a）模型参数

参数类型	名称	变量	物理特性	敏感性	调节性
蒸散发	潜在蒸发率	E_p	气象条件	不敏感	可调节
	蒸散发系数	λ	植被类型	较敏感	可调节
	凋萎系数	C_{wl}	植被类型	不敏感	可调节
表层岩溶带	**厚度**	**h**	**土壤类型** **岩溶发育特性**	**敏感**	**不可调节**
	饱和含水量	θ_{sat}	土壤类型	高敏感	可调节
	渗透系数	**θ_s**	**土壤类型**	**高敏感**	**可调节**
	宽大裂隙比例	**V**	**岩溶发育特性**	**高敏感**	**可调节**
	田间持水量	θ_{fc}	土壤类型	敏感	可调节

续表

参数类型	名称	变量	物理特性	敏感性	调节性
产汇流	土壤层厚度	z	土壤类型	敏感	可调节
	饱和水力传导度	K_s	土壤类型	高敏感	可调节
	土壤系数	b	土壤类型	敏感	可调节
	流向	F_d	土地利用类型	高敏感	不可调节
	坡度	S_0	土地利用类型	高敏感	不可调节
	底坡	S_p	土地利用类型	敏感	可调节
	底宽	S_w	土地利用类型	敏感	可调节
	坡糙率	n	土地利用类型植被类型	敏感	可调节
	河道糙率	n_1	土地利用类型植被类型	敏感	可调节
地下径流汇流	衰减系数	ω	土地利用类型土壤类型	较敏感	可调节
	马斯京根法/蓄水量与流量关系曲线的斜率	K	土地利用类型	高敏感	可调节
	马斯京根法/反映流量占比的无量纲因子	χ	土地利用类型	高敏感	可调节

注：表格中字体加粗标注的参数即为增加的 6 个参数。

（b）表层岩溶带的物理参数

厚度(h)/m	饱和含水量(θ_{sat})/(g/cm^3)	渗透系数(θ_s)/(mm/hr)	宽大裂隙比例(V)/(m^3/m^3)	田间持水量(θ_{fc})/mm
3～10	0.12～0.30	100～420	0.05～0.15	0.16～0.30

（c）降雨入渗系数

岩溶地貌	强岩溶发育	岩溶中等发育	弱岩溶发育
封闭洼地	0.60～0.80	0.40～0.60	0.15～0.18
非闭合洼地	0.40～0.70	0.30～0.50	0.18～0.20
残丘，平地	0.20～0.30	0.20～0.30	0.20～0.25
溶沟，山坡	0.01～0.20	0.01～0.20	0.01～0.20

2. PSO 算法改进

本节采用一种改进的粒子群自动优选算法（particle swarm optimization，PSO）进行流溪河模型参数自动优选。由于基本的 PSO 算法本身存在较为明显的不足：算法易陷入局部收敛；仅在理论上提供了全局搜索的可能性，然而无法验证得到的结果是否为全局最优；算法种群规模较小、多样性差，容易导致种族退化。针对上述不足之处，从以下三点对基本的 PSO 算法进行改进。

1）惯性权重因子的改进

惯性权重因子 ω 影响 PSO 算法的局部和全局搜索能力，ω 取值变大，算法的全局搜索能力加强；ω 取值变小，算法局部搜索能力提高（Shi and Eberhart，2001）。为此众多学者进行了大量的、能够平衡局部搜索和全局搜索的惯性权重因子选取方法研究，主要包括线性递减权值策略（Shi and Eberhart，2001）、随机惯性权值策略、模糊惯性权值策略以及自适应调整的策略（Eberhart and Shi，2001）等。本节采用自适应性调整策略对 PSO 算法中的惯性因子进行改进，原理如下：

$$\omega = \omega_{\max} - \frac{t\left(\omega_{\max} - \omega_{\min}\right)}{T} \tag{8-7}$$

式中，t 为 PSO 算法当前的循环次数；T 为最大循环次数；$\omega_{\max}$ 取 0.9；$\omega_{\min}$ 取 0.4。

2）学习加速因子的改进

PSO 算法一般通过调整学习加速因子来维持算法在局部和全局搜索能力上的平衡。Ratnaweera 等（2004）通过线性策略改进粒子群算法的学习加速因子，在一定程度上提高了算法的搜索性能，但该方法容易导致局部收敛。陈水利等（2007）通过反余弦函数来改进学习加速因子，使得粒子群算法在初期通过 C_1、C_2 学习加速因子的改变促使算法迅速局部收敛，同时保证在后期依旧具有较强的搜索能力，避免粒子陷入早熟的局部收敛。本节采用上述反余弦函数调整加速因子的策略来改进 PSO 算法的学习加速因子。保证每个粒子在算法整个寻优过程中保持鲜活性，可以有效地得到全局最优解，其改进策略如下：

$$C_1 = C_{1\min} + (C_{1\max} - C_{1\min})\left(1 - \frac{\arccos\left(\dfrac{-2 \times i}{\mathrm{Max}N} + 1\right)}{\pi}\right) \tag{8-8}$$

$$C_2 = C_{2\max} - (C_{2\max} - C_{2\min})\left(1 - \frac{\arccos\left(\dfrac{-2 \times C_i}{\mathrm{Max}N} + 1\right)}{\pi}\right) \tag{8-9}$$

式中，C_1、C_2 为学习加速因子，$C_{1\max}$–$C_{1\min}$ 为 C_1 的取值上下限，取[1.25, 2.75]；$C_{2\max}$–$C_{2\min}$ 为 C_2 的调整上下限，取[0.5, 2.5]；i 为当前迭代次数；$\mathrm{Max}N$ 为算法总迭代数。

3）动态扰动次数的改进

考虑基本的 PSO 算法的种群规模较小、多样性较差，容易导致粒子在后期寻优过程中失去活性，陷入局部收敛，最终导致水文模型参数优选效率降低，且得到的结果可信度较低，因此，借鉴混沌粒子群算法中的"鲶鱼效应"，在基本 PSO 算法的基础上增加 10 次人为扰动影响，以激活算法中各个粒子的活性，提高寻优效率，增加算法得到全局最优解的可信度。其混沌变量的逆映射方程为

$$\begin{cases} X_{ij} = X_{\min} + (X_{\max} - X_{\min}) \times Z_{ij} \\ Z'_{ij} = (1 - \alpha)Z^* + \alpha Z_{ij} \end{cases} \tag{8-10}$$

式中，X_{ij} 为模型参数的最优变量，其值为最大变量与最小变量之差；Z_{ij} 为 z 增加干扰前

的混沌变量；Z'_{ij} 为干扰后的变量，值为自适应算法确定的变量；Z^* 为将最优粒子映射到区间[0, 1]时的混沌变量。

本节采用改进后的混沌 PSO 算法优选了岩溶–流溪河模型的参数，粒子群的种群规模（粒子数目）为 20；迭代次数为 500 次，总计算次数为 10000 次。惯性因子取值范围为[0.1, 0.9]，惯性因子在其取值范围内线性递减寻优；学习加速因子 C_1、C_2 的取值范围为[0.5, 2.5]，按照反余弦加速算法在其取值范围内动态迭代寻优。

8.5 模型模拟效果验证

8.5.1 青木关流域模拟结果

本章共收集青木关流域 2017 年 4 月 14 日～2019 年 6 月 5 日的 16 场降雨径流过程，其中，最开始的三场连续流量过程用于率定模型参数，其余的流量过程用于验证岩溶–流溪河模型模拟效果。图 8-8 为整个流量过程的率定及其模拟验证效果。

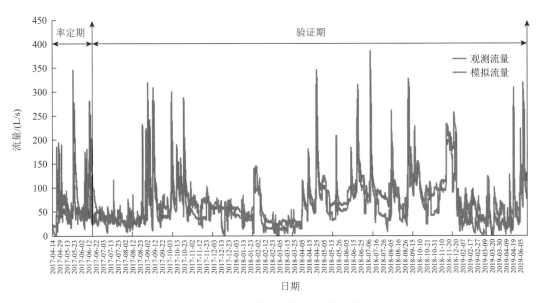

图 8-8　岩溶–流溪河模型模拟效果

从图 8-8 的岩溶–流溪河模型模拟效果来看，前面 3 场连续的流量过程用于率定模型参数时，其模拟效果最佳，模拟的流量过程与观测值极为接近，尤其是模拟的洪峰流量与观测的流量峰值非常吻合，表明本章采用改进的 PSO 算法自动优化模型参数是可行的。而后续用于验证模型效果的流量模拟值也与观测值保持一致，基本都能模拟出每一个峰值流量的起涨和消退全过程，其中，洪峰流量的模拟值略小于实测值，但整体的流量过程模拟效果还是令人满意的。为了进一步表明模型的模拟效果，采用包括纳什确定性系数、相关系数等在内的 6 个评价指标来表征岩溶–流溪河模型用于青木关流域流量模拟研究的效果，具体的评价指标如表 8-3 所示。

表 8-3　青木关流域的模型流量模拟效果评价指标

流域		流量过程	纳什确定性系数	相关系数	水量平衡系数	过程相对误差/%	峰值误差/%	峰现时间差/h
青木关	参数率定期	Flow 201704141230	0.96	0.97	0.94	11	9	1
		Flow 201705101500	0.93	0.93	0.96	12	7	−2
		Flow 201706171200	0.94	0.96	0.93	10	8	2
	模拟验证期	Flow 201707151600	0.86	0.91	0.89	17	12	−2
		Flow2 01709221200	0.87	0.89	0.87	19	10	−1
		Flow 201711141200	0.88	0.92	0.93	21	13	−2
		Flow 201803051200	0.92	0.89	0.91	23	12	2
		Flow 201806011500	0.91	0.92	1.07	20	14	1
		Flow 201807031230	0.89	0.91	0.97	17	13	2
		Flow 201807251430	0.88	0.89	0.95	19	15	3
		Flow 201809171200	0.89	0.88	0.89	18	12	2
		Flow 201810261430	0.88	0.92	0.96	20	15	−2
		Flow 201902011500	0.92	0.93	0.92	15	16	2
		Flow 201903111430	0.91	0.91	1.02	22	12	1
		Flow 201904151230	0.89	0.93	1.05	18	14	−1
		Flow 201906041500	0.9	0.92	0.94	21	15	3
		均值	0.9	0.92	0.95	18	12	2

　　上述流量模拟结果的评价指标表明，通过改进的粒子群算法得到的参数优选较好，模拟的流量过程与实测过程极为接近，相应的 6 个评价指标值是令人满意的，表明此次优选结果的精度很高，优选效果极佳。用于验证模型效果的后续流量模拟结果虽然不如参数率定期的模拟效果好，但是也基本能够保证模拟的流量过程与观测值基本一致，6 个平均指标良好，纳什确定性系数均值高达 0.9，相关系数均值为 0.92，水量平衡系数均值为 0.95，接近平衡值 1，峰现时间差均值为 2h，可以认为此次优选所得的参数已经接近实际流量的模型参数真值。而反映模型误差的两个指标：过程相对误差均值为 18%，峰值误差均值为 12%，也能够满足水文模拟预报的精度要求。证明了岩溶-流溪河模型在岩溶水文模拟研究中的适用性和有效性，同时也说明了本研究对于陆地水文模型-流溪河模型的结构和功能进行改进是可行的，使得改进后的岩溶-流溪河模型适用于岩溶流域的洪水过程模拟预测研究。

8.5.2　木连流域模拟结果

本书收集了研究区内 2012 年 7 月～2013 年 11 月系列的降水和流量过程，首先采用本章中改进的 PSO 来优选模型参数，模型参数率定期为 2012 年 7 月 14 日～2013 年 3 月 20 日，验证期为 2013 年 6 月 22 日～11 月 15 日，计算步长为 24h。图 8-9 为率定期和验证期的模型流量模拟结果。

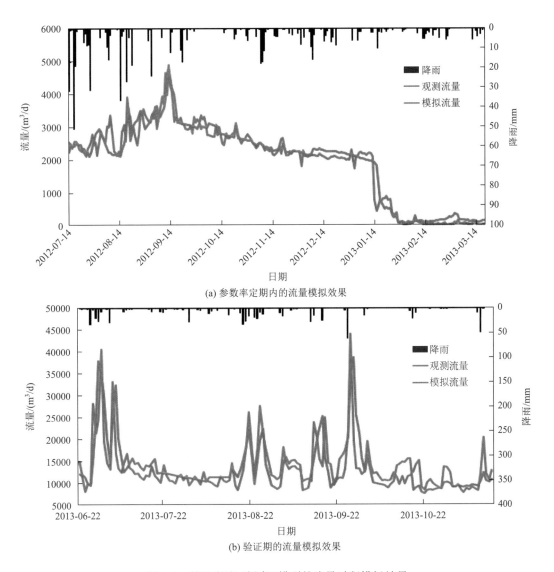

(a) 参数率定期内的流量模拟效果

(b) 验证期的流量模拟效果

图 8-9　基于岩溶-流溪河模型的流量过程模拟结果

从图 8-9 的流量过程模拟结果来看，基于岩溶-流溪河模型对木连流域出口水文站的整个流量序列模拟结果良好，通过对模型参数的训练（参数率定），使得验证期的流量过程模拟结果也能达到令人满意的程度。表明本章改进的粒子群算法用于模型的参数率定是有效的，且基于岩溶-流溪河模型来模拟预报木连岩溶流域的水文过程是可行的。总体而言，整个流量过程基本均能被较为准确地模拟出来，即模拟流量与观测的流量过程基本一致，尤其能够准确地模拟出各个峰值流量，但是模拟的流量值略低于观测值，表明模型的模拟结果在一定程度上存在"低估"现象。

为了进一步精确评估模型的模拟效果，针对每一场流量的起涨和消退过程（峰值流量），采用纳什确定性系数、相关性系数、水量平衡系数，以及模拟的过程相对误差、峰值误差和峰现时间差6个指标来定量评价模型性能，具体的评估指标如表8-4所示。

表 8-4   木连流域的模型流量模拟效果评估指标

流域		流量过程	纳什确定性系数	相关系数	水量平衡系数	过程相对误差/%	峰值误差%	峰现时间差/h
木连	参数率定期	Flow 201208141200	0.89	0.93	0.88	21	15	−3
		Flow 201208181400	0.91	0.94	0.91	15	11	2
		Flow 201209121600	0.93	0.94	0.92	13	10	3
	模拟验证期	Flow 201306271600	0.85	0.89	0.87	18	13	3
		Flow 201308211200	0.88	0.91	0.86	21	15	2
		Flow 201309021500	0.86	0.89	0.91	18	13	3
		Flow 201309131200	0.91	0.92	0.94	25	10	5
		Flow 201309261500	0.9	0.91	0.89	23	17	3
	均值		0.89	0.92	0.90	19	13	2

上述研究区内的流量过程模拟结果表明，模型率定期内的流量模拟效果优于验证期。总体而言，基于岩溶-流溪河模型的木连流域降雨径流过程模拟效果良好，6个模型的评估指标优秀：纳什确定性系数均值为0.89，表明该模拟结果是切实可信的；相关系数均值高达0.92；模拟的水量平衡系数均值为0.90，说明模型确实对于流量模拟存在一定的"低估"现象，这可能与岩溶-流溪河模型本身的蓄满产流模式有关，因为区内裸露的岩溶地貌单元可能会产生一定量的超渗产流，而这部分水量在模型中并未考虑，导致最终的流域出口流量模拟结果偏小。另外，模拟的过程相对误差均值为19%，峰值误差均值为13%，以及峰现时间差均值为2h，也基本在可接受的范围内（水文部门通常要求预报误差低于20%）。

综上所述，基于岩溶-流溪河模型的木连流域出口流量模拟效果较好，模拟的流量过程与观测值极为接近，表明该模型适用于木连岩溶流域的水文模拟预报研究，下一步可以在模型中增加超渗产流计算模块，改进其产汇流算法，提高模型的适用性和精度。

8.5.3 陈旗流域模拟结果

本研究收集了陈旗流域出口水文站2019年10月～2020年12月系列降水和流量过程，其中，模型率定期为2019年10月30日～2020年3月15日，验证期为2020年3月18日～12月21日，计算步长为5min。以下分别为参数率定期和验证期的流量过程模拟结果。

图 8-10 的陈旗流域出口流量过程模拟结果表明,岩溶-流溪河模型能够有效地刻画其水文过程，尤其是模拟的峰值流量与观测值极为接近，基本能有效地模拟出各个峰值流量

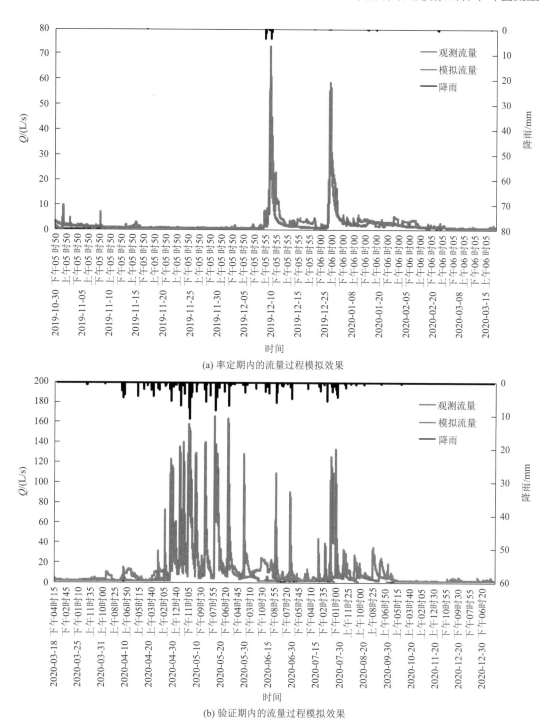

(a) 率定期内的流量过程模拟效果

(b) 验证期内的流量过程模拟效果

图 8-10　陈旗流域出口流量过程模拟结果

的起涨和降落过程。相比于率定期的流量模拟结果，模型验证期的流量模拟效果略差，模拟的峰值流量低于观测值，这个结果与青木关和木连流域一样，这可能是模型自身误差造成的。

为了量化模型的性能，同样采用纳什确定性系数等6个评价指标来定量分析岩溶-流溪河模型用于陈旗流域的流量模拟效果，表8-5列出了具体的评估指标。

表 8-5　陈旗流域出口流量过程模拟统计结果

流域	流量过程		纳什确定性系数	相关系数	水量平衡系数	过程相对误差/%	峰值误差/%	峰现时间差/h
陈旗	参数率定期	Flow 202001061200	0.94	0.95	0.96	15	9	1
		Flow 202001261600	0.92	0.91	0.94	13	10	2
	模拟验证期	Flow 202005291200	0.82	0.89	0.84	21	19	3
		Flow 202006081800	0.85	0.88	0.89	19	13	2
		Flow 202006131500	0.82	0.89	0.87	23	19	2
		Flow 202006241200	0.86	0.88	0.89	23	11	−1
		Flow 202006301300	0.85	0.87	0.82	23	19	−2
		Flow 202007091600	0.86	0.87	0.88	22	13	2
		Flow 202007191200	0.88	0.89	0.88	23	15	3
		Flow 202008091200	0.89	0.88	0.89	23	18	2
		Flow 202008181800	0.88	0.92	0.89	20	19	−2
		Flow 202009141500	0.92	0.93	0.82	25	16	2
	均值		0.87	0.90	0.88	21	15	1

表 8-5 中，基于岩溶-流溪河模型模拟陈旗流域出口的流量过程结果良好，6个评价指标值令人满意，模拟结果的纳什确定性系数均值为 0.87，相关系数均值为 0.90，水量平衡系数均值为 0.88，表明模拟的流量值小于实测的流量值，这也与其他两个流域结果类似。另外，模拟的流量过程相对误差均值为 21%，峰值误差均值和峰现时间差均值分别为 15% 和 1h。总体的模型模拟结果与观测值基本一致，表明岩溶-流溪河模型适用于贵州陈旗流域的水文过程模拟预报研究。

8.5.4　三个流域模拟结果对比

为了评估岩溶-流溪河模型在我国西南典型岩溶地区水文模拟预报中的适用性和

精度，以重庆青木关岩溶槽谷流域、广西环江木连岩溶流域以及贵州陈旗流域的流域出口降雨径流过程为研究对象，通过构建岩溶-流溪河模型，并改进模型参数自动优化算法，定量模拟上述三个岩溶小流域的出口流量过程，具体的模拟流量对比结果如表 8-6 所示。

表 8-6　三个流域模拟的流量结果对比

流域	流量过程	纳什确定性系数	相关系数	水量平衡系数	过程相对误差/%	峰值误差/%	峰现时间差/h
青木关	2017-04-14～2019-06-05	0.90	0.92	0.95	18	12	2
木连	2012-07～2013-11	0.89	0.92	0.90	19	13	2
陈旗	2019-10～2020-12	0.87	0.90	0.88	21	15	1

表 8-6 中三个流域的模型模拟结果表明，基于岩溶-流溪河模型模拟的青木关流域出口流量结果最佳，木连流域的模拟效果次之，而陈旗流域的模型模拟效果最差，但是也基本能够满足水文部门规定的误差要求。表明岩溶-流溪河模型适用于这三个岩溶地区的水文模拟，进而说明该模型可以用于我国西南岩溶地区的水文模拟预报研究。

表 8-6 中，岩溶-流溪河模型模拟的三个岩溶小流域纳什确定性系数、相关系数均值均在 0.90 左右，表明模拟的流量结果是可信的；水量平衡系数均值也为 0.9 左右，说明模型中的水量基数基本是平衡的，但是相比于青木关流域的水量平衡系数 0.95，另外两个流域模型模拟的流量值小于观测值较为明显（0.90 和 0.88），表明模拟结果存在"低估"现象，这与模型的产汇流计算机制有关：青木关流域基本为埋藏型岩溶地貌单元，流域产流基本以蓄满产流为主，而本章中的岩溶-流溪河模型在机理上也是蓄满产流模式，因此适用于青木关流域的水文模拟预报研究；而另外两个流域——木连流域和陈旗流域均存在大量的地表峰丛洼地地貌，其裸露的岩溶地貌单元上存在一定量的超渗产流，而岩溶-流溪河模型中并未考虑这部分超渗产流的计算，因此导致最终的模拟流量值偏小。需要在下一步模型性能改进研究中增加超渗产流模块，提高模型的适用性。

在误差评估方面，这三个流域模拟的流量过程相对误差为 18%～21%，峰值误差为 12%～15%左右，可以满足水文预报部分模拟误差 20%的精度要求。另外，基于岩溶-流溪河模型模拟的三个流域峰现时间差为 1～2h，表明模拟的峰值流量与观测流量发生时间基本一致。

总体而言，岩溶-流溪河模型模拟的这三个岩溶小流域的出口流量过程效果良好，模拟的峰值流量和观测值极为接近，基本能模拟出各个流量的起涨和消退过程，且模拟的误差也在可以接受的范围内，表明岩溶-流溪河模型适用于这三个地区的岩溶水文预报研究。

8.6　模型评估及不确定性分析

由于水文模型模拟预报结果的不确定性通常源自其输入数据、模型结构及其参数的不确定性三方面（Krzysztofowicz，2014；Krzysztofowicz and Kelly，2000），故本节拟从这三方面的不确定性入手进行定量分析，以降低模拟结果的不确定性，提高模型洪水模拟的准确性和精度。

8.6.1　模型输入数据的不确定性

分布式物理水文模型建模时需要输入大量的流域物理特性数据，包括流域下垫面特性的高程数据、土壤类型和土地利用类型数据以及气象和水文地质数据。模型输入数据本身可能有一定的误差，所以导入模型后也会带来一系列的偏差。其中，气象数据的输入带来的不确定性尤为显著，尤其对于缺乏气象观测站点的区域和流域，如研究区域没有地面雨量站观测降水，建立水文模型进行洪水模拟预报可能就需要结合气象预报的降水数据，现有的气象模式本身就存在一定的误差，用其预报的降水数据导入水文模型进行洪水预报研究会导致误差的二次叠加，势必会加剧最终模型洪水模拟预报的不确定性。

本节对岩溶-流溪河模型的输入数据进行了预处理以及可靠性、一致性和代表性审查，以降低输入数据对模型性能造成的不确定性影响。尤其需要注意在喀斯特流域建立水文模型时，必须预处理 DEM 数字高程输入数据。在模型填洼计算时，需要区分真实的岩溶负地形（落水洞、竖井和天窗等岩溶洼地）以及因 DEM 数据误差造成的假洼地。通过流域踏勘筛选区内全部的岩溶负地形数据，记录其高程信息并保证在模型填洼计算时保留这些真实的岩溶洼地，只填充因数据误差造成的假洼地，这样才能保证建模基础数据的准确性，否则将给最终的流量计算带来极大的偏差，造成计算结果的不确定性。

8.6.2　模型结构的不确定性

分布式物理水文模型本身结构复杂，模型功能区划较集总式模型更为精细，因而模型本身具有一定的系统误差，最终也会影响其用于洪水模拟预报的精度和效果。任何水文模型结构的不确定性都是不可避免的，但可以通过在最初模型结构和功能设计时采取更加严格的、具有明确物理意义的控制手段以尽量减轻和降低分布式模型结构自身的系统误差。本节通过改进岩溶-流溪河模型的结构以及算法降低其带来的不确定性影响，岩溶-流溪河模型结构的改进是通过产汇流算法来实现的。具体模型算法的改进如 8.4.2 节所示。选取多重综合评价指标（包括纳什确定性系数、相关系数、水量平衡系数、洪峰流量误差、过程相对误差及峰现时间差 6 个评价指标）来评价岩溶-流溪河模型对于岩溶径流的模拟效果。

8.6.3　模型参数的不确定性

分布式物理水文模型参数众多，虽然其参数是通过物理意义确定的，但是在实际应用中依然需要进行参数优选，这就需要采用一定的参数优选方法来率定模型参数，参数本身的误差和率定方法的误差叠加也会导致水文模型模拟预报的不确定性增大。比起模型结构的不确定性、输入数据的不确定性，通过人工手段干涉和控制分布式水文模型参数的不确定性更加现实，效果也更加显著，可以在很大程度上减小分布式水文模型用于实际洪水模拟预报中的不确定性，这也是实际应用中经常采用的方法。

本节采用一种综合目标函数法来进行岩溶-流溪河模型的参数不确定性分析（Li et al.，2021；Choi et al.，1999），其综合目标函数主要由纳什确定性系数和水量平衡系数两部分组成，前者可以反映模型整体性能和模拟结果的确定性，后者则主要反映了模型中的水量平衡计算是否合理可靠。这两个综合目标函数能够有效地体现水文模型对于岩溶水文过程和径流量的模拟效果。本节选用的综合目标函数值如下：

$$
\begin{cases}
\text{MOF} = 0.5 \times \text{NSC} + 0.5 \times \text{WBC} \\[2mm]
\text{NSC} = 1 - \dfrac{\displaystyle\sum_{i=1}^{n}(Q_i - Q_i')^2}{\displaystyle\sum_{i=1}^{n}(Q_i - \overline{Q})^2} \\[4mm]
\text{WBC} = \dfrac{\displaystyle\sum_{i=1}^{n} Q_i - \sum_{i=1}^{n} Q_i'}{\displaystyle\sum_{i=1}^{n} Q_i'}
\end{cases}
\tag{8-11}
$$

式中，MOF 为综合目标函数值；NSC 为纳什-萨克利夫确定性系数，无量纲；Q_i 和 Q_i' 分别为观测的洪峰流量和模拟的洪峰流量值，L/s；$\overline{Q}$ 为平均的观测洪峰流量，L/s；n 为模拟次数；WBC 为水量平衡系数，无量纲。

根据上述综合目标函数计算流溪河模型及改进后的岩溶-流溪河模型中各个参数的敏感性变化情况，具体的计算结果如表 8-7 所示。

表 8-7 模型改进前后各参数的敏感性变化情况

模型	潜在蒸发率	蒸散发系数	凋萎系数	田间持水量	饱和含水量	土壤层厚度	饱和水力传导度			
流溪河模型	0.23	0.28	0.15	0.87	0.91	0.77	0.93			
	土壤系数	流向	边坡坡度	底坡	底宽	坡糙率	河道糙率			
	0.85	0.68	0.57	0.45	0.41	0.38	0.32			

模型	潜在蒸发率	蒸散发系数	凋萎系数	表层带厚度	渗透系数	宽大裂隙比例	田间持水量	饱和含水量	土壤层厚度	饱和水力传导度
岩溶-流溪河模型	0.18	0.21	0.11	0.68	0.91	0.88	0.75	0.82	0.62	0.85
	土壤系数	流向	边坡坡度	底坡	底宽	坡糙率	河道糙率	地下径流衰减系数	蓄水量与流量关系曲线斜率	流量占比因子
	0.58	0.42	0.37	0.24	0.34	0.31	0.28	0.53	0.48	0.45

由表 8-7 可以得出模型改进前后各个参数的敏感性排序情况，对于流溪河模型而言，其参数的敏感性顺序为饱和水力传导度＞饱和含水量＞田间持水量＞土壤系数＞土壤层厚度＞流向＞边坡坡度＞底坡＞底宽＞坡糙率＞河道糙率＞蒸散发系数＞潜在蒸发率＞凋萎系数；而在岩溶-流溪河模型中，其参数的敏感性排序为渗透系数＞宽大裂隙比例＞饱和水力传导度＞饱和含水量＞田间持水量＞表层带厚度＞土壤层厚度＞土壤系数＞地下径流衰减系数＞蓄水量与流量关系曲线斜率＞流量占比因子＞流向＞边坡坡度＞底宽＞坡糙率＞河道糙率＞底坡＞蒸散发系数＞潜在蒸发率＞凋萎系数。

从上述模型改进前后各个参数的敏感性排序情况可知，在流溪河模型中，其最敏感的参数为与土壤渗透性及含水量相关的参数，包括饱和水力传导度、饱和含水量和田间持水量等，表明与土壤透水性及含水量相关的参数会对流溪河模型的洪水模拟结果参数产生较大的影响；而模型中不敏感的参数则是与蒸散发相关的参数，包括蒸散发系数、潜在蒸发率和凋萎系数，它们对洪水模拟结果影响不大，说明蒸散发的水量在一场洪水中占比较小。而对于改进之后的岩溶-流溪河模型而言，其敏感参数是与表层岩溶带中的岩石渗透性相关的参数，包括渗透系数、宽大裂隙比例和饱和水力传导度，这些参数决定了会有多少降雨入渗水量最终可以渗透到地下河系统中，并通过地下河出口排出该流域，因此它们对于模型模拟地下河出口的流量结果影响极大；与土壤含水量相关的参数在流溪河模型中是最敏感参数，而在岩溶-流溪河模型中是次敏感的参数，也会对模拟结果产生较大的影响；模型改进前后其不敏感参数没有发生变化，仍然是蒸散发相关的参数不敏感，这也与实际的流域真实情况相符，因为在一场大的洪水过程中，蒸散发所耗费的水量的确占比不大。

8.7　小　　结

本章首先阐述了在岩溶地区开展水文模拟预报的科学意义和实用价值，由此引出了岩溶水文预报的重要工具——水文模型的发展概况介绍，阐述了当前岩溶水文模型研究的重点、难点和热点。主要探讨了岩溶地区水文过程模型——岩溶-流溪河模型在我国西南典型岩溶地区的适用性。以重庆青木关岩溶槽谷流域、广西环江木连岩溶流域以及贵州普定陈旗岩溶流域为案例，通过改进流溪河模型，构建岩溶-流溪河模型分别模拟这三个流域出口的地下径流流量过程，并对比了其模拟效果的差异。主要得出以下结论。

（1）针对基本的粒子群算法在模型参数优选方面的不足，采用改进的混沌粒子群自动优选算法进行岩溶-流溪河模型参数自动优选。最终的参数优选对应的流量模拟效果良好，表明本研究对于粒子群算法的改进是有效的。

（2）基于岩溶-流溪河模型的青木关流域流量模拟结果极佳，模拟的流量过程与实测过程极为接近，相应的 6 个评价指标值是令人满意的，6 个模型的评估指标优秀：纳什确定性系数均值高达 0.9，相关系数均值为 0.92，水量平衡系数均值为 0.95，峰现时间差均值为 2h，过程相对误差均值为 18%，峰值误差均值为 12%，也能够满足水文模拟预报的精度要求。木连流域降雨径流过程模拟效果良好：纳什确定性系数均值为 0.89，相关系数均值高达 0.92；模拟的水量平衡系数均值为 0.9，表明岩溶-流溪河模型适用于木连岩溶流域的水文模拟预报研究。陈旗流域出口的流量过程模拟结果较好，总体的模型模拟结果与观测值基本一致，表明岩溶-流溪河模型也可用于贵州陈旗流域的水文过程模拟预报研究。

（3）岩溶-流溪河模型在刻画木连流域和陈旗流域的产汇流时，模拟的流量值小于观测结果较为明显，表明模拟结果存在"低估"现象。因为岩溶-流溪河模型在机理上是蓄满产流模式，适用于青木关槽谷区这种埋藏型岩溶地貌单元上的产汇流计算；而木连流域和陈旗流域裸露的岩溶地貌单元上存在一定量的超渗产流，模型中并未考虑这部分超渗产流的计算，导致最终的模拟流量值偏小。因此，需要在下一步模型性能改进中增加超渗产流模块，提高岩溶-流溪河模型用于裸露型岩溶地区产汇流计算的精度。

（4）三个流域的模型模拟结果为：基于岩溶-流溪河模型模拟的青木关流域出口流量结果最佳，木连流域的模拟效果次之，而陈旗流域的模型模拟效果最差，但是也基本能够满足水文部门规定的误差要求。表明岩溶-流溪河模型适用于我国西南岩溶地区的水文模拟预报研究。

参 考 文 献

曾科，2012. 长昆客运专线黔西段复杂岩溶隧道地下水系统 Modflow 建模实践. 成都：成都理工大学.

常勇，刘玲，2015. 岩溶地区水文模型综述. 工程勘察，43：37-44.

陈洪松，杨静，傅伟，等，2012. 桂西北喀斯特峰丛不同土地利用方式坡面产流产沙特征. 农业工程学报，28（16）：121-126.

陈水利，蔡国榕，郭文忠，2007. PSO 算法加速因子的非线性策略研究. 长江大学学报（自科版）理工卷（4）：1-4.

陈洋波，2009. 流溪河模型. 北京：科学出版社.

郭生练，1997. 大尺度分布式水文模型发展概况和展望. 水资源研究，2：32-36.

何宇彬，1997. 中国喀斯特水研究. 上海：同济大学出版社.

贾晓青，2008. 西南岩溶裸露地区典型地下河系统水资源定量评价方法研究：以广西刁江流域为例. 武汉：中国地质大学（武汉）.

贾仰文，王浩，倪广恒，等，2005. 分布式流域水文模型原理与实践. 北京：中国水利水电出版社.

姜光辉，郭芳，2009. 我国西南岩溶区表层岩溶带的水文动态分析. 水文地质工程地质，36（5）：89-93.

林剑艺，程春田，2006. 支持向量机在中长期径流预报中的应用. 水利学报，37（6）：681-686.

刘昌明，夏军，郭生练，等，2004. 黄河流域分布式水文模型初步研究与进展. 水科学进展，15（4）：495-500.

刘仙，蒋勇军，叶明阳，等，2009. 典型岩溶槽谷区地下河水文动态响应研究：以重庆青木关地下河为例. 中国岩溶，2：61-66.

卢德宝，史正涛，顾世祥，等，2013. 岩溶地区水文模型应用研究. 节水灌溉，11：31-34.

卢耀如，1982. 略谈岩溶（喀斯特）及其研究方向. 自然辩证法通讯，1：7-9.

吕允刚，杨永辉，樊静，等，2008. 从幼儿到成年的流域水文模型及典型模型比较. 中国生态农业学报，16（5）：1331-1337.

蒙海花，王腊春，2010. 岩溶流域水文模型研究进展. 地理科学进展，29（11）：1311-1318.

潘欢迎，2014. 岩溶流域水文模型及应用研究. 武汉：中国地质大学（武汉）.

任启伟，2006. 基于改进 SWAT 模型的西南岩溶流域水量评价方法研究. 武汉：中国地质大学（武汉）.

芮孝芳，黄国如，2004. 分布式水文模型的现状与未来. 水利水电科技进展，24（2）：55-58.

唐佐其，李瑞敏，谯文浪，等，2020. 西南岩溶山区地下水资源承载能力评价：以贵州省七星关区为例. 地质通报，39（1）：124-130.

王尊波，孙玉川，梁作兵，等，2016. 重庆青木关地下河流域水中多环芳烃的污染和迁移特征. 环境科学学报，36（3）：69-76.

吴应科，毕于远，郭纯清，1998. 西南岩溶区岩溶基本特征与资源、环境、社会、经济综述. 中国岩溶，17（2）：141-150.

夏军，叶爱中，王蕊，2011. 跨流域调水的大尺度分布式水文模型研究与应用. 南水北调与水利科技，9（1）：1-7.

薛冰贤，陈喜，陈曦，等，2019. 考虑山坡和洼地水力联系的半分布式喀斯特水文模型：以陈旗流域为例. 中国农村水利水电，29（3）：83-87.

严启坤，1988. 一个岩溶地下河流域模型及其应用. 中国岩溶，7（2）：25-34.

杨平恒，罗鉴银，彭稳，等，2008. 在线技术在岩溶地下水示踪试验中的应用：以青木关地下河系统岩口落水洞至姜家泉段为例. 中国岩溶，27（3）：215-220.

袁道先，1982. 岩溶研究的当前任务. 中国岩溶，1（1）：4-9.

张强，2012. 青木关岩溶槽谷地下水水源地固有脆弱性评价. 中国岩溶，31（1）：67-73.

张志才，陈喜，程勤波，等，2011. 喀斯特山体表层岩溶带水文地质特征分析：以陈旗小流域为例. 地球与环境，39（1）：19-25.

章程，蒋勇军，袁道先，等，2007. 利用 SWMM 模型模拟岩溶峰丛洼地系统降雨径流过程：以桂林丫吉试验场为例. 水文地质工程地质，34（3）：10-14.

Abbott M B，Bathurst J C，Cunge J A，et al.，1986a. An introduction to the European Hydrologic System-System Hydrologue European，"SHE"，a: History and philosophy of a physically-based，distributed modelling system. Journal of Hydrology，87（1/2）：45-59.

Abbott M B，Bathurst J C，Cunge J A，et al.，1986b. An introduction to the European hydrologic system-system hydrologue Europeen，"SHE"，b: Structure of a physically based，distributed modelling system. Journal of Hydrology，87：61-77.

Atkinson T C，1977. Diffuse flow and conduit flow in limestone terrain in the Mendip Hills，Somerset（Great Britain）. Journal of Hydrology，35（1/2）：93-110.

Beven K，Binley A，2006. The future of distributed models：Model calibration and uncertainty prediction. Hydrological Processes，6（3）：279-298.

Bittner D，Parente M T，Mattis S，et al.，2020. Identifying relevant hydrological and catchment properties in active subspaces：An inference study of a lumped karst aquifer model. Advances in Water Resources，135：550-560.

Chapuis H，Ré-Bahuaud，Jolivet J，et al.，2020. Karst-river interaction，elaboration of an indicator of the karst hydrological conditions applied to the Cèze river（Gard，France）. Machine Learning for Cyber Physical Systems. Switzerland：Springer，Cham.

Chen Z，Hartmann A，Wagener T，et al.，2018. Dynamics of water fluxes and storages in an Alpine karst catchment under current and potential future climate conditions . Hydrology and Earth System Sciences，22（7）：3807-3823.

Choi J，Harvey J W，Conklin M H，1999. Use of multi-parameter sensitivity analysis to determine relative importance of factors influencing natural attenuation of mining contaminants. the Toxic Substances Hydrology Program Meeting，Charleston，South Carolina.

Dewandel B，Lachassagne P，Bakalowicz M，et al.，2003. Evaluation of aquifer thickness by analysing recession hydrographs. Application to the Oman ophiolite hard-rock aquifer. Journal of Hydrology，274（1）：248-269.

Dreybrodt W，1999. Chemical kinetics，speleothem growth and climate. Boreas，28（3）：347-356.

Eberhart R C，Shi Y，2001. Tracking and optimizing dynamic systems with particle swarms. Proceedings of the 2001 Congress on Evolutionary Computation Seoul，Korea（South）. IEEE，1：94-100.

Epting J，Page R M，Auckenthaler A，et al.，2018. Process-based monitoring and modeling of Karst springs-Linking intrinsic to specific vulnerability. Science of the Total Environment，625：403-415.

Fleury P，Plagnes V，Bakalowicz M，2007. Modelling of the functioning of karst aquifers with a reservoir model：Application to Fontaine de Vaucluse（South of France）. Journal of Hydrology，345（1/2）：38-49.

Ford D C，Williams P W，2007. Karst geomorphology and hydrology. 345（1/2）：38-39.

Geyer T，Birk S，Liedl R，et al.，2008. Quantification of temporal distribution of recharge in karst systems from spring hydrographs. Journal of Hydrology，348（3/4）：452-463.

Hao Y，Cao B，Chen X，et al.，2013. A piecewise grey system model for study the effects of anthropogenic activities on karst hydrological processes. Water Resources Management，27（5）：1207-1220.

Hartmann A，Barberá J A，Lange J，et al.，2013. Progress in the hydrologic simulation of time variant of karst systems-Exemplified at a karst spring in Southern Spain. Advances in Water Resources，54：149-160.

Hartmann A，Baker A，2017. Modelling Karst vadose zone hydrology and its relevance for paleoclimate reconstruction. Earth-Science Reviews，172：178-192.

Hartmann A，2018. Experiences in calibrating and evaluating lumped Karst hydrological models. London：Geological Society，Special Publications，466（1）：331-340.

Javier M A，Andreas H，Mathias M，et al.，2020. Simplified varkarst semi-distributed model applied to joint simulations of discharge and piezometric variations in Villanueva Del Rosario karst system（Malaga，Southern Spain）. Machine Learning for Cyber Physical Systems. 1：13-25.

Kovács A，Perrochet P，2007. A quantitative approach to spring hydrograph decomposition. Journal of Hydrology，352（1/2）：16-29.

Krzysztofowicz R，Kelly K S，2000. Hydrologic uncertainty processor for probabilistic river stage forecasting. Water Resources Research，36（11）：3265-3277 .

Krzysztofowicz R，2014. Probabilistic flood forecast：Exact and approximate predictive distributions. Journal of Hydrology，517（1）：643-651.

Ladouche B，Marechal J C，Dorfliger N，2014. Semi-distributed lumped model of a karst system under active management. Journal of Hydrology，509：215-230.

Li J，Chen Y R，Wang H Y，et al.，2017. Extending flood forecasting lead time in a large watershed by coupling WRF QPF with a distributed hydrological model. Hydrology and Earth System Sciences，21（2）：1279-1294.

Li J，Hong A H，Yuan D X，et al.，2021. Elaborate simulations and forecasting of the effects of urbanization on Karst flood events using the improved Karst-Liuxihe model. Catena，197：104990.

Li J，Yuan D X，Liu J，et al.，2019. Predicting floods in a large karst river basin by coupling PERSIANN CCS QPEs with a physically based distributed hydrological model. Hydrology and Earth System Sciences，23（3）：1505-1532.

Liedl R，Sauter M，Hückinghaus D，et al.，2003. Simulation of the development of karst aquifers using a coupled continuum pipe flow model. Water Resources Research，39（3）：50-57.

Liu G，Tong F，Tian B，2019. A finite element model for simulating surface runoff and unsaturated seepage flow in the shallow subsurface . Hydrological Processes，6：102-120.

Liu J，Chen B，Xu Z Y，et al.，2020. Tracing solute sources and carbon dynamics under various hydrological conditions in a karst river in southwestern China. Environmental Science and Pollution Research International，27（10）：11375-11386.

Liu W，Cui J，Wang Z，2019. A finite difference approximation of reduced coupled model for slightly compressible Forchheimer fractures in Karst aquifer system. Numerical Algorithms，84（1）：1-31.

Mario T P，Daniel B，Steven A M，et al.，2019. Bayesian calibration and sensitivity analysis for a karst aquifer model using active subspaces. Water Resources Research，55（8）：7086-7107.

Neitsch S L，Arnold J G，Kiniry J，et al.，2011. Soil and water assessment tool theoretical documentation version 2009. Texas Water Resources Institute，USA.

Qiu H，Niu J，Hu B X，et al.，2019. Quantifying the integrated water and carbon cycle in a data-limited karst basin using a process-based hydrologic model. Environmental Earth Sciences，78（11）：346-355.

Quinlan J F，Davies G J，Jones S W，et al.，1996. The applicability of numerical models to adequately characterize ground-water flow in karstic and other triple-porosity aquifers. syuposium on sabsurface fluid-fiow（ground-water and vadose zone）modeling，1288：114-133.

Quinlan J F，Ewers R O，1985. Ground water flow in limestone terranes-strategy，rationale and procedure for reliable，efficient monitoring of ground water in karst areas. Mendeley，8：167-173.

Ratnaweera A，Halgamuge S K，Watson H C，2004. Self-organizing hierarchical particle swarm optimizer with time-varying acceleration coefficients. Evolutionary Computation，IEEE Transactions on Evolutionary computation，8（3）：240-255.

Reimann T，Birk S，Rehrl C，et al.，2012. Modifications to the conduit flow process mode2 for MODFLOW-2005. Ground Water，

50（1）：144-148.

Sarrazin F，Hartmann A，Pianosi F，et al.，2018. V$_2$ Karst V$_{1.1}$：A parsimonious large-scale integrated vegetation-recharge model to simulate the impact of climate and land cover change in karst regions. Geoscientific Model Development，11：4933-4964.

Scanlon B R，Mace R E，Barrett M E，et al.，2003. Can we simulate regional groundwater flow in a karst system using equivalent porous media models？Case study，Barton Springs Edwards aquifer，USA. Journal of Hydrology，276（1）：137-158.

Sherman L K，1932. Stream flow from rainfall by the unit-graph method. Eng News-Rec，108：501-505.

Shi Y，Eberhart R C，2001. Fuzzy adaptive particle swarm optimization//Proceedings of the 2001 Congress on Evolutionary Computation Seoul Korea（south）. IEEE，1：101-106.

Shoemaker W B，Cunningham K J，Kuniansky E L，et al.，2008. Effects of turbulence on hydraulic heads and parameter sensitivities in preferential groundwater flow layers. Water Resources Research，44（3）：34-50.

Shuster E T，White W B，1971. Seasonal fluctuations in the chemistry of lime-stone springs：A possible means for characterizing carbonate aquifers. Journal of Hydrology，14（2）：93-128.

Teixeiraparente M，Bittner D，Mattis S A，et al.，2019. Bayesian calibration and sensitivity analysis for a karst aquifer model using active subspaces. Water Resources Research，55：7086-7107.

White W B，2002. Karst hydrology：Recent developments and open questions. Engineering Geology，65（2）：85-105.

Williams P W，2009. Book review：Methods in Karst hydrogeology，nico goldscheider and David drew（eds）. Hydrogeology Journal，17（4）：1025.

Zhong J，Li S L，Tao F X，et al.，2017. Sensitivity of chemical weathering and dissolved carbon dynamics to hydrological conditions in a typical karst river. Scientific Reports，7：29-44.

第9章 陆表过程模型的模拟与同化

9.1 概　　述

9.1.1 陆表过程模型介绍

陆表的水循环和能量平衡等过程对气候系统的变化起到至关重要的作用,陆表过程(land surface processes,LSP)是影响大气环流等气候变化的基本物理、生化过程之一,在大气-陆面下垫面的研究中扮演着重要的角色(刘惠民,2009)。随着近几十年来对气候变化和极端异常气候的重视程度增加,陆表过程的研究也逐渐成了当代气候系统研究的热点之一(汪薇和张瑛,2010;周亚军等,1994)。因此,研发陆表过程模型并应用于陆面生态水文过程与气候模拟具有重要意义。自 1960 年第一代陆表过程模型问世以来,迄今已经经过了 60 多年的发展与完善(Pitman,2003),下面对陆表过程模型的发展进行简要的介绍。

1)第一代陆表模式——水箱模式

数值天气预报和大气环流总模式(atmospheric general circulation model,AGCM)的构建,需要高精度的陆表模型对热量交换、陆表水分等过程进行计算,此时第一代陆表模式——水箱模式出现。该模式源于 Budyko 等(1980)提出的简单水箱"bucket"方案,该方案假设地表为一个大水箱,水箱中水的输入与输出受降水、蒸发、径流等控制。Manabe(1969)于 1969 年在大气环流模型中采用了该方案,该方案可以对空气水汽以及土壤水分进行预报,但是第一代陆表模式并没有考虑植被和土壤类型等对陆表水循环的影响(Carson,1982)。

2)第二代陆表模式——土壤大气植被传输模式

在第一代陆表模式的基础上,植被等的作用逐步引入新的方案中。1980 年第二代陆表模型——土壤大气植被传输模式出现,新的模式引入植被、大气和土壤的相互作用以及反馈机制,并且考虑植被的气孔导度对植被蒸腾的影响(Sellers et al.,1986)。第二代陆表模式根据物理过程和相关理论建立起关于植被覆盖陆面上的热量、水分、辐射和动量的交换过程,并且增加了土壤的水热过程参数化方案。第二代模式对植被的生理过程进行了较为细致的描述(汪薇和张瑛,2010)。

3)第三代陆表模式——生化模式

第三代模式在土壤、植被和大气交换过程的基础上,还加入了生化过程——研究对象的物理生化过程(Sellers et al.,1996)。生化过程方案通过对光合作用等的处理,更加细致地描述了植物的蒸发与蒸腾过程。由于引入物理生化模型,第三代陆表模式将陆气之间的能量、水分和碳交换有机耦合在一起，提高了陆表过程模型的模拟能力（毛留喜等，2006）。

研究不同尺度的水分和能量循环以及获取完备的陆面表层时空信息，都离不开陆表过程模拟和观测这两种手段（李新等，2007）。陆表过程模型获取数据的优势在于依靠其内在的物理过程和动力学机制，通过模拟可以在时间和空间上连续演进模拟对象（Bach and Mauser，2003）；遥感等观测手段的优势在于能得到所测量对象在观测时刻和所代表的空间上的"真值"（Jin et al.，2018）。相较于常规的观测，陆表过程模型有以下优势。

（1）陆表过程模型可以结合遥感等数据，将瞬时的观测数据"转换"为具有时空一致性的数据集，数据在时间和空间上更加连续（Hong et al.，2009）。

（2）一般来说，可以显式地建立地表变量和卫星观测值之间的正向模型，但是观测量的稀少以及正向模型的复杂性可能会导致反演十分困难，并且微小误差也会导致"病态"反演（李新等，2007）。反演中往往需要增加许多先验信息的约束，以提高反演的可能性并增加反演精度。陆表过程模型作为反演中的一种物理约束，可以起到先验信息的作用。

（3）遥感观测一般只能获取浅层地表的信息，如表层（0～5cm）的土壤水分等，陆表过程模型可以获取深层的土壤水分数据（Yang et al.，2018），而这对于水文循环等过程十分重要。

9.1.2　CLM 模型介绍

通用陆表过程模式（community land model，CLM）是通用地球系统模式（community earth system model，CESM）中的陆面过程模式分量，是目前国际上发展最为完善且得到广泛应用的陆表模式（袁源等，2019）。CLM 综合了众多陆面过程模型的优点，其中包括国家大气研究中心（National Center for Atmospheric Research，NCAR）的陆表过程模式、中国科学院大气物理研究所的陆面过程模型（land surface model，LSM）以及生物圈-大气圈传输方案（BATS）的陆面模式等陆面过程模型（Liu and Mishra，2017）。

CLM（图 9-1）完善的生物地球物理过程、水文过程、生物地球化学过程和动态植被过程使得模型不仅可以模拟植被覆盖相关的物理过程和与土壤水热传导相关的物理过程，还可以模拟地表径流、基流、植被冠层蒸发、植被蒸腾、土壤蒸发等水文循环变量，更可以用于冻土、林火、城市冠层以及陆气相互作用等有关陆面过程的各种研究（Buzan et al.，2015）。

CLM 经过近几十年的发展，从 CLM2.0 版本更新迭代至如今的 CLM5.0 版本。早期的 CLM 依靠 NCAR LSM 等陆表模型发展而来，CLM2.0 使用植被功能性（plant functional types，PFT）代替了土地利用分类方案，弥补了在植被动态模型耦合过程中产生的缺陷，并且改善了水量平衡的过程（朱昱作，2019）。CLM3.0 对支持矢量计算平台的代码进行了改进，通过修正生物物理参数化方案对耦合模式气候中的缺陷进行了改善（Cao et al.，2009）。CLM3.5 引入 MODIS 新地表数据集、冠层截留和土壤蒸发新的参数化方案（Oleson et al.，2007）。CLM4.0 加入碳氮循环的研究，并且增加了瞬时模式模拟土地覆盖变化的能力（Xu et al.，2020）。CLM4.5 通过对参数化方案的修正提升了模拟的精度，并且将火灾模型修改为人为和自然触发。CLM5.0 主要改进了土壤和植被水文过程、积雪融雪动力过程、碳氮循环和耦合模拟以及植被模拟等主要动力过程（Lawrence et al.，2019）。

图 9-1　CLM 陆表过程模型对陆表水循环、能量交换等过程的描述（Lawrence et al.，2019）

本次实验中，利用 CLM4.5 模型对研究区域水文变量进行模拟分析。CLM4.5 模型包括陆地单元、网格单元、植被功能性和土壤柱 4 个层次。网格单元包含城市、湖泊、冰川、作物等 5 种陆地单元类型。每种陆地单元由不同的柱单元组成，如植被单元由 15 种植被功能性和裸地构成。CLM4.5 模型通过网格单元的组成来表征复杂的地表类型，即网格内包含多种陆地个体、雪、土柱以及植被功能类型。CLM4.5 可通过网格单元表征不同的土地利用类型。相较于其他陆表过程模型，CLM4.5 可以描述更复杂的下垫面类型。

9.1.3　陆表数据同化

陆表数据同化的目的是在陆表面过程模型的动力框架内，通过数据同化算法融合时空上离散分布的不同来源和不同分辨率的直接与间接观测信息来辅助改善动态模型状态的估计精度，将陆表过程模型和各种观测算子（如辐射传输模型）集成为不断地依靠观测而自动调整模型轨迹，并且减小误差的预报系统（师春香等，2011）。

数据同化的基本假设是模型的模拟结果和观测都有一定的不确定性，都是有误差的（即使模型是正确的，仍然无法准确地知道模型的初值和边界条件），最后通过一定的数据同化方法融合这两种来源的数据得到一个更优的估计结果。现在国际上常用的数据同化方法有变分同化方法和滤波同化方法两种。其中，变分同化方法是指在一个同化窗口内，利用优化算法，通过迭代而不断调整模型初始场，最终将模型轨迹拟合到离散的观测点（多维的观测向量）上。滤波同化方法则一般利用非线性滤波算法，在有观测的时刻，利用观测真值在误差加权的基础上对模型状态进行更新，从而获得模型状态的后验优化估计（韩旭军，2008）。

陆表数据同化（以 CLM4.5 为例）的流程主要包含以下步骤（图 9-2）：①利用大气环流模型与陆表过程模型获取精度较高的大气驱动数据（气温、风速、降水、水汽压、辐射等）；②利用遥感和地表观测数据制备陆表过程所需的陆表参数及地表数据；③将大气驱动数据和地表数据输入陆表过程模型，驱动陆表过程模型生成当前时刻的状态变量；④利用同化方法（变分同化和滤波同化），同化此时刻的地表观测、卫星观测等主数据，估计背景场的误差，优化状态变量；⑤陆表同化继续向下一时刻推进，生成下一时刻的背景场（黄春林和李新，2004）。

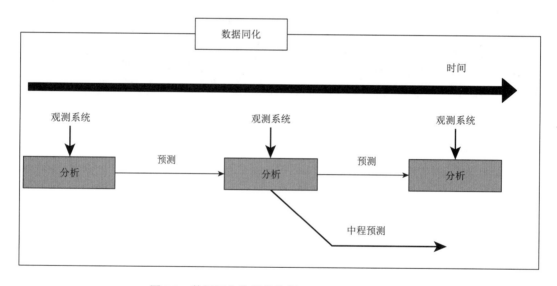

图 9-2　数据同化的简单流程（Lundström，2020）

9.2　基于 CLM 的西南地区陆表变量模拟

9.2.1　模型的移植以及数据制备

本节以 CLM4.5 模型为例，对 CLM 模型的移植与数据制备进行介绍。CLM 及 CESM 模型必须在 Linux 或者 Unix 环境中运行，在移植 CLM 模型之前，需要对 CLM 运行所需要的必要软件以及所需环境进行了解。通过 CLM4.5 官网手册（https://escomp.github.io/CESM/release-cesm2/introduction.html）可以获取到模型所需的软件以及基础的环境设置，如 CLM 移植需要支持 Fortran 2003 的 Fortran 编译器、MPI 及 NetCDF 等软件。按照手册的提示在 Linux 系统下搭建模型移植的所需环境。在移植环境搭建完善后，利用 GitHub 获取 CLM4.5 代码，按照 CLM 用户手册的引导即可利用 CLM 模型对区域和单点范围内水文过程进行模拟。

　　利用 CLM4.5 模型对区域土壤水分、植被蒸腾、土壤蒸发等水文变量进行模拟需要区域范围内的大气驱动数据以及地表数据等。本节选用全球土地数据同化系统（global land data assimilation system，GLDAS）提供的降水、气压、气温、比湿、风速及短波辐射数据作为 CLM4.5 的大气驱动数据。GLDAS 驱动多个离线陆地表面模型，结合海量的观测数据，提供全球范围内高分辨率（0.25°，3h）降水、太阳辐射等数据集。GLDAS 提供的高质量全球地表场支持多项当前和拟议的天气、气候预测、水资源应用和水循环研究。为了满足 CLM4.5 模型运行所需的文件格式，利用 Python 将 GLDAS 数据进行裁剪合并，使数据的边界范围与实验的研究区域相吻合。CLM 模拟所需地表数据可以利用 CLM 提供的工具（mksurfdata_map、mkmapgrids 等）结合研究区域范围以及空间分辨率等参数进行制作，具体流程如图 9-3 所示。地表数据制作所需的元数据可从 CLM 输入数据网址（https://svn-ccsm-inputdata.cgd.ucar.edu/trunk/inputdata/）下载。

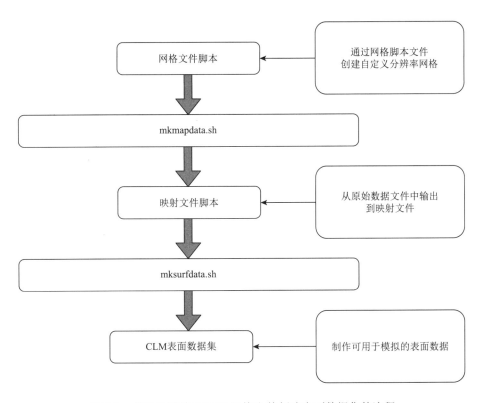

图 9-3　用于从原始 SCRIP 网格文件创建表面数据集的流程

9.2.2　CLM 模拟结果

本次研究选取研究区域为中国西南地区（图 9-4），主要包括云南省、四川省、贵州省、广西壮族自治区和重庆市。整个研究区位于 94°21′～112°01′E 和 20°54′～34°19′N，海拔介于 0～7756m，面积约为 159.4 万 km²。中国西南地区气候同样存在明显的区域性差异，并且低纬度和高纬度地区的结合加剧了气候变化的幅度。在本次研究中，选取时间跨度为 2005～2020 年 0.25°空间分辨率、3h 时间分辨率的 GLDAS 数据作为大气驱动数据，结合本地制作的地表数据对 CLM4.5 模型进行驱动，利用 CLM4.5 模型对中国西南地区土壤水分等水文变量进行模拟。

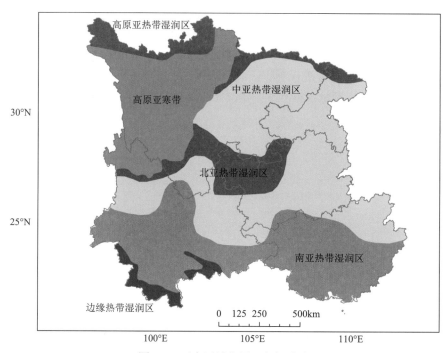

图 9-4　研究区域位置及气候分布

由于 CLM4.5 模型对于土壤的"记忆性"以及初始值的敏感性，首先利用大气数据驱动 CLM4.5 模型进行 15 年的 spinup 得到 CLM 模拟的初始场。将大气驱动数据、地表数据和初始场数据作为 CLM4.5 的输入数据，设定 1h 间隔输入一次大气驱动数据进行数值模拟，模型积分时间为 2005 年 1 月 1 日～2020 年 12 月 31 日。本次实验中设定 CLM 模型输出数据的时间分辨率为 1h，空间分辨率为 0.25°。

利用 CLM4.5 模型对西南地区 2005～2020 年水文变量进行模拟，其中，CLM4.5 输出的土壤水分数据分为 15 层，土壤水分由表层的 0.018m 到深层的 13.9m。CLM4.5 模拟蒸散发变量由土壤蒸腾、植被蒸腾以及植被蒸发组成。图 9-5 为 CLM4.5 模拟西南地区 2005～2020 年土壤水分以及蒸散发月平均变化。图 9-6 为西南地区 CLM4.5 模拟土壤水分与蒸散发的空间分布。

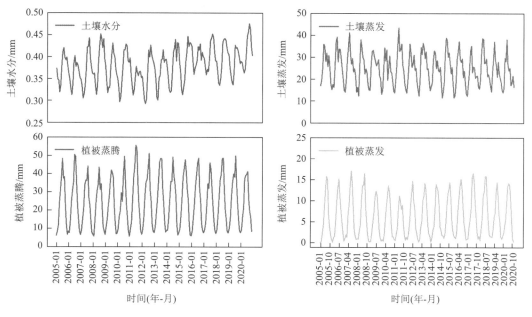

图 9-5　2005～2020 年西南地区 CLM4.5 模拟土壤水分与蒸散发变化（月尺度）

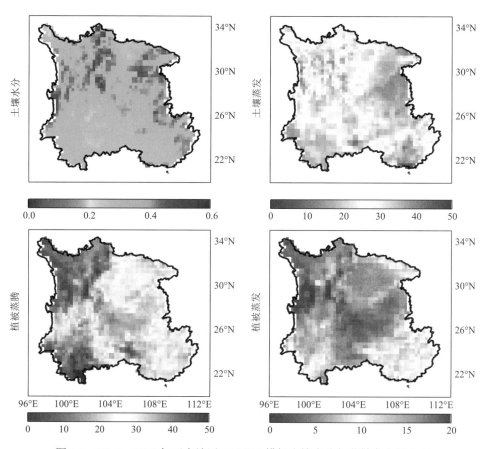

图 9-6　2005～2020 年西南地区 CLM4.5 模拟土壤水分与蒸散发空间分布

9.3　模型的结果分析

9.3.1　表层土壤水分数据验证

选取 GLDAS、ERA5 再分析数据集提供的土壤水分以及 ESA-CCI 遥感土壤水分数据作为验证数据对 CLM4.5 模拟土壤水分数据进行验证。为了更好地对西南地区 CLM4.5 模拟土壤水分数据进行验证，将西南地区按照行政区划分为云南、川渝、贵州和广西四个区域，结合再分析数据与遥感数据进行验证。图 9-7 为四个区域 CLM4.5 土壤水分和

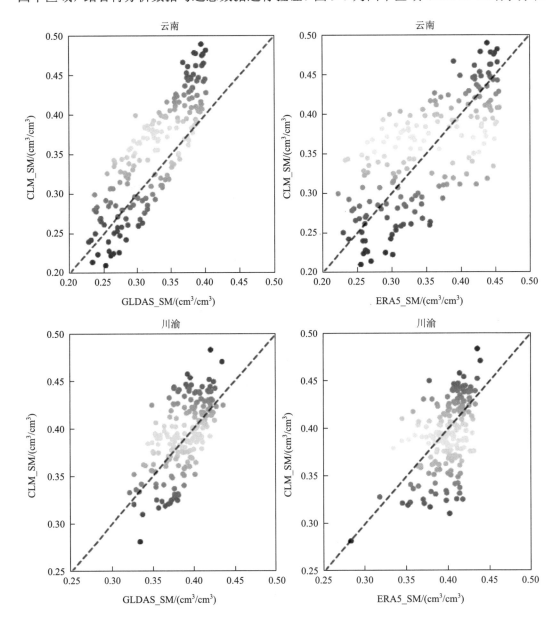

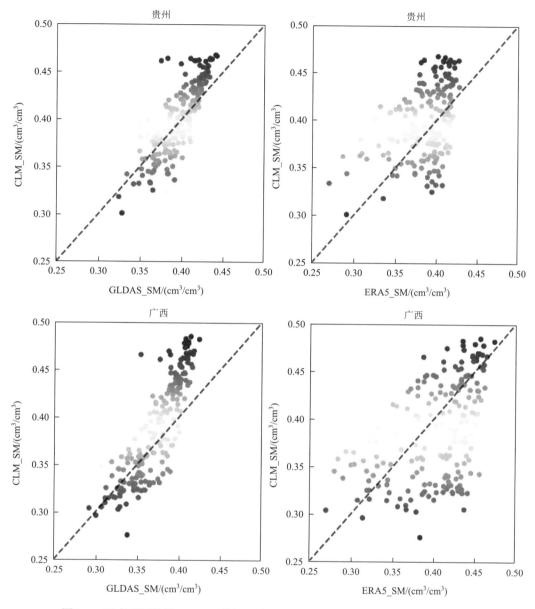

图 9-7 西南不同地区 CLM4.5 模拟土壤水分与 GLDAS、ERA5 土壤水分散点图

GLDAS、ERA5 土壤水分的散点变化图。通过图 9-7 可以发现在西南不同地区 CLM4.5 模拟土壤水分结果与常用的土壤水分再分析数据非常接近。表 9-1 为不同区域土壤水分的验证指标，从相关性来看，西南四个区域 CLM4.5 模拟土壤水分结果与再分析土壤水分的相关性都通过了显著性检验，并且相关系数在 0.7 左右。四个地区土壤水分的 RMSE 在 0.05 左右，MAE 在 0.003 左右。结合图 9-7 和表 9-1，可以发现 CLM4.5 模拟的西南地区土壤水分数据精度较好，与现阶段常用的再分析（GLDAS、ERA5）土壤水分数据有较好的一致性。

表 9-1　西南地区不同产品土壤含水量的相关性、均方根误差与平均绝对值误差

区域	产品	R	RMSE	MAE
云南地区	GLDAS	0.842839*	0.047723	0.001443
	ERA5	0.717545*	0.051038	0.002605
川渝地区	GLDAS	0.7175*	0.045189	0.002465
	ERA5	0.683879*	0.032652	0.001066
贵州地区	GLDAS	0.81061*	0.040243	0.003158
	ERA5	0.698632*	0.052425	0.002748
广西地区	GLDAS	0.853547*	0.047293	0.003679
	ERA5	0.691716*	0.052246	0.00273

*表示相关性通过了95%的显著性检验。

　　ESA-CCI 遥感土壤水分数据是基于主动和被动微波传感器生产的多卫星融合土壤水分数据。图 9-8 为西南地区四个区域 CLM4.5 模拟土壤水分与 CCI 土壤水分的散点变化图。结合表 9-2 可以发现，四个区域 CLM4.5 模拟土壤水分与 CCI 土壤水分的相关性都通过了 95%显著性检验，相关系数在 0.6 以上。区域模拟结果和遥感结果的 RMSE 在 0.06 左右，MAE 在 0.05 以下。通过比较 CLM4.5 模拟结果与再分析数据以及遥感数据的验证指标，可以发现西南地区模拟土壤水分与再分析土壤水分之间的偏差更小。推测除了模型本身的原因之外，ESA-CCI 本身的数据缺失也是造成验证结果出现差异性的原因。以 2005 年 1~4 月西南地区月尺度 ESA-CCI 土壤水分的空间分布（图 9-9）为例，可以发现 ESA-CCI 月度土壤水分在西南地区也存在明显的数据缺失现象。四川地区 CCI 土壤水分数据缺失尤为严重，这与表 9-2 中川渝地区 CLM4.5 模拟土壤水分与 CCI 土壤水分相关性低、误差大的结果相符合。

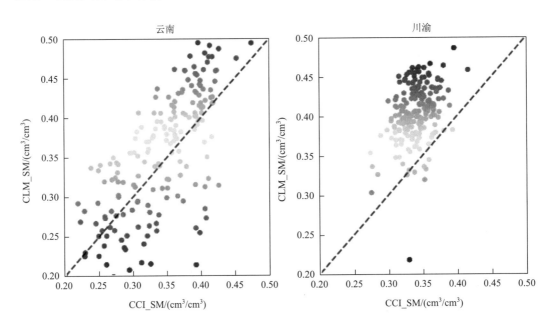

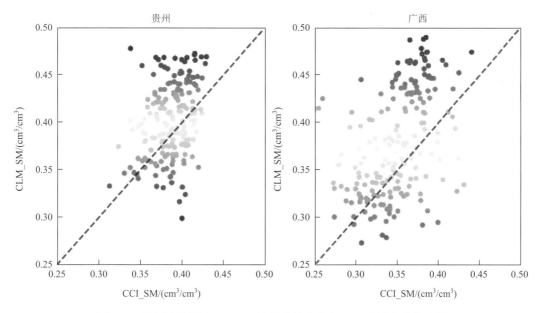

图 9-8 西南不同地区 CLM4.5 模拟土壤水分与 CCI 土壤水分散点图

表 9-2 西南地区土壤含水量的相关性、均方根误差与平均绝对值误差

区域	R	RMSE	MAE
云南地区	0.681[*]	0.057	0.0032
川渝地区	0.603[*]	0.072	0.0050
贵州地区	0.722[*]	0.042	0.0016
广西地区	0.633[*]	0.059	0.0035

*表示相关性通过了 95%的显著性检验。

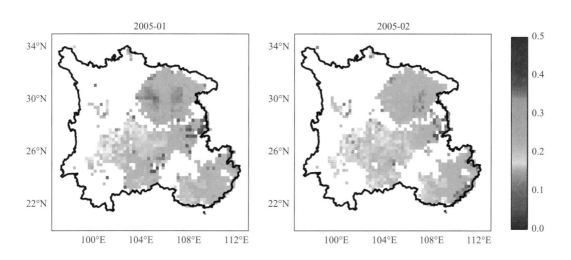

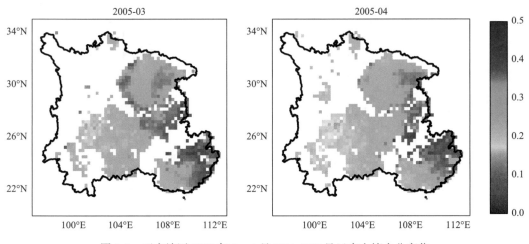

图 9-9　西南地区 2005 年 1～4 月 ESA-CCI 月尺度土壤水分变化

9.3.2　蒸散发数据验证

　　蒸散发是陆表水循环过程的重要组成部分，区域蒸散发全要素主要包括植被蒸腾、植被降水截留蒸发和土壤蒸发。CLM4.5 模拟蒸散发与再分析蒸散发数据的散点变化如图 9-10 所示。通过图 9-10 可以发现，西南四个区域 CLM4.5 模拟的蒸散发数据与 GLDAS、ERA5 的蒸散发数据非常接近。表 9-3 为西南不同区域 CLM4.5 模拟蒸散发与再分析蒸散发数据的验证指标，可以发现，西南四区域 CLM4.5 模拟蒸散与再分析蒸散发的相关系数全部通过了显著性检验，并且相关系数都在 0.8 左右，尤其是川渝、贵州和广西地区的模拟结果与再分析结果的相关系数达到 0.9。CLM4.5 模拟蒸散发与再分析蒸散发之间的 RMSE 在 15 左右，MAE 在 12 以下。结合图 9-10 与表 9-3 可以发现，西南地区 CLM4.5 模拟蒸散发数据精度较好，模拟蒸散发数据整体略高于 GLDAS 与 ERA5 蒸散发数据。

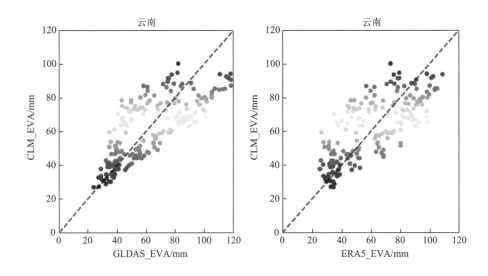

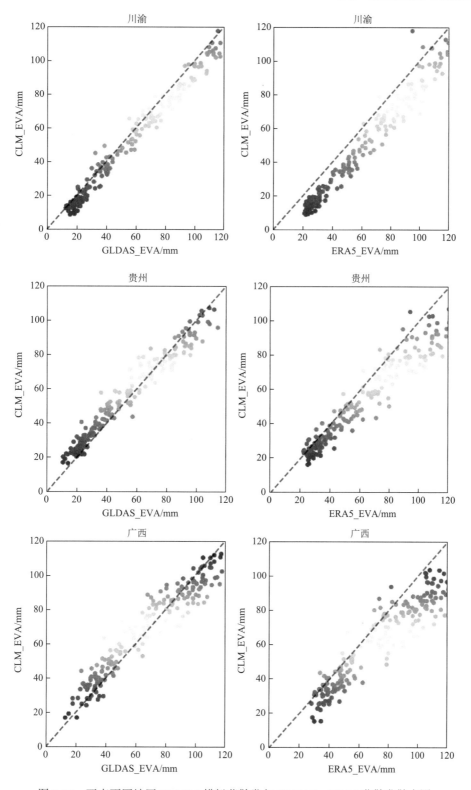

图 9-10　西南不同地区 CLM4.5 模拟蒸散发与 GLDAS、ERA5 蒸散发散点图

表 9-3　西南地区不同产品蒸散发的相关性、均方根误差与平均绝对值误差

区域	产品	R	RMSE	MAE
云南地区	GLDAS	0.782[*]	13.426	11.621
	ERA5	0.781[*]	13.032	10.558
川渝地区	GLDAS	0.980[*]	6.661	5.539
	ERA5	0.981[*]	13.052	8.826
贵州地区	GLDAS	0.978[*]	15.292	10.081
	ERA5	0.960[*]	9.052	6.003
广西地区	GLDAS	0.960[*]	8.962	7.146
	ERA5	0.933[*]	15.305	11.845

*表示相关性通过了95%的显著性检验。

9.4　小　　结

本章共分为 4 部分，首先，对陆表过程模型发展过程及其自身的优势进行了介绍。其次，对本次实验所使用的陆表过程模型 CLM 以及数据同化进行了详细的介绍，并在此基础上对 CLM4.5 模型的移植以及相关大气驱动数据的制作进行了简单的描述。最后，本次实验以 CLM4.5 模型为主，结合 GLDAS 大气驱动数据对中国西南地区 2005～2020 年水文变量进行模拟，并且利用现阶段常用的遥感及再分析数据对本次模拟实验的结果进行了分析。本章主要结论如下。

（1）陆表过程模型相对于常规的遥感以及地表等观测手段而言，适用于西南地区多云多雾、站点分布不均匀的情况。CLM4.5 模型可以对西南地区水文变量进行模拟，这为后续极端天气的监测等方面的研究提供了数据基础。

（2）将再分析数据与遥感资料同 CLM4.5 模拟结果进行对比发现，CLM4.5 模拟结果可以反映出西南地区土壤湿度和蒸散发的时空变化。西南地区 CLM4.5 模拟结果都通过了显著性检验，并且通过分析 RMSE 等验证指标可以发现，模拟结果与验证资料之间的偏差较小。ESA-CCI 与 CLM4.5 模拟土壤湿度的验证精度偏低，推测可能是由 CCI 数据的空间缺失造成的。

参 考 文 献

韩旭军, 2008. 流域尺度陆面数据同化方法及其应用研究. 兰州: 中国科学院寒区旱区环境与工程研究所.

黄春林, 李新, 2004. 陆面数据同化系统的研究综述. 遥感技术与应用, 19（5）: 424-430.

李新, 黄春林, 车涛, 等, 2007. 中国陆面数据同化系统研究的进展与前瞻. 自然科学进展, 17（2）: 163-173.

刘惠民, 2009. 陆面过程模型研究进展简介. 气象研究与应用, 30（4）: 35-37.

毛留喜, 孙艳玲, 延晓冬, 2006. 陆地生态系统碳循环模型研究概述. 应用生态学报, 17（11）: 2189-2195.

师春香, 谢正辉, 钱辉, 等, 2011. 基于卫星遥感资料的中国区域土壤湿度 EnKF 数据同化. 中国科学（地球科学）, 41（3）: 375-385.

汪薇, 张瑛, 2010. 陆面过程模式的研究进展简介. 气象与减灾研究, 33（3）: 1-6.

袁源, 赖欣, 巩远发, 等, 2019. CLM4.5 模式对青藏高原土壤湿度的数值模拟及评估. 大气科学, 43: 676-690.

周亚军, 陈葆德, 孙国武, 1994. 陆面过程研究综述. 地球科学进展, 9（5）: 26-31.

朱昱作，2019. 西北农牧交错带地表水热过程的观测和 CLM 模拟研究. 兰州：兰州大学.

Bach H，Mauser W，2003. Methods and examples for remote sensing data assimilation in land surface process modeling. IEEE Transactions on Geoscience and Remote Sensing，41（7）：1629-1637.

Budyko M，Berlyand T，Yefimova N，et al.，1980. Heat balance of the Earth.

Buzan J R，Oleson K，Huber M，2015. Implementation and comparison of a suite of heat stress metrics within the Community Land Model version 4.5. Geoscientific Model Development，8（2）：151-170.

Cao L，Bala G，Caldeira K，et al.，2009. Climate response to physiological forcing of carbon dioxide simulated by the coupled Community Atmosphere Model（CAM3.1）and Community Land Model（CLM3.0）. Geophysical Research Letters，36（10）：1-5.

Carson D，1982. Current parameterizations of land-surface processes in atmospheric general circulation models. Land Surface Processes in Atmospheric General Circulation Models：67-108.

Hong S，Lakshmi V，Small E E，et al.，2009. Effects of vegetation and soil moisture on the simulated land surface processes from the coupled WRF/Noah model. Journal of Geophysical Research：Atmospheres，114（D18）：1-13.

Jin X L，Kumar L，Li Z H，et al.，2018. A review of data assimilation of remote sensing and crop models. European Journal of Agronomy，92：141-152.

Lawrence D，Fisher R，Koven C，et al.，2019. The community land model version 5：Description of new features，benchmarking，and impact of forcing uncertainty. Journal of Advances in Modeling Earth Systems，11（12）：4245-4287.

Liu D，Mishra A K，2017. Performance of AMSR_E soil moisture data assimilation in CLM4.5 model for monitoring hydrologic fluxes at global scale. Journal of Hydrology，547：67-79.

Lundström L，2020. Probabilistic Calibration of Building Energy Models：For Scalable and Detailed Energy Performance Assessment of District-Heated Multifamily Buildings. Mälardalen University.

Manabe S，1969. Climate and the ocean circulation：I. The atmospheric circulation and the hydrology of the earth's surface. Monthly Weather Review，97（11）：739-774.

Oleson K，Niu G，Yang Z，et al.，2007. CLM3. 5 documentation. National Center for Atmospheric Research，1：23.

Pitman A J，2003. The evolution of，and revolution in，land surface schemes designed for climate models. International Journal of Climatology，23（5）：479-510.

Sellers P J，Mintz Y，Sud Y C，et al.，1986. A simple biosphere model（SiB）for use within general circulation models. Journal of the Atmospheric Sciences，43（6）：505-531.

Sellers P J，Randall D，Collatz G，et al.，1996. A revised land surface parameterization（SiB2）for atmospheric GCMs. Part I：Model formulation. Journal of Climate，9（4）：676-705.

Xu X F，Li X L，Wang X O，et al.，2020. Estimating daily evapotranspiration in the agricultural-pastoral ecotone in Northwest China：A comparative analysis of the Complementary Relationship，WRF-CLM4.0，and WRF-Noah methods. Science of the Total Environment，729：138635.

Yang K，Wang C H，Li S Y，2018. Improved simulation of frozen-thawing process in land surface model（CLM4.5）. Journal of Geophysical Research：Atmospheres，123（23）：238-313，13，58.

第 10 章　西南干旱监测

10.1　概　述

　　干旱作为一种由降水减少或蒸发增加（或二者同时发生）造成的水分持续亏缺的异常气象现象，对全球生态环境、社会、经济和农业造成重大影响（Gazol et al.，2017）。近年来，随着全球气候变暖的加剧，全球降水区域差异性明显以及亚热带和热带区域干旱事件发生的频率和严重程度都不断提高。值得注意的是，干旱严重影响着陆地生态系统功能的稳定性，如光合作用能力、生态系统生产力和陆地碳汇。目前，基于野外控制实验和遥感技术方法的很多研究都表明，干旱对森林生长和陆地生态系统造成了严重的负面影响（Wang et al.，2021；Rao et al.，2019；Gazol et al.，2017；Allen et al.，2010）。

　　干旱发生后，森林会在一定时间段内自行修复至稳定的状态，而在某些极端情况下则呈现出不可逆状态，造成森林死亡等（Allen et al.，2010）。为了描述、分析干旱胁迫下森林生态系统的状态变化及其控制因素，"恢复力"（resilience）这一概念被引入生态学领域，森林恢复力是指森林群落在受到外界冲击和扰动后能够维持自身功能与结构，并恢复到稳定状态的能力，它是生态系统的固有属性（Reyer et al.，2015；Holling and Gunderson，2002）。对森林恢复力展开研究，能够指导森林修复方法的选择，维持生态系统稳定，在保持较低成本的同时，减少可能出现的生态风险。

　　传统对森林恢复力的监测方法多为实地勘测，其成本高、时效性低且需要大量调研人员，难以及时准确地获取大范围森林变化信息。遥感产品可以实时记录区域地物覆盖情况，其多分辨率、多时相、多波段的特点能够满足多种地面不同信息提取的要求。因此，利用遥感产品来监测大区域森林地恢复力是一个不错的选择。而在获取速度快、重复周期短的遥感数据中提取出森林恢复力信息显得尤为重要。已有研究利用遥感产品与干旱指数做对比，进行干旱胁迫下森林的生产力变化、植被对干旱的响应研究，多为定性评估（Liu F et al.，2021；Dong et al.，2019；Anderegg et al.，2015；邱文君，2013；严建武等，2012；王维等，2010）。而利用长时间序列的归一化植被指数（normalized difference vegetation index，NDVI）产品的贝叶斯动态线性模型已经成功定量化运用在美国加利福尼亚州森林的恢复力监测，并且为可能的森林死亡提供了提前预警信息（Liu et al.，2019）。

　　西南地区以亚热带季风气候为主，拥有丰富的森林资源，是我国最大的陆地碳汇（Wang et al.，2021）。虽然该地区有较高的年降水量，但其季节分布不均，同时受喀斯特地貌留不住水的影响，西南地区近年来干旱频发（曾斌等，2018；王克清，2017；靖娟利和王永锋，2014；贺晋云等，2011）。同时，该地区森林极易受到干旱胁迫影响，造成生产力降低甚至死亡的情况。由于中国的生态工程项目，西南喀斯特地区大部分的自然保护区都监测到了绿化和生物量增加的现象（Tong et al.，2018，2020）。森林覆盖的增加也可能会对生态系统产生不利影响，如土壤水分含量的降低（Tong et al.，2020）。这可能会导致土壤储水不足，限制植物的生长，尤其是在中国西南喀斯特地区广泛分布的次生林。此外，西南地区大面积干旱导致植被生长受限，碳吸收减少，这在一定程度上是次生林有限的恢复力以及土壤层薄储水能力低导致的。而该地区干旱胁迫下森林恢复力监测的相关研究较为缺乏。因此，本章结合多源遥感数据与贝叶斯动态线性模型监测干旱胁迫下西南地区降低的恢复力信号，以及利用植被指数构建森林恢复力遥感监测指数。对西南地区森林恢复力进行监测研究，有助于了解森林生态系统的变化，对森林资源和森林风险管理具有重要意义，同时也有利于为生态环境保护提供预警。

首先对恢复力的定义做一定的说明，为了量化生态系统对干扰事件的响应，人们提出了许多不同的恢复力的定义。但以下三种定义是森林生态系统研究中最常用的（Nikinmaa et al.，2020）。工程性恢复力（Pimm，1984）是指系统从扰动中恢复所需的时间。它假定存在一个单一的平衡态，系统在受到扰动后能够返回到这个平衡态。生态性恢复力（Holling and Gunderson，2002；Holling，1973）被定义为系统在面对干扰时维持其功能、结构和服务的能力。它认为系统存在多重平衡态，以及系统不会回到扰动前的状态，而是转向另一种状态的可能性。社会生态恢复力（Walker et al.，2004）则关注人类和自然系统的耦合及其在干扰下维持结构、功能和服务的能力，它特别强调了适应性的作用。而在干旱胁迫下，恢复力是指工程性恢复力和生态性恢复力。大多数研究采用的是工程性恢复力，森林面积增量和森林覆盖度增加是工程性恢复力最常用的两个指标，而生态性恢复力研究多集中于森林覆盖和树木的密度。

干旱作为一种由降水减少或蒸发增加（或二者同时发生）造成的水分持续亏缺的异常气象现象（Wilhite，1993），随着近年来全球变暖加剧，其发生的频率和严重程度都有所提升（Dai，2013；Vicente-Serrano et al.，2010）。干旱已经成为全球范围内森林生产力下降甚至森林大面积死亡的重要驱动因素之一，了解干旱如何影响森林生产力以及森林向人类提供的生态系统服务已经成为生态学的一个热点（Anderegg et al.，2015；Allen et al.，2010）。发生干旱后，并不意味着所有地区森林一定发生死亡（Steinkamp and Hickler，2015）。分布在高纬度的针叶林随着干旱压力增加，会出现生产力下降、死亡率普遍上升的情况。干旱对森林生长的影响可以持续数年，存在遗留效应（Peng et al.，2011）。在全球尺度上研究发现干旱胁迫下森林生长的遗留效应，干旱后森林恢复可能需要 2～4 年的时间（Anderegg et al.，2015）。因此，监测干旱胁迫下不同地区的森林的恢复力是一项挑战。

不同地区森林对干旱的响应以及恢复力是复杂多样的，其取决于多种因素，包括物种类型、生物群落类型、气候类型等。树种之间、树种内部和分布范围对干旱的响应差异是理解森林如何对干旱表现出不同恢复力的关键因素（Vilà-Cabrera et al.，2015）。目前，关于具有不同解剖结构、水力功能性状的物种是如何在生长恢复力对干旱做出反应的相关研究较少。量化不同树种在不同地理环境下对干旱的生长响应，可能有助于理解驱动森林恢复力的主要功能机制。从这个意义上来说，树木年轮可以提供有价值的信息，其有助于了解一个树种受干旱影响的程度，以及树木生长对干旱的反应（Camarero et al.，2015）。对树木年轮宽度的长期测量能够提供森林在干旱事件之前、期间和之后的生长信息，这使得比较不同森林物种对干旱的恢复能力成为可能（Lloret et al.，2011）。Gazol等（2017）利用这些指数在北美和欧洲地区使用树木年轮数据研究了干旱胁迫下不同树种的恢复力差异。Gazol 等（2018）结合由树木年轮数据编制的绝对年轮宽度指数（the absolutely dated ring-width indices，TRWI）以及 NDVI 在西班牙森林地区进一步研究了不同生物群系对干旱的恢复力差异。Desoto 等（2020）通过使用 118 个地点（22 个物种，3500 棵树）现存和现已死亡的树木年轮数据库，评估了森林对严重干旱的恢复能力，包括其抵抗性和恢复力，发现裸子植物的抵抗性（抵御初期干旱影响的能力）更低，而被子植物的恢复力（恢复干旱前生长状态的能力）更低。Gai 等（2020）对干旱中国亚热带优势树种的影响以及这些优势树种的抗旱恢复能力开展研究，认为长期频发的干旱可能会改变中国亚热带森林的结构类型。Zhou 等（2013）利用 32 年的森林观测样地数据描述了中国南方亚热带季风区常绿阔叶林对全球变暖和干旱胁迫的响应，表明亚热带森林匮乏的恢复力可能难以抵御长期气候变化带来的威胁。

干旱和高温可以使森林跨越气候区达到树木大量死亡的阈值（Allen et al.，2010）。当复杂系统接近崩溃的阈值时，它们往往会表现出恢复力的丧失，这反映干旱扰动下恢复速率的下降（Scheffer et al.，2009）。树木可能也不例外，因为在干旱导致死亡的边缘，树木被发现在多种方面受到削弱，影响了它们干旱胁迫下的恢复力（Doughty et al.，2015；Anderegg et al.，2012），且恢复力降低和恢复减速都具有高度的时间上自相关。由气候扰动引起的森林生态系统接近临界点时，森林的恢复力（恢复速率）通常会下降，出现"临界减速"现象。此临界点是指从森林状态转换到非森林状态（Scheffer et al.，2009；Lenton et al.，2008）。这种恢复力的下降会降低当前森林生态系统的稳定性。Verbesselt 等（2016）利用 NDVI 和植被光学厚度（vegetation optical depth，VOD）产品长时间序列（2000～2011 年）来显示热带雨林时间自相关（缓慢恢复速率的一种指标）（Ives，1995），检测到其恢复速度下降或减缓。Liu 等（2019）利用长时间序列 NDVI 在美国加利福尼亚州森林开展研究，提出了一种通过直接监测植被动态来预测气候引起的森林死亡率的替代方法。其将早期预警信号定义表征森林恢复力降低的高度自相关，并评估了使用降低的恢复力作为即将发生的由气候变化引起森林死亡的早期预警信号的潜力。在更广泛的系统范围内，需要长期数据来推断森林干旱胁迫下恢复力降低的情况。

气孔敏感性差异决定植物在干旱胁迫时采取不同的水分调节对策。等水（调节行为）植物随环境条件变化而调节气孔开闭，其气孔调节严格，在水汽压差增加或土壤水势下降时，其蒸腾速率受限，使最小叶片水势维持相对恒定。相反，非等水植物的气孔对环境变化不太敏感，其叶片水势随环境波动而变化，在干旱胁迫时，其气孔不会立刻关闭，而是继续进行气体交换，其叶片水势随水汽压差的增加而降低（Klein，2014；Zhang and Wang，2008；Tardieu and Simonneau，1998）。Liu 等（2019）发现等水植物，如松树和云杉在干旱胁迫下更容易气孔关闭，所以在长期干旱期间，它们的死亡率更高，很可能是气孔关闭造成的碳饥饿。而非等水调节植物，如杜松和橡树有着更积极的水分利用策略，气孔关闭的可能性更小，死亡率也就更低。这意味着不同森林类型干旱胁迫下的恢复力也可能会产生不同的效果，值得探究。

很多研究应用光学遥感产品来展开研究。Zhang 等（2016）利用帕默尔干旱指数（Palmer drought severity index，PDSI）和 NDVI 研究了中国干旱的分布情况和干旱对植被生产力的影响。Dong 等（2019）利用植被指数和自校准 PDSI 分析了美国加利福尼亚州的严重干旱对植被恢复力的影响。Liu F 等（2021）利用 NDVI 和归一化差分红外指数（normalized difference infrared index，NDII）的时间序列，研究了全球变暖对中国北方半干旱区森林冠层绿度和水分含量的影响，并选取中国北方森林-草原交错带 5 个站点的遥感观测和野外数据对此进行验证，从而建立了一种大区域监测森林恢复力的可靠方法。也有利用微波遥感反演的产品来探测森林恢复力的。Wigneron 等（2020）利用空间分辨率为 25km 的低频微波卫星数据，即 L 波段 VOD 产品监测了全球热带雨林在 2015～2016 年厄尔尼诺事件后的恢复力，截至 2017 年底，其森林碳汇并没有恢复到高温干旱前 2014 年的水平。

从上述内容可以看出，全球范围内干旱胁迫下森林的恢复力研究颇多。从植物生理化学角度上看，研究等水（isohydric）植物和非等水（anisohydric）植物干旱下对水分的不同调节行为，来探讨森林对干旱的抵抗性和恢复性。不同气候区植被类型上，干旱胁迫下不同的森林类型（如热带雨林、阔叶林、落叶林、针叶林）的恢复力有所不同。研究数据上，有实测调查数据，如树木年轮，也有光学遥感产品，如 NDVI，还有微波遥感产品 VOD。实测数据精确，但存在获取成本高、范围小的特点；遥感产品中基于光学反演的植被指数反映的是植被冠层的生长恢复信息，而基于微波反演的 VOD 则是包含冠层以及树干枝干总的生物量，从该角度来讲，VOD 产品优于植被指数以反映森林恢复力状况。不过，VOD 产品的空间分辨率（约 25km）明显也劣于植被指数（从米级到千米级均有）。同时，VOD 产品逐月的时间分辨率以及时间范围也不如种类颇多的植被指数。

上述恢复力的研究通常是通过分析干旱对森林生态特性的影响来评估的。然而，制定标准的恢复力指数或方法，对系统地研究森林恢复力是很重要的。Lloret 等（2011）在树木生态学分析领域基于树木年轮宽度数据提出了树木级别的恢复力，该概念将抗性和恢复视为恢复力的不同但互补的组成部分，提出了三个无量纲指标恢复力指数的计算：①抵抗性（resistance），干旱间与干旱前生长值的比值；②恢复（recovery），干旱后与干旱间生长值的比值；③恢复力（resilience），干旱后和干旱前生长值的比值。这些指数已经成功地运用于量化不同的森林（生长特征、气候类型、物种类型下的不同）在干旱下恢复力的差异（Gazol et al.，2018；Gazol and Camarero，2016；Pretzsch et al.，2013）。该恢复力指数之所以受欢迎，可能是因为它们简单而高效地量化了树木对干旱扰动的反应。关于树木年轮数据影响力比较高的当属国际树木年轮数据库（the international tree-ring data bank，ITRDB），Zhao 等（2019）指出该数据库主要由来自半干旱气候、针叶林树物种和北美西部的低多样性森林的树木年轮组成。物种类型上，针叶林树种占 ITRDB 的 81%，即使在采样良好的地区，阔叶林树种的代表性也很差。地域分布上，非洲、亚洲和南美森林的研究和数据比较匮乏。毫无疑问，树木年轮数据是表征森林生长的良好指标，具有年际变异性大和数据长期可用性的优点，然而也具有空间上不连续的缺陷。由于该数据的缺乏及其空间不连续的特性，所以在西南地区利用树木年轮数据监测森林恢复力不太可行，但 Lloret 等针对树木年轮数据提出的森林恢复力指数的相关概念仍有借鉴意义，我们仍可利用遥感反演的植被指数来构建干旱下森林恢复力指数产品。Huang 和 Xia（2019）利用增强型植被指数（enhanced vegetation index，EVI）和标准降水蒸散指数（standard precipitation evapotranspiration index，SPEI）在全球尺度构建了植被的稳定性、抵抗力和恢复力指数，探究了常绿阔叶林在干旱胁迫下的高稳定性。刘媛媛等（2021）在湄公河流域利用 PDSI 和 EVI 长时间序列产品，开展了中老交通走廊核心区的干旱时空分布特征以及干旱胁迫下植被的稳定性、抵抗力和恢复力的研究。

建立干旱胁迫下的这些森林恢复力指数最重要的是能准确地识别干旱事件。而大区域长时间序列下的干旱识别准确性常常借助于合适的干旱指数。降水量的减少是干旱形成的根本原因之一，所以只通过降水量来判断干旱状态的指数为降水指数，包括降水距平指标、降水距平百分比等。由于全球不同地区间的年均降水量差别很大，不能使用统一的降水量标准作为干旱等级划分依据，Mckee 等（1993）提出了标准化降水指数（standardized precipitation index，SPI），该指数考虑了各地区不同季节的降水量的概率分布，保留了其统计特征，且使不同区域间的 SPI 值具有了统一的评判标准，但没有考虑水分供需关系（Mckee et al.，1993）。PDSI 由美国气象学家 Palmer（1965）提出，它是一个能够反映水分供求关系的干旱指数，在计算 PDSI 时，供水量通常由降水量代替，而需水量要根据潜在蒸发量和土壤持水量来计算。SPEI 由 Vicente-Serrano 等（2010）提出，它结合了 SPI 尺度可变和 PDSI 多因素综合考虑的优点。SPEI 的计算思路与 SPI 基本一致，但是分析对象从单一降水量变成了降水量和潜在蒸散量的差值，即水分亏缺量，比 SPI 更能合理描述地表-大气水分循环过程及地表干湿变化情况。SPEI 同样考虑了各地区季节性降水的特点，因此 SPEI 计算结果可在不同地区、同地区不同时段间进行比较，是近年来被学者使用频率较高的干旱监测指标之一。本章也准备结合 SPEI 作为干旱背景场，提取干旱事件，采用植被指数（NDVI、EVI）来构建森林恢复力遥感监测指数。

中国西南地区是亚热带的重要组成部分，是中国 30%以上高等植物的栖息地，有较高的生态系统服务价值。然而，此热点地区经历了密集的土地利用变化，是目前世界上森林变化最大的地区之一。中国的生态恢复工程将部分坡耕地绿化形成次生林，以扩大森林面积。这些项目改善了中国西南地区的森林覆盖率，重塑了生态系统，但也可能造成该地区土壤水分下降（Tong et al.，2020）。土壤水分减少反过来又限制了植物生长，尤其是树龄较短的次生林的生长。

西南地区地质构造复杂，地形和地貌类型多样，研究区内既有高原，又有盆地和丘陵，是一个典型的气候多变区。受地形地貌和季风的影响，降水在时空尺度上存在较大异质性。据报道，在过去的 60 年里，西南地区的年平均降水量每 10 年减少 11.4mm，并经历极端降水事件增多（Liu et al.，2014）。近年来，我国西南地区旱灾频发，例如，2003 年西南地区经历了伏秋旱；2005 年春夏云南异常干旱；2006 年夏季，川渝地区遭受了 5 年来最严重的高温干旱，一些地区 8 月平均气温超过 40℃，同时降水减少（彭京备等，2007）；2009 年秋～2010 年春西南地区遭受了罕见的秋冬春连旱，降水量较多年同期偏少 50%以上，部分地区达到 70%～90%（Zhang et al.，2012），被认为是"百年一遇"

的干旱（Yang et al.，2012）；2011 年西南地区也经历了夏秋干旱。西南地区极端干旱发生频率正在不断增加的事实，说明干旱正在从中国北方开始向西南地区蔓延（贺晋云等，2011）。张景华等（2012）利用多年中分辨率成像光谱仪（moderate resolution imaging spectroradiometer，MODIS）的 EVI 数据求取距平植被指数来反映干旱对西南地区植被的影响，我国西南地区植被受干旱影响的范围很大，植被受旱程度时空差异显著（邱文君，2013）。根据西南地区 124 个气象台站 1960～2009 年共 50 年的平均气温及降水数据资料，基于 SPI 指数分析西南地区干旱分布情况；采用基于过程的生态系统（carbon exchange between vegetation，soil and atmosphere，CEVSA）模型估算西南地区植被净初级生产力，并研究干旱对植被净初级生产力的影响。王克清（2017）基于 2000～2013 年的 PDSI 数据和 MODIS 植被数据，采用趋势分析和相关分析方法，检验了西南地区旱情和植被生产力的时空变化特征，发现西南地区植被生产力受干旱影响呈现减少趋势，灌丛对干旱的响应最为明显。严建武等（2012）基于中国西南地区 2001～2010 年 MODIS 的 NDVI 产品数据和区内气象站点的连续观测资料，提取了研究区内各气象站点印迹区的 NDVI 值，计算了降水距平百分率和 D 指数（降水量与潜在蒸散量之差）这两种气象干旱指数。依据全国植被类型图（2000 年版），对研究区内的主要植被类型在季节时间尺度上开展了这两种气象干旱指数与距平 NDVI 的相关性分析。Li 等（2019）利用 NDVI 和 EVI 分析了 2009～2010 年西南干旱对植被绿度的影响，利用卫星数据集、大气反演、一个基于数据的模型和三个生态系统模型的数据，评估了陆地碳通量对此次干旱的响应。Song 等（2016）以西南地区热带森林为研究对象，连续两年监测了热带森林幼苗物种组成及其相对生长率在季节性干旱下的变化。Wang 等（2014）利用多时相归一化植被指数和地表温度计算 2001～2010 年植被健康指数（vegetation health index，VHI），用来表征植被对干旱的响应。Xu 等（2018）对云南省极端干旱事件后的森林恢复情况进行了分析，利用基于激光雷达（light detection and ranging，LiDAR）的冠层高度数据、EVI 和 SPEI 数据，在区域尺度上定量评估了不同水分有效度和冠层高度下森林恢复的差异。Song 等（2019）应用多种干旱指数，如 SPI、土壤水分指数和蒸发胁迫指数探究中国西南地区极端季节性干旱（2009 年秋冬春连旱事件和 2011 年夏秋干旱事件）对植被生产力的影响。上述研究从植被指数、植被生产力、不同植被类型等角度结合不同的干旱指数探究了植被对干旱的响应、干旱下植被的恢复等。目前对整个西南地区森林在干旱胁迫下恢复力的研究较少，尚未发现森林恢复力遥感监测指数的相关产品。可能是由于西南地区数据获取成本较高，野外控制实验相关实测森林数据共享性不高或数据缺乏等。所以，本章利用贝叶斯动态线性模型驱动植被指数、气象数据来探究干旱胁迫下森林的恢复力，并试图构建恢复力指数的相关产品。

本章利用 MODIS 植被指数产品（NDVI 和 EVI）和气象数据探究了干旱背景下 2000～2018 年西南地区森林恢复力情况。利用贝叶斯动态线性模型探测了干旱背景下西南地区森林恢复力的时空变化，利用气温和降水数据计算 SPEI 产品作为干旱背景场，并与 VOD 做交叉对比分析。然后完成森林恢复力遥感监测指数的构建以评估西南地区森林的恢复力。具体研究内容如下。

（1）干旱背景下西南地区森林恢复力监测。将植被指数产品和气象数据输入贝叶斯动态线性模型运行，输出森林恢复力降低的信号，探究干旱下西南地区森林恢复力的时空变化，具体分析 2009～2010 年的秋冬春连旱和 2011 年夏秋干旱两个极端干旱事件后森林恢复力的情况；计算出 VOD 逐月标准距平值，并与森林恢复力降低的信号做对比分析，因为距平值能够不考虑整体趋势而主要关注并识别除不同年份、相同生长季的波动或异常信息；探究天然林和次生林干旱胁迫下恢复力的差异及影响因素；分析喀斯特区森林和非喀斯特区森林恢复力的差异。

（2）森林恢复力指数的构建及评估。识别 2000～2018 年西南地区发生的干旱事件，区域内不同像元的极端干旱年份可能会不一样，逐像元计算确定极端干旱年份；利用逐月 MODIS 的 NDVI 和 EVI 均值合成逐年 NDVI 和 EVI；再利用逐年 NDVI 和 EVI 构建森林的稳定性、抵抗力和恢复力指数，来定量化监测西南地区森林的恢复力，对比 NDVI 和 EVI 这两种植被指数的构建结果差异，并进一步评估不同森林类型的稳定性、抵抗力和恢复力。

本章的技术路线流程见图 10-1。

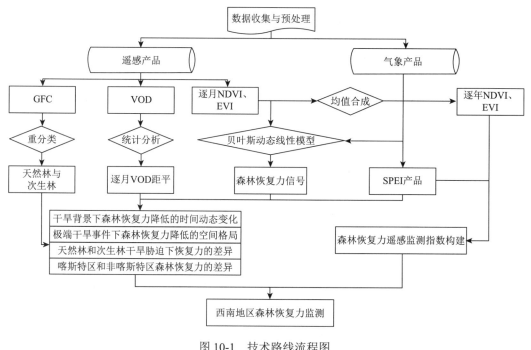

图 10-1　技术路线流程图

10.2　数据与方法

10.2.1　数据

1. 植被指数

利用基于卫星的 NDVI 和 EVI 两个植被指数作为森林生长指标以监测干旱下森林恢

复力异常偏低的信号。NDVI 通常作为植物活动、生物量和覆盖度的指标,用于从空间上评估植被动态(Myneni et al.,1997)。EVI 数据则优化了植被信号的饱和度,提高了高生物量区域的敏感性,被广泛使用以代表植被冠层的绿色信息,解决陆地植被光合作用活动的空间和时间变化(刘媛媛等,2021;Huang and Xia,2019;Zhang et al.,2016;张景华等,2012;Huete et al.,2002)。这两个植被指数均采用的是 MODIS 产品,具体版本是 MODIS13A3 V6 版本(下载地址:https://lpdaac.usgs.gov/products/mod13a3v006/)。该数据集的空间分辨率为 1km,时间分辨率为 1 个月,根据研究内容时间范围选择为 2000~2018年。MODIS 数据集的起始月份数据是 2000 年 2 月,为了确保数据的连续性,将 2001~2018 年 1 月的所有数据取平均以合成 2000 年 1 月数据。同时,将逐月植被指数产品均值合成逐年植被指数产品以构建森林恢复力遥感监测指数。

2. VOD

利用被动微波遥感观测的 VOD 产品与森林恢复力异常偏低信号进行交叉对比分析。VOD 采用全球陆地参数数据记录(land parameter data record,LPDR)的产品(Jones et al.,2011),空间分辨率为 25km,数据下载地址(http://files.ntsg.umt.edu/data/LPDR_v2/)。VOD 是一个 0~3 的无量纲量,它代表微波在植被作用下的衰减总量,是植被水分和生物量共同作用的结果(Jackson and Schmugge,1991)。频率相对较高的 X 波段(10.7GHz)对于提取的 VOD 能反映叶片和细枝的水分状况,能部分反映植被的水力健康状况。VOD也有基于 L 波段的传感器(频率更低),渗透深度更深,从而有能更敏感反映植被水分情况的产品,如土壤湿度和海水盐分卫星(soil moisture and ocean salinity,SMOS)的 SMOS-IC 产品(Fernandez-Moran et al.,2017)和土壤水分主动被动(soil moisture active passive,SMAP)产品(Konings et al.,2017)。然而,该基于 L 波段的 VOD 产品的时间尺度要比 LPDR 短,因此在本章中使用 LPDR 产品。由于单散射反照率会随着植被状态改变而变化(Du et al.,2017),所以在整个研究区域的空间和时间维度上它都是变化的,而错误的单散射反照率参数会增加 VOD 反演的误差。所以与 SMOS-IC 产品相比,LPDR 产品还有一个优势,是它不受其反演算法中基于先验信息选择单散射反照率的影响(虽然极小可能受到影响)。LPDR 是利用地球观测系统的高级微波扫描辐射计(advanced microwave scanning radiometer for earth observing system,AMSR-E)和高级微波扫描辐射计-2(advanced microwave scanning radiometer 2,AMSR-2)的亮温观测数据生成的,现如今 LPDR 已被广泛用于植被干旱响应的研究中(Li et al.,2017;Momen et al.,2017)。

LPDR 的 VOD 数据从 2002 年开始发布,因 AMSR-E 传感器故障到 AMSR-2 发射时有个空窗期,所以其中 2011 年 10 月~2012 年 7 月数据缺失。由于 AMSR-E 传感器与 AMSR-2 的 VOD 存在精度与尺度不完全匹配的缺陷,为保证数据的连贯与一致性,本章选取 2002 年开始到 2011 年 9 月的数据集产品。为了将 VOD 的时间分辨率与 MODIS 植被指数集进行匹配,进行了日数据集平均为月数据集的预处理过程。此外,还计算了 VOD 的月尺度距平(每月数据减去多年月平均值),该统计可以直观反映与极端气候事件相关的 VOD 变化。

3. 森林类型分布

对于天然林和次生林的空间分布数据，使用全球森林变化（global forest change，GFC，下载地址：https://earthenginepartners.appspot.com/science-2013-global-forest）数据集进行提取，该数据集空间分辨率为30m（Hansen et al.，2013）。本章中的天然林空间分布被定义为GFC数据集中2000年所有高度超过5m且冠层封闭度大于20%的树木的森林区域，次生林空间分布则被定义为GFC数据集中2000～2012年的累计森林增加区域。将该数据在软件ArcGIS 10.2中利用双线性内插法将空间分辨率重采样到1km，与MODIS植被指数集相匹配。除此之外，还从中国土地利用/土地覆被变化数据库（下载地址：https://www.resdc.cn/）中提取空间分辨率为1km的森林空间分布，以考虑研究期间的土地覆被变化。此外，还从MODIS土地覆盖数据（MCD12Q1，2012，下载地址https://lpdaac.usgs.gov/products/mcd12q1v006/）提取了常绿阔叶林、常绿针叶林、落叶阔叶林和混交林四种森林类型。

4. 数字高程模型

数字高程模型的数据在资源环境科学与数据中心（http://www.resdc.cn/）下载获取。该空间分布数据来源于美国奋进号航天飞机的雷达地形测绘使命（shuttle radar topography mission，SRTM）数据。SRTM数据有现实性强、免费获取等优点，全球许多应用研究都采用SRTM数据开展环境分析。该数据集为基于最新的SRTM V4.1数据经整理拼接生成的90m的分省数据，空间分辨率为90m。

5. 气象数据

本章选取的气象数据包括2000～2018年逐月尺度的气温、降水和下行短波辐射数据。该气象数据提取自中国区域地面气象要素驱动数据集（China meteorological forcing dataset，CFMD），下载地址（https://data.tpdc.ac.cn/）。该气象数据产品是中国科学院青藏高原研究所开发的再分析栅格数据集，空间分辨率为0.1°，数据为NETCDF格式（He et al.，2020；Yang et al.，2010）。该数据集原始资料来自气象观测数据、再分析资料和卫星遥感数据，精度介于气象观测数据和卫星遥感数据之间，高于国际上已有再分析数据的精度。由于其时间连续和质量稳定的优点，目前已成为中国广泛使用的气象数据产品之一（He et al.，2020）。为了实现与MODIS植被指数一致的空间分辨率，本章将气温、降水和下行短波辐射等气象数据用双线性插值方法重新采样至1km。此外，利用2000～2018年月数据并计算多年气候月平均值，结合逐月气候数据和月MODIS植被指数数据集作为贝叶斯动态线性模型的输入数据，以检测森林恢复力异常偏低的信号。

SPEI栅格数据集利用CMFD数据集中逐月气温和降水计算得到，用于识别中国西南地区的干旱事件，并确定干旱事件的时空范围和严重程度。SPEI数据是相对于长期气候平衡的标准化变量，根据降水和潜在蒸散发之间的差值推导而来（Begueria et al.，2014；Vicente-Serrano et al.，2010）。因此，SPEI是测量降水和温度对干旱影响的较为理想的方法。SPEI的时间尺度为1～48个月，能较好地反映过去1～48个月的累积水分状况（亏水或盈水），适于描述不同类型的干旱事件（Huang et al.，2015）。在此，使用 3 个月尺度的 SPEI（记为 SPEI3）来表征研究期间的西南地区的干旱事件，这已被证明能够持续捕捉土壤水分条件的短期变化特征（Wang et al.，2021；Xu et al.，2015）。

6. 统计资料

利用水旱灾害公报提取西南地区干旱灾害信息作为 SPEI 识别的干旱事件的辅助信息。从中华人民共和国水利部官方网站下载了 2006～2018 年共 13 年逐年的中国水旱灾害公报（下载地址：http://www.mwr.gov.cn/sj/tjgb/zgshzhgb/）。该公报从 2006 年度起每一年都综述我国水旱灾害的特点和主要灾害过程，统计分析了全国各省、自治区、直辖市的灾情，是水旱灾害管理的一项重要的基础性工作，完善了我国水旱灾害信息统计制度，推动了灾害数据的共享。本章提取和汇总了水旱公报中西南地区的干旱情况，见表 10-1。

表 10-1　中国水旱灾害公报中提取的西南地区干旱信息

年份	干旱事件及地区
2006	西南地区冬春连旱，1～2 月中旬，西南地区大部分地区降水持续偏少，气温偏高；4 月以后，西南地区南部出现持续高温少雨天气，旱情再次露头。夏伏旱，重庆大部及四川东部，旱情持续时间长、强度大，贵州东北部发生近 20 年来最为严重的夏伏旱；6 月，西南地区东北部出现持续高温少雨天气；7 月，重庆、四川、贵州等月平均气温为 1951 年以来历史同期最高，同时月累计平均降水量比常年同期偏少 5～8 成，西南地区东北部出现旱情并持续发展
2007	冬春旱，1～2 月，受 2006 年特大干旱的影响，重庆、四川水利工程严重蓄水不足；3 月初，西南地区大部基本无降水，旱情持续发展。夏伏旱，6 月上旬，西南部分地区旱情持续发展
2008	3 月中旬～4 月，云南、四川的部分地区出现旱情。7 月下旬，重庆出现插花旱
2009	2008 年冬季之后，西南部分地区降水持续偏少，气温偏高，旱情呈持续发展趋势；广西全区 1～2 月平均降水量仅为 19 mm，较多年同期偏少近 8 成，为 1951 年以来同期最少；云南全省 2008 年 11 月中旬～2009 年 2 月底平均降水量仅为 20 mm，较多年同期平均少 6 成，且 2 月全省平均日最高气温为 22.8℃。西南部分地区伏秋旱，8 月初～9 月中旬，西南部分地区出现 35℃以上持续高温天气，降水量较多年同期平均值偏少 4～8 成；9 月中旬旱情高峰期，广西和贵州受旱
2010	西南地区 5 省（区、市）冬春连旱，2009 年 10 月云南中北部旱情露头，11 月波及全省；12 月，贵州、广西旱情开始显现并迅速蔓延，至 2010 年 2 月，西南 5 省（区、市）旱情加剧；4 月，旱情最严重，云南大部、贵州西部和南部、广西西北部达到特大干旱等级；3 月下旬后，重庆、四川盆地、广西大部旱情持续缓解，贵州大部、云南西部和南部旱情有所缓和；4 月底～5 月中旬，西南地区进入雨季，除前期降水较少的云南中北部、贵州局部旱情仍然持续，西南其他地区旱情基本解除；南方部分地区伏秋旱，7 月中旬～8 月下旬，局部地区出现持续晴热高温，重庆、贵州旱情自 7 月中旬陆续展现并迅速发展
2011	西南地区伏秋旱，2011 年 5 月～10 月上旬，西南地区大部降水持续偏少，部分地区降水量较多年平均减少 5 成以上；7 月，旱情开始露头并迅速蔓延，9 月旱情高峰，9 月中下旬陆续出现有效降水过程，旱情逐步缓解
2012	西南地区冬春连旱，2011 年入冬～2012 年 4 月，西南部分地区降水偏少 1～5 成，其中，云南部分地区偏少尤其突出，持续干旱少雨；1 月中旬，云南北部和东部、四川南部等地旱情露头并迅速发展；2 月中旬后，重庆西南部、贵州西部相继出现旱情，西南地区旱情进一步发展；3 月下旬，最为严重；4 月下旬～5 月上旬，重庆大部分旱情基本解除，广西部分地区旱情出现；云南各地发生不同程度干旱，71%以上发生中度以上干旱；5 月下旬，广西、贵州旱情相继解除；6 月中旬，云南大部、四川西南部旱情基本缓解
2013	西南地区冬春旱及夏季高温伏旱，2012 年入冬以来西南地区降水减少，云南、四川两省部分地区降水比多年同期平均值偏少 6～8 成；3 月中旬～4 月初，云贵川渝春旱达到高峰；4 月上旬，西南出现有效降水，但云南部分地区旱情继续，5 月初才缓解；6 月下旬～8 月上中旬，西南地区东部持续高温少雨，贵州、重庆、四川旱情迅速发展，8 月中旬，夏伏旱达到峰值，贵州最为严重；8 月下旬，旱情解除
2015	西南地区局部春旱和夏旱，四川西部、重庆西部发生春旱，云南西部、四川中北部发生夏旱；2 月上旬，降水较少，四川、重庆旱情露头，3 月下旬，旱情高峰，4 月降水，旱情逐步缓解；5 月，云南西部持续高温少雨，部分地区出现旱情并迅速发展，至 7 月上旬旱情高峰

本章使用了许多类型的数据集，为了更加清晰地展示，这里汇总列出所有数据集的时空分辨率和数据源等其他信息（表 10-2）。

表 10-2　数据集的时空分辨率和数据源

数据集	空间分辨率	时间分辨率	数据下载地址
MODIS NDVI	1 km	月	https://lpdaac.usgs.gov/products/mod13a3v006/
MODIS EVI	1 km	月	https://lpdaac.usgs.gov/products/mod13a3v006/
LPDR VOD	25 km	日	http://files.ntsg.umt.edu/data/LPDR_v2/
气温	0.1°	月	CFMD（http://data.tpdc.ac.cn/）
降水	0.1°	月	CFMD（http://data.tpdc.ac.cn/）
下行短波辐射	0.1°	月	CFMD（http://data.tpdc.ac.cn/）
SPEI	0.1°	月	使用 CFMD 中气温和降水数据计算所得
天然林	30 m	1 期	https://earthenginepartners.appspot.com/science-2013-global-forest/
次生林	30 m	1 期	https://earthenginepartners.appspot.com/science-2013-global-forest/
森林空间分布	1 km	4 期	https://www.resdc.cn/
森林覆盖类型	500m	1 期	https://lpdaac.usgs.gov/products/mcd12q1v006/
DEM	90 m	1 期	https://www.resdc.cn/
中国水旱灾害公报	——	年	http://www.mwr.gov.cn/sj/tjgb/zgshzhgb/

注：本章中所有需要绘制空间分布的数据均已设置为 WGS84 地理坐标系和兰伯特投影坐标系，并利用双线性内插法将其他数据均重采样与 MODIS 植被指数数据空间分辨率一致。

10.2.2　研究方法

1. 贝叶斯动态线性模型

采用贝叶斯动态线性模型来表征森林异常低恢复力（abnormally low resilience，ALR）的高度自相关信号。本模型中森林恢复力是指森林在干旱胁迫下从扰动状态恢复到原状态的速率。在理想的条件下，森林会经历正常的生长、发育和凋落，显示出季节性波动的生长信息。然而，当遭受极端天气事件，如干旱的情况，森林将会经历异常的缓慢生长、凋零甚至死亡。在干旱条件下，当森林恢复力下降到接近"临界点"（tipping point）时，森林恢复力会出现动力系统层面的"临界减速"（critical slowing down）现象（Held and Kleinen，2004），此时 ALR 可用作从宏观角度探究和测量森林生态系统生理功能受损程度的方式。这种临界减速的现象可以用高度自相关来量化，即后一个观测状态量与前一个观测状态量呈现高度相似。同时，自相关被认为是测量临界减速现象最简单的方法，因为在连续的观察中，下一个时刻自相关的增加意味着森林生态系统的状态变得越来越相似（Scheffer et al.，2001）。

与已有研究相似（Dakos et al.，2012；Ives and Dakos，2012），贝叶斯动态线性模型使用 Kalman 滤波器来计算估计时变的自相关关系。该模型已在美国加利福尼亚州森林区域成功运用，通过监测森林降低的恢复力作为森林死亡的提前预警信号（Liu et al.，2019）。

同时，贝叶斯动态线性模型还考虑了其他因素的时间变化，包括内在的观测到的植被动态和气候强迫所固有的随机噪声、长期趋势和季节性变化。考虑气候强迫的变化可以为森林恢复力检测提供关键信息，因此要避免由越来越多的自相关气候条件引起的虚假警报以提高其准确性。本章利用贝叶斯动态线性模型和相关的气候辅助数据，估计中国西南地区植被指数（NDVI 和 EVI）的时间变化自相关性。利用贝叶斯动态线性模型计算2000～2018 年每个时间点的自相关的概率分布。根据每个时间点的自相关的估计均值和不确定性范围，将 ALR 识别定义为超过阈值且持续至少 3 个月的平均自相关存在。该阈值是自相关不确定性的 80%估计的长期平均值，其大小在研究时间范围内是恒定不变的。下面进一步展示模型的细节信息。

贝叶斯动态线性模型由观测方程式（10-1）和状态演化方程式（10-2）组成：

$$y_t = \boldsymbol{F}_t^{\mathrm{T}} \boldsymbol{\theta}_t + v_t \tag{10-1}$$

$$\boldsymbol{\theta}_t = \boldsymbol{G} \boldsymbol{\theta}_{t-1} + w_t \tag{10-2}$$

式中，y_t 为 t 时刻的观测变量，该观测变量是指 2000～2018 年 t 时刻的 NDVI 或 EVI 减去多年平均值的观测值；$\boldsymbol{F}_t$ 为 t 时刻已知常数或回归变量的 p 维向量，包括 t–1 时刻处的气候变量和观测变量，这些变量去除了季节性；$\boldsymbol{\theta}_t$ 为 t 时刻的 p 维状态向量，包含代表局部平均值、趋势、季节性、对气候条件的敏感性以及观测变量的自相关的系数；v_t 为遵循零均值高斯分布的观测噪声；$\boldsymbol{G}$ 为一个已知的 $p \times p$ 状态演化矩阵，不随时间变化；w_t 为在 t 时刻处遵循平均零多元高斯分布的状态演化噪声，并且独立于 v_t。在每个 t 时刻，使用正向滤波（Robert and West，2010；West and Harrison，2006），通过结合前期总结的先验信息（y_0，y_1，…，y_{t-1}）和当前观测到的 y_t 的可能性来估计 $\boldsymbol{\theta}_t$ 的后验分布，从而得出 $\boldsymbol{\theta}_t$ 随时间变化的后验分布。值得注意的是，$\boldsymbol{\theta}_t$ 项的时间变化量化了 y_t 与 y_{t-1} 之间的相关性。y_{t-1} 对应的 $\boldsymbol{\theta}_t$ 项为自相关，而自相关则是森林恢复力时变上的度量方式。当森林生态系统靠近这一临界点时，可出现临界减速现象，状态变量出现高度自相关，作为测量 ALR 的方法。

该模型包含三个模块，即局部均值和趋势、季节性及回归，以下讨论中分别用下标 l、s 及 r 表示。

局部均值和趋势模块描述了两个时间步长之间的局部均值和变化。该模块的维数为 $p_l = 2$。对应的回归向量 $\boldsymbol{F}_l$ 和状态演化矩阵 $\boldsymbol{G}_l$ 为

$$\boldsymbol{F}_l = \begin{bmatrix} 1 \\ 0 \end{bmatrix}, \quad \boldsymbol{G}_l = \begin{bmatrix} 1 & 1 \\ 0 & 1 \end{bmatrix} \tag{10-3}$$

因此，对于该模块的方程式（10-1）和式（10-2）可写为

$$y_{l,t} = \theta_{l1,t} + v_{l,t} \tag{10-4}$$

$$\boldsymbol{\theta}_{l,t} = \begin{bmatrix} \theta_{l1,t} \\ \theta_{l2,t} \end{bmatrix} = \begin{bmatrix} 1 & 1 \\ 0 & 1 \end{bmatrix} \begin{bmatrix} \theta_{l1,t-1} \\ \theta_{l,t-1} \end{bmatrix} + w_{l,t} = \begin{bmatrix} \theta_{l1,t-1} + \theta_{l2,t-1} \\ \theta_{l2,t-1} \end{bmatrix} + w_{l,t} \tag{10-5}$$

式中，$\theta_{l1,t}$ 和 $\theta_{l2,t}$ 为 t 时刻的均值和趋势。

季节性采用傅里叶形式来表示，其中，单次谐波分量由下式表示：

$$\boldsymbol{F}_{s1} = \begin{bmatrix} 1 \\ 0 \end{bmatrix}, \boldsymbol{G}_{s1} = \begin{bmatrix} \cos\omega_1 & \sin\omega_1 \\ -\sin\omega_1 & \cos\omega_1 \end{bmatrix} \tag{10-6}$$

式中，ω_1 为频率。这种表示等效于傅里叶分量，因为在给定时间 t 之前的所有历史数据的情况下，$t+k$ 时刻处的季节性分量的期望是

$$E\left[y_{s,t+k}\mid y_{s,1},\cdots,y_{s,t}\right]=\boldsymbol{F}_{s1}^{\mathrm{T}}\boldsymbol{\theta}_{s,t+k}=\boldsymbol{F}_{s1}^{\mathrm{T}}\boldsymbol{G}_{s1}^{k}\boldsymbol{\theta}_{s,t}$$

$$=\begin{bmatrix}1 & 0\end{bmatrix}\begin{bmatrix}\cos\omega_1 k & \sin\omega_1 k\\ -\sin\omega_1 k & \cos\omega_1 k\end{bmatrix}\begin{bmatrix}\theta_{s1,t}\\ \theta_{s2,t}\end{bmatrix} \quad (10\text{-}7)$$

$$=A_t\cos(\omega_1 k+\phi_t)$$

式中，A_t 和 ϕ_t 为谐波分量的幅度和相位，该谐波分量是 $\boldsymbol{\theta}_{s,t}$ 的函数。当使用 q 个谐波分量来描述季节性模块时，该模块的维数是 $p_s=2q$。将所有谐波分量组合在一起得到

$$\boldsymbol{F}_s=\begin{bmatrix}F_{s1}\\ \vdots\\ F_{sq}\end{bmatrix},\boldsymbol{G}_s=\begin{bmatrix}G_{s1} & \cdots & 0\\ \vdots & \ddots & \vdots\\ 0 & \cdots & G_{sq}\end{bmatrix} \quad (10\text{-}8)$$

式中，$\boldsymbol{F}_{sj}=\boldsymbol{F}_{s1}$ 和 $\boldsymbol{G}_{sj}$ 为频率为 ω_j 的演化矩阵（$j=1,\cdots,q$）。本章中使用了一个或两个周期为一年半的谐波分量，按照最大似然法为每个像元的季节性表示做出筛选。

回归模块包含了自变量（$x_1,\cdots,x_{p_r}$）对 y_t 的影响，使用式表示为

$$\boldsymbol{F}_{r,t}=\begin{bmatrix}x_{1,t},\cdots,x_{p_r,t}\end{bmatrix},\boldsymbol{G}_r=I_{p_r} \quad (10\text{-}9)$$

对应的 $\boldsymbol{\theta}_{r,t}$ 则为每个自变量在 t 时刻处观测变量影响的系数。本章中，自变量包括前一时间步长的观测值（即 y_{t-1}）和气候变量（降水、气温、下行短波辐射）。每个变量的异常是通过减去月份间隔内的长期平均值获得的，从而去除季节性气候变量。然后，通过除以协方差矩阵的标准差来重新标定变量的异常值情况。重新标定的气候异常和滞后一个观测变量值作为自变量被包含在 $\boldsymbol{F}_{r,t}$ 中。$\boldsymbol{\theta}_{r,t}$ 中对应于 y_{t-1} 的内容用于识别 ALR 的自相关。

将这三个模块合并在一起，完整的贝叶斯动态线性模型的维度为 $p=p_l+p_s+p_r$。表示为

$$\boldsymbol{F}_t=\begin{bmatrix}F_l\\ F_s\\ F_{r,t}\end{bmatrix},\boldsymbol{G}=\begin{bmatrix}G_l & 0 & 0\\ 0 & G_s & 0\\ 0 & 0 & G_r\end{bmatrix},\boldsymbol{\theta}_t=\begin{bmatrix}\theta_{l,t}\\ \theta_{s,t}\\ \theta_{r,t}\end{bmatrix} \quad (10\text{-}10)$$

在每个 t 时刻，使用正向滤波，通过结合前期总结的先验信息（y_0，y_1，$\cdots$，y_{t-1}）和当前观测到的 y_t 的可能性来估计 $\boldsymbol{\theta}_t$ 的后验分布，从而得出 $\boldsymbol{\theta}_t$ 随时间变化的后验分布。值得注意的是，$\boldsymbol{\theta}_t$ 中条目的时间变化，其量化了 y_t 和 y_{t-1} 之间的关系。滞后一个步长下的自相关被当作恢复力的时变度量。然后，如果该自相关的存在值高于阈值，ALR 将被识别别探测出现。具体过程如下。

假设噪声 v 和 W_t 的方差已知。在时间 t，给定所有植被指数观测数据 $\boldsymbol{D}_{t-1}=\{y_1,\cdots,y_{t-1}\}$，$\boldsymbol{\theta}_t$ 假设服从多变量正态分布，即

$$\boldsymbol{\theta}_{t-1}\mid\boldsymbol{D}_{t-1}\sim N(m_{t-1},C_{t-1}) \quad (10\text{-}11)$$

将方程式（10-11）代入方程式（10-2），$\boldsymbol{\theta}_t$ 的先验分布则为

$$\boldsymbol{\theta}_t\mid\boldsymbol{D}_{t-1}\sim N(a_t,R_t) \quad (10\text{-}12)$$

其中，

$$a_t = Gm_{t-1}, R_t = GC_{t-1}G^{\mathrm{T}} + W_t \tag{10-13}$$

将方程式（10-12）代入方程式（10-1），t 时刻处预测分布为

$$y_t \mid D_{t-1} \sim N(f_t, q_t) \tag{10-14}$$

其中

$$f_t = F_t^{\mathrm{T}} a_t, q_t = F_t^{\mathrm{T}} R_t F_t + v \tag{10-15}$$

到 t 时刻，在给定到 t 时刻为止的所有观测值的情况下，θ_t 的后验估计由贝叶斯法则方程式（10-15）给出：

$$p(\theta_t \mid D_t) = p(\theta_t \mid y_t, D_{t-1}) \propto p(\theta_t \mid D_{t-1}) p(y_t \mid \theta_t, D_{t-1}) = N(m_t, C_t) \tag{10-16}$$

其中

$$m_t = a_t + A_t e_t, e_t = y_t - f_t, A_t = R_t F_t / q_t, C_t = R_t - q_t A_t A_t^{\mathrm{T}} \tag{10-17}$$

当 y_t 缺失时，来自历史数据 $p(\theta_t \mid D_{t-1})$ 的先验信息用于估算 θ_t。

但由于本章中噪声 v 和 W_t 的方差未知，$p(\theta_t \mid D_t)$ 尚未完全求解。因此，下面的修正过程是被纳入方差训练的内容。

一般而言，设定

$$v_t \sim N(0, v), \quad w_t \sim N(0, v W_t^*) \tag{10-18}$$

式中，v 和 W_t^* 是未知的，W_t^* 是重新缩放的 W_t。在 v 的条件下，除协方差矩阵被重新缩放外，方程式（10-11）～式（10-14）保持同样的推导过程得

$$\theta_{t_1} \mid D_{t-1}, v \sim N\left(m_{t-1}, v C_{t-1}^*\right) \tag{10-19}$$

$$\theta_t \mid D_{t-1}, v \sim N\left(a_t, v R_t^*\right) \tag{10-20}$$

$$y_t \mid D_{t-1}, v \sim N\left(f_t, v q_t^*\right) \tag{10-21}$$

$$\theta_t \mid D_t, v \sim N\left(m_t, v C_t^*\right) \tag{10-22}$$

假设观测误差的变化遵循反伽马（inverse-Gamma）分布，表示为

$$v \mid D_{t-1} \sim IG(n_{t-1} / 2, d_{t-1} / 2) \tag{10-23}$$

$$v \mid D_t \sim IG(n_t / 2, d_t / 2) \tag{10-24}$$

其中

$$n_t = n_{t-1} + 1 \, (n_t \text{ 为自由度}) \tag{10-25}$$

$$d_t = d_{t-1} + e_t^2 / q_t^* \tag{10-26}$$

对方程式（10-18）～式（10-21）进行集成并弱化 v 后，无关 v 的分布变成 T 分布：

$$\theta_{t_1} \mid D_{t-1} \sim T\left(m_{t-1}, s_{t-1} C_{t-1}^*\right) \tag{10-27}$$

$$\theta_t \mid D_{t-1} \sim T\left(a_t, s_{t-1} R_t^*\right) \tag{10-28}$$

$$y_t \mid D_{t-1} \sim T\left(f_t, s_{t-1} q_t^*\right) \tag{10-29}$$

$$\theta_t \mid D_t \sim T\left(m_t, s_t C_t^*\right) \tag{10-30}$$

其中

$$s_{t-1} = d_{t-1} / n_t \qquad (10\text{-}31)$$

$$s_t = d_t / n_t \qquad (10\text{-}32)$$

W_t 使用衰减因子法获取。状态矢量的先验方差 $\boldsymbol{\theta}_t$ 为

$$\mathrm{Var}(\boldsymbol{\theta}_t \mid \boldsymbol{D}_{t-1}) = R_t = \boldsymbol{G}C_{t-1}\boldsymbol{G}^{\mathrm{T}} + W_t = P_t + W_t \qquad (10\text{-}33)$$

其中,当 $W_t = 0$ 时,P_t 是状态演化中没有随机噪声的方差。

当 $W_t \neq 0$ 时,设

$$R_t = P_t / \delta, \qquad \delta \in (0,1] \qquad (10\text{-}34)$$

也就是说,由于随机噪声,状态向量在 $t-1$ 时刻的方差在下一个时间步长中膨胀了 $1/\delta - 1$。这等价于将状态向量每一项的方差独立增加 $1/\delta - 1$,或者将自由度从 n_t 衰减到 δn_t。δ 越小,$\boldsymbol{\theta}_t$ 变化越快,而 δ 越大,$\boldsymbol{\theta}_t$ 变化越慢。在本章中,三个模块均采用相同的自由度 $\delta = 0.98$,这保证了模型对局部均值和趋势、季节性及回归系数随时间变化仍具有相同的自由度。在这种情况下,可以根据观测结果的似然值,采用正向滤波的方法来估计每个模块的变化程度。在初始 0 时刻时,无信息先验分布设定为

$$m_0 = 0, C_0^* = I, n_0 = p, d_0 = 0.2^2 n_0 \qquad (10\text{-}35)$$

这种设定允许在初始阶段 $\boldsymbol{\theta}_t$ 大范围的变化,随着更多数据加入训练,使方差逐渐收敛。在从方程式(10-30)获得给定历史观测值的情况下,可以得到每个时刻状态向量的后验分布。

2. SPEI 产品计算及干旱事件提取

SPEI 产品计算通过月平均气温和月累计降水得到,SPEI 用月降水量与潜在蒸散量的差值偏离多年正常值来反映区域某一时期内的干旱。

计算 SPEI 的第一步是计算潜在蒸发量 P_{Ej},本节采用 Thornthwaite(1948)的方法,其优势在于计算变量少,仅需要温度数据和地理位置数据,具体的计算过程为

$$P_{Ej} = 16K \left(\frac{10T_j}{I} \right)^m \qquad (10\text{-}36)$$

$$I_j = \left(\frac{T_j}{5} \right)^{1.514} \qquad (10\text{-}37)$$

$$I = \sum_{j=1}^{12} I_j \qquad (10\text{-}38)$$

式中,j 为月份,$j = 1, \cdots, 12$;T_j 为月平均气温;I_j 为月热量指数;I 为年热量指数;K 为修正系数;常数 $m = 0.492 + 1.79 \times 10^{-2} I - 7.71 \times 10^{-5} I^2 + 6.75 \times 10^{-7} I^3$。

计算气候水平衡量 D_i:

$$D_i = P_i - P_{Ei} \qquad (10\text{-}39)$$

式中,P_i 为月降水量,$i = 1, \cdots, n$,n 为时间序列的样本数。

建立 D_i 累积序列,引入三个参数 log-Logistic 概率分布函数:

$$f(x) = \frac{\beta}{\alpha} \left(\frac{x-\gamma}{\alpha} \right)^{\beta-1} \left[1 + \left(\frac{x-\gamma}{\alpha} \right) \right]^{-2} \tag{10-40}$$

式中，三个参数 α、β 和 γ 分别由式（10-41）～式（10-43）计算：

$$\beta = \frac{2w_1 - w_0}{6w_1 - w_0 - 6w_2} \tag{10-41}$$

$$\alpha = \frac{(w_0 - 2w_1)\beta}{\Gamma(1+1/\beta)\Gamma(1-1/\beta)} \tag{10-42}$$

$$\gamma = w_0 - \alpha\Gamma(1+1/\beta)\Gamma(1-1/\beta) \tag{10-43}$$

对 $f(x)$ 进行标准化处理：

$$P = 1 - f(x) \tag{10-44}$$

当 $P \leqslant 0.5$ 时，$W = \sqrt{-2\ln P}$，

$$\text{SPEI} = W - \frac{c_0 + c_1 W + c_2 W^2}{1 + d_1 W + d_2 W^2 + d_3 W^3} \tag{10-45}$$

当 $P > 0.5$ 时，$W = \sqrt{-2\ln(1-P)}$，

$$\text{SPEI} = \frac{c_0 + c_1 W + c_2 W^2}{1 + d_1 W + d_2 W^2 + d_3 W^3} - W \tag{10-46}$$

式中，$c_0 = 2.515517$，$c_1 = 0.802853$，$c_2 = 0.010328$，$d_1 = 1.432788$，$d_2 = 0.189269$，$d_3 = 0.001308$。

SPEI 产品不仅具有多尺度的特征，还对温度敏感性做出了有效考虑，在变暖条件下的干旱分析中有着较大优势（Begueria et al.，2014；Vicente-Serrano et al.，2010）。SPEI 值越小，干旱程度越严重。本章利用西南地区的 CMFD 气象数据计算了 2000～2018 年的 SPEI 栅格指数集，根据来源于《气象干旱等级》（GB/T 20481—2006）的标准，将 SPEI 值划分为五个等级（表 10-3）。

表 10-3 基于 $\text{SA}_{\text{SPEI}_3}$ 产品的干旱等级

干旱等级	干旱类型	$\text{SA}_{\text{SPEI}_3}$ 范围
1	正常无旱	$\text{SA}_{\text{SPEI}_3} > -0.5$
2	轻度干旱	$-0.5 \geqslant \text{SA}_{\text{SPEI}_3} > -1.0$
3	中度干旱	$-1.0 \geqslant \text{SA}_{\text{SPEI}_3} > -1.5$
4	严重干旱	$-1.5 \geqslant \text{SA}_{\text{SPEI}_3} > -2.0$
5	极端干旱	$-2.0 \geqslant \text{SA}_{\text{SPEI}_3}$

本章使用 SPEI_3（时间尺度为 3 个月的 SPEI）数据，分析了 2000～2018 年西南地区极端干旱的空间范围、持续时间、严重程度、发生和结束时间。为了进一步直观展示干旱情

况和提取干旱事件，对于每个像元计算了第 t 个月 SPEI 的标准化异常（$\mathrm{SA}_{\mathrm{SPEI}_3}$）：

$$\mathrm{SA}_{\mathrm{SPEI}_3} = \frac{\mathrm{SPEI}_3^{i,t} - \overline{\mathrm{SPEI}_3^{i,t}}}{\delta(\mathrm{SPEI}_3^{i,t})} \quad (t=1,2,\cdots,12) \tag{10-47}$$

式中，$\mathrm{SPEI}_3^{i,t}$、$\overline{\mathrm{SPEI}_3^{i,t}}$、$\delta(\mathrm{SPEI}_3^{i,t})$ 分别为 2000～2018 年第 t 个月的第 i 个像元上的 SPEI_3 的值、SPEI_3 的多年均值、SPEI_3 的标准差。$\mathrm{SA}_{\mathrm{SPEI}_3}$ 是一个无量纲值，$\mathrm{SA}_{\mathrm{SPEI}_3}$ 强调某个月份的 SPEI_3 值偏离其对应月份多年均值的标准差的程度。同时，对 $\mathrm{SA}_{\mathrm{SPEI}_3}$ 通常采用 Saft 等（2015）所提出的平滑方法，进行 3 个月窗口的均值平滑处理，以避免长时间连续的干旱期被一个突兀的湿润月异常中断。经过平滑后的 $\mathrm{SA}_{\mathrm{SPEI}_3}$ 值低于 –0.5 时，则被定义为发生干旱（Li et al.，2019）。

3. 森林恢复力遥感监测指数构建

森林恢复力遥感监测指数构建包含三个组分或指标，稳定性（H）、抵抗力（Ω）和恢复力（Δ）。抵抗力和恢复力两个指标可以用来评估极端干旱事件对森林生态系统稳定性的影响。其中，抵抗力描述了森林在干旱期间维持其原始水平的能力，而恢复力则是森林恢复到干旱前水平的能力（De Keersmaecker et al.，2015）。同已有的研究方法相似（Huang and Xia，2019；Isbell et al.，2015），稳定性（H）、抵抗力（Ω）和恢复力（Δ）指数的计算公式表达如下：

$$H = \frac{Y_\mathrm{m}}{\delta} \tag{10-48}$$

$$\Omega = \frac{\overline{Y_\mathrm{n}}}{\left| Y_\mathrm{e} - \overline{Y_\mathrm{n}} \right|} \tag{10-49}$$

$$\Delta = \frac{\left| Y_\mathrm{e} - \overline{Y_\mathrm{n}} \right|}{\left| Y_{\mathrm{e}+1} - \overline{Y_\mathrm{n}} \right|} \tag{10-50}$$

式中，Y_m 为所有年份（2000～2018 年）的年均植被指数值（EVI、NDVI）；δ 为相同时间间隔下植被指数值的标准差；$\overline{Y_\mathrm{n}}$ 为正常年份（所有非极端干旱年份）植被指数的均值；Y_e 为极端干旱发生年份的植被指数值；$Y_{\mathrm{e}+1}$ 为极端干旱发生年份后一年的植被指数。本章利用 SPEI 产品来识别判定此处的极端干旱年份。

已有研究表明，全球 95% 的植被区域可以在 1 年内从干旱中恢复并且生物群级的干旱恢复时间也在 1 年内（Schwalm et al.，2017）。因此，采用上述指数分析森林群落尺度的恢复力。本章采用的抵抗力和恢复力指数均为无量纲值，可以直接在不同生产力水平的森林群落之间进行比较。抵抗力越大，意味着在干旱期间植被指数值减小得越少。而当干旱事件降低了森林的绿度和生产力时，如果恢复期间植被指数值的增长率越高，恢复力则越强。例如，如果植被指数值在干旱期间减少到正常水平的 50%，那么 $\Omega = 2$；而干旱后 1 年如果恢复到正常水平的 75%，那么 $\Delta = 2$。Ω 或 Δ 值越高，表示抵抗力或恢复力越大，表明森林越稳定；Ω 或 Δ 值越低，表示抵抗力或恢复力越小，森林越不稳定，越易受到干旱的影响。

10.3 西南地区干旱下森林恢复力监测

10.3.1 贝叶斯动态线性模型识别 ALR 的像元点示例

对于贝叶斯动态线性模型监测森林恢复力的模型和原理在第 2 章已进行了理论描述，基于此，本节利用贝叶斯动态线性模型并结合相关的气候辅助数据，估计中国西南地区植被指数的时变自相关性，计算 2000～2018 年植被指数逐月的自相关概率分布，并通过设定阈值判定出异常的高度自相关，从而识别出 ALR 信号。

图 10-2 展示了中国西南森林地区使用 MODIS 的 NDVI 数据运用贝叶斯动态线性模型识别 ALR 的像元点示例（图 10-2）。该像元位于 105.293°E，28.433°N，空间分辨率为 1km，利用 GFC 的 2000 年树木覆盖数据得到该像元点有 67% 的树木覆盖。干旱期间，NDVI 时间序列表现出高自相关，ALR 在很长一段时间内都被检测到 [图 10-2（c）]。

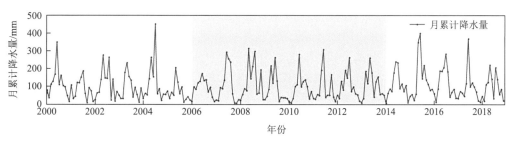

(a) 像元点月累计降水的时间序列变化

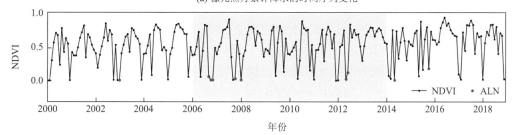

(b) 像元点NDVI的时间序列变化

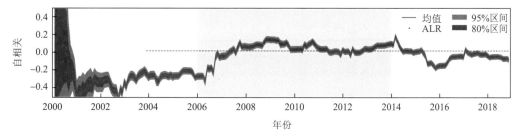

(c) 像元点NDVI的时变自相关和贝叶斯动态线性模型识别的ALR

图 10-2 使用贝叶斯动态线性模型探测 ALR 的一个像元点示例

ALN 表示 NDVI 异常低值（abnormally low NDVI，当平均自相关（蓝线）超过阈值（灰色虚线），且平均自相关也大于 0 时，识别出 ALR 信号。阈值定义为自相关估计的不确定范围上界的长期平均值（不包括前 48 个月的模型测试阶段）。橙色阴影的时间段代表 SPEI 计算的干旱期。x 轴上的每个刻度代表所在年的 1 月在平均自相关（蓝线）超过阈值（灰色虚线）且超过零，同时持续至少 3 个月时的状态下，ALR 才被识别出来。而该阈值则被定义为估计的自相关不确定范围（不包括前 48 个月的模型测试期）的 80%估计的长期平均值，在研究期间是保持不变的，其为建立 ALR 识别的范围提供了衡量方式。NDVI 异常低值（ALN）信号在 NDVI 值低于阈值，且持续至少 3 个月的情况下被识别。该阈值是所在月份 NDVI 值小于整个研究期间对应月份所有值的 20%估计。同样地，利用 EVI 作为观测变量的 ALR 和 EVI 异常低值（abnormally low EVI，ALE）也采用的是上述识别方式。对不同阈值的敏感性分析表明本章所选择的阈值是稳健可靠的（Liu et al.，2019）。

当降水量明显低于先前同期发生干旱时［图 10-2（a）］，该模型在 2006 年、2012 年和 2014 年探测到了可能代表覆盖度和森林生物量下降的 ALN 信号［图 10-2（b）中的红点］。同时还发现，在 2008～2014 年，探测到的 ALR 信号［图 10-2（c）中红色三角形］比 ALN 信号数量更多也更提前。例如，在 2014 年 3 月探测到 ALN 信号之前，2013 年 5 月便探测到了 ALR 信号且其持续了大约 6 个月。除此之外，在 2008～2013 年频繁干旱期间，多个时间点均检测到能作为森林生态系统恢复力临界减速特征的 ALR 信号。

理论上，NDVI 或 EVI 所估计的高度自相关并不一定能保证森林生态系统出现临界减速现象，因为高度自相关是其必要非充分的条件（Scheffer et al.，2009）。然而，为了进一步审视 ALR 信号能够作为森林生态系统临界减速现象的典型特征，已有一些研究分别对存在森林覆盖和非森林覆盖两种稳定状态的森林动态进行了分析，结果表明，在 ALR 信号被识别期间，恢复吸引盆地缩小，森林生态系统出现了临界减速现象（Liu et al.，2019；Scheffer et al.，2001）。这两种变化表明，在随机扰动下，森林恢复力降低同时也伴随着森林消退状态可能性增大的情况。该分析支撑着利用贝叶斯动态线性模型来探测森林生态系统恢复力下降的情况。这意味着，通过追踪和监测能代表森林生长状态的植被指数的高度自相关，就能够识别出气候胁迫，如干旱引起的 ALR 信号。

本章中贝叶斯动态线性模型被应用于逐像元探测中国西南地区 NDVI 和 EVI 的 ALR 信号。将 2004 年以来基于 NDVI 探测的 ALR（简称 ALR$_{NDVI}$）或基于 EVI 探测的 ALR（简称 ALR$_{EVI}$），与 ALN 或 ALE 进行时空变化上的对比分析。因为 ALN 和 ALE 可能与森林衰退甚至死亡有关（Brodrick and Asner，2017；Breshears et al.，2005），同时这两者与 ALR$_{NDVI}$ 和 ALR$_{EVI}$ 具有相同的时空分辨率。此外，也将 ALR$_{NDVI}$、ALR$_{EVI}$、ALN 和 ALE，与能够表征地上部分生物量和植被含水量的 VOD 做交叉验证分析。

10.3.2　西南地区森林恢复力降低的时间动态变化

恢复力异常偏低和植被指数异常低值能够表征森林下降的活力和绿度。本节统计了逐月 2004～2018 年西南地区出现 ALR$_{NDVI}$、ALR$_{EVI}$、ALN 和 ALE 信号的森林面积比例，以探究其时间上的动态变化。在两次极端干旱事件，包括 2009～2010 年冬春干旱和 2011 年夏秋干旱发生后约 6 个月，森林出现了 ALR$_{NDVI}$、ALR$_{EVI}$、ALN 和 ALE 信号面积比例陡增的情况（图 10-3）。图 10-3 中蓝色竖直虚线能代表极端干旱的最严重时期，红色竖直虚线代表了 ALR$_{NDVI}$、ALR$_{EVI}$、ALN 和 ALE 信号面积急剧上升的时期。这一时间上的滞后性可能是由于森林具有一定的抗旱能力，并能保持短期的生长发育和绿度。

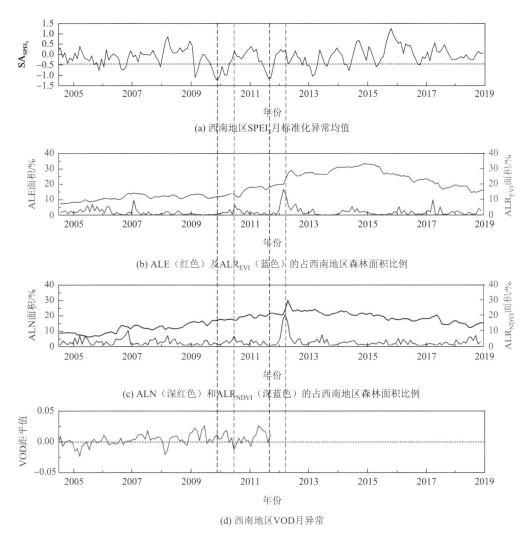

(a) 西南地区SPEI月标准化异常均值

(b) ALE（红色）及ALR$_{EVI}$（蓝色）的占西南地区森林面积比例

(c) ALN（深红色）和ALR$_{NDVI}$（深蓝色）的占西南地区森林面积比例

(d) 西南地区VOD月异常

图 10-3　干旱程度、ALE 和 ALR$_{EVI}$ 面积、ALN 和 ALR$_{NDVI}$ 面积、VOD 距平值的逐月时间序列变化

蓝色垂直虚线代表两次极端干旱事件中最严重的时期，红色垂直虚线代表 ALE、ALR$_{EVI}$、ALN 和 ALR$_{NDVI}$ 面积比例急剧增加的时期。x 轴上的每个刻度代表所在年的 1 月

　　2010 年 5 月 ALR$_{NDVI}$、ALR$_{EVI}$、ALN 和 ALE 信号面积在西南森林区域比例出现了增加情况，但增幅较小 [图 10-3 (b) 和 (c)]。不过更明显的是，在 2012 年 3 月探测到 ALR$_{EVI}$ 和 ALE 信号的面积比例迅速增加，峰值分别达到 30%以上和 15%以上 [图 10-3 (b)]。同样地，ALR$_{NDVI}$ 和 ALN 信号的面积比例在时间上动态变化轨迹较为相似，在 2012 年 3 月也分别增加到 30%和 20%左右的高值 [图 10-3 (c)]。

　　在此期间，SPEI 产品捕获识别了 2009～2010 年冬春和 2011 年夏秋两次极端干旱事

件 [图 10-3 (a)，SA$_{SPEI_3}$ <−0.5]。通过表 10-1 中中国水旱灾害公报提取的西南地区干旱信息也能佐证这两次 SPEI 捕获的极端干旱事件，说明本章计算的 SPEI 产品能较好地反映西南地区干旱的空间范围、持续时间、严重程度。为了更加直观展示这次干旱的严重程度，利用 CMFD 的降水数据，统计这两次干旱期间的累计降水亏缺情况，结果发现，这两次干旱期间平均月累计降水量分别低于同期的 36%和 31%。尤其值得注意的是，在这两次干旱期间，整个森林区域的平均 SA$_{SPEI_3}$ 值都下降到了−1.0 以下 [图 10-3 (a)]。

但在干旱事件发生 6 个月后，西南地区森林表现出大面积的 ALR$_{NDVI}$、ALR$_{EVI}$、ALN 和 ALE 信号，说明干旱事件对森林生长发育的影响存在滞后效应。除此之外，在 2009～2010 年严重冬春干旱之前，ALR$_{NDVI}$ 面积也逐渐增加，这可能是由于 2008～2009 年西南地区轻度干旱频繁发生。结合图 10-3 (b) 和 (c) 结果发现，贝叶斯动态线性模型探测到的 ALR$_{EVI}$ 或 ALR$_{NDVI}$ 信号面积比例普遍高于同期的 ALE 或 ALN 面积，这可能说明森林异常低恢复力信号比异常低植被指数值受干旱胁迫更加敏感。此外，在 2009～2013 年西南地区频繁发生的干旱侵扰下，ALR$_{NDVI}$ 和 ALN 表现出与 ALR$_{EVI}$ 和 ALE 相似的时间动态变化。这种明显的时间上的对应性强调了利用异常低恢复力和异常低植被指数来检测干旱事件胁迫下森林缓慢恢复的时间变化的可能性。不过值得注意的是，理论上代表冠层绿度信息的 EVI 数据在反映森林生长信息层面应该比 NDVI 更加敏感才合理，但上述结果并不能反映这一特征，究其原因可能是采用的有较粗时间分辨率的逐月的 MODIS 植被指数。

上述结果是通过光学遥感数据演化而来的，为了增强结果的可靠性和稳健性，需要加入其他数据源的信息进行对比分析。所以，在此引入基于被动微波演化而来的能表征植被含水量和地上生物量的 VOD 与 ALR$_{NDVI}$、ALR$_{EVI}$、ALN 和 ALE 信号进行了时间尺度上的交叉比较。为了能够直观反映受极端气候事件胁迫的 VOD 时间上的动态变化，通过每月数据减去多年月平均值，统计了 VOD 的距平值 [图 10-3 (d)]。结果显示，在 2010 年 5 月 ALE、ALN、ALR$_{EVI}$ 和 ALR$_{NDVI}$ 的面积比例小幅增加的同时，VOD 距平值呈现负值，这表明地表生物量和植被含水量相较于同期处于下降状态。两者结果在时间尺度上一定程度的匹配性表明，利用贝叶斯动态线性模型结合遥感植被指数，可以探测出大区域下森林异常低的恢复率，从宏观上探究和测量干旱胁迫下西南地区森林的生理功能受损情况。

10.3.3 极端干旱事件下森林恢复力降低的空间格局

上述的面积比例结果只能表现出统计上的年际动态，而不能展现 SPEI 表征的干旱与 ALE、ALN、ALR$_{EVI}$ 和 ALR$_{NDVI}$ 信号之间的空间变化分布的一致性。因此，本节评估了 ALE、ALN、ALR$_{EVI}$ 和 ALR$_{NDVI}$ 的空间格局以及 SPEI 所表征的干旱程度的空间分布变化。通过上一节统计结果可知，ALE、ALN、ALR$_{EVI}$ 和 ALR$_{NDVI}$ 信号面积陡增主要发生在 2009～2010 年冬春和 2011 年夏秋两次极端干旱事件约 6 个月后。因此，本节主要分析这两次极端干旱事件胁迫下 ALE、ALN、ALR$_{EVI}$ 和 ALR$_{NDVI}$ 的空间格局。为了便于对应两次干旱事件的展示，将 ALE、ALN、ALR$_{EVI}$ 和 ALR$_{NDVI}$ 逐月结果合并为年际动态结果，具体操作过程为将每年 1～12 月的结果叠加在一起形成年际动态结果。此外，也将 SPEI 产品每 3 个月按平均值合成季节动态结果。

2009～2010 年干旱事件（SA$_{SPEI_3}$＜-0.5）席卷了中国西南大部分地区，云南东部、四川南部、广西西部和几乎贵州全境的干旱尤为严重 [图 10-4（f）和（g）]。用 SPEI 表征的干旱空间分布变化与表 10-1 利用中国水旱灾害公报提取的西南干旱信息相吻合。水旱灾害公报中西南地区旱情信息如下：西南 5 省（区、市）冬春连旱，2009 年 10 月云南中北部旱情露头，11 月波及全省；12 月，贵州、广西旱情开始显现并迅速蔓延，至 2010 年 2 月，西南 5 省（区、市）旱情加剧；4 月，旱情最严重，云南大部、贵州西部和南部、广西西北部达到特大干旱等级；3 月下旬后，重庆、四川盆地、广西大部旱情陆续缓解，贵州大部、云南西部和南部旱情有所缓和；4 月底～5 月中旬，西南地区进入雨季，除前期降水较少的云南中北部、贵州局部旱情仍然持续，西南其他地区旱情基本解除。

2010 年，ALE、ALN、ALR$_{EVI}$ 和 ALR$_{NDVI}$ 信号在四川南部、云南大部分地区和广西东部广泛分布，在贵州和重庆较为稀疏分散分布 [图 10-4（a）～（d）]。ALE、ALN、ALR$_{EVI}$ 和 ALR$_{NDVI}$ 信号在大部分干旱地区均可被捕获，但贵州西部出现严重干旱，该地区几乎没有 ALE 和 ALN 信号出现 [图 10-4（a）和（b）]。这可能是由于该地区的森林有着更深和更强状的根系，可以更容易地从深层土壤中吸收水分，从而具有更强的抵抗干旱侵扰的能力。值得注意的是，广西东北部出现大面积 ALE 信号 [图 10-4（a）]，该地区干旱并不特别严重，造成这一现象的原因可能是 2010 年该地区大面积种植和砍伐人工经济林（Tong et al.，2020）。

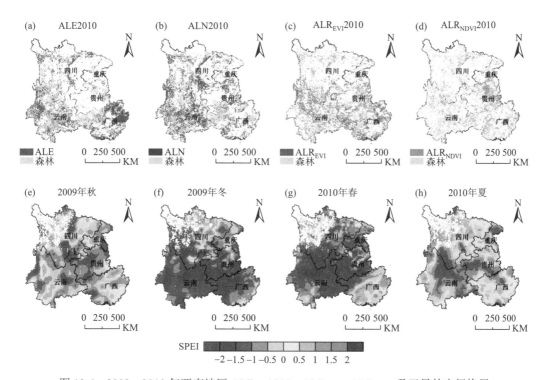

图 10-4　2009～2010 年西南地区 ALE、ALN、ALR$_{EVI}$、ALR$_{NDVI}$ 及干旱的空间格局

2011 年中国西南地区的旱情也较为严重，其中，云南、贵州、四川、重庆四省（市）

交界地区的夏季和秋季旱情尤为严重 [图 10-5 (f) 和 (g)]。广西大部分地区，尤其是广西东北部，春季至秋季都出现了旱情 [图 10-5 (e)～(g)]。2012 年 ALE 和 ALN的空间分布格局与 2011 年干旱格局相似，主要集中在广西、云黔川渝交界处和四川中部横断山区 [图 10-5 (a) 和 (b)]。四川中部和北部地区存在岩溶地貌（图 10-1），所在区域土壤存储水能力弱（Liu et al., 2016）。即使四川中部和北部的 SPEI 值不是很低，但由于喀斯特地貌保水性差的特点，这里的森林仍然面临着异常的缓慢生长、下降甚至死亡的状况。ALR_{EVI} 和 ALR_{NDVI} 主要分布在广西和四川中部横断山区 [图 10-5 (c) 和 (d)]，而在云南、贵州和重庆的分布较为稀疏，可能是由于森林的抗旱性较强。无论是通过 NDVI 探测到的 ALN 和 ALR_{NDVI}，还是 EVI 探测得到的 ALE 和 ALR_{EVI} 信号，都可以在 2011 年受干旱侵扰的区域捕获到。总体而言，无论是在 2009～2010 年冬春还是 2011 年夏秋极端干旱事件胁迫下的西南森林地区，贝叶斯动态线性模型结合遥感植被指数数据探测出的 ALE、ALN、ALR_{EVI} 和 ALR_{NDVI} 信号与 SPEI 所代表的干旱的空间格局都具有显著的一致性。

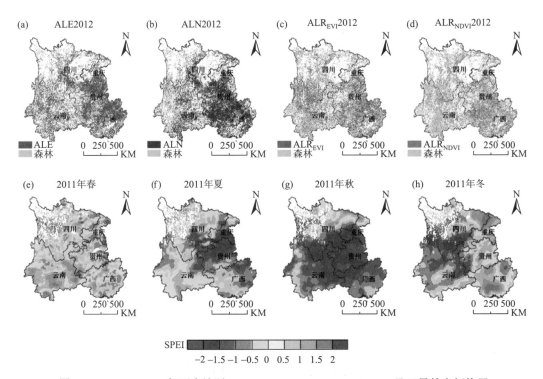

图 10-5　2011～2012 年西南地区 ALE、ALN、ALR_{EVI}、ALR_{NDVI} 及干旱的空间格局

10.3.4 天然林和次生林恢复力的差异

上述结果表明，西南地区大面积森林在干旱后约 6 个月出现了恢复力异常偏低的现象。此外，通过分类统计发现天然林和次生林对干旱的响应存在差异。对于本章中天然林和次生林的空间分布数据，使用 GFC 数据集进行提取。天然林空间分布被定义为 GFC数据集中 2000 年所有高度超过 5m 且冠层封闭度大于 20% 的森林区域，也就是本研究起始

年份 2000 年的森林被认为是天然林。而次生林空间分布则被定义为 GFC 数据集中 2000～2012 年的累计森林增加区域，从无森林到森林状态改变的区域。统计了西南地区天然林和次生林的面积。结果表明，由于退耕还林等生态还林和造林工程的实施，2000～2012 年西南地区次生林面积增加了约 3.4%（约 7820km^2）。同时，根据此数据集的统计结果，2000～2012 年我国西南地区增加的次生林面积主要集中在广西地区，广西地区的次生林面积约占总增加面积的 77.8%。除此之外，根据 GFC 数据集统计，2012 年广西次生林面积约占森林总面积的 3.5%，天然林约占 96.5%。鉴于西南地区次生林主要增加在广西地区，所以下述分析天然林和次生林恢复力的差异都在 2012 年的广西地区进行。

分别统计了 ALE、ALN、ALR$_{EVI}$ 和 ALR$_{NDVI}$ 信号在广西天然林和次生林区域的面积比例。结果表明，2012 年次生林区域探测到的 ALE、ALN、ALR$_{EVI}$ 和 ALR$_{NDVI}$ 信号的面积大于天然林区域探测到的比例 [图 10-6（c）]。次生林区域探测到 ALR$_{EVI}$ 和 ALE 信号分别约占 55.0% 和 55.8%，而天然林区域探测到 ALR$_{EVI}$ 和 ALE 信号分别约占 50.7% 和 50.3%。基于 NDVI 数据计算结果也与之相似，次生林区域探测到的 ALR$_{NDVI}$ 和 ALN 信号分别约占 56.0% 和 67.1%，天然林区域探测到的 ALR$_{NDVI}$ 和 ALN 信号分别约占 49.6% 和 64.7% [图 10-6（c）]。另外，广西地区次生林和天然林区域探测到的 ALR$_{EVI}$ 信号（图

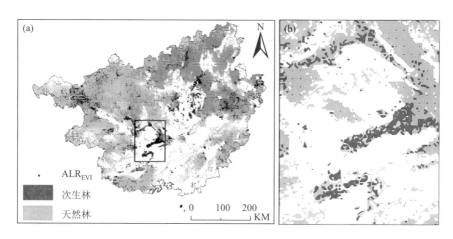

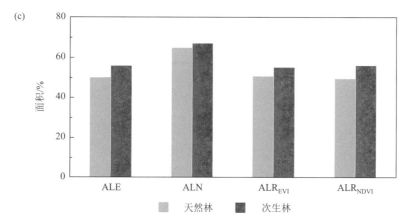

图 10-6　2012 年广西 ALR$_{EVI}$ 分布及 ALE、ALN、ALR$_{EVI}$、ALR$_{NDVI}$ 的面积比例

中黑点）的空间分布如图 10-6（a）所示。2011 年夏秋两季发生严重干旱［图 10-5（f）和（g）］，天然林区域的 ALR_{EVI} 信号则主要出现在广西东北部［图 10-6(a)］。而尽管 2011 年夏秋在广西中部仅发生了轻微干旱［图 10-5（f）和（g）］，位于该区域的次生林上 ALR_{EVI} 信号仍然分布广泛［图 10-6（a）和（b）］。

上述结果表明，天然林和次生林在干旱胁迫下的恢复力响应不同。该现象可能是不同根系深度的树木为应对干旱侵扰，而形成不同的水分汲取策略所导致（Zhong et al.，2021；Nie et al.，2014）。已有研究表明，树木根系的水分汲取深度与季节性叶片物候模式类型（常绿林或落叶林）（Ding et al.，2021）和树种的高度这两个指标均无关（Brum et al.，2017；Jackson et al.，1999）。通过直接挖取获取树木根深的方式有着破坏性和复杂性的缺点。所以，有研究表明树木主干的平均基径大小能够作为跨物种测量根深的一种替代指标，因为根系的大小和深度通常随着植物地面树干部分大小的增加而增加（Schenk and Jackson，2002），该方式简单易行且不具破坏性。进而可根据基径大小推断树木根系的大小和深度以判定物种的水分吸收深度（Ding et al.，2021）。

在西南喀斯特地区，为了吸收基岩水或地下水，根系需要渗透到岩溶水渗流带。在自然条件下这又是一个非常缓慢的生态过程，因为只有当树木根向下生长穿透到风化的基岩裂缝中，或者通过根系自身的生化作用分解基岩产生裂缝时才会发生。根系能渗透到基岩中的能力可能随着树木主干的大小和年龄的增加而增加（Phillips，2018，2016）。因此，本章中基径和树龄较小的次生林的根系可能较浅，深度为 0～50cm，而基径和树龄较大的天然林根系可能较深，深度为 50～100cm（Liu W N et al.，2021）。当干旱导致浅层土壤缺水时，浅根物种由于具有更加消极的水势和浅层的土壤水分吸收策略，将面临冠层落叶凋落甚至死亡等严重情况。相比之下，根系较深的树木有不同的水分提取策略来适应干旱条件。在干旱初期，树木主要从浅层土壤中提取水分，随着干旱的持续和恶化，树木将转而汲取基岩水或地下水等深层的水源。这种深层的水分汲取策略确保了它们在干旱条件下能够生存，仅仅伴随着轻微的冠层凋落（Crouchet et al.，2019；Nardini et al.，2016）。

本研究的结果也与之对应，根系较浅的次生林地区干旱胁迫下冠层落叶严重，甚至死亡，所在区域探测到广泛的 ALR_{EVI} 信号，这是在 2011 年夏秋季次生林区域发生轻度干旱时的结果。而在同期发生更严重干旱的天然林区域，探测的 ALR_{EVI} 信号分布相较于次生林地区的更少。这些结果表明，次生林比天然林更容易受干旱胁迫造成更为广泛的森林恢复力降低的状况。树木遭受干旱时所采用的不同水分吸收策略，可以辅助解释森林探测到的 ALE、ALN、ALR_{EVI} 和 ALR_{NDVI} 信号与 SPEI 所表征的干旱空间格局所存在的不完全的空间一致性。

10.3.5　喀斯特与非喀斯特地区森林恢复力的差异

通过分类统计，干旱胁迫下探测到的喀斯特地区森林和非喀斯特地区森林 ALE、ALN、ALR_{EVI} 和 ALR_{NDVI} 信号面积比例存在差异（图 10-7）。分类统计结果表明，对于 ALE、ALN、ALR_{EVI} 和 ALR_{NDVI} 这四个信号，喀斯特地区森林探测到的面积比例均大于非喀斯特地区的

［图 10-7（b）］。基于 EVI 数据计算的喀斯特地区森林探测的 ALE 和 ALR_{EVI} 信号分别占比 46.9%和 44.9%，非喀斯特地区森林探测的 ALE 和 ALR_{EVI} 信号分别占比 36.0%和 40.0%。基于 NDVI 数据计算的结果也与之相似，喀斯特地区森林探测的 ALN 和 ALR_{NDVI} 分别占比 56.1%和 43.2%，而非喀斯特地区森林探测的 ALN 和 ALR_{NDVI} 分别占比 36.6%和 34.2%。

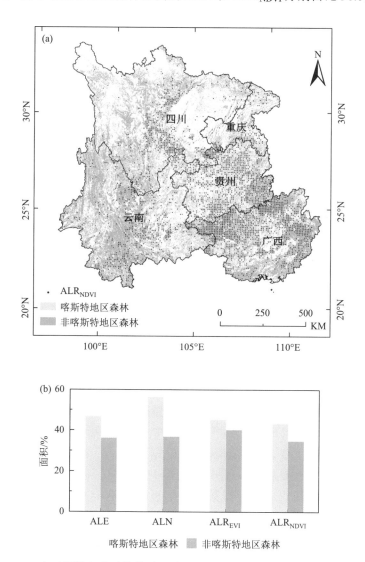

图 10-7　2012 年喀斯特与非喀斯特地区森林 ALE、ALN、ALR_{EVI}、ALR_{NDVI} 的差异
及 ALR_{NDVI} 分布特征

　　上述统计结果只能展示其面积上的差异，不能显示其空间分布。在此绘制了 2012 年西南地区喀斯特地区森林、非喀斯特地区森林以及 ALR_{NDVI} 的空间格局［图 10-7（a）］。

　　10.3.3 节中能表征森林生长发育偏低的 ALE、ALN、ALR_{EVI} 和 ALR_{NDVI} 信号与干旱的空间分布具有较好的空间一致性。喀斯特区森林主要分布在贵州全境、云南东部、广西西部、四川中部和重庆东部［图 10-7（a）］。尤其在贵州全境，由于其广泛分布的喀斯特地貌，ALR$_{NDVI}$ 信号非常密集。有研究表示由于喀斯特地貌区土壤储水困难的特点，其更容易发生干旱，植被也更容易受到侵扰（Ding et al., 2021；Wang et al., 2021）。喀斯特地区森林探测到的 ALE、ALN、ALR$_{EVI}$ 和 ALR$_{NDVI}$ 信号面积比例高于非喀斯特地区森林探测到的结果，为这一结论提供了支撑证据。

10.4　西南地区森林恢复力遥感监测指数

10.3 节利用贝叶斯动态线性模型探究了干旱胁迫下森林恢复力降低信号的时空变化，以及定性地展示了次生林比天然林、喀斯特区森林比非喀斯特地区森林更容易出现恢复力降低的情况。本节通过构建西南地区森林恢复遥感监测指数，进而定量化地探究西南地区干旱胁迫下森林恢复力空间格局，量化不同森林类型恢复力的差异，探讨其影响因素。西南森林恢复力遥感监测指数分为三个组分，包括稳定性、抵抗力和恢复力，抵抗力描述了森林在干旱期间维持其原始水平的能力，而恢复力则是森林恢复到干旱前水平的能力。稳定性为所有年份植被指数年均值与其标准差的比值，抵抗力为所有非极端干旱年份植被指数均值与极端干旱年份植被指数损失值的比值，恢复力为极端干旱年份植被指数损失值与极端干旱一年后植被指数增加与正常水平差值的比值，由上可知确定极端干旱年份至关重要。首先，利用 SPEI 指数逐像元确定西南地区的极端干旱年份。其次，将逐月 EVI 和 NDVI 均值合成逐年 EVI 和 NDVI，并利用 Matlab 软件按上述方法分别计算 EVI 和 NDVI 的稳定性、抵抗力和恢复力。再次，比较 EVI 和 NDVI 构建的森林恢复力指数的差异。最后，讨论不同森林类型恢复力指数比较及影响因素。

10.4.1　极端干旱年份确定

构建干旱胁迫下森林恢复力遥感监测指数是运用正常年份和极端干旱年份的植被指数值的差异进行计算的，所以识别极端干旱年份的准确性和合理性对于森林恢复力遥感监测指数构建极为重要。通常情况下，根据某区域所有像元点干旱指数的均值大小可以粗略地判定该区域是否发生了干旱及其干旱程度。西南地区幅员辽阔、地形多样，气候变化也具有空间异质性，将某一特定极端干旱年份确定为全区域统一的极端干旱年份是粗陋和不适宜的。所以，利用逐月 SPEI 指数逐像元确定 2000～2018 年西南地区的最极端干旱年份并展示其空间格局（图 10-8）。确定极端干旱年份采用了三种不同的方式：一是取 2000～2018 年 SPEI 指数月值最小所在的年份［图 10-8（a）］；二是计算 2000～2018 年共 19 年的 SPEI 年平均值，取年平均值最小所在的年份［图 10-8（b）］；三是使用 SPEI 指数月值小于–1.5 且月数量最多所在的年份［图 10-8（c）］，因为根据表 10-3 干旱分级，SPEI 小于–1.5 则属于严重干旱的情况。下文中相关表述均由方法一、二、三简化代替。

统计三种方法识别极端干旱年份的面积比例发现（图 10-9），三种方法结果均显示，2009 年作为极端干旱年份的像元面积比例最大，均达到 15.0%以上，方法三比例最高，达到 18.5%。其次极端干旱年份占比较大的依次为 2011 年、2013 年和 2006 年。这与中国水旱灾害公报中记录的西南地区 2009～2010 年冬春干旱、2011 年夏秋旱、2013 年春旱和夏伏旱以及 2006 年特大干旱事件相吻合。

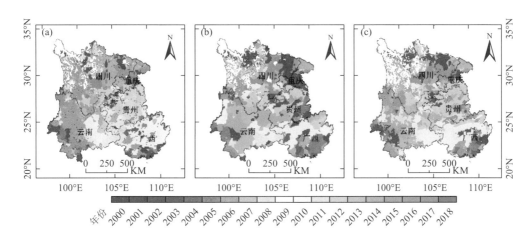

图 10-8　基于像元识别西南地区 2000～2018 年极端干旱年份的不同方法

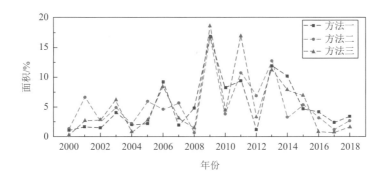

图 10-9　不同方法识别的极端干旱年份在西南地区的面积

　　总的来说，这三种方法识别的极端干旱年份时空格局上较为一致。但是三者之间存在一些差异，方法一识别的极端干旱年份空间上存在着一些破碎性和突变性，在较小的空间尺度内出现极端年份的突变是不太合理的，这与方法一所取得月值最小所在年份的偶然性误差有关，毕竟只考虑了一个月的 SPEI 数值，不确定性较大。方法二由于均值平滑处理造成了细节性的缺失，导致图 10-9 中 2006 年的比例相比 2005 年和 2007 年反而降低，同时空间上将西南地区东北部的川东和重庆极端干旱年份识别在 2002 年，与该区域 2006 年发生的特大干旱事件相悖，结果是不合理的。

　　而方法三利用了多月的 SPEI 值识别极端干旱年份所展现的时空格局更为合理，2011 年西南地区夏旱严重，方法三识别的 2011 年的面积比例明显比另两种方法计算的结果高（图 10-9），空间上主要集中在四川南部、云南东北部和贵州大部分地区［图 10-8（c）］。2011 年水旱灾害公报显示，5 月～10 月上旬，西南地区大部降水持续偏少，部分地区降水量较多年平均减少 5 成以上，云南汛期平均降水量比多年同期少 23%，为有记录以来同期最少，贵州东部和南部地区气温持续偏高，部分县（市、区）突破当地历史最高气温，江河来水较多年同期平均减少 5～9 成，贵州全省有 498 条溪河断流，619 座小型水库干涸。同时从空间格局上看，方法三识别的极端干旱年份细节信息比方法二的更丰富，且避免了方法一所造成破碎性和偶然性误差。此外，其所识别的 2009 年和 2010 年极端干旱主要分布在云南和广西大部地区以及贵州南部，2010 年水旱灾害公报中显示，云南大部、贵州西部和南部、广西西北部达到特大干旱等级；2013 年极端干旱主要在云南中西部和四川中部平原，2013 年水旱灾害公报中显示，云南、四川两省部分地区降水比多年同期平均值偏少 6～8 成，3 月中旬～4 月初，云贵川渝春旱达到高峰，4 月上旬，西南出现有效降水，但云南大理、楚雄、昆明等地旱情继续，5 月初才缓解；也识别出了川东和重庆地区的极端干旱年份在 2006 年，与 2006 年水旱灾害公报中川渝发生特大干旱相吻合。综上所述，方法三所识别的极端干旱年份的空间分布比较合理，在减少破碎性的同时具有较为丰富的细节信息，本节采用方法三识别极端干旱年份，参与森林恢复力遥感监测指数的构建。

10.4.2　EVI 和 NDVI 构建的森林恢复力指数比较

结合 SPEI 确定的极端干旱年份，利用稳定性、抵抗力和恢复力的计算方法，生成了 2000～2018 年 EVI 和 NDVI 的森林恢复力遥感监测指数的空间分布格局（图 10-10）。结果显示，中国西南地区森林 EVI 和 NDVI 时间上的稳定性（所有年份的植被指数均值与相同时间间隔下标准差的比值）均展现出显著的空间变异性，且 EVI 和 NDVI 计算的稳定性具有相似的空间格局 [图 10-10（a）和（b）]。EVI 和 NDVI 的稳定性在四川西部、云南中西部以及重庆东北部呈现较高的水平，意味着这些区域的森林在干旱发生时稳定性更高，生长发育受到的干扰可能更小，这些区域分布着更多树龄较长的原始天然林，其更深和更发达的根系保证干旱来临时能够汲取所需的水源，维持生长发育，呈现出更高的稳定性。在广西、贵州、重庆西部及四川中部横断山区，EVI 和 NDVI 计算的稳定性都相对较低，意味着该区域森林状态可能更易受到干旱事件的威胁，这是因为这些区域广泛分布着喀斯特地貌，其土层薄难储水，同时这些区域分布着更多的次生林，其树龄短，根系浅，干旱时获取水源相对更困难，所以受干旱影响的程度更深，稳定性就更低。

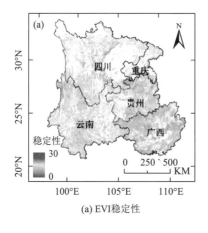
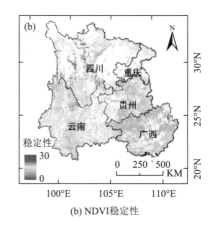

(a) EVI稳定性　　　　　　　　　　(b) NDVI稳定性

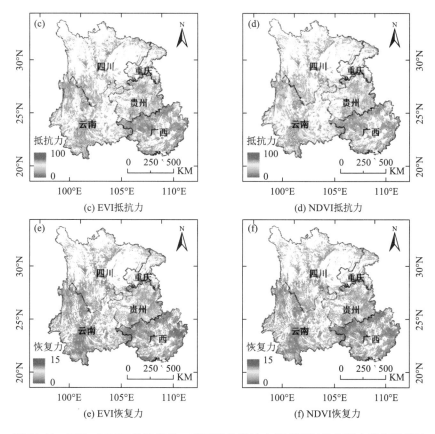

图 10-10　EVI、NDVI 的稳定性、对干旱的抵抗力和对干旱的恢复力的空间格局

　　EVI 和 NDVI 计算的抵抗力在空间上也呈现出较高的变异性，并且二者的空间分布呈现出较高的一致性 [图 10-10（c）和（d）]。与稳定性空间分布对比显示，抵抗力较高的区域上稳定性也相对更高。川西和云南中西部抵抗力都较高，这表明所在区域森林抗击干旱的能力更强；而 EVI 和 NDVI 计算的抵抗力较低的区域则更多分布在广西中北部、贵州部分地区和四川中东部以及重庆西部，这表明所在区域森林抗旱能力相对较弱。EVI 和 NDVI 计算的恢复力表现出显著的空间变异性且二者之间的空间分布也呈现着较强的空间一致性 [图 10-10（e）和（f）]，恢复力较高的区域主要分布在广西、贵州的部分地区和四川盆地东部，这表明森林干旱后恢复到干旱前水平的能力更强；而其他大部分森林区域显示恢复力较低，但这并不意味着这些区域森林的稳定性低。森林的稳定性是抵抗力和恢复力的大小共同作用的。抵抗力大的森林区域本来受干旱侵扰的影响本就小，恢复力相对而言也就较小，例如，图 10-10 中的川西和云南中西部地区抵抗力大，恢复力小，而稳定性较高。抵抗力小的森林区域不一定稳定性就低，因为还需要考虑恢复力，例如在四川盆地北部区域，抵抗力较低但是恢复力较高，使得该地区的稳定性不至于太低。而在抵抗力和恢复力都低的森林区域稳定性则明显较低，例如图 10-10 中四川中部横断山区、四川贵州交界区以及贵州和广西的部分地区，这些区域分布喀斯特地貌和更多树龄较短的次生林。

虽然 EVI 和 NDVI 分别计算的稳定性、抵抗力和恢复力指数空间格局具有较高的一致性，但是这种植被指数计算的结果整体数值上略有差异。本书利用均值合成了 EVI 和 NDVI 所计算的整个西南地区森林的稳定性、抵抗力和恢复力（表 10-4）。EVI 的稳定性相较于 NDVI 的稳定性偏低，EVI 的稳定性均值约为 9.94，而 NDVI 的稳定性均值约为 11.87，与 EVI 稳定性的图 10-10（a）整体颜色比 NDVI 稳定性的图 10-10（b）更偏蓝的效果相吻合。EVI 的抵抗力相较于 NDVI 的抵抗力偏低，EVI 的抵抗力均值约为 20.27，而 NDVI 的抵抗力均值约为 22.65，与 EVI 抵抗力的图 10-4（c）整体颜色比 NDVI 抵抗力的图 10-4（d）更偏蓝的效果相吻合。EVI 的恢复力相较于 NDVI 的恢复力偏高，EVI 的恢复力均值约为 1.86，而 NDVI 的恢复力均值约为 1.75，与 EVI 恢复力的图 10-4（e）整体颜色比 NDVI 恢复力的图 10-4（f）更偏红的效果相吻合。这里 EVI 和 NDVI 构建的森林恢复力遥感监测指数整体上数值的差异可能是因为 EVI 和 NDVI 所表征的植被信息的差异。在干旱来临时，表征森林冠层绿度信息的 EVI 比表征森林覆盖度的 NDVI 相对而言更为敏感，对干旱的响应更为迅速，更易受干旱胁迫而出现波动，从而呈现出更低的稳定性和抵抗力；而干旱结束后，森林的恢复信息更容易让更加敏感的 EVI 捕捉到，所以呈现出更高的恢复力。

表 10-4　西南地区森林的稳定性、抵抗力、恢复力均值

项目	EVI	NDVI
稳定性	9.94	11.87
抵抗力	20.27	22.65
恢复力	1.86	1.75

总体而言，利用 2000～2018 年 EVI 和 NDVI 构建的森林恢复力遥感监测指数在空间格局和内在逻辑上具有较高的合理性，较好地量化了整个西南地区森林的稳定性、抵抗力和恢复力。

10.4.3　不同森林类型的恢复力指数比较及影响因素

10.4.2 节主要展现了 EVI 和 NDVI 构建的西南地区森林整体的恢复力遥感监测指数（稳定性、抵抗力和恢复力）的空间格局和内在逻辑。不同森林类型的物种组成、结构、生产力和所在土壤特性都有所不同，对干旱的响应也有所不同。所以本节进一步探究不同森林类型的恢复力指数差异及其影响因素。首先，根据森林自然属性的植被型分类，借助 MODIS 土地覆盖数据，在西南地区探究落叶阔叶林、常绿阔叶林、常绿针叶林和混交林四种森林类型恢复力遥感监测指数的差异。其次，探究次生林和天然林这两种森林类型恢复力遥感监测指数的差异。最后，比较喀斯特区和非喀斯特区森林的差异。本节旨在从三个角度划分的森林类型探究其在恢复力遥感监测指数上的差异。对四种森林类型区域的稳定性、抵抗力和恢复力指数分类均值合成并计算标准方差，进行比较（图 10-11）。

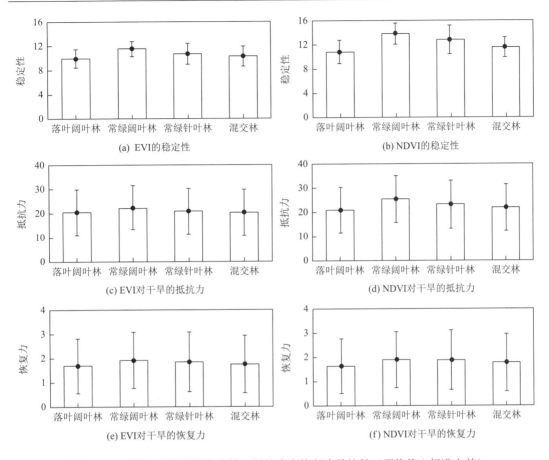

图 10-11　不同森林类型的稳定性、抵抗力和恢复力的比较（平均值±标准方差）

　　无论是 EVI 还是 NDVI 计算的结果都显示，研究区常绿阔叶林的稳定性最高，常绿针叶林次之，而混交林和落叶阔叶林的稳定性较低［图 10-11（a）和（b）］。不同森林类型抵抗力的差异也类似，常绿阔叶林的抵抗力最高，常绿针叶林次之，而混交林和落叶阔叶林的较低［图 10-11（c）和（d）］。对于恢复力而言，常绿阔叶林和常绿针叶林的恢复力相对较高，而混交林和落叶阔叶林的恢复力相对较低，但总体上恢复力在不同森林间没有明显的差异［图 10-11（e）和（f）］。

　　研究发现，与其他森林类型相比，常绿阔叶林具有更高的抗旱性和稳定性，这与 Huang 和 Xia（2019）发现在全球尺度上常绿阔叶林比其他森林类型的稳定性更高的结果一致。这种结果可能是由其独特的生理机制驱动的。首先，干旱开始期间增加的光照可能使常绿阔叶林保持甚至是增强冠层绿度。因为已有许多研究证明，相比于水分可利用性，太阳辐射才是限制常绿阔叶林生长的主要因素（Tang and Dubayah，2019；Saleska et al.，2016；Guan et al.，2015；Nemani et al.，2003）。来自地面观测实验（Saleska et al.，2016；Wu et al.，2016）和卫星观测（Liu et al.，2018）的结果表明，受新叶发育而增加的叶面积指数在很大程度上是由旱季较高的太阳辐射驱动导致的。其次，常绿阔叶林在干旱期间增强的冠层光能利用效率可能会提高其光合作用的抗旱能力。因为常绿阔叶林的冠层更倾向于保留更多光效叶片，这往往是通过生长高光合能力的新叶并凋落老叶完成的。并且旱季时冠层光能利用效率不会受水分胁迫的限制（Wu et al.，2016；Guan et al.，2015），来自通量塔（Wei et al.，2017）和常绿阔叶林实地调查（Wu et al.，2016）的结果显示，光能利用效率在干旱期间有增加的趋势。最后，大多数季节最高气温仍低于常绿阔叶林的冠层光合最佳温度（Huang et al.，2019）。尽管干旱期间气温较高，但在最高气温和光合最佳温度之间仍然有足够的安全缓冲空间，这使得干旱期间较高的气温也不能限制常绿阔叶林的光合作用（Way，2019；Wu et al.，2017）。以上这些生理层面的现象或许能解释常绿阔叶林为什么比其他森林群落在干旱胁迫下具有更高的稳定性和抵抗力。

不同森林类型间差异不大的恢复力很可能是因为尽管干旱导致水分可利用性发生了改变，但不同类型生物群落的水分利用效率范围仍然是相似的。已有研究表明，大尺度的生态恢复能力可以通过生态系统尺度的水分利用效率来表示，而水分利用效率在不同的水文气候条件下是收敛的（Campos et al.，2013）。换句话说，无论水文气候条件如何，不同生物群落的水分利用效率都是保守的，这支持着不同森林类型间的恢复力没有显著差异的结果。

常绿阔叶林的高稳定性和高抵抗力表明，即使在严重干旱下，常绿阔叶林在稳定全球植被生产力方面也发挥着关键作用，并能够弥补其他非常绿生态系统干旱胁迫下陆地碳汇的变异（Huang et al.，2018；Forkel et al.，2016；Ahlström et al.，2015）。陆地植被生产力是陆地碳汇的主要贡献者（Anav et al.，2015），也是全球碳循环的基础（Running，2012），而常绿阔叶林约占全球光合碳吸收的 60%（Mitchard，2018）。同时，也有研究表明陆地植被生产力的变化在很大程度上与过去 30 年极端干旱事件有关（Reichstein et al.，2013）。鉴于未来日益严重的干旱（Sippel et al.，2018；Dai，2013），常绿阔叶林的稳定性是否会降低需要进一步探究。研究强调了保护常绿阔叶林的重要性。

上述内容是基于森林自然属性的植被型分类量化了不同森林类型的恢复力遥感监测指数的差异。10.3 节利用贝叶斯动态线性模型监测干旱胁迫下森林恢复力降低信号的结果显示，基于树龄差异分类的天然林和次生林恢复力降低信号的面积比例有所不同，同时喀斯特地区森林与非喀斯特地区森林恢复力降低信号的面积比例也有差异。这里进一步定量地探究天然林与次生林、喀斯特地区森林与非喀斯特地区森林在恢复力遥感监测指数方面的差异。

对次生林和天然林的稳定性、抵抗力和恢复力指数分类均值合成并计算标准方差（表 10-5），结果显示，次生林的稳定性比天然林的低，次生林与天然林的 EVI 稳定性均值分别为 9.11 和 9.82，NDVI 稳定性均值分别为 9.47 和 10.76。次生林的抵抗力比天然林低，次生林与天然林的 EVI 抵抗力均值分别为 17.69 和 19.02，NDVI 抵抗力均值分别为 21.44 和 22.49。次生林的恢复力比天然林低，次生林与天然林的 EVI 恢复力均值分别为 1.76 和 1.97，NDVI 恢复力均值分别为 1.59 和 1.86。对于无论是 EVI 还是 NDVI 构建的结果，次生林比天然林的稳定性、抵抗力和恢复力都要偏低。这表明树龄较短的次生林更易受到干旱胁迫，稳定性更差，与 10.3.4 节中次生林比天然林出现更大面积恢复力降低信号的结果相吻合，本节进一步比较了次生林比天然林对干旱响应不同的量化程度。

表 10-5　次生林和天然林的稳定性、抵抗力、恢复力

项目	次生林	天然林
EVI 的稳定性	9.11±1.01	9.82±1.45
NDVI 的稳定性	9.47±1.22	10.76±1.85
EVI 的抵抗力	17.69±8.57	19.02±9.09
NDVI 的抵抗力	21.44±9.58	22.49±9.54
EVI 的恢复力	1.76±1.18	1.97±1.20
NDVI 的恢复力	1.59±1.15	1.86±1.18

注：表中数据为均值±标准方差。

除此之外，本节也对喀斯特区森林和非喀斯特区森林的稳定性、抵抗力和恢复力指数分类均值合成并计算标准方差（表 10-6），结果显示，喀斯特区森林的稳定性比非喀斯特区森林的低，喀斯特区森林与非喀斯特区森林的 EVI 稳定性均值分别为 9.35 和 10.23，NDVI 稳定性均值分别为 10.08 和 11.18。喀斯特区森林的抵抗力比非喀斯特区森林低，喀斯特区森林与非喀斯特区森林的 EVI 抵抗力均值分别为 18.47 和 19.71，NDVI 抵抗力均值分别为 21.29 和 21.87。喀斯特区森林的恢复力比非喀斯特区森林低，喀斯特区森林与非喀斯特区森林的 EVI 恢复力均值分别为 1.68 和 1.94，NDVI 恢复力均值分别为 1.75 和 1.95。无论是 EVI 还是 NDVI 构建的结果，喀斯特区森林比非喀斯特区森林的稳定性、抵抗力和恢复力都偏低。这表明处于保水性更差的喀斯特区森林更易受到干旱胁迫，稳定性更差，与 10.3.5 节中喀斯特区森林比非喀斯特区森林出现更大面积恢复力降低信号的结果相吻合，本节进一步探究了喀斯特区森林比非喀斯特区森林对干旱响应不同的量化程度。

表 10-6　喀斯特和非喀斯特地区森林的稳定性、抵抗力、恢复力

项目	喀斯特地区森林	非喀斯特地区森林
EVI 的稳定性	9.35±1.27	10.23±1.64
NDVI 的稳定性	10.08±1.63	11.18±2.01
EVI 的抵抗力	18.47±8.95	19.71±9.24
NDVI 的抵抗力	21.29±9.46	21.87±9.62
EVI 的恢复力	1.68±1.21	1.94±1.20
NDVI 的恢复力	1.75±1.18	1.95±1.16

注：表中数据为均值±标准方差。

10.5　小　　结

10.5.1　主要研究结论

本章主要利用多源遥感数据对 2000～2018 年中国西南地区干旱胁迫下的森林恢复力

进行了监测：①利用贝叶斯动态线性模型监测了中国西南地区森林恢复力降低的信号的时空变化格局；②构建了西南地区森林恢复力遥感监测指数，包括三个组分，即稳定性、抵抗力和恢复力。主要结论如下。

（1）西南地区森林在极端干旱事件发生约 6 个月后，开始出现大面积恢复力降低信号的现象，结果显示此时的森林受损消退可能最为严重。尤其在 2011 年夏秋极端干旱后，西南地区森林出现 ALR$_{EVI}$、ALR$_{NDVI}$、ALE 和 ALN 信号的比例分别高达约 30%、30%、15%、20%。与 VOD 对比分析显示，在 2009～2010 年冬春干旱发生约 6 个月后，能表征植被含水量和地上生物量的 VOD 也在下降，与恢复力降低信号陡增具有较高的时间一致性。空间变化结果显示，森林恢复力降低信号的空间格局与 SPEI 产品所表征的干旱空间分布有着良好的空间一致性。综上，贝叶斯动态线性模型能准确探测出作为森林生态系统恢复力临界减速特征的恢复力降低信号，适用于西南地区干旱胁迫下的森林恢复力监测，能够从宏观上揭示干旱对森林生理功能的损害。

（2）干旱胁迫下，次生林比天然林更为敏感脆弱。次生林比天然林恢复力降低的信号面积占比更大（5%～7%），这可能与其根系不同的水分汲取策略有关，次生林较于天然林树龄更短、基径更小、根系更浅，干旱胁迫下可汲取利用的水源更少。相较于非喀斯特区森林，喀斯特地区森林对气候变化有着更高的敏感性，其森林恢复力降低信号分布更为广泛，多 10%～20%。

（3）EVI 和 NDVI 构建的森林恢复力遥感监测指数（稳定性、抵抗力和恢复力）在空间格局和内在逻辑都具有较高的一致性和合理性，二者之间无明显的优劣性。采用 SPEI 产品月值小于–1.5 且数量最多所在的年份代表极端干旱年份的方式具有较高的合理性。EVI 构建的稳定性、抵抗力和恢复力在整体数值上与 NDVI 构建的结果略有差异，这可能是因为表征森林冠层绿度信息的 EVI 比表征森林覆盖度的 NDVI 相对而言更为敏感，对干旱的响应更为迅速，更易受干旱胁迫而出现波动。基于时空连续的遥感数据构建的森林恢复力指数较好地量化了西南地区森林的稳定性、抵抗力和恢复力。

（4）多种角度划分的不同森林类型的稳定性、抵抗力和恢复力均有所差异。根据森林自然属性的植被型分类显示，常绿阔叶林在稳定性、抵抗力和恢复力三个方面都高于其他森林类型（常绿针叶林、混交林和落叶阔叶林），本章强调了常绿阔叶林在保持陆地生态系统的稳定性中所发挥的重要作用。除此之外，基于树龄差异的森林分类显示，次生林的稳定性、抵抗力和恢复力比天然林的都偏低；基于岩性不同的森林分类显示，喀斯特区森林的稳定性、抵抗力和恢复力比非喀斯特区森林的都偏低，这与基于贝叶斯动态线性模型监测的次生林和喀斯特区森林恢复力降低信号面积比例更大的结果相吻合。

10.5.2　不足与展望

本章主要利用 MODIS 植被指数产品和气象数据对 2000～2018 年中国西南地区干旱胁迫下的森林恢复力进行了监测，较好地评估了利用贝叶斯动态线性模型监测中国西南地区森林恢复力降低的信号的时空变化的可行性，以及构建了空间连续的西南地区森林恢复力遥感监测指数（稳定性、抵抗力和恢复力）。然而，本研究也存在一定的不足与限制，需要进一步探索。

　　生态系统恢复力的概念是广泛、复杂且模糊的，使用通用的指数、公式和模型以量化是不太现实的。本章中贝叶斯动态线性模型监测的森林恢复力是指扰动状态下的恢复速率，以及构建的恢复力遥感监测指数包含的三个组分，稳定性（保持相同结构和功能的能力）、抵抗力（维持其原始水平的能力）、恢复力（恢复到原始水平的能力）。这些主要是以时间指标（时间自相关、时间上的方差等）来衡量森林生态系统的恢复力。实际上空间格局的动态变化也可能导致恢复力的变化，未来应该结合时间和空间的信息共同制定监测恢复力的指标，以提高恢复力监测的准确性。

　　与实地监测相比，遥感数据产品在监测恢复力上虽然有着时空连续性的特别优势，但其仍有一定的局限性。遥感产品的精度受云雨、测量误差以及混合信号等的影响，进而对恢复力监测造成不确定性。由于本章是大空间尺度下的森林恢复力监测，忽略了物种多样性对结果的影响。除此之外，还有其他评估森林动态的指标，如树木年轮宽度指标。在未来的研究中，必须结合更多的地面实测数据和更细尺度的连续卫星观测，融合不同的方法和指标，监测干旱胁迫下的森林恢复力，以更好地促进气候变化加剧下的森林资源管理，维护生态系统的稳定性。

参 考 文 献

贺晋云，张明军，王鹏，等，2011. 近 50 年西南地区极端干旱气候变化特征. 地理学报，66（9）：1179-1190.

靖娟利，王永锋，2014. 1998—2012 年中国西南岩溶区植被覆盖时空变化分析. 水土保持研究，21（4）：163-167.

刘媛媛，李霞，王小博，等，2021. 2001—2018 年中国-老挝交通走廊核心区植被稳定性对极端干旱的响应. 生态学报，41（7）：2537-2547.

彭京备，张庆云，布和朝鲁，2007. 2006 年川渝地区高温干旱特征及其成因分析. 气候与环境研究，12（3）：464-474.

邱文君，2013. 干旱对西南地区植被净初级生产力的影响研究. 济南：山东师范大学.

王克清，2017. 干旱背景下西南地区植被生产力的分布特征. 北京：北京林业大学.

王维，王文杰，李俊生，等，2010. 基于归一化差值植被指数的极端干旱气象对西南地区生态系统影响遥感分析. 环境科学研究，23（12）：1447-1455.

严建武，陈报章，房世峰，等，2012. 植被指数对旱灾的响应研究：以中国西南地区 2009 年-2010 年特大干旱为例. 遥感学报，16（4）：720-737.

余新晓，鲁绍伟，靳芳，等，2005. 中国森林生态系统服务功能价值评估. 生态学报，25（8）：2096-2102.

曾斌，韦晓青，邹胜章，等，2018. 西南表层岩溶带土壤中砷的迁移规律实验与模拟. 地球科学，43（11）：4237-4245.

张景华，姜鲁光，封志明，等，2012. 利用 MODIS/EVI 数据分析干旱对西南地区植被的影响. 资源与生态学报（英文版），3（1）：43-49.

赵同谦，欧阳志云，郑华，等，2004. 中国森林生态系统服务功能及其价值评价. 自然资源学报，19（4）：480-491.

Ahlström A，Raupach M R，Schurgers G，et al.，2015. The dominant role of semi-arid ecosystems in the trend and variability of the land CO$_2$ sink. Science，348（6237）：895-899.

Allen C D，Macalady A K，Chenchouni H，et al.，2010. A global overview of drought and heat-induced tree mortality reveals emerging climate change risks for forests. Forest Ecology and Management，259（4）：660-684.

Anav A，Friedlingstein P，Beer C，et al.，2015. Spatiotemporal patterns of terrestrial gross primary production：A review. Reviews of Geophysics，53（3）：785-818.

Anderegg W R L，Berry J A，Field C B，2012. Linking definitions，mechanisms，and modeling of drought-induced tree death. Trends in Plant Science，17（12）：693-700.

Anderegg W R L，Schwalm C，Biondi F，et al.，2015. Pervasive drought legacies in forest ecosystems and their implications for carbon cycle models. Science，349（6247）：528-532.

Begueria S，Vicente-Serrano S M，Reig F，et al.，2014. Standardized precipitation evapotranspiration index（SPEI）revisited：Parameter fitting，evapotranspiration models，tools，datasets and drought monitoring. International Journal of Climatology，34（10）：3001-3023.

Breshears D D，Cobb N S，Rich P M，et al.，2005. Regional vegetation die-off in response to global-change-type drought. Proceedings of the National Academy of Sciences of the United States of America，102（42）：15144-15148.

Brodrick P G，Asner G P，2017. Remotely sensed predictors of conifer tree mortality during severe drought. Environmental Research Letters，12（11）：115013.

Brum M，Teodoro G S，Abrahão A，et al.，2017. Coordination of rooting depth and leaf hydraulic traits defines drought-related strategies in the campos rupestres，a tropical montane biodiversity hotspot. Plant and Soil，420（1）：467-480.

Campos G E P，Moran M S，Huete A，et al.，2013. Ecosystem resilience despite large-scale altered hydroclimatic conditions. Nature，494（7437）：349-352.

Costanza R，Darge R，Degroot R，et al.，1997. The value of the world's ecosystem services and natural capital. Nature，387（6630）：253-260.

Crouchet S E，Jensen J，Schwartz B F，et al.，2019. Tree mortality after a hot drought：Distinguishing density-dependent and independent drivers and why it matters. Frontiers in Forests and Global Change，2：21.

Camarero J J，Gazol A，Sangüesa-Barreda G，et al.，2015. To die or not to die：Early warnings of tree dieback in response to a severe drought. Journal of Ecology，103（1）：44-57.

Dai A G，2013. Increasing drought under global warming in observations and models . Nature Climate Change，3（1）：52-58.

Dakos V，Carpenter S R，Brock W A，et al.，2012. Methods for detecting early warnings of critical transitions in time series illustrated using simulated ecological data. PloS One，7（7）：e41010.

De Keersmaecker W，Lhermitte S，Tits L，et al.，2015. A model quantifying global vegetation resistance and resilience to short-term climate anomalies and their relationship with vegetation cover. Global Ecology and Biogeography，24（5）：539-548.

Desoto L，Cailleret M，Sterck F，et al.，2020. Low growth resilience to drought is related to future mortality risk in trees. Nature Communications，11（1）：9.

Ding Y L，Nie Y P，Chen H S，et al.，2021. Water uptake depth is coordinated with leaf water potential，water-use efficiency and drought vulnerability in karst vegetation. New Phytologist，229（3）：1339-1353.

Dong C Y，Macdonald G M，Willis K，et al.，2019. Vegetation responses to 2012-2016 drought in northern and southern California. Geophysical Research Letters，46（7）：3810-3821.

Doughty C E，Metcalfe D B，Girardin C A J，et al.，2015. Drought impact on forest carbon dynamics and fluxes in Amazonia. Nature，519（7541）：78-82.

Du J Y，Kimball J S，Jones L A，et al.，2017. A global satellite environmental data record derived from AMSR-E and AMSR2 microwave Earth observations. Earth System Science Data，9（2）：791-808.

Fernandez-Moran R，Al-Yaari A，Mialon A，et al.，2017. SMOS-IC：An alternative SMOS soil moisture and vegetation optical depth product. Remote Sensing，9（5）：457.

Forkel M，Carvalhais N，Rödenbeck C，et al.，2016. Enhanced seasonal CO_2 exchange caused by amplified plant productivity in northern ecosystems. Science，351（6274）：696-699.

Gai X R，Wang S L，Zhou L，et al.，2020. Spatiotemporal evidence of tree-growth resilience to climate variations for Yezo spruce（Picea jezoensis var. komarovii）on Changbai Mountain，Northeast China. Journal of Forestry Research，31（3）：927-936.

Gazol A，Camarero J J，2016. Functional diversity enhances silver fir growth resilience to an extreme drought. Journal of Ecology，104（4）：1063-1075.

Gazol A，Camarero J J，Anderegg W R L，et al.，2017. Impacts of droughts on the growth resilience of Northern Hemisphere forests.

Global Ecology and Biogeography，26（2）：166-176.

Gazol A，Camarero J J，Vicente-Serrano S M，et al.，2018. Forest resilience to drought varies across biomes. Global Change Biology，24（5）：2143-2158.

Guan K Y，Pan M，Li H B，et al.，2015. Photosynthetic seasonality of global tropical forests constrained by hydroclimate. Nature Geoscience，8（4）：284-289.

Hansen M C，Potapov P V，Moore R，et al.，2013. High-resolution global maps of 21st-century forest cover change. Science，342（6160）：850-853.

He J，Yang K，Tang W J，et al.，2020. The first high-resolution meteorological forcing dataset for land process studies over China. Scientific Data，7（1）：1-11.

Held H，Kleinen T，2004. Detection of climate system bifurcations by degenerate fingerprinting. Geophysical Research Letters，31（23）：L23207.

Holling C S，Gunderson L H，2002. Resilience and Adaptive Cycles. Panarchy：Understanding Transformations in Human and Natural Systems.

Holling C S，1973. Resilience and stability of ecological systems. Annual Review of Ecology and Systematics，4（1）：1-23.

Huang K，Xia J Y，2019. High ecosystem stability of evergreen broadleaf forests under severe droughts. Global Change Biology，25（10）：3494-3503.

Huang K C，Yi C X，Wu D H，et al.，2015. Tipping point of a conifer forest ecosystem under severe drought. Environmental Research Letters，10（2）：024011.

Huang K，Xia J Y，Wang Y P，et al.，2018. Enhanced peak growth of global vegetation and its key mechanisms. Nature Ecology & Evolution，2（12）：1897-1905.

Huang M T，Piao S L，Ciais P，et al.，2019. Air temperature optima of vegetation productivity across global biomes. Nature Ecology & Evolution，3（5）：772-779.

Huete A，Didan K，Miura T，et al.，2002. Overview of the radiometric and biophysical performance of the MODIS vegetation indices. Remote Sensing of Environment，83（1/2）：195-213.

Isbell F，Craven D，Connolly J，et al.，2015. Biodiversity increases the resistance of ecosystem productivity to climate extremes. Nature，526（7574）：574-U263.

Ives A R，1995. Measuring resilience in stochastic systems. Ecological Monographs，65（2）：217-233.

Ives A R，Dakos V，2012. Detecting dynamical changes in nonlinear time series using locally linear state-space models. Ecosphere，3（6）：1-15.

Jackson P C，Meinzer F C，Bustamante M，et al.，1999. Partitioning of soil water among tree species in a Brazilian Cerrado ecosystem. Tree Physiology，19（11）：717-724.

Jackson T J，Schmugge T J，1991.Vegetation effects on the microwave emission of soils. Remote Sensing of Environment，36（3）：203-212.

Jones M O，Jones L A，Kimball J S，et al.，2011. Satellite passive microwave remote sensing for monitoring global land surface phenology. Remote Sensing of Environment，115（4）：1102-1114.

Klein T，2014. The variability of stomatal sensitivity to leaf water potential across tree species indicates a continuum between isohydric and anisohydric behaviours. Functional Ecology，28（6）：1313-1320.

Konings A G，Piles M，Das N，et al.，2017. L-band vegetation optical depth and effective scattering albedo estimation from SMAP. Remote Sensing of Environment，198：460-470.

Lenton T M，Held H，Kriegler E，et al.，2008. Tipping elements in the earth's climate system. Proceedings of the National Academy of Sciences of the United States of America，105（6）：1786-1793.

Li X Y，Li Y，Chen A P，et al.，2019. The impact of the 2009/2010 drought on vegetation growth and terrestrial carbon balance in Southwest China. Agricultural and Forest Meteorology，269：239-248.

Li Y，Guan K Y，Gentine P，et al.，2017. Estimating global ecosystem isohydry/anisohydry using active and passive microwave satellite data. Journal of Geophysical Research：Biogeosciences，122（12）：3306-3321.

Liu F，Liu H Y，Xu C Y，et al.，2021. Remotely sensed birch forest resilience against climate change in the northern China forest-steppe ecotone. Ecological Indicators，125：107526.

Liu M X，Xu X L，Sun A Y，et al.，2014. Is southwestern China experiencing more frequent precipitation extremes？ Environmental Research Letters，9（6）：064002.

Liu M X，Xu X L，Wang D B，et al.，2016. Karst catchments exhibited higher degradation stress from climate change than the non-karst catchments in southwest China：An ecohydrological perspective. Journal of Hydrology，535：173-180.

Liu W N，Chen H S，Zou Q Y，et al.，2021. Divergent root water uptake depth and coordinated hydraulic traits among typical karst plantations of subtropical China：Implication for plant water adaptation under precipitation changes. Agricultural Water Management，249：106798.

Liu Y，Kumar M，Katul G G，et al.，2019. Reduced resilience as an early warning signal of forest mortality. Nature Climate Change，9（11）：880-885.

Liu Y Y，Dijk V I A，Miralles G D，et al.，2018. Enhanced canopy growth precedes senescence in 2005 and 2010 Amazonian droughts. Remote Sensing of Environment，211：26-37.

Lloret F，Keeling E G，Sala A N，2011. Components of tree resilience：Effects of successive low-growth episodes in old ponderosa pine forests. Oikos，120（12）：1909-1920.

Mckee T B，Doesken N J，Kleist J，1993. The relationship of drought frequency and duration to time scales. Proceedings of the 8th Conference on Applied Climatology：179-183.

Mitchard E T A，2018. The tropical forest carbon cycle and climate change. Nature，559（7715）：527-534.

Momen M，Wood J，Novick K，et al.，2017. Interacting effects of leaf water potential and biomass on vegetation optical depth. Journal of Geophysical Research：Biogeosciences，122（11）：3031-3046.

Myneni R B，Keeling C D，Tucker C J，et al.，1997. Increased plant growth in the northern high latitudes from 1981 to 1991. Nature，386（6626）：698-702.

Nardini A，Casolo V，Dal Borgo A，et al.，2016. Rooting depth，water relations and non-structural carbohydrate dynamics in three woody angiosperms differentially affected by an extreme summer drought. Plant Cell and Environment，39（3）：618-627.

Nemani R R，Keeling C D，Hashimoto H，et al.，2003. Climate-driven increases in global terrestrial net primary production from 1982 to 1999. Science，300（5625）：1560-1563.

Nie Y P，Chen H S，Wang K L，et al.，2014. Rooting characteristics of two widely distributed woody plant species growing in different karst habitats of southwest China. Plant Ecology，215（10）：1099-1109.

Nikinmaa L，Lindner M，Cantarello E，et al.，2020. Reviewing the use of resilience concepts in forest sciences. Current Forestry Reports，6（2）：61-80.

Palmer W C，1965. Meteorological drought. US Department of Commerce，Weather Bureau.

Peng C H，Ma Z H，Lei X D，et al.，2011. A drought-induced pervasive increase in tree mortality across Canada's boreal forests. Nature Climate Change，1（9）：467-471.

Phillips J D，2016. Biogeomorphology and contingent ecosystem engineering in karst landscapes. Progress in Physical Geography-Earth and Environment，40（4）：503-526.

Phillips J D，2018. Self-limited biogeomorphic ecosystem engineering in epikarst soils. Physical Geography，39（4）：304-328.

Pimm S L，1984. The complexity and stability of ecosystems. Nature，307（5949）：321-326.

Pretzsch H，Schüetze G，Uhl E，2013. Resistance of European tree species to drought stress in mixed versus pure forests：Evidence of stress release by inter-specific facilitation. Plant Biology，15（3）：483-495.

Rao K，Anderegg W R L，Sala A，et al.，2019. Satellite-based vegetation optical depth as an indicator of drought-driven tree mortality. Remote Sensing of Environment，227：125-136.

Reichstein M，Bahn M，Ciais P，et al.，2013. Climate extremes and the carbon cycle. Nature，500（7462）：287-295.

Reyer C P O，Rammig A，Brouwers N，et al.，2015. Forest resilience，tipping points and global change processes. Journal of Ecology，

103（1）：1-4.

Robert P C，West M，2010. Time Series：Modeling，Computation，and Inference. International statistical Review，79（2）：1-10.

Running S W，2012. A measurable planetary boundary for the biosphere. Science，337（6101）：1458-1459.

Saft M，Western A W，Zhang L，et al.，2015. The influence of multiyear drought on the annual rainfall-runoff relationship：An Australian perspective. Water Resources Research，51（4）：2444-2463.

Saleska S R，Wu J，Guan K Y，et al.，2016. Dry-season greening of Amazon forests. Nature，531（7594）：E4-E5.

Scheffer M，Carpenter S，Foley J A，et al.，2001. Catastrophic shifts in ecosystems. Nature，413（6856）：591-596.

Scheffer M，Bascompte J，Brock W A，et al.，2009. Early-warning signals for critical transitions. Nature，461（7260）：53-59.

Schenk H J，Jackson R B，2002. Rooting depths，lateral root spreads and below-ground/above-ground allometries of plants in water-limited ecosystems. Journal of Ecology，90（3）：480-494.

Schwalm C R，Anderegg W R L，Michalak A M，et al.，2017. Global patterns of drought recovery. Nature，548（7666）：202-205.

Sippel S，Reichstein M，Ma X L，et al.，2018. Drought，heat，and the carbon cycle：A review. Current Climate Change Reports，4（3）：266-286.

Song L S，Li Y，Ren Y H，et al.，2019. Divergent vegetation responses to extreme spring and summer droughts in Southwestern China. Agricultural and Forest Meteorology，279：107703.

Song X Y，Li J Q，Zhang W，et al.，2016. Variant responses of tree seedling to seasonal drought stress along an elevational transect in tropical montane forests. Scientific Reports，6（1）：1-9.

Steinkamp J，Hickler T，2015. Is drought-induced forest dieback globally increasing?. Journal of Ecology，103（1）：31-43.

Tang H，Dubayah R，2019. Light-driven growth in Amazon evergreen forests explained by seasonal variations of vertical canopy structure. Proceedings of the National Academy of Sciences of the United States of America，114（10）：2640-2644.

Tardieu F，Simonneau T，1998. Variability among species of stomatal control under fluctuating soil water status and evaporative demand：modelling isohydric and anisohydric behaviours. Journal of Experimental Botany，49：419-432.

Thornthwaite C W，1948. An approach toward a rational classification of climate. Geographical Review，38（1）：55-94.

Tong X W，Brandt M，Yue Y M，et al.，2018. Increased vegetation growth and carbon stock in China karst via ecological engineering. Nature Sustainability，1（1）：44-50.

Tong X W，Brandt M，Yue Y M，et al.，2020. Forest management in southern China generates short term extensive carbon sequestration. Nature Communications，11（1）：1-10.

Verbesselt J，Umlauf N，Hirota M，et al.，2016. Remotely sensed resilience of tropical forests. Nature Climate Change，6（11）：1028-1031.

Vicente-Serrano S M，Beguería S，López-Moreno J I，2010. A multiscalar drought index sensitive to global warming：The standardized precipitation evapotranspiration index. Journal of Climate，23（7）：1696-1718.

Vilà-Cabrera A，Martínez-Vilalta J，Retana J，2015. Functional trait variation along environmental gradients in temperate and Mediterranean trees. Global Ecology and Biogeography，24（12）：1377-1389.

Walker B，Holling C S，Carpenter S R，et al.，2004. Resilience，adaptability and transformability in social-ecological systems. Ecology and Society，9（2）：5.

Wang H S，Lin H，Liu D S，2014. Remotely sensed drought index and its responses to meteorological drought in Southwest China. Remote Sensing Letters，5（5）：413-422.

Wang M，Ding Z，Wu C Y，et al.，2021. Divergent responses of ecosystem water-use efficiency to extreme seasonal droughts in Southwest China. Science of the Total Environment，760：143427.

Way D A，2019. Just the right temperature. Nature Ecology and Evolution，3（5）：718-719.

Wei S H，Yi C X，Fang W，et al.，2017. A global study of GPP focusing on light-use efficiency in a random forest regression model. Ecosphere，8（5）：e01724.

West M，Harrison J，2006. Bayesian Forecasting and Dynamic Models. Berlin：Springer Science & Business Media.

Wigneron J P，Fan L，Ciais P，et al.，2020. Tropical forests did not recover from the strong 2015-2016 El Niño event. Science

Advances，6（6）：eaay4603.

Wilhite D A，1993. Drought Assessment，Management，and Planning：Theory and Case Studies. Berlin：Springer US.

Wu J，Albert L P，Lopes A P，et al.，2016. Leaf development and demography explain photosynthetic seasonality in Amazon evergreen forests. Science，351（6276）：972-976.

Wu J，Guan K Y，Hayek M，et al.，2017. Partitioning controls on Amazon forest photosynthesis between environmental and biotic factors at hourly to interannual timescales. Global Change Biology，23（3）：1240-1257.

Xu K，Yang D W，Yang H B，et al.，2015. Spatio-temporal variation of drought in China during 1961-2012：A climatic perspective. Journal of Hydrology，526：253-264.

Xu P P，Zhou T，Yi C X，et al.，2018. Impacts of water stress on forest recovery and its interaction with canopy height. International Journal of Environmental Research and Public Health，15（6）：1257.

Yang J，Gong D Y，Wang W，et al.，2012. Extreme drought event of 2009/2010 over southwestern China. Meteorology and Atmospheric Physics，115（3-4）：173-184.

Yang K，He J，Tang W J，et al.，2010. On downward shortwave and longwave radiations over high altitude regions：Observation and modeling in the Tibetan Plateau. Agricultural and Forest Meteorology，150（1）：38-46.

Zhang L，Xiao J F，Li J，et al.，2012. The 2010 spring drought reduced primary productivity in southwestern China. Environmental Research Letters，7（4）：045706.

Zhang L，Xiao J，Zhou Y，et al.，2016. Drought events and their effects on vegetation productivity in China. Ecosphere，7（12）：e01591.

Zhang Y，Wang C，2008. Transpiration of boreal and temperate forests. Chinese Journal of Applied and Environmental Biology，14（6）：838-845.

Zhao S D，Pederson N，D'orangeville L，et al.，2019. The international tree-ring data bank（ITRDB）revisited：Data availability and global ecological representativity. Journal of Biogeography，46（2）：355-368.

Zhong Z Q，He B，Chen Y W，et al.，2021. Higher sensitivity of planted forests' productivity than natural forests to droughts in China. Journal of Geophysical Research：Biogeosciences：e2021JG006306.

Zhou G Y，Peng C H，Li Y L，et al.，2013. A climate change-induced threat to the ecological resilience of a subtropical monsoon evergreen broad-leaved forest in Southern China. Global Change Biology，19（4）：1197-1210.

第11章 水分利用效率时空动态及其对干旱的响应

11.1 概 述

陆地生态系统是一个巨大的碳库且对气候变化响应极其敏感，在全球碳循环中起到重要的作用。近年来，气候变化异常，全球降水区域差异性明显以及亚热带和热带区域发生干旱的频率、强度和持续周期都在不断增加（Sheffield and Wood，2008），对生态系统的破坏性也更加明显。干旱对陆地生态系统的稳定具有重大影响，高强度、长时间的干旱直接影响植被的生长状况，进而影响植被光合作用，削弱生态系统的碳汇能力（Maestre et al.，2016）。一般来说，气候变干的生长环境将会限制植被生长，增加植被死亡率，造成大规模农业减产或绝收，进而导致生态系统退化，由碳汇转化为碳源（Nyantakyi-Frimpong and Bezner-Kerr，2015）。干旱的形成和发展过程包含着复杂的动力学过程及多尺度的水分和能量循环机制（Mishra and Singh，2010），其对陆地生态系统的影响也不完全取决于干旱的强度以及持续时间，还取决于生态系统对干旱的适应性，即使干旱程度相同，其对生态系统的影响也因生态系统和气候环境的不同而存在较大差异（Wang et al.，2021；Wolf et al.，2016）。目前，全球和区域干旱监测与分析的研究普遍借助干旱指数展开，一系列干旱指数，如标准化降水指数（SPI）、标准化降水蒸散指数（SPEI）、帕默尔干旱指数（PDSI）等应用于干旱评价。然而，当前研究主要关注各类干旱指标对碳循环或水循环的影响，而碳-水耦合关系对干旱的响应机制仍有待深入。因此，揭示干旱的时空演变过程及其对陆地生态系统结构和功能的影响，将为预测和评估未来气候变化对生态系统碳、水循环的影响及适应策略提供科学依据。

IPCC 第四份评估报告（2007 年）指出，以变暖为主要特征的全球气候变化，对生物圈、大气圈以及自然与社会可持续发展产生了深远影响。据预测，到 21 世纪末，全球平均地表温度将升高 1.8～4.0℃，降水格局也将发生显著变化，进而极大地影响生态系统的碳、水循环过程（Millar et al.，2017）。作为陆地生态系统碳、水循环间的关键纽带，生态系统水分利用效率（water use efficiency，WUE）常表征为单位质量的水分消耗所固定有机质的量，其是深入了解全球变化背景下陆地生态系统碳、水循环过程及其耦合关系的重要指标（胡中民等，2009）。全球变暖背景下频发的干旱事件不仅会改变环境条件直接影响植被光合及蒸腾作用，还能通过调控植被物候和群落组成对生态系统碳、水循环产生间接影响（Meza et al.，2020），进而影响生态系统 WUE。生态系统对干旱事件的响应主要表现在生态水文过程中，包括生态系统组成、结构和功能的变化（Schlaepfer et al.，2017）。在降水减少的地区物种的耐旱性增强、生理过程（如气孔导度或冠层叶面积）的变化以及生物地球化学过程（如响应降水减少而增加根的碳分配）的变化，都可以单独或交互地改变生态系统 WUE（Huang et al.，2015）。还有研究表明，20 世纪全球旱地增加了 4%～8%，并且由于蒸发需求和全球水文循环的加强，干旱周期会更长，干旱程度会更严重（Milly and Dunne，2016），这将对生态系统服务及人类的生计产生重要影响。因此，解析极端干旱对生态系统 WUE 的影响与反馈机制，将有助于深入理解未来气候变化下生态系统碳、水循环的变化趋势，还可为制定服务于减缓和适应气候变化的全球和区域水资源管理规划和政策提供科学依据，是生态系统与全球变化科学的重要研究内容。

我国是世界上喀斯特连片分布面积最大、发育最强烈的地区之一，其中，西南喀斯特地区是世界三大岩溶区之一，岩溶面积约为 51.36 万 km²，占我国陆地面积的 5.35%。西南喀斯特区域水资源分布极度不均，形成了结构性缺水、水污染严重、土地贫瘠、生态脆弱的岩溶水土资源环境系统，对气候变化的响应更为敏感（马明国等，2019；王世杰等，2003）。近年来，该区域地下岩溶裂隙发育，独特的水文地质结构系统导致地表土壤含水量低，干旱事件频发，从而造成大面积的植被枯死和粮食减产，威胁着该区域的生态安全和经济社会发展。在生态系统层面，由于西南地区茂密的植被具有较强的固碳能力，近几十年来已成为中国最大的陆地碳汇区，然而该地区的植被生长极易受到干旱的干扰，特别是广泛分布的喀斯特地区，生态环境极其脆弱，在季风气候、特殊地形地貌与水文地质结构综合作用下，具有明显的季节干旱性（Li et al.，2019）。因此，揭示西南地区干旱的时空动态演化过程，探究该区域干旱背景下的陆地生态系统水分利用效率时空动态格局，有助于厘清陆地生态系统碳、水循环对不同干旱事件的响应特征，进而更好地服务于该区域的生态过程管理，为发挥西南地区生态系统的碳汇作用提供支持。

11.2 相关研究进展

11.2.1 水分利用效率研究进展

迄今为止，全球气候变化是人类所面临的主要环境问题，极端气候事件和自然灾害在世界范围内频繁发生，陆地生态系统的生产力状况以及水分利用格局受气候变化影响显著（Huang et al.，2015；Leemans and Eickhout，2004）。水分利用效率被定义为碳增益（GPP）与耗水量（即蒸散量，ET）之比（Hu et al.，2008），即生态系统消耗单位质量的水分所能固定的 CO_2 或者生产的干物质的量（胡中民等，2009），是植被光合作用对水分损失的调节指标。生态系统 WUE 反映了生态系统与大气交换的碳、水通量的耦合关系，将物理过程中的蒸发过程和生物过程中的光合作用、蒸腾作用紧密联系在一起（Tian et al.，2010）。控制生态系统 WUE 的过程复杂，既反映了物种和群落的缓慢进化，也反映了生态系统功能对外部环境胁迫的快速调整。因此，WUE 连接了陆地生态系统碳、水循环，并反映了这两个过程之间的相互关系（Gang et al.，2016；王庆伟等，2010），最终可以揭示陆地生态系统对全球气候变化的响应特征。

然而，不同研究在关注领域、研究尺度、研究目标和获取数据手段的方式上有所不同，在计算 WUE 时也存在着一定的区别。早期对 WUE 的探究大多局限于叶片的生理水平或农作物的个体水平，旨在挑选出质量上乘且易于栽种的作物或者是为了指导农作物的田间管理，最终提高各类作物的产量（李荣生等，2003；张岁岐和山仑，2002；王会肖和刘昌明，2000）。

在叶片水平上，WUE 被定义为植物蒸腾导致的单位水分消耗所形成的通过光合作用生产有机物的量，可以反映植物消耗水分形成干物质的基本效率，通常用光合速率与气孔导度之比或光合速率与蒸腾速率之比来表示（王建林等，2008）。在该尺度下，能够通过 Li-6400 便携式光合测定仪对光合速率、蒸腾速率和气孔导度进行测定，获得仪器所测叶片在测量时的生理状况。这种基于传统的单个叶片个体气体交换法计算得到的叶片尺度 WUE 是 WUE 的瞬时值，难以解释植物长期的生理变化。稳定碳同位素法也通过获取植物叶片（或枝条）的净同化速率和气孔导度从而最终评估植物的 WUE，该方法所需参数可通过测定叶片的 $\delta^{13}C$ 值获得（Martin and Thorstenson，1988），最终观测得到的数据稳定且可靠，不受取样时间和空间的限制，应用范围远高于气体交换法（苏培玺等，2003；Donovan et al.，2007）。在个体水平上，WUE 是指植物在长期的生长过程中形成的干物质量与耗水量的比值（王会肖和刘昌明，2000）。植物个体在测定时间以前的一段时间内的 WUE 可以用气体交换法或稳定碳同位素法测定的叶片尺度上的 WUE 来替代（王庆伟等，2010）。

随着观测手段和相关理论的不断发展，WUE 的研究尺度逐渐上升至冠层、生态系统尺度。在生态系统尺度，WUE 可由整个系统所固定的干物质量与蒸散发量的比值来确定，其中，干物质量能够用总初级生产力（gross primary productivity，GPP）或净初级生产力（net primary productivity，NPP）等指标进行表征（位贺杰等，2016）。田间测定法通过观测的生物量与整个群体的蒸散量之比计算 WUE，观测精度较高，但工作量大且费用昂贵，难以在实践中广泛推广（檀文炳等，2009；杜晓铮等，2018）。基于涡度相关技术通量塔可获取站点尺度上（周边数百米）连续时间序列陆地生物圈与大气圈的碳、水通量数据，进而可计算相应的水分利用效率（Yu et al.，2008）。当前，为定量评估区域或国家尺度陆地生态系统碳源/汇现状、过程及其对气候变化的响应机制，针对森林、草地、湿地、农田等生态系统建立了近 900 个通量观测站点，形成了全球性的通量观测网络（http://fluxnet.ornl.gov/）。Keenan 等（2013）基于通量观测数据发现近 20 年来，随着大气 CO_2 浓度的上升，北温带森林生态系统 WUE 大幅增加。但是，关于生态系统 WUE 的研究大多基于单个站点尺度的影响因素分析，或不同生态系统 WUE 的对比分析，而对于区域乃至全球尺度的陆地生态系统 WUE 空间格局、历史变化趋势以及人类活动干扰影响，缺乏系统深入的研究。

遥感数据具有地表信息获取能力以及高时间分辨率等特性，可以获取大区域范围内重要的陆面和生物物理参数，如地表能量分配、水分状况和植被生长等。将不同时相的遥感图像与不同时期、不同阶段陆地生态系统植被生长和水分状况的实际观测结果结合起来，以遥感数据和各种生理生化参数作为输入数据建立各种陆面过程模型，能够在不同时空尺度上揭示生态系统碳、水循环耦合过程，为预测气候变化对生态系统的影响提供参考（Ponton et al.，2006）。Zhang 等（2009）发现与 MODIS 归一化植被指数（NDVI）相比，增强植被指数（EVI）与 WUE 的相关性更强，基于 EVI 模拟的 WUE 值与通量观测结果基本一致。Mu 等（2011）基于 MODIS GPP 和 ET 数据模拟估算得到了 2000～2010 年全球的 WUE 数据集，发现在温暖的低纬度地区，生长季的平均大气温度和 VPD 上升会引起 WUE 的降低。Tang 等（2014）发现与通量观测结果对比，基于 MODIS 数据估算的 WUE 数据具有较好的可用性，基于 MODIS WUE 长时间序列的时空趋势发现全球平均水分利用效率值在 2010 年之前呈显著下降趋势，而近几年有所改善。Huang 等（2015）基于卫星观测数据和生态过程模型，揭示了过去 30 年来全球陆地生态系统 WUE 的变化趋势。

　　从 WUE 计算方法上来看，不同学者对生态系统 WUE 的理解不同以及研究目标有所差异，所使用的 WUE 的计算方法有所不同。目前，通常采用 GPP 或 NPP 或净生态系统碳交换（net ecosystem exchange，NEE）与 ET 的比值进行计算（张春敏等，2013）。从理论上讲，蒸腾作用是植物光合作用的真实耗水量。然而，由于将蒸散发（ET）拆分为土壤和冠层蒸发以及植物蒸腾的复杂性（Lawrence et al.，2007），降水（Zhang et al.，2014）或 ET（Campos et al.，2013）常被用作水分损失的指标。本章采用 GPP 与 ET 的比值来表征生态系统 WUE。

11.2.2　干旱对水分利用效率的影响分析

　　生态系统 WUE 受各种生物因素（如叶面积指数、植被类型）和非生物因素（如辐射、风、降水、温度等）的影响（Huang et al.，2017；Niu et al.，2011；Hu et al.，2010）。干旱是水循环的间歇性扰动，可直接影响植物蒸腾和土壤蒸散发，最终影响陆地生态系统水分利用效率和碳循环（Sun et al.，2016；Zhao and Running，2010）。虽然不同生态系统对干旱敏感性有所差异，但干旱可以改变生态系统的供水条件，将对碳、水循环产生深远影响（Teuling et al.，2013）。因此，深入理解极端干旱事件对生态系统 WUE 的影响与反馈机制，将有助于评价和预测未来气候变化对生态系统碳、水循环过程的影响。

　　研究表明，干旱事件对生态系统的影响不尽相同（Wolf et al.，2016；Vicente-Serrano et al.，2013），即使在同样严重的干旱情况下，它对生态系统的影响也会因不同的生态系统和气候环境而有很大的差异（He et al.，2018；Yang et al.，2018；Wolf et al.，2013）。例如，Liu 等（2015）利用北方生态系统生产力模拟（boreal ecosystem productivity simulator，BEPS）模型计算了中国陆地生态系统 WUE，结果表明，2000～2011 年的干旱事件中，中国东北地区和内蒙古中部地区的 WUE 增加，而中部地区的 WUE 减少。Guo 等（2019）分析发现，干旱期间中国东北、内蒙古东北部和华南部分森林丰富地区的 WUE 上升，西北和华中地区下降。Li 等（2019）研究发现，2009～2010 年中国西南地区的干旱抑制了云南、广西北部、贵州和四川东部的植被生长，导致初级生产力和碳吸收量减小。邹杰等（2018）基于 MODIS 数据和温度干旱指数（temperature vegetation dryness index，TVDI）探究了中亚地区生态系统 WUE 对干旱的响应，发现 WUE 对干旱有显著的滞后效应，且不同地区和不同植被类型的生态系统 WUE 对干旱的响应也存在较大差异。Zhao 等（2020）发现在气候潮湿、森林覆盖度高的流域 WUE 比其他区域对干旱更为敏感。Yang 等（2016）调查了全球 WUE 与湿度指数（wetness index，WI）之间的关系，发现干旱期间，WUE 在干旱生态系统中上升，而在半干旱/亚湿润生态系统中下降，这主要是由于不同生态系统对水文气候条件变化的敏感性不同。然而，Huang 等（2017）基于 WUE 与 SPEI 之间的 Spearman 相关性，提出 2000~2014 年全球 WUE 对干旱地区的干旱有负面效应，而在潮湿地区则有正面和负面效应。这种不一致性可能源于不同的数据源、不同的时间段、不同的生物群落以及不同研究中 WUE 的定义方式。虽然以往研究在全球和站点尺度上探讨了干旱对水分利用效率的影响，但不同生物群落和气候区的水分利用效率对干旱的响应机制仍有待深入的探索。

此外，不同程度的干旱事件对 WUE 的影响也有所区别。基于实测方法（Reichstein et al.，2007，2002）和模型模拟（Tian et al.，2011）的相关研究表明，植被在干旱发生时会关闭气孔以适应水分胁迫，通过减少蒸腾间接导致 WUE 增加。生态系统 WUE 在一定的阈值范围内随干旱强度的增加而增加，而一旦超过了该阈值 WUE 将减小，这也反映了生态系统对干旱胁迫的自适应能力（Erice et al.，2011）。Liu 等（2015）研究发现，中国南方地区在重度干旱下年均 WUE 增加，而极度干旱导致该区域年均 WUE 降低。然而，从生态水文复原的角度描述陆地生态系统 WUE 在多个尺度上对干旱胁迫的不同反应特征的研究还相对较少。Holling（1973）提出了陆地生态系统对水文气候扰动的恢复力概念，它是指最干旱年份的年平均 WUE（WUE_d）与多年平均 WUE（WUE_m）之比。它关系一个生态系统抵御水文气候（如干旱）干扰的能力和在面对不断变化的环境时维持其结构和功能的能力，以及在受到这种干扰后恢复的能力（Campos et al.，2013）。在干旱缺水的情况下，一个有恢复力的生态系统可以维持或提高水分利用效率以确保其生产力。Sharma 和 Goyal（2018）利用已开发的恢复力指数，在不同尺度上评估了 2000~2014 年印度生态水文对水文气候扰动的恢复力及其控制因素。Campos 等（2013）研究了 21 世纪初干旱期间 WUE 与干旱的关系，发现澳大利亚和北美生态系统在干旱年 WUE 增加的情况下具有较强的恢复能力。

11.3 数据来源与评估方法

11.3.1 气象数据

本章使用的气象数据包括气象栅格数据集和气象站点数据。其中，气象栅格数据集是中国科学院青藏高原研究所阳坤等研发的中国区域高时空分辨率地面气象要素驱动数据集（CMFD），可以从时空三极环境大数据平台 http://Poles.tpdc.ac.cn/下载获得。该数据集以国际上现有的 Princeton 再分析资料、全球陆面同化系统（global land data assimilation system，GLDAS）资料、全球能量与水循环实验-地表能量收支（global energy and water cycle experiment-surface radiation budget，GEWEX-SRB）辐射资料和热带降雨测量任务（tropical rainfall measuring mission，TRMM）降水资料为背景场，融合了中国气象局常规气象观测数据制作而成。其时间分辨率为 3h，空间分辨率为 0.1°，是我国第一个专为陆面过程研究开发的高时空分辨率网格化近地面气象数据集（阳坤和何杰，2016），可为中国区域陆面过程模拟提供驱动数据。此外，采用更多站点数据并使用

ANU-Spline 气象插值生成的 CMFD 数据集剔除了非物理范围内的值，故对在独立站点测量的观测值进行的验证表明，CMFD 数据质量优于 GLDAS。CMFD 具有持续的时间覆盖和稳定的质量，是中国最广泛使用的气候数据集之一。本章使用 1980～2015 年 CMFD 的逐月气温和降水数据，通过 Matlab 编程计算得到不同时间尺度的 SPEI 栅格数据集，进一步识别西南地区的极端干旱事件。

气象站点观测数据来源于国家气象信息中心气象资料室的中国地面气候资料日值数据集，即中国 752 个基本、基准地面气象观测站及自动站自 1951 年以来的日值数据集。该数据集经过严格的质量控制，最终统计结果经过极值检验和时间一致性检验，并且对已获悉的错误记录进行了更改。本次研究选取研究区范围内 1980～2015 年资料序列较长的 127 个气象站点，根据数据格式说明文档，结合 Matlab 与 Excel 软件整理得到月平均气温与月累积降水量，用于计算站点尺度的 SPEI，从而对像元尺度的 SPEI 进行验证与评价。

11.3.2　GPP 和 ET 数据

本章使用的 GPP 和 ET 产品是结合多个遥感及生理生化参数（地表短波辐射量、最大羧化率、热力学温度等），通过 BESS 模型计算得到的（Ryu et al.，2011），时间分辨率为 8d，空间分辨率为 1km。BESS 模型的输入数据集包括 7 个 MODIS 大气和陆地产品（MCD12Q1 土地覆盖类型、MOD04_L2 气溶胶、MOD06_L2 云、MOD07_L2 大气剖面、MOD11A1 陆地表面温度、MOD15A2 叶面积指数和 MCD43B3 反照率产品）、4 个不同的卫星数据集、4 个再分析数据集和 3 个辅助数据集。BESS 模型是一个复杂的基于过程的生态系统模型，通过基于过程的卫星驱动方法，而不是那些广泛使用的机器学习和半经验模型，可以生成具有高时空分辨率的全球连续的 GPP 和 ET 产品。BESS 模型的核心算法包括大气和冠层辐射传输模型、冠层光合作用、蒸腾和能量平衡过程（Jiang and Ryu，2016）。而后，两叶长波辐射传输模型（Kowalczyk et al.，2006）、用于区分 C_3 和 C_4 的 Farquhar 光合作用模型（Collatz et al.，1992；Farquhar et al.，1980）、气孔导度方程（Ball，1988）和二次 Penman-Monteith 能量平衡方程（Paw and Gao，1988）构成碳-水耦合模块，通过迭代程序计算出 ET 和阴叶/阳叶的 GPP。在迭代过程中求解了光照叶片温度、遮阴叶片温度、土壤温度、细胞间 CO_2 浓度和气动阻力五个中间变量。最后，用一个简单的余弦函数将 GPP 和 ET 的瞬时估计值提升到 8d 平均估计值（Ryu et al.，2011）。此外，Jiang 和 Ryu（2016）改进了模型结构和数据预处理过程，提高了计算效率。

目前，2001～2015 年全球 1km 空间分辨率的 8d 间隔 BESS GPP 和 ET 数据集可在 https://www.environment.snu.ac.kr/bess-flux 上获取。在影像拼接、裁剪、投影转换后，对时间分辨率为 8d 的 GPP 和 ET 数据进行平均，得到月均和年均 GPP、ET 数据。而后通过计算 GPP 与 ET 的比值获得各栅格像元上的生态系统 WUE，计算得到的 WUE 数据的时空分辨率与 GPP、ET 数据保持一致。此外，前期研究对 BESS GPP 和 ET 产品的可靠性和准确性进行了评估，发现在部分地区其表现优于 MODIS 数据，特别是在热带地区（Yang et al.，2020；Jiang and Ryu，2016）。本章评估了 BESS GPP 和 ET 产品在中国西南地区生态系统中的适用性。

11.3.3　通量观测数据

涡动相关观测技术基于微气象学理论测定空气中 CO_2 和水汽浓度的脉动，最终得到每 30min 陆地生态系统与大气之间的碳和水热通量（Baldocchi et al.，2001）。自 1990 年该技术应用于全年通量连续测定以来（Wofsy et al.，1993），全球各区域建立了大量的通量观测站点，美国通量网（AmericaFlux）、欧洲通量网（EuroFlux）、亚洲通量网（AsiaFlux）等区域性研究网络也随之建设和发展，共同构成了国际通量观测研究网络（FluxNet），为全球不同地区典型生态系统的碳、水汽和能量通量观测提供了连续数据（Baldocchi，2003）。中国陆地生态系统通量观测研究网络（ChinaFlux）于 2015 年正式组建完成，针对各气候区下不同植被类型的通量观测研究站点共有 200 余个，已成为 FluxNet 的重要组成部分（Yu et al.，2016）。近年来，利用 ChinaFlux 的连续观测数据进行了诸多研究，在涡动相关通量观测技术和方法、典型陆地生态系统碳水交换过程及其环境响应机理、生态系统碳水通量模型开发和模拟等方面取得了一系列重要进展（于贵瑞等，2006）。由于历史条件的限制以及涡动相关系统的购置和维护成本高，目前我国西南地区仅安装了几个通量塔，观测周期较短。本章选用西南地区数据较稳定的西双版纳热带雨林通量观测站（101°34′36″E，21°36′50″N，海拔 750m）和哀牢山生态站（24°32′17″N，101°01′44″E，海拔 2505m）的通量观测数据，利用美国 Li-COR 公司研发的 EddyPro 软件进行一系列的数据修正、质量控制、拆分插补得到完整连续的数据集，用于验证和评估 BESS GPP、ET 和 WUE 数据在西南地区的可靠性。

11.3.4　干旱指数计算及干旱事件提取

通过计算得到的多时间尺度的 SPEI 指数来捕获西南地区干旱事件的发生、结束、持续时间和严重程度。在此基础上，进一步计算了 SPEI 指数的标准化异常（SA_{SPEI}），该无量纲指数旨在揭示在一段时期内某月份的 SPEI 值偏离其多年平均值的标准差（standard deviations，SD）。以 3 个月尺度的 SPEI 值为例，对于每一个栅格像元，计算在干旱时期内第 t 个月的 $SPEI_3$ 的标准化异常（SA_{SPEI_3}）：

$$SA_{SPEI_3} = \frac{SPEI_3^{i,t} - \overline{SPEI_3^{i,t}}}{\delta\left(SPEI_3^{i,t}\right)}, \qquad t = 1, 2, \cdots, 12 \qquad (11-1)$$

式中，$SPEI_3^{i,t}$ 为在第 i 个像元上第 t 个月的 $SPEI_3$ 的值；$\overline{SPEI_3^{i,t}}$ 为在研究期（1980~2015 年）内第 i 个像元上第 t 个月的 $SPEI_3$ 的多年平均值；$\delta(SPEI_3^{i,t})$ 为在研究期内第 i 个像元上第 t 个月的 $SPEI_3$ 的标准差。值得注意的是，根据 Saft 等（2015）提出的方法，以 3 个月为移动窗口对 SA_{SPEI_3} 进行平均值平滑。这种平滑方法能够避免一个连续较长的干旱期被一个潮湿的月不合理地中断。最终，经过平滑的 SA_{SPEI_3} 能够有效地识别干旱事件的开始和结束（图 11-1）。

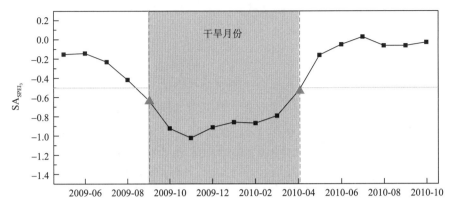

图 11-1　干旱事件提取（以 2009～2010 年发生的干旱事件为例）

在进行干旱事件识别时，将干旱开始月份定义为 SA_{SPEI_3} 低于阈值（–0.5）的第一个月（用三角形标记），干旱结束月份定义为 SA_{SPEI_3} 高于阈值–0.5 的第一个月（用三角形标记）。阈值的设定参考 Li 等（2019）。

11.3.5　趋势分析

趋势线分析法的原理基于最小二乘法，在时间尺度上，对一组随时间变化的变量进行线性回归分析，从而预测其未来的变化趋势，多用该方法模拟变量的年际变化。为了研究 2001～2015 年西南地区生态系统 WUE 变化的空间分布特征，采用一元线性回归的方法，分别计算研究区数据集中随时间变化的单个栅格像元的 WUE 值与时间的回归斜率，形成综合变化趋势的栅格图像，模拟出研究区内每个像元 WUE 的变化趋势，从而分析研究区内生态系统 WUE 在空间上的变化趋势特点，其计算公式为

$$slope = \frac{n \times \sum_{i=1}^{n} i \times NDVI_i - \sum_{i=1}^{n} i \times \sum_{i=1}^{n} NDVI_i}{n \times \sum_{i=1}^{n} i^2 - \left(\sum_{i=1}^{n} i\right)^2} \tag{11-2}$$

式中，slope 值为 2001～2015 年，生态系统 WUE 的变化趋势斜率，能够反映该时间段内研究区生态系统 WUE 的总体变化特征趋势。斜率 slope＞0，说明生态系统 WUE 在 n 年有增大的趋势；反之，slope＜0，则呈减小趋势。最后，对获得的 WUE 年际变化数据用 t 检验法进行显著性检验。结合 slope 值的范围及西南地区实际情况，定义 5 个变化趋势等级，分别为显著减少（slope＜0，$P \leqslant 0.01$）、轻微减少（slope＜0，$0.01＜P \leqslant 0.05$）、基本不变（slope＜0 或 slope＞0，$P＞0.05$）、轻微增加（slope＞0，$0.01＜P \leqslant 0.05$）和显著增加（slope＞0，$P \leqslant 0.01$）。

11.3.6　相关分析和偏相关分析

相关分析法主要通过计算两个地理要素之间的相关联程度，从而揭示这两个地理要

素之间的相互作用和影响的关系。利用 Matlab 编程，对生态系统 WUE 与干旱指数 SPEI 进行基于像元的空间相关分析和 t 显著性检验。其中，显著性仅代表趋势性变化可置信程度的高低，与因变量变化快慢无关。计算公式为

$$r_{xy} = \frac{\sum_{i=1}^{n}(x_i - \overline{x})(y_i - \overline{y})}{\sqrt{\sum_{i=1}^{n}(x_i - \overline{x})^2}\sqrt{\sum_{i=1}^{n}(y_i - \overline{y})^2}} \tag{11-3}$$

式中，r_{xy} 分别为 x、y 两变量的相关系数；x_i 为第 i 年（月）的 x 变量值；y_i 为第 i 年（月）的 y 变量值；n 为样本数；$\overline{x}$ 为变量 x 的平均值；$\overline{y}$ 为变量 y 的平均值。

$$F = U\frac{n-2}{Q}, \quad U = \sum_{i=1}^{n}(Y_i - \overline{y})^2, \quad Q = \sum_{i=1}^{n}(y_i - Y_i)^2 \tag{11-4}$$

式中，U 为误差平方和；Q 为回归平方和；y_i 为第 i 年（月）的实际要素值；Y_i 为其拟合回归值；$\overline{y}$ 为多年（月）平均值；n 为样本数。

本章利用 Matlab 和 Origin 软件，采用相关分析法进行生态系统水分利用效率对干旱指数 SPEI 的响应分析。相关系数越大，表明 SPEI 与生态系统 WUE 之间的相关性越好，干旱事件对生态系统水分利用效率的影响越大，反之，相关系数越小，对生态系统水分利用效率的影响越小。最后，对相关系数的计算结果采用 t 检验法进行显著性检验。

偏相关分析法是在相关分析的基础上，在消除其他变量影响的前提下计算得到某两个变量间的偏相关系数。偏相关分析能够使三个变量中的一个变量固定，从而探讨另外两个变量间的相关性（王强等，2017）。本章采用基于像元的偏相关分析法进一步研究气温和降水对生态系统 WUE 的影响程度，并采用 t 检验法对偏相关系数的显著性进行检验，计算公式如下：

$$r_{xy(z)} = \frac{r_{xy} - r_{xz}r_{yz}}{\sqrt{(1 - r_{xz}^2)(1 - r_{yz}^2)}} \tag{11-5}$$

式中，x 为因变量（生态系统 WUE）；y、z 为自变量（气温和降水）；$r_{xy(z)}$ 为固定自变量 z 后，因变量 x 与自变量 y 之间的偏相关系数。

11.4　西南地区生态系统水分利用效率时空动态

11.4.1　时空变化特征

西南喀斯特和非喀斯特地区的年均生态系统 WUE 在年际尺度上均呈现显著增加趋势，且喀斯特地区的生态系统 WUE 增加速度更快（图 11-2）。2001~2015 年，喀斯特和非喀斯特地区多年平均生态系统 WUE 分别为 1.77g C/kg H_2O 和 1.83g C/kg H_2O，其生态系统 WUE 的年际变化转折点一致，总体趋势大致相近，均呈波动式增加。2001~2005 年，喀斯特和非喀斯特地区的生态系统 WUE 呈快速增长阶段，在该阶段非喀斯特地区生态系统 WUE 的增长速度[0.021g C/(kg H_2O·a)]略大于喀斯特地区[0.018g C/(kg H_2O·a)]。2010~

2015 年，西南地区生态系统 WUE 快速增长，在该阶段，喀斯特地区生态系统 WUE 的增长速度为 0.019g C/(kg H$_2$O·a)，与 2001~2005 年相差不大；而非喀斯特地区的增长速度却明显放缓[0.011g C/(kg H$_2$O·a)]。2006~2009 年，西南地区生态系统 WUE 年际变化波动较大。2006 年，喀斯特和非喀斯特地区的生态系统 WUE 较 2005 年明显下降，而后在 2007 年恢复后达到较大值。同样的变化趋势也发生在 2008~2010 年，且在经历了 2009 年生态系统 WUE 的显著减少后，2010 年的生态系统 WUE 增加较少且未恢复至 2008 年时的水平。西南地区在 2006 年和 2009 年都发生了大规模的干旱事件，且2009~2010 年的秋—冬—春连旱事件的影响程度更大、分布范围更广、持续时间更长，使生态系统 WUE 在经历干旱事件扰动后，恢复较慢。

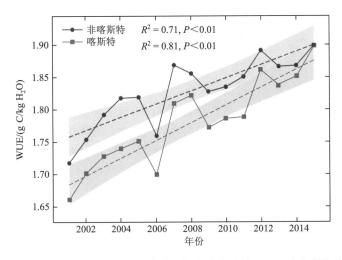

图 11-2 西南喀斯特和非喀斯特地区年均生态系统 WUE 时序变化趋势

由于生态系统 WUE 的变化受到 GPP 和 ET 的影响，所以分析 GPP 和 ET 的年际增长速率从而分析生态系统 WUE 的变化特征。2001~2015 年，西南喀斯特地区生态系统 WUE 的增加速度略快于非喀斯特地区。这可能是由于喀斯特地区 GPP 增长较快，但 ET 的增长与非喀斯特地区相似（图 11-3）。充足的光照条件在一定情况下可以驱动 GPP 迅速增加，喀斯特地区植被稀疏，使其比植被茂密的非喀斯特地区获得更多的光照。故

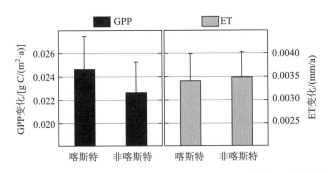

图 11-3 西南喀斯特和非喀斯特地区 GPP 和 ET 的年际变化趋势

喀斯特地区的 GPP 增长速度为 0.0246g C/(m²·a)，大于非喀斯特地区的 0.0226g C/(m²·a)。此外，喀斯特植物对缺水的高耐受性使其通过降低气孔导度保持 ET 稳定而不流失大量水分，使得喀斯特和非喀斯特地区 ET 的增长速度基本一致，分别为 0.0034mm/a 和 0.0035mm/a。因此，在 ET 稳定的情况下，GPP 的大幅度增加导致了生态系统 WUE 的快速增长。

西南喀斯特和非喀斯特地区生态系统 WUE 的季节动态变化趋势基本一致，均呈现单驼峰型分布，表现为先下降后上升再下降的趋势，反映了植被年内生长的过程信息（图 11-4）。其中，每年的喀斯特和非喀斯特地区的生态系统 WUE 均在 3 月出现最低值（分别为 1.24g C/kg H₂O 和 1.43g C/kg H₂O）。3～6 月，生态系统 WUE 持续增加，西南地区自然植被开始生长复苏，农作物也开始播种生长。6～8 月，生态系统 WUE 出现小幅度的下降，主要是因为该时间段内较高的气温超过了适宜植被生长的阈值，使植被蒸腾量和地表蒸散量的增加速率快于植被光合作用的固碳速率。而后在 8～9 月，生态系统 WUE 恢复缓慢增加的趋势并在 9 月达到峰值（分别为 2.25g C/kg H₂O 和 2.22g C/kg H₂O）。从 10 月开始，生态系统 WUE 开始下降，自然植被逐渐进入休眠期，同时农作物也完成收获。11～12 月和 1～3 月，生态系统 WUE 均处于较低值，因为该时段内气温较低、降水不充足，植被生长条件较差，植被的蒸散能力和光合作用能力较弱。然而，由于喀斯特地区生态环境脆弱，生态系统碳水循环过程对水文气候条件变化的敏感性大于非喀斯特地区，其生态系统 WUE 在季节动态上的变异性更大。

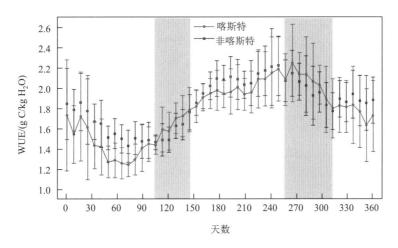

图 11-4 西南喀斯特和非喀斯特地区年平均生态系统 WUE 的季节动态

为了检验生态系统 WUE 在季节动态上对干旱的响应，根据 SA$_{SPEI_3}$ 提取了干旱发生次数最多的 4 个月作为全年的干旱期。在季节动态上，非喀斯特地区的生态系统 WUE 普遍大于喀斯特地区。但在干旱期，喀斯特地区和非喀斯特地区的生态系统 WUE 在干旱期的表现有所不同。4 月初，非喀斯特地区和喀斯特地区的 WUE 之间的差值逐渐缩小，到 4 月底，喀斯特地区的生态系统 WUE 超过了非喀斯特地区。而后，喀斯特和非喀斯特地区的生态系统 WUE 的差值逐渐缩小，直至 5 月底，两个地区的水分利用效率基本相同，随后非喀斯特地区的水分利用效率恢复大于喀斯特地区的正常状态。同样地，在 9 月中旬，喀斯特地区的生态系统 WUE 反超非喀斯特地区，该状态持续至 10 月中旬，在此期间，喀斯特和非喀斯特地区生态系统 WUE 的差值大于 4 月、5 月。这些结果在一定程度上表明了喀斯特地区的生态系统 WUE 对干旱的响应存在差异。

11.4.2　空间分布特征

图 11-5 展现了西南喀斯特和非喀斯特地区生态系统 WUE 的空间分布特征，反映了过去 15 年来陆地生态系统生产力和水分可用性的空间格局。2001～2015 年，喀斯特和非喀斯特地区的多年平均生态系统 WUE 存在较大的空间异质性。其中，四川的多年平均 WUE 要明显低于其他省（区、市），但其值在 15 年间的波动程度最小（图 11-5）。云南的多年平均 WUE 略高于四川，其非喀斯特地区的多年平均 WUE（1.86g C/kg H_2O）远高于喀斯特地区（1.62g C/kg H_2O），两者差值最大。广西的多年平均 WUE 最大（喀斯特地区为 2.05g C/kg H_2O；非喀斯特地区为 2.12g C/kg H_2O），由西南地区干旱趋势空间分析可知，广西近 15 年来干旱趋势有所减缓，该区域生态系统 WUE 受干旱扰动程度也在减少。重庆的多年平均 WUE 略低于广西，但这两个区市 15 年间的生态系统 WUE 值较不稳定，波动范围较大，且重庆是唯一一个喀斯特地区多年平均 WUE 高于非喀斯特地区的省市。在喀斯特地区，四川西南部、云南东部和贵州西部的多年平均 WUE 较小，且最小值分布在四川西部的横断山区；重庆、贵州东南部和广西地区多年平均 WUE 较大，最大值分布在广西西北部。其中，贵州和广西的喀斯特区域分布面积大且集中，四川和云南的喀斯特区域分布零散且多年平均 WUE 较小（图 11-6）。在非喀斯特地区，四川西部和云南、贵州交界处的多年平均 WUE 较小，其中，四川西部为若尔盖高原和横断山地，其多年平均 WUE 要明显低于四川东部的四川盆地；多年平均 WUE 较大值分布在云南西南部和广西北部。

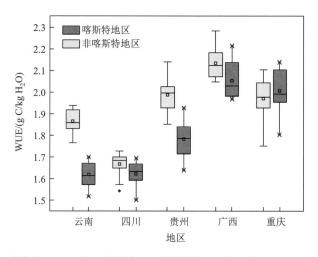

图 11-5　西南各省（区、市）喀斯特和非喀斯特地区生态系统 WUE 的多年平均值

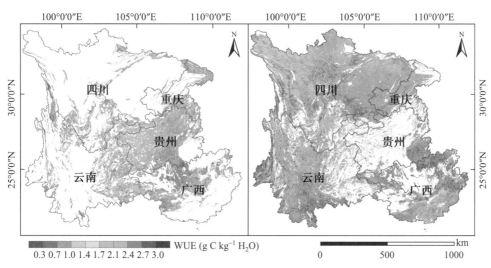

图 11-6　西南喀斯特和非喀斯特地区多年平均生态系统 WUE 的空间分布特征

本节还评估了中国西南地区的年均水分利用效率在空间上的变化趋势（图 11-7）。2001～2015 年，喀斯特地区的生态系统 WUE 总体呈增加趋势，该趋势在空间分布上有所差异。生态系统 WUE 呈增加趋势（slope＞0°）的面积为 $3.98 \times 10^5 km^2$，占喀斯特地区总面积的 93.82%。其中，显著增加和轻微增加的面积分别占 39.28% 和 21.22%，主要分布在四处盆地和云贵高原交接处及广西丘陵地区。其中，贵州省生态系统 WUE 大面积增加，约占总面积的 17.6%。喀斯特地区生态 WUE 呈减少趋势（slope＜0°）的面积为 $0.26 \times 10^5 km^2$，且显著减少和轻微减少的区域较少，仅占 0.37% 和 0.42%，主要分布在川滇高寒岩溶区和贵州高原岩溶区。

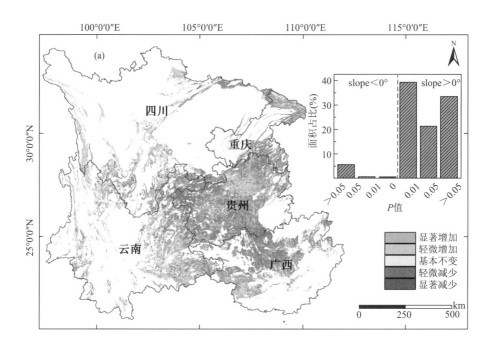

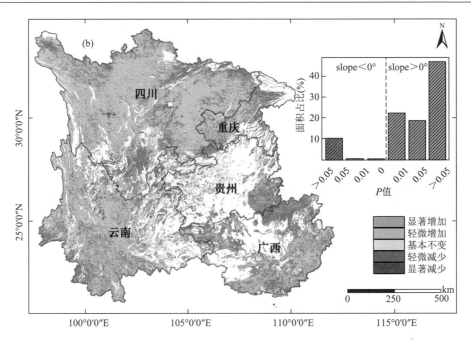

图 11-7　西南喀斯特（a）和非喀斯特地区（b）在 2001～2015 年平均生态系统 WUE 空间趋势分析

非喀斯特地区生态系统 WUE 呈增加趋势的面积为 $8.25 \times 10^5 km^2$，其中，呈轻微增加趋势的区域占大部分，呈显著增加趋势的区域分布相对分散。生态系统 WUE 有所减少的区域零星分布在川、滇高海拔地区和四川盆地中部。此外，非喀斯特地区生态系统 WUE 保持基本不变的面积占 57.41%，主要集中分布在云南中部和四川中部。通过对比喀斯特与非喀斯特地区的生态系统 WUE 可以看出，虽然非喀斯特地区的生态系统 WUE 普遍高于喀斯特地区，但喀斯特地区生态系统 WUE 的增加趋势更为明显。由于环境条件和植物生理特征的异质性，控制水分利用效率空间格局的驱动因素由海拔、纬度、植物形态和气候条件决定。

11.5　生态系统水分利用效率对典型干旱事件的响应

图 11-8 显示了 2009～2010 年秋—冬—春连旱期间喀斯特地区和非喀斯特地区 GPP、ET 和 WUE 的动态变化趋势。喀斯特和非喀斯特地区的 GPP 和 ET 都有明显的季节动态变化特征。GPP 随着春季植被的增长而开始迅速上升，并在 7 月达到峰值，而后随着秋天的到来而下降。在干旱发生前，喀斯特地区的 GPP 从 7 月开始下降，速率为 $0.19g\ C/(m^2·月)$，反而较基准年 $[0.58g\ C/(m^2·月)]$ 有所减缓。对于 ET 来说，降水量的减少使累积水分亏缺不断增加，最终导致干旱的发生。所以，无论是喀斯特还是非喀斯特地区，ET 在干旱开始前就已受到强烈扰动，即从 7 月开始，喀斯特和非喀斯特地区的 ET 较基准年 ET 就有所减少且差值越来越大。干旱初期，喀斯特和非喀斯特地区在 9 月的 GPP 明显大于基准年 GPP，特别是非喀斯特地区 $[\Delta GPP = 0.57g\ C/(m^2·d)]$。此时，喀斯特

和非喀斯特地区较基准年的|ΔET|达到最大，其中，喀斯特地区的 ΔET 为–1.04mm/d，绝对值大于非喀斯特地区的–0.72mm/d。干旱初期的干旱程度较低，植被叶片气孔导度可能会降低以适应水分胁迫，从而使 WUE 有所增加。干旱初期使植被蒸腾作用降低、固碳量增加，从而使喀斯特地区的 WUE 较基准年月份增加了 0.88g C/kg H$_2$O，非喀斯特地区的 WUE 则增加了 0.76g C/kg H$_2$O。干旱中期，随着干旱的发展，GPP、ET、WUE 在喀斯特和非喀斯特地区呈现出的变化规律大致相同，但变化程度有所区别。其中，无论是喀斯特还是非喀斯特地区,GPP 在干旱期间受到的扰动都不大,较基准年分别减少了 7.3%和 3.3%左右；ET 的负异常在这两个区域也都呈现出逐渐减弱的趋势，并且在 12 月～次年 3 月 ET 值接近基准年的 ET 值。在此期间，干旱事件对喀斯特地区 WUE 的扰动明显强于非喀斯特地区。随着干旱程度的增加，喀斯特和非喀斯特地区的生态系统 WUE 较基准年的异常值由正转负，即干旱对生态系统 WUE 的影响从促进转为抑制，并且这种负异常在 12 月达到最大(喀斯特和非喀斯特地区 WUE 较基准年分别下降了 18.2%和 13.4%)。干旱后期，喀斯特和非喀斯特地区的 GPP 和 ET 均呈负异常，其中，干旱后期的|ΔGPP|大于干旱前期，而|ΔET|小于干旱前期。生态系统 WUE 在此期间受干旱胁迫的影响逐渐减小，并在 2010 年 4 月恢复正异常。随着干旱的结束，GPP 和 ET 的负异常又延续了两个多月，且喀斯特地区被影响的程度高于非喀斯特地区。生态系统 WUE 也摆脱了负异常，非喀斯特生态系统率先从干旱胁迫中恢复。

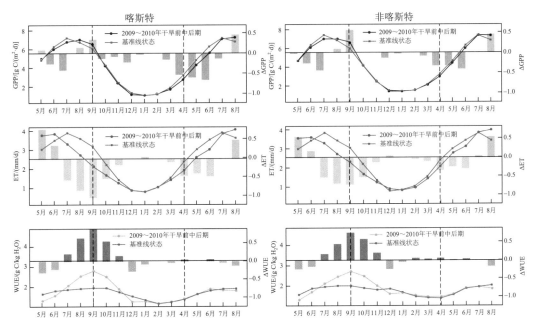

图 11-8　中国西南地区 2009～2010 年秋—冬—春干旱期间 GPP、ET 和 WUE 的时间动态变化及相对于基准线的月距平

2011 年夏季干旱的 GPP、ET、WUE 的动态变化特征与 2009～2010 年秋—冬—春连旱相比有显著不同（图 11-9）。首先，在 2011 年夏季干旱期间，喀斯特和非喀斯特

地区 GPP 和 ET 值基本上高于基准年,变化趋势与 2009~2010 年秋—冬—春连旱期间的表现有很大不同。与 GPP、ET 变化趋势有所不同的是,除干旱事件开始月份 6 月外,生态系统 WUE 在整个 2011 年夏季干旱事件中几乎都呈现出负异常。在此次干旱事件中最干旱的 8 月,喀斯特和非喀斯特地区的 GPP 较基准年分别增加了 3.9%和 8.0%。较高的 GPP 值说明发生在雨季的 2011 年夏季干旱没有抑制植物的生长。同样,ET 在干旱期间较基准年分别增加了 9.8%和 16.8%,增长幅度远大于 GPP。这说明 2011 夏季干旱期间,ET 异常对 WUE 异常的贡献更大,是 WUE 受干旱扰动的主要驱动力。总体上,干旱扰动使喀斯特和非喀斯特地区生态系统 WUE 显著降低(分别为 4.3%和4.2%)。干旱结束后,两个区域的 WUE 较基准年都有所增加,而 GPP、ET 反而较基准年有所减少。这说明持续干旱导致的严重缺水一直持续到秋季,且对秋季植被生长产生负面影响。

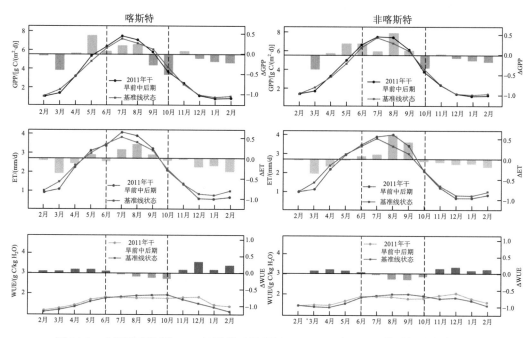

图 11-9　中国西南地区 2011 年夏季干旱期间 GPP、ET 和 WUE 的时间动态变化及相对于基准线的月距平

在两次干旱事件中,ET 的变化异常对 WUE 的干旱扰动都做出主要贡献。在干旱初期,植被通过调节气孔导度、降低蒸腾作用来抵御干旱胁迫,使 WUE 在两次干旱事件的初期较基准年都有所增长。其中,2009~2010 年秋—冬—春连旱事件中的 ΔWUE 大于 2011 年夏季干旱;喀斯特地区的 WUE 正异常大于非喀斯特地区。虽然在干旱中期,生态系统 WUE 较基准年都有所下降,但在 2011 年夏季干旱期间下降的幅度要远远小于 2009~2010 年秋—冬—春连旱。而且,2011 年夏季干旱结束后,WUE 较基准年有较大幅度的增加,而 2009~2010 年秋冬春干旱的 WUE 在干旱结束后与基准年相差不大。

11.6　小　　结

本章探讨了西南地区生态系统水分利用效率动态监测及其对干旱的响应。干旱是水循环的间歇性扰动，可直接影响植物蒸腾和土壤蒸散发，最终影响生态系统水分利用效率。西南地区生态系统 WUE 在 2001～2015 年整体呈增长趋势，喀斯特生态系统 WUE 虽普遍低于非喀斯特地区，但增长速度更快。然而，受到干旱事件等影响，生态系统 WUE 在 2006 年、2009 年干旱年出现明显下降，生态系统 WUE 在干旱的季节动态上也出现异常。此外，GPP、ET 以及气温和降水等因素都会对生态系统 WUE 产生影响，喀斯特地区生态系统 WUE 波动主要由该区域的蒸散波动来决定，且对降水更为敏感。生态系统 WUE 对干旱的响应机制在不同季节性干旱事件中和不同地貌类型上有所差异。在 2009～2010 年的秋—冬—春连旱事件前期，生态系统 WUE 较基准年有所增加，而 2011 年夏季干旱期间，生态系统 WUE 持续负异常。在西南喀斯特地貌中，水分亏缺对生态系统 WUE 的影响比非喀斯特地区更为显著。

参 考 文 献

杜晓铮，赵祥，王昊宇，等，2018. 陆地生态系统水分利用效率对气候变化的响应研究进展. 生态学报，38（23）：8296-8305.

胡中民，于贵瑞，王秋凤，等，2009. 生态系统水分利用效率研究进展. 生态学报，29（3）：1498-1507.

李荣生，许煌灿，尹光天，等，2003. 植物水分利用效率的研究进展. 林业科学研究，16（3）：366-371.

马明国，汤旭光，韩旭军，等，2019. 西南岩溶地区碳循环观测与模拟研究进展和展望. 地理科学进展，38（8）：1196-1205.

苏培玺，陈怀顺，李启森，2003. 河西走廊中部沙漠植被 $\delta^{13}C$ 值的特征及其对水分利用效率的指示. 冰川冻土，25（5）：597-602.

檀文炳，王国安，韩家懋，等，2009. 长白山不同功能群植物碳同位素及其对水分利用效率的指示. 科学通报，54（13）：1912-1916.

王会肖，刘昌明，2000. 作物水分利用效率内涵及研究进展. 水科学进展，11（1）：99-104.

王建林，于贵瑞，房全孝，等，2008. 不同植物叶片水分利用效率对光和 CO_2 的响应与模拟. 生态学报，28（2）：525-533.

王强，张廷斌，易桂花，等，2017. 横断山区 2004—2014 年植被 NPP 时空变化及其驱动因子. 生态学报，37（9）：3084-3095.

王庆伟，于大炮，代力民，等，2010. 全球气候变化下植物水分利用效率研究进展. 应用生态学报，21（12）：3255-3265.

王世杰，李阳兵，李瑞玲，2003. 喀斯特石漠化的形成背景、演化与治理. 第四纪研究，23（6）：657-666.

位贺杰，张艳芳，董孝斌，等，2016. 渭河流域植被 WUE 遥感估算及其时空特征. 自然资源学报，31（8）：1275-1288.

阳坤，何杰，2016. 中国区域高时空分辨率地面气象要素驱动数据集（1979—2015）. 时空三极环境大数据平台，DOI:10.3972/westdc.002.2014.db.

于贵瑞，伏玉玲，孙晓敏，等，2006. 中国陆地生态系统通量观测研究网络（ChinaFLUX）的研究进展及其发展思路. 中国科学. D 辑（地球科学），36（S1）：1-21.

张春敏，梁川，龙训建，等，2013. 江河源区植被水分利用效率遥感估算及动态变化. 农业工程学报，29（18）：146-155.

张岁岐，山仑，2002. 植物水分利用效率及其研究进展. 干旱地区农业研究，20（4）：1-5.

邹杰，丁建丽，秦艳，等，2018. 遥感分析中亚地区生态系统水分利用效率对干旱的响应. 农业工程学报，34（9）：145-152.

Baldocchi D，Falge E，Gu L H，et al.，2001. FLUXNET: A new tool to study the temporal and spatial variability of ecosystem-scale carbon dioxide，water vapor，and energy flux densities. Bulletin of the American Meteorological Society，82（11）：2415-2434.

Baldocchi D，2003. Assessing the eddy covariance technique for evaluating carbon dioxide exchange rates of ecosystems: Past，present and future. Global Change Biology，9（4）：479-492.

Ball J T，1988. An analysis of stomatal conductance. Palo Alto：Stanford University.

Campos G E，Moran M S，Huete A，et al.，2013. Ecosystem resilience despite large-scale altered hydroclimatic conditions. Nature，494（7437）：349-352.

Collatz G J，Ribas-Carbo M，Berry J A，1992. Coupled photosynthesis-stomatal conductance model for leaves of C_4 plants. Functional Plant Biology，19（5）：519-538.

Donovan L A，Dudley S A，Rosenthal D M，et al.，2007. Phenotypic selection on leaf water use efficiency and related ecophysiological traits for natural populations of desert sunflowers. Oecologia，152（1）：13-25.

Erice G，Louahlia S，Irigoyen J J，et al.，2011. Water use efficiency，transpiration and net CO_2 exchange of four alfalfa genotypes submitted to progressive drought and subsequent recovery. Environmental and Experimental Botany，72（2）：123-130.

Farquhar G D，Caemmerer S V，Berry J A，1980. A biochemical model of photosynthetic CO_2 assimilation in leaves of C_3 species. Planta，149（1）：78-90.

Gang C C，Wang Z Q，Chen Y Z，et al.，2016. Drought-induced dynamics of carbon and water use efficiency of global grasslands from 2000 to 2011. Ecological Indicators，67：788-797.

Guo L M，Sun F B，Liu W B，et al.，2019. Response of ecosystem water use efficiency to drought over China during 1982—2015：Spatiotemporal variability and resilience. Forests，10（7）：598.

He W，Ju W M，Schwalm C R，et al.，2018. Large-scale droughts responsible for dramatic reductions of terrestrial net carbon uptake over North America in 2011 and 2012. Journal of Geophysical Research：Biogeosciences123（7）：2053-2071.

Holling C S，1973. Resilience and Stability of Ecological Systems. Annual Review of Ecology and Systematics，4（1）：1-23.

Hu Z M，Yu G R，Fan J W，et al.，2010. Precipitation-use efficiency along a 4500-km grassland transect. Global Ecology and Biogeography，19（6）：842-851.

Hu Z M，Yu G R，Fu Y L，et al.，2008. Effects of vegetation control on ecosystem water use efficiency within and among four grassland ecosystems in China. Global Change Biology，14（7）：1609-1619.

Huang L，He B，Han L，et al.，2017. A global examination of the response of ecosystem water-use efficiency to drought based on MODIS data. Science of the Total Environment，601：1097-1107.

Huang M T，Piao S L，Sun Y，et al.，2015. Change in terrestrial ecosystem water-use efficiency over the last three decades. Global Change Biology，21（6）：2366-2378.

Jiang C Y，Ryu Y，2016. Multi-scale evaluation of global gross primary productivity and evapotranspiration products derived from Breathing Earth System Simulator（BESS）. Remote Sensing of Environment，186：528-547.

Keenan T F，Hollinger D Y，Bohrer G，et al.，2013. Increase in forest water-use efficiency as atmospheric carbon dioxide concentrations rise. Nature，499（7458）：324-327.

Kowalczyk E A，Wang Y P，Law R M，et al.，2006. The CSIRO atmosphere biosphere land exchange（CABLE）model for use in climate models and as an offline model. CSIRO Marine and Atmospheric Research，13：1-35.

Lawrence D M，Thornton P E，Oleson K W，et al.，2007. The partitioning of evapotranspiration into transpiration，soil evaporation，and canopy evaporation in a GCM：Impacts on land‐atmosphere interaction. Journal of Hydrometeorology，8（4）：862-880.

Leemans R，Eickhout B，2004. Another reason for concern：regional and global impacts on ecosystems for different levels of climate change. Global Environmental Change，14（3）：219-228.

Li X Y，Li Y，Chen A P，et al.，2019. The impact of the 2009/2010 drought on vegetation growth and terrestrial carbon balance in Southwest China. Agricultural and Forest Meteorology，269-270：239-248.

Liu Y B，Xiao J，Ju W，et al.，2015. Water use efficiency of China's terrestrial ecosystems and responses to drought. Scientific Reports，5（1）：13799.

Maestre F T，Eldridge D J，Soliveres S，et al.，2016. Structure and functioning of dryland ecosystems in a changing world. Annual Review of Ecology，Evolution，and Systematics，47：215-237.

Martin B，Thorstenson Y R，1988. Stable carbon isotope composition（$\delta^{13}C$），water use efficiency，and biomass productivity of Lycopersicon esculentum，Lycopersicon pennellii，and the F1 Hybrid. Plant Physiology，88（1）：213-217.

Meza I，Siebert S，Döll P，et al.，2020. Global-scale drought risk assessment for agricultural systems. Natural Hazards and Earth System Sciences，20（2）：695-712.

Millar R J, Fuglestvedt J S, Friedlingstein P，et al.，2017. Emission budgets and pathways consistent with limiting warming to 1.5℃. Nature Geoscience，10（10）：741-747.

Milly P C，Dunne K A，2016. Potential evapotranspiration and continental drying. Nature Climate Change，6（10）：946-949.

Mishra A，Singh V，2010. A review of drought concepts. Journal of Hydrology，391（1/2）：202-216.

Mu Q Z, Zhao M S, Running S W, 2011. Improvements to a MODIS global terrestrial evapotranspiration algorithm. Remote Sensing of Environment，115（8）：1781-1800.

Niu S L, Xing X R, Zhang Z, et al., 2011. Water-use efficiency in response to climate change：From leaf to ecosystem in a temperate steppe. Global Change Biology，17（2）：1073-1082.

Nyantakyi-Frimpong H，Bezner-Kerr R，2015. The relative importance of climate change in the context of multiple stressors in semi-arid Ghana. Global Environmental Change，32：40-56.

Paw U K T，Gao W G，1988. Applications of solutions to non-linear energy budget equations. Agricultural and Forest Meteorology，43（2）：121-145.

Ponton S，Flanagan L B，Alstad K P，et al.，2006. Comparison of ecosystem water-use efficiency among Douglas-fir forest，aspen forest and grassland using eddy covariance and carbon isotope techniques. Global Change Biology，12（2）：294-310.

Reichstein M, Ciais P, Papale D, et al., 2007. Reduction of ecosystem productivity and respiration during the European summer 2003 climate anomaly：A joint flux tower，remote sensing and modelling analysis. Global Change Biology，13（3）：634-651.

Reichstein M，Tenhunen J D，Roupsard O，et al.，2002. Severe drought effects on ecosystem CO_2 and H_2O fluxes at three Mediterranean evergreen sites：Revision of current hypotheses. Global Change Biology，8（10）：999-1017.

Ryu Y，Baldocchi D D，Black T A，et al.，2011. On the temporal upscaling of evapotranspiration from instantaneous remote sensing measurements to 8-day mean daily-sums. Agricultural and Forest Meteorology，152：212-222.

Saft M，Western A W，Zhang L，et al.，2015. The influence of multiyear drought on the annual rainfall-runoff relationship：An A ustralian perspective. Water Resources Research，51（4）：2444-2463.

Schlaepfer D R，Bradford J B，Lauenroth W K，et al.，2017. Climate change reduces extent of temperate drylands and intensifies drought in deep soils. Nature Communications，8（1）：14196.

Sharma A，Goyal M K，2018. District-level assessment of the ecohydrological resilience to hydroclimatic disturbances and its controlling factors in India. Journal of Hydrology，564：1048-1057.

Sheffield J，Wood E F，2008. Projected changes in drought occurrence under future global warming from multi-model，multi-scenario，IPCC AR4 simulations. Climate Dynamics，31（1）：79-105.

Solomon S，2007. The physical science basis：Contribution of working group I to the fourth assessment report of the intergovernmental panel on climate change. IPCC Fourth Assessment Report（AR4），18（2）：95-123.

Sun Y，Piao S L，Huang M T，et al.，2016. Global patterns and climate drivers of water-use efficiency in terrestrial ecosystems deduced from satellite-based datasets and carbon cycle models. Global Ecology and Biogeography，25（3）：311-323.

Tang X G，Li H P，Desai A R，et al.，2014. How is water-use efficiency of terrestrial ecosystems distributed and changing on Earth？. Scientific Reports，4：7483.

Teuling A J，van Loon A F，Seneviratne S I，et al.，2013. Evapotranspiration amplifies European summer drought. Geophysical Research Letters，40（10）：2071-2075.

Tian H，Chen G，Liu M，et al.，2010. Model estimates of net primary productivity，evapotranspiration，and water use efficiency in the terrestrial ecosystems of the southern United States during 1895—2007. Forest Ecology and Management，259（7）：1311-1327.

Tian H Q，Lu C Q，Chen G S，et al.，2011. Climate and land use controls over terrestrial water use efficiency in monsoon Asia. Ecohydrology，4（2）：322-340.

Vicente-Serrano S M，Gouveia C，Camarero J J，et al.，2013. Response of vegetation to drought time-scales across global land biomes.

Proceedings of the National Academy of Sciences of the United States of America，110（1）：52-57.

Wang M，Ding Z，Wu C，et al.，2021. Divergent responses of ecosystem water-use efficiency to extreme seasonal droughts in Southwest China. The Science of the Total Environment，760：143427.

Wofsy S C，Goulden M L，Munger J W，et al.，1993. Net exchange of CO_2 in a mid-latitude forest. Science，260（5112）：1314-1317.

Wolf S，Eugster W，Ammann C，et al.，2013. Contrasting response of grassland versus forest carbon and water fluxes to spring drought in Switzerland. Environmental Research Letters，8（3）：035007.

Wolf S，Keenan T F，Fisher J B，et al.，2016. Warm spring reduced carbon cycle impact of the 2012 US summer drought. Proceedings of the National Academy of Sciences of the United States of America，113（21）：5880-5885.

Yang J，Tian H Q，Pan S F，et al.，2018. Amazon drought and forest response：Largely reduced forest photosynthesis but slightly increased canopy greenness during the extreme drought of 2015/2016. Global Change Biology，24（5）：1919-1934.

Yang S S，Zhang J H，Zhang S，et al.，2020. The potential of remote sensing-based models on global water-use efficiency estimation：An evaluation and intercomparison of an ecosystem model（BESS）and algorithm（MODIS）using site level and upscaled eddy covariance data. Agricultural and Forest Meteorology，287：107959.

Yang Y T，Guan H D，Batelaan O，et al.，2016. Contrasting responses of water use efficiency to drought across global terrestrial ecosystems. Scientific Reports，6（1）：23284.

Yu G R，Ren W，Chen Z，et al.，2016. Construction and progress of Chinese terrestrial ecosystem carbon，nitrogen and water fluxes coordinated observation. Journal of Geographical Sciences，26（7）：803-826.

Yu G，Song X，Wang Q，et al.，2008. Water-use efficiency of forest ecosystems in eastern China and its relations to climatic variables. New Phytologist，177（4）：927-937.

Zhang J，Hu Y，Xiao X，et al.，2009. Satellite-based estimation of evapotranspiration of an old-growth temperate mixed forest. Agricultural and Forest Meteorology，149（6）：976-984.

Zhang X，Susan Moran M，Zhao X，et al.，2014. Impact of prolonged drought on rainfall use efficiency using MODIS data across China in the early 21st century. Remote Sensing of Environment，150：188-197.

Zhao A，Zhang A，Cao S，et al.，2020. Spatiotemporal patterns of water use efficiency in China and responses to multi-scale drought. Theoretical and Applied Climatology，140（1）：559-570.

Zhao M，Running S W，2010. Drought-induced reduction in global terrestrial net primary production from 2000 through 2009. Science，329（5994）：940-943.